全国宣传文化系统
"四个一批"人才作品文库

文 艺 界

人格论

第一卷

何向阳 著

中华书局

图书在版编目(CIP)数据

人格论/何向阳著.—北京:中华书局,2011.9
(全国宣传文化系统"四个一批"人才作品文库)
ISBN 978-7-101-07842-8

Ⅰ.人…　Ⅱ.何…　Ⅲ.人格心理学—研究　Ⅳ.B848

中国版本图书馆 CIP 数据核字(2011)第 022333 号

书　　名	人格论
著　　者	何向阳
丛 书 名	全国宣传文化系统"四个一批"人才作品文库
责任编辑	罗华彤
装帧设计	毛　淳
出版发行	中华书局
	(北京市丰台区太平桥西里 38 号　100073)
	http://www.zhbc.com.cn
	E—mail:zhbc@zhbc.com.cn
印　　刷	北京瑞古冠中印刷厂
版　　次	2011 年 9 月北京第 1 版
	2011 年 9 月北京第 1 次印刷
规　　格	开本/700×1000 毫米　1/16
	印张 25½　插页 4　字数 388 千字
国际书号	ISBN 978—7—101—07842—8
定　　价	69.00 元

出 版 说 明

实施宣传文化系统"四个一批"人才培养工程，是党中央作出的一项重大战略决策，是推动实施人才强国战略，提高建设社会主义先进文化能力的重要举措。实施这一工程，旨在培养和造就一大批政治坚定，与党同心同德，具有广泛社会影响的一流的思想理论家、一流的记者编辑主持人、一流的出版家、一流的作家艺术家。为集中展示"四个一批"人才的优秀成果，发挥其示范引导作用，"四个一批"人才工作领导小组决定编辑出版《全国宣传文化系统"四个一批"人才作品文库》。《文库》主要收集出版"四个一批"人才的代表作，包括理论专著论文、新闻出版、文学艺术作品等。按照精益求精、分步实施的原则，《文库》将统一标识、统一版式、统一封面设计陆续出版。

全国宣传文化系统"四个一批"人才

工作领导小组办公室

2008年12月

何向阳

　　1966年10月生，安徽安庆人。1991年毕业于郑州大学，获文学硕士学位。现任中国作家协会创作研究部副主任，研究员。出版理论批评与学术随笔《朝圣的故事或在路上》、《肩上是风》、《自巴颜喀拉》、《思远道》、《梦与马》、《夏娃备案》、《镜中水未逝》、《立虹为记》、《彼黍》等，主编《知识女性文丛》等。曾获第二届全国青年社会科学优秀成果奖、第二届"鲁迅文学奖 · 全国优秀理论评论奖"、第二届"冯牧文学奖 · 青年批评家奖"、第九届庄重文文学奖、中国当代文学研究优秀成果奖等，2006年被授予"全国三八红旗手"荣誉称号。是"新世纪百千万人才工程"国家级人选，全国宣传文化系统"四个一批"人才，享受国务院颁发的政府特殊津贴。

执大象,天下往。

——《道德经》

目 录

前　言

本书是论述人格的著作。

包括这部书在内，全书结构分为三卷。第一卷，人格与史。梳理人格理论以及相关人格思想的形成历史。第二卷，人格与文。以文学家的大量作品内外的人格显现作为例证，探讨人格在作家精神中的成长、发生及其作用，探索文学与人格之间的复杂关系。第三卷，人格与人。在历史与文学的纵横关系考察基础上，寻求社会文化意义的人格再生的起点。

本书的重点，是人格的文化历史考察分析与文学——人格理论的建构。

鉴于这一重点，第一卷，人格与史。在人格历史的思想长河中渐次展开，回顾中国思想史中与人格思想相关的对于人的"模式"的探索与论述，并同时梳理西方文化学、心理学发展史中对于人格心理学的奠基与建立起过重大推进作用的学术观点，两者文化的在人格探索与研究中的互补与推进，极大地丰富与扩展了人类关于自我的认识空间。当然，对于历史中人格理论和人格思想的叙述，是在研究与对比的视点上展开的，比如对于儒、道、释、侠的关于"圣人"、"君子"诸多传统概念的分析，对于儒、侠、释等关于"人的内修"方面的同与异，以及"人的模式"在各个历史时期的贯穿与分化，本卷力求在历史资料的爬梳中，加入新的见解与心得，以求完整地勾勒出人格于驳杂的历史中那些边角或轮廓。这是这部长篇理论著作的起点。

第二卷，人格与文。研究文学与人格的内在关联。作为文艺心理学重要支脉的作家人格研究长期以来一直未得到深入、系统的探讨，作为文艺学中独特领域的文学人格研究同样亦受到长时间的冷落，基于对文艺学研究中形式主义日益排挤、消解文学内在价值与意义的警惕,更基于对广泛存在、不断上涨的轻视精神的社会心理及由此带来的物质奢华与精神贫乏不平衡的文化发展的省思,本卷试图建立一种更切入文学本质与人格核心的对作家与创作的综合研究,力求在一个新的思维层次、新的思想台基上体现作家人格心理研究与文学作品研究融合的意图。而考察作家人格与文学品格的对应关系所实现的目的,是希望通过对精神生态(文学现状)、精神生产(文学创作)与精神生成(作家人格、文学品格)关系的揭示,找到文学和人类精神的共同内质。

第二卷包括作家人格论与文学人格论两大部分。

作家人格论集中于作家人格的整体研究。围绕作家人格生成的历时性,阐述个体早期经验、人类早期经验、青春期、成人心理等因素对人格生成的影响、作用,以对作家的代型分析和对超越代型的人格主动性的强调,试图说明:社会文化是如何铸塑和造就作家的,而完型了的作家人格又是如何对社会发生间接作用的。围绕作家人格构成的共时性,阐述人格结构的三个层面及其关系,以对作家的群型分析和对超越群型的人格个体性的强调,揭示作家人格心理的整合特征,并在综合研究基础上,提出作家人格统一体的思想。经典作家的人格分类考察,为此提供了例证。

文学人格论集中论述文学的内在价值与作家人格的对应关系,提出文学人格层次论的观点。作家人格与文学品位的对应性在于,人格的高下与文学的品位有深在而神秘的联系。文学是作家动态结构的人格的瞬间显现,是他的精神自传。

针对于人格悖论现象,本书提出了新的研究观点,认为要克服以往人格悖论研究中的病理主义倾向,必须使研究建立在对人格的全面而非狭隘的理解上,由此,本书在对作家人格历史、文化、个性内涵和对变态人格、双重人格、分裂人格、自杀、疯狂等异化人格双重考察基础上,探讨了人格平衡力及能动人格的可能性,提出了在精神的层面而非单纯的现实层面、心理层面研究文学人格的思想,并引出精神人格统一体的概念,试图说明:作家在创作中是以整体人格投射于作品中的,而完成了的作品不仅补充和提高作家本人人格,而且直接参与人类精神的创造。人格心理理论与丰富驳杂的作家人格的大量例证,为此论述提供了背景。

　　第三卷,人格与人。从人类创造的历史与文学中回到人的起点,探索精神的个体价值及其对全整社会文化的促动作用。研究人格经由历史的创造与文学的书写,而在这种文化的纵横交织中如何产生一种新的图景——对于文化人格的再造,对于社会心理与民族精神的影响问题,这是一种对于人格的新质的研究。

　　本书的主要研究方法是描述与实证。它力图摆脱以往文艺心理学与心理文艺学的单向选择和由此带来的方法争执,而有意识地将尚属微观的人格研究纳入到一个宏阔的精神生态背景中去,以对时代、社会、政治、经济、文化、传统、环境等外在条件的不同形式的介入,突破单纯心理研究的狭隘界限。当然,界限的突破只是前提,它的更远的理想达成是期望在对创作过程中的作家人格与作家创作外的人格发展的联系考察中,在对文学艺术与人类心灵成长的总体探索中,力图超越文艺心理学的界限而融入心理人类学学科中,将作家人格精神现象作为人类精神的一个样本与例证,力图“从当前时代的深处把人类情感中最崇高和最神圣的东西即最隐深的秘密揭露出来”(恩格斯语),并力图找到人类心理的未来。

　　这也是这部著作所秉承的原则。

　　父亲曾说,一切文字,写到最后,只是两个字:人格。

　　我想这是他一生写作经验的凝缩。

　　帕斯卡尔说:我们不仅通过理性认识真理,而且通过心灵认识真理,我们知道一些第一原理,就是通过后者,理性必须把它的发展的基础放在得自心灵和本能的知识之上。

　　我想这一认识本就是我们不慎丢在文明里的人文学科的初衷。

　　这两句话,可看作是这部书写作本意的一种注释。

　　最后,我还想说的是,在一个社会定型了的思想格式和在一种不断生成的艺术感受的自由之间选择价值,人格就不单只是一个话题。本书与其说是叙述、提示一种思路或者思想,不如说在解说某种信仰;信仰不免浸透忧虑,要求理想,并且常常自相冲撞,所幸的是,它自始至终都未失掉一个人在多重自我裂变中对自己命定的道路探索的热情。

　　较之预言、结论与观念,这一部分更为著者所看重。

谨以此书敬献于我的父母。

献给人类历史中所有在自我精神搏战中最终取胜的人格英雄。

导　言

现时代已经很少有人如柏拉图那样,在一个不断消长的世界里去考证和探问人在固定历史和记录情感的意识后的那个原因了;从苏格拉底"认识你自己"的信仰到21世纪仍纠缠于作家笔头的"为何写作"的疑问,人在目的与原因间踟蹰几千年却从未找到的那个问题的答案,是什么呢? 一个在这样背景下成长起来的人,接触任何与这一事实相关的文学题目时,都不免要反躬自问。

时时变化着的观念取代了思想,已成模式的东西控制着一代代人的行为规范和认知标准,人们像沙滩一般吞吐海潮,却日渐削薄,于这种被动性的往复循环中已不复记得自己体内另种形态的神祇,和祖先。正如文明强大的外观景象,使人在如行星围绕恒星旋转的轨道上忘了自己还有自转的轨道和能量。

而我们的文化似乎一直在默许和强调着这种遗忘。

作家人格研究,长期以来一直未得到学术界深入探讨的这种现象,与人格研究本身的命运暗合。无论文学批评还是心理学理论,人格概念都是作为某种理想被建设性地提出或肯定的,可能正因如此,人格研究在相当长时期仅限于概念论争和伦理阐释而未能获得深入、彻底甚至是进一步的论述;仿佛是对一个早已熟识的道理,人们以为知其然便是知其所以然而不予追究,许多问题被貌似明白地搁置了起来。人格与文学的命题正是其中之一。

在纷繁热闹的各类文学理论、艺术思潮风起云涌、一派风光的时候,被推上论坛议论争吵的总是形式或类形式的问题;结构主义、解构主义、符号学、现象学的次第风靡,科学领域的系统论、控制论、信息论"三论"与耗散理论等"新三论"的自然学科及数学理论方法轮番成为人们谈论文学的轰动一时的工具和依据,在"测不准原理"、波粒二象性及其互补、熵定律、场定理等的渗透和移置里,有关人格的思考却总是不合时宜。方法论的进步不仅带来了丰富,也使我们容易因为迷乱而忘了道路的根本。方法只是其一,而我们文学所面对的已远不止此,还有方式,商业、传媒所构筑的另重迷惑也摇曳而来。

外象如此波乱纷繁,内里如何安寂宁馨?

人格理论被冷落的原因不仅在于前面提到的人类熟视无睹的弱点,更大一部分原因在于它自身,在人格本身的内动外静的性质,它的神圣与永恒,它的未可言说的内心性与无限性,它的内在的恒定而坚决的定律,都使它无法赶上也不愿去赶任何骚动一时的喧哗。由此,在各类方法竞相以华丽的服饰装点自己而又沾沾自喜于包装的精美与特异时,在以这雅致、华美的装潢的热情行动去除掉本真与核心而使学问日益风化为硬韧坚固的龟甲时,在根本就已满足于对这硬壳的描摹以致在愈来愈精细的叙述刻画里愈来愈陶醉、沉溺时,确实找不到人格研究的位置。更重要的是,人格本身的不可讨论性,它大言无声的内质似已先验地决定了它必得被排除在时髦之外,这就是为什么文学理论在借鉴各式样科学材料构筑自己而宁肯摒弃意义也不向心理学借鉴人格理论缘由之一。基于这样的事实再看如下的话便不无道理:"关于外表事实的文件,我们已经太多,多得冬烘学者们永远无法凑拢成一个整体,多得足够让忙碌的知识普及者显出聪明有学问的样子,口沫横飞,讲上一辈子。但是,关于内在的事实——关于我们命运力量起源的中心所发生的事实——我们仍旧茫然无知。"[①]

一方面,也许不曾有过一个时代,像现代,对自我意识感知得如此强烈,像现代这样频繁地谈论着人类的命运;一方面,知识、信息而非意义、价值的过剩与夸大,使得知识中主要的、具有历史价值的真知灼见却为现代人所忽视。回首 20 世纪,显文学批评优于潜文化批评的事实——对于外在形式的兴趣超过对于内在精神的探索,给被称为处于批评的世纪的文学投下暗影,一方面,文学的平原上留下大量开采一半即已废弃的矿井,另一方面,批评的

---

① ［美］威廉·白瑞德:《非理性的人——存在主义探源》,第 21 页,彭镜禧译,哈尔滨,黑龙江教育出版社 1998 年 12 月版。

勘探又在另一块地面上饶有兴味地进行;批评的平面时代所造成的文学的滑行和对廉价掌声的沉溺,对未来世纪人的思维、思想及理解力都将发生重要影响。当然,对 20 世纪文学的繁荣起了推波助澜作用的批评,功不可没,然而就整体而言,20 世纪的批评却不无遗憾。它对文学的热情里掺杂了太多的非批评成分,实用、操作的盛行,使它抽空了终极价值关怀而迷恋于文学之外的利益获得和陌生化、迷宫、悬念、叙述技巧诸种形式包装,批评自身的"浮出海面"和它对精神深度的回避,更使其宁肯轻巧地谈论浮在表层的技艺方法,而不惜消释和牺牲创造的主旨与意义,文学在批评的"加速度"里忙于转型,从而造成了文学深度信仰的流失,作家亦由此被引向骚动与喧嚣、瞬息或流程。而技术主义批评的思维,似乎已经成为我们文化的主体。但是有一点必须明确的是,文学的终极意义毕竟不是结构、符号,不是组合、分解方式,这是我们早已熟知的道理。问题是,似乎一开始我们就陷入了自编的理论圈套,这个圈套是"为艺术而艺术",是"阶级斗争工具论",是"自我表现论",是"零度写作"等形式主义,是"商业运作"的利益驱动,是"大众媒体"的沾沾自喜等为表征的机会主义,……不一而足,以致我们每前行一步都必得以剪断旧的圈索为前提,以后呢,一些新编的圈索在等待着我们步入,而实际上我们并没有因此获得进步,只不过是在一个大的方法的怪圈里做原地踏步,而许多我们引为自豪的学问其实不过是赖以依附的知识、似是而非的意见,而决非支撑生命向上的信念或真理。

所以,今天似乎到了该这样自问的时候:我们的认识还有多少取决于我们不被任何形态(哪怕是艺术本身)外力扭曲的内在人格? 我们的知识追求还有多少来源于我们生命本真的要求?"各领风骚三五年"的理论、"各领风骚三五月"的文学和"各领风骚三五天"的批评,折射出时代文化思想的短命,折射出多元化的文化繁荣下"大跃进"式的浮躁,折射出先锋或人文精神口号都无法掩饰的知识界对大众化市场化的渴慕和知识者本人人格的孱弱与媚俗。是否,我们的文学、理论还将这样的斗室小戏引为骄傲?

中国一向有重人格的传统,暂不论中国古代思想家的"圣人"、"真人"等模式对国民心态的影响与铸造,单文学上的"言志说"、"缘情说"、"童心说"及对文人人格、士大夫精神的强调便一直延续至今,可是我们今天的文学理论一直不曾给予更多的关注与重视。这种现象使人惊异。耳濡目染的麻木?

暂且搁置的轻松?抑或逆反心态的构成?多年读书训练出的省思和警觉使我不能无动于衷。

对文学的"伤痕文学"、"反思文学"、"改革文学"、"寻根文学"直到"实验文学"、"新写实主义"的更迭交替的总结和"新历史"、"新状态"、"新都市"、"新市民"文学的急不可耐的推出,文学理论批评界对各潮兴起的方法投注的极大热情背后,确实深藏着某种对文学个体性的误读。方法的巨浪将我们拍打得措手不及,我们被湍流裹挟着由一个漩涡奔向另一个漩涡,我私下想,也许正是一种对方法的热衷挤走了我们本该关注的事情,也许正是一种对人格一知半解的氛围败坏了我们要做的事情,它不仅使得这项研究滞固不前,而且使得"人格"成为人人认识的词语同时,其深蕴的涵义却在不知觉间被消解了,以致它今天仿佛成了连缀不起的断简残片。

还有一个问题,在某种意义上可视为是造成以上文化氛围的深层原因。即,人对自身怀有的不可名状的认知恐惧。在人们都已习惯于人格面具、社会角色的"文明"里,要使人卸下面具以自我的本真面目存在,其困难性可想而知。所以,人向外部世界延伸才干的能力扩张是否也是一种对向内部人性探索与求知的回避?是否,人的聪明机智已发展到,以对外的征服的精力来排斥与挤压掉对内关注的目光,以对外的胜利来占据和掩盖内心的混沌、迷茫与空虚?内视力的萎缩,中、西人类学家共同指出的物质与精神的不平衡,技术无限增长而人性进步缓慢的事实使我们对这种单向发展倍增怀疑。这种普遍存在的人格认知恐惧状况,使得刻在古罗马阿波罗神庙的铭言"认识你自己"在千百年后——科技已发展到卫星、火箭的21世纪的今天——仍不失为对人类自己的一句警示。

人们将期待转向文学,希望求助于人道主义的思想。而一贯以能指导人生和影响人生而自豪的文学、批评和理论却津津乐道于各种方法试剂的配备与试验,以同样埋头苦干的外在的劳碌来掩饰它实质上的对意义的回避,用冰冷的形式框架去衡量文学生命的血肉,从而在借助各种科学作为研究方案的过程中变得生涩、笨拙、斑驳陆离,以致最终忘记了它谈论文学的最初用意。

而人格研究,在中国,一直是人文学科研究的一股潜流,亦是文艺心理学研究的一股暗流,古代伦理价值基础上的人格思想在近现代仍然保持着它初期的淳朴,可以说中国几千年的人格理论一直存在着同语重复的状态,这种状况一直持续到 20 世纪 80 年代中期。20 世纪 80 年代始,中国学术对于国外先进思想的大量译介,使人格理论获得了发展的空间。但是,人格理论的发展仍局限于借鉴,而且人格心理学的学科成果国外研究的系统介绍与翻译本身,在变动不居的思潮引进中,并未有一以贯之的研究跟进,这种只是学科的移用方法的引进造成了另一种停滞,尽管在临近 21 世纪的几年里,尚有一些谈人格的零散文章,却也一直未能形成一种研究风尚。种种情状说明了人格本身界定的传统逻辑上的暧昧晦暗,和转型期尚未定型的整体文化观念的粗糙、模棱。太多表象的问题需要澄清,在一个跨越百年的学科融汇的交叉地带,必然有某些芜草不及修整,也必然有某些领域仍属空地。1985 年前后各种文化思潮由鼎盛相继走向冷寂,文坛喧闹已渐平息的时候,有关人格的探索才有了一个悄悄的开始。而这开始,在稳健的同时又是怎样的迟疑和小心翼翼。总之,人格探索在传统人格理论滞塞的背景下,引进了西方心理学的人格理论,可是却未能找到两种文化的衔接部,地气没有接上,血脉未能沟通,人格理论仍然只是各说各的,油水不溶。这是人格心理学的借鉴在当代中国人文学科中水分很快蒸发的重要原因。

在追溯了人格研究不大走运的原因之后,我们的问题是,我们的作家人格研究应建立在什么基础上面? 不是西方心理学译著,也不是文学的外观现象,而应以它们作为两个参照系,从而将视线焦点集中于人,即作家身上。

人,是一切人文学科的起源。人,也一直是人文学科人文思想的肇端。同样,人也应该成为以人为主体的人格研究的前提。

那么,作为文学人格研究的一个参照系——心理学的发展是否为我们的研究提供了可能呢? 从史的角度看,心理学本应更关注人的价值问题,而长期以来,却流于一般概念、规范与界定技术的研讨,从而将有关价值的探索让位给了哲学、伦理学,而同样陷于只讲概念与规范的哲学与伦理学是否有意承担对一个时代精神状况反映与建设的责任呢? 如果连哲学、伦理学两项最能代表人类创造、衡量人自身素质的学科都遭受到价值失落的颠覆,年轻的心理学便不能再犹豫不决和袖手旁观了。的确,我们需要一种向上的心理学,在长期对病态、变态研究基础上,重建人类心理健康的价值。这层意义上,人本主义心理学的诞生不无道理;如果只研究、关注病态、变态的人,确实不仅会滋长研究者本人的病态，也会使人类自身对自己的希望与前程愈感渺茫以致无望，更会使文学向低俗方面发展从而丧失掉文学应有的激励作用、净化作用和向上的审美需要。要使文学担负起提高人类素质的使命，首先也应从探讨人、人格开始。心理学与文学在这一点上日趋一致，它们的终极关心是共同的，那就是：人是什么？人的本性是什么？人的前景、成长与发展如何？人类如何完善自我？而最贴近这种关注的、在以往传统心理学中长期遭受冷落与忽视的人格理论，于20世纪中后期成为心理学乃至世界人文学科讨论的热点这一事实本身，就已反映出人的问题已成为了人自身回避不开的问题，同时也是人讨论一切问题的前提。"如果没有人这一协调一致的概念，就不能说明各种心理过程的相互作用，记忆影响知觉，愿望影响意义，意义决定行动，行动又形成记忆，如此等等，以致无限。这不断的相互渗透发生在某种界限以内，这界限即我们所说的人"①。奥尔波特的这番话也在表明，心理学研究的出发点必须是人。

而对人的关注早就被尊为文学的本质。这是我们的另一参照系。

无论认识、审美还是艺术都不能离开意义，而意义只有在人的范畴与层次上才可能存在并被称为意义。所以，我们的人格研究决不是一种还原论，恰恰相反，它是一种悖于还原的世界观，其具体研究是逆向的，其目的指向是向前的。它的全部努力在于防止精神"赤字"局面的出现，从作家精神生成中寻找到提升人格的途径。在文艺心理学的一个分支文学人格心理研究中实现其对创作精神描述的心理人格研究（即表层现象的深层研究）的同时，文学——人格研究的最高意义就是在任何时刻不忘人之为人的自由与尊严，这种内在的自我确立精神也同样是我们的时代和文化所需要和应该具备的。

在这一背景下，力求体现将作家人格心理研究与作品研究融合起来的意图，力图在一个新的思维层次、新的思想台基上克服陈见与盲目，而且一种共同的目的——人的发展——已为文学与心理学提供了共同研究的交叉、叠印领地，向往能够通过写作实现。在以往横向的面的研究的成就上，我们已具备了纵向的点的研究的条件；在整合意识基础上，本书所要强调的是同样重要的剥离意识，并在这种双向思维运动中考察作家人格，亦即在精神生产（文

---

① Allport, G. W., *Pattern and growth in personality*. New York: Holt, Rinehart and wnston Inc., p.553. 转引自林方《心灵的困惑与自救——心理学的价值理论》，第78页，沈阳，辽宁人民出版社1989年12月版。

学创作)与精神生态(文学现状)诸现象中寻找到一种共同的质:精神生成(作家人格),从而进一步探索精神生成的个体价值及其与文学的关系。

作家研究一直是文艺心理学的核心,而作家人格研究则是核心的核心。作家人格研究是在对作家心理机制与精神素质的综合研究基础上力图找到作家人格与文学风格、品格内部联系的一种研究。本书第二卷的主体部分内容所尝试的正是这种研究。

这种研究以作家人格为核,辐射到文艺现象的三大块:社会、作家、作品。在这种联系中,本书第二卷将要完成的工作是:社会是如何铸塑和造就作家人格的,完型了的作家人格对社会又是怎样发生间接作用的;作家在创作中是如何将人格投射于作品的,而完成了的作品又是怎样不仅补充和提高作家本人人格,而且直接参与人类精神创造的。从当前时代的深处"把人类情感中最崇高和最神圣的东西,即最隐秘的东西从内心深处揭示出来"①,更是本书贯串始终的动力。

为此,下面的话对于理解这部著作的诞生是有益的:

我相信,对于摆在面前被我们不停阅读,亦使我们不断受着鼓舞乃至塑造、重铸着我们品格、性格的文学作品来讲,藏在它背后的或说是凝结于其中的人格正是我们希望透过创作表象而洞穿的东西。

我相信,作家所创造出的作品正是他本人的全部精神,而人格②便是这精神的核心。

我相信,只有抓住文学作品深层隐藏着的人格实质,"文学是人学"这句话才会在"文学是写人的"(文艺社会学研究)、"文艺是写给人看的"(文艺美学研究)、"文学是人写的"(文艺心理学研究)三层意义之上有其更深层的内涵——文学是由带有人类共性与作家个性的人写的(作家人格研究),而且,只有人格高尚的作家才能创造出高尚的文学。

这也是这种研究的魅力所在。它在更高的意义上超越了心理科学与文学,而指向一种更普遍的人的成长与价值实现,指向人内在的智慧与发展的需要;而这种需要是不受任何学科限制的,是超越时代、指向未来的。这是本书第三卷将完成的部分,作家人格——文学人物人格——国民文化人格的链

①　《马克思恩格斯论艺术》,第四卷,第351页。北京,中国社会科学出版社,1985年2月版。
②　此处所讲"人格"是精神综合意义的人格,偏重于心理意义,而非单具伦理的意味。

性发展及相互关系，是我一直关注并试图解说的命题。

当然这种开放式的方法——不是将研究局限于文学的范畴，而是试图在更大的文化空间——国民文化人格的铸造的社会心理学的空间——去解释它——一定会构成这项研究所面临的困难，而且我们并不能保证我们的研究会将这一课题推向彻底与穷尽，因为人是发展着的，人的人格也是永动的。但只要有一个理由支撑，就足以让我们保有自信，那就是：我们所做的一切，也出自我们研究者自身的人格建设所需。

我时常想，为什么一个学者选择了这一命题而不是那一命题，为什么涉足于这一领域而不是那一领域？为什么，一种主题成为他（她）的学术纠缠，而不是另一种别人可能更看重的主题？我想其中可能有大义存焉。也许，选择的初衷已包括了某种自我的主体需要解决的问题，需要一种确认，一种对于文化自我的确认，对于一代知识者的确认。这种选择，同时注定了选择者的命运。人格，是一种有着命运感的东西，它不只是一种纸面上的概念，它也从来不是某种学问中的空洞的框架，它是需要人的真实的血肉去填充而使之始终保持生命的一种学问。

为此，本书虽然采用了实证和描述相结合的方法，其中，也包括对人类学、统计学等学科的成果运用，但最主要的方法则是隐于其中的亲证，亲身证悟事物背后的真理，在自然万物中发现内心，在对方心灵中体验自我，在自我内在的个体灵魂中亲证最高的灵魂，这将是贯串本书的原则之一。

古老的信仰曾告诫说，你在你拥有的对象中。一宗教诗人曾提示我，"正确的方法存在于研究对象拥有的方式中"。我相信在我们向文字注入生命和使文字最终变作生命的这项活动中，一定包含了我们自身尚未自知的自由精神与宇宙神性。

马克思说："所谓彻底就是探求问题的根本。而现在的根本是人。"

歌德说："在艺术和诗里，人格确实就是一切。"

这是我们的研究和为人的一个坐标系。

人希望在普遍的人中认出自己的这种愿望，到最后，必会产生一种新的结合。

正如你所希望，在个体的人身上，你将不断发现藏在你身上的你所倾慕的整个人类群体。他们构筑了精神，是你体内的万有和永存。

　　我要重说，这不仅仅是一个单纯的方法论问题，它为我们提供了这样一个机会，那就是：在人格研究同时，正在进行的，还包含有对研究者本人的人格检验。

　　有谁能说，这是在研究范围之外的呢？

　　或许，我们已投入"试探——错误——再试探"的长链，已投入"猜想——反驳——新的猜想"的长链，而且，一切新的猜想都将作为更新的猜想的反驳条件，能有幸作为这真理阶梯不断上升的一个哪怕错误的螺旋，能有幸作为这生命链上联结的一环并不断地赢得历史的校正，这桩事本身难道不已是魅力无穷吗？人格心理研究——作为人类精神建设的一部分，为我们提供的契机不仅是冒险的，而且充满了诗意。

　　为此，在结束这篇已经讲得太长的导言前，我要你与我一起谨记出自《奥义书》的如下段落：

　　　　在我内心的是具有伟大灵魂的人，是超越了时代、死亡和不幸，超越了饥饿和干渴的人，他在思想和行为上是纯真的，我们必须寻求他，我们必须认识他。①

　　我们会在本书中重温到这句话。
　　请先记住它。

---

　　① ［印度］罗宾德拉纳特·泰戈尔：《人生的亲证》，第118页，宫静译，北京，商务印书馆1992年8月版。

第一卷　人格与史

第一章

人格理论纂要

第一节 人格定义

每一部试图于一严谨课题下展开的人文著作,都首先面临着科学化定义的困难。

为不使理论于一大堆看似互不粘连的个案、材料与分析中迷失,给出一个确切的定义是必要的。

然而,"人格"的界定却多出了一层困难。

"人格"不仅是一个认识问题,更是一个极端个性化的问题。

由于这个原因,尽管人格一词现已被广泛应用于宗教学、哲学、人类学、法学、社会学、心理学、伦理学乃至临床医学诸学科中,但科学地概括和表述人格的确切涵义,仍属研究这一问题的专家学人的难题。这一点细忖起来很有意思,一个一直高频率地出现在生活与学术中的概念,运用它的人却无法给它一个确切的意义,这一事实本身似已说明这个概念内涵的丰富与复杂。

"人格"初始的涵义源于拉丁语 Persona,即古希腊罗马时代戏剧演员戴的、表明戏中角色身份的假面具。从今天的构词中,我们仍可看出约公元前一百年时它的这一单纯、通俗的原始涵义。当然经历史文化的繁衍引申,这一涵义也随着时间和认识日渐丰富而发生多次歧变,以致专门的研究者反倒不易明晰地把握了。

人格学科的这种现象，让我们无意瞥见了一切人文学科在尚未定型前演化过程中的秘密。这是我们以日益僵化的头脑，在已然僵硬的学科中体味不到的柔软和温度，它唤起了某种重回远古的探险热情。我想，人格定义多达百种的命名已经部分地泄露了它本身所具的魅力。难怪美国学者赫根汉在其著作《现代人格心理学历史导引》前言第一句便开诚布公地亮明自己的观点，他说："只有在人格理论的领域中，读者才能饱览心理学的绚丽多姿。只有在这个领域中，读者才能亲眼目睹心理学中从最精密的科学家到最玄乎的非科学的思想家的思想财富。"①1937 年心理学家阿尔波特综合阐述的自古以来不同学派多达 50 种的人格定义说明了这一点。还可以用来作为旁证的是另一相关的统计数字，20 世纪 80 年代的人格定义已达 100 多种，几乎所有以个人为对象的研究，或以人类为研究对象的学科，无不涉及人格概念，所以，人格就有着这诸种学科的多重界定的涵义或意义，而且，诸种涵义之间的交叉性也不可避免，神学的，哲学的，文学的，心理学的，文化学的，从信仰到理性认识再到伦理修养，"人格"一语，几乎集聚和涵盖了人类多种学科的起点与精华。由此人格所引领我们认知的，就不仅只是理清历史各个时期各色各样有关行为与意志的哲学问题，也不仅提供我们看到从古希腊哲学到弗洛伊德、马斯洛心理学尤其是近代心理学的由精神分析、行为主义到人本主义的进化过程，要紧的是，它协助我们在自我的生活与人际中"发现存在的价值与意义"。对于"难道还有其它的心理学领域能涉及如此宽广的人类心理的疆土吗"这样的问句，赫根汉的答案当然是否定的，确实，人格理论领域是洞见整个心理学的一个窗口，也是人类洞见自我的一扇大门。

让我们回到人格定义的历史考察上。

一、词源：面具的隐喻

"人格"一词，源于拉丁文，原意指的是"面具"，即古希腊罗马戏剧中演员在戏台上所戴的假面具，也是显示给观众的"脸目"或"脸谱"，代表着剧中人的特定身份，后引申为人物、角色等。

---

① ［美］B·R·赫根汉：《现代人格心理学历史导引》前言，第 1 页，文一、郑雪、郑敦淳等编译，石家庄，河北人民出版社 1988 年 4 月版。

这是"人格"的最早定义。

把面具指义为人格,实际上是把人格分成了"所指"与"能指"两部分。人格的所指部分,是指一个人在舞台上演出时的角色与行为,随着时间的延伸,这部分涵义演变为一个人显露于外的行为表现与特质模式,代表了一个人在公众场合中的外部自我,是这个人的人人可见的形象部分;人格的能指部分,则指的是一个人的真实自我,这是藏在面具与角色后面的部分,是不经常显示出的也不轻易为人所亲见的部分,这个涵义暗示了人的更为隐深的本质,是对应于前者"身"的部分的"心"的涵义。

人格,是"身"与"心"的统一体。

可见,在这个充满隐喻的看似具体的"面具"的定义里,已经埋藏了以后的心理学可供发展的条件,同时这条件也是人格定义不断产生歧义的伏线。因此,有关"人格"的"面具"解释似乎一直是双重的,一方面,它更为具象地指涉着人格所代表的不易被人类理解的抽象的内部的自我,一方面似又在这种还原的过程里将人格的外部可见不断加以扩充和改造,并在删除它的面具涵义同时不自觉地强化着它的面具形式,从而使这一原本生动的语词日益变作一个意义繁多的理性化的抽象的名词。

是隐喻使面具不断加厚的。这是原始语言的魅力,也是我们今天研读窘迫的来源。

古希腊如此,我们的视线也无法越过古罗马。古罗马政论家西赛禄(公元前106—前43年)曾将人格表述为以下四种不同的含义:

(1)一个人表现在别人眼中的印象。

(2)某人在生活中扮演的角色。

(3)使一个人适合于他工作的那些个人品质的总和。

(4)优越和尊严。

阿尔波特归纳的50种人格定义中的前四种即源于西赛禄的这四种对人格的表述。其中所掺杂的虚构与本质成为以后人格一词各向哲学、宗教学、法学、社会学和心理学方向衍生的根据。

二、盘根错节的生长期

从公元前一百年的希腊罗马时代开始到20世纪80年代的这整整两千

年,几乎可视作是人格一词在向各学科领域渗透同时不断修正自己的漫长的生长期。

神学家看人格为"三位一体的成员";早期哲学家认定"人格是真实的有理性的个人的本性",或"赋有理解的实体"、"自我性"乃至近期"完善的理想"、"最高的价值";法学家从享有法律地位的团体人的角度对人格作出解释;社会学家于否认人格的自足性而称人格为"人类团体的最终的颗粒";日常广告干脆承袭生物社会意义的衡量标志,强调其"外表吸引人注意的特性",界定其为"一个人的社会刺激价值";与此同时,是更加数不清的大量心理学的人格解释,比较著名的有普林斯的人格定义:"人格是个体一切生物的先天倾向,冲动,趋向,欲求,和本能,以及由经验而获得的倾向和趋向的总和";华伦和卡尔启尔的定义,人格是"一个人在任何发展阶段的全部组织";肯卜夫的定义——"人对环境进行独特的适应中所具有的那些习惯系统的综合",这是行为主义心理学的主要看法;苏恩的定义:"人格是习惯、倾向和情操的有组织的系统,起作用的整体或统一,而那些习惯、倾向和情操是区别一群中任何一个成员不同于同群中任何其他成员的特征";注意其中对差异的强调,它的心理人本主义意味加重了。

在这些盘根错节的可用作养料的根须之上,阿尔波特的人格之树生长得高而直,由于历史演进而来的"一览众山小"的效果,使其定义带有总览与概括的性质。他说,人格就是"一个人真正是什么?人格是在个体内在心理物理系统中的动力组织;它决定人对环境顺应的独特性"。这是总结了50种定义所得的结论。

"一个人真正是什么",真正的人,这便是精神意义上的人格,也是这一定义越过其他定义的部分,它内涵的丰满与宽泛,使它能够在众多定义中稍稍胜出,成为辐射到与心理学相关联的其他学科的一个较为权威的概念。

这也是现代心理学中最为普及的概念。

以此为起点,1947年至20世纪80年代的40年间,人格的枝桠在这"主干"上生长,从吴伟士到米谢尔,心理学界的人格定义仍然不下50种;具代表性的有:

20世纪40年代吴伟士提出的"人格是个体行为的全部品质"。

50年代由艾森克提出的"人格是个体由遗传和环境所决定的实际的和潜

在的行为模式的总和"。

60 年代卡特尔的"人格是一种倾向,可借以预测一个人在给定情境中的所作所为,它是与个体的外显和内隐行为联系在一起的"。

70 年代拉扎鲁斯认为"人格是基本和稳定的心理结构和过程,它们组织着人的经验并形成人的行为和对环境的反应"。

80 年代初米谢尔在其他心理学家研究基础上提出"人格是个人心理特征的统一,这些特征决定人的外显行为和内隐行为,并使它们与别人的行为有稳定的差异"。

当然,在 20 世纪的这 40 年中,人格的定义不断刷新,这是我们不能不承认的一个事实。但在诸多理论概括的密不透风的逻辑表述中,也许卡尔恩的"人格是一个人不同于他人的所有的主要心理历程"(1955)、莱尔德的"人格是一个人的生活方式"(1968)和林德尔、荷尔的"人格是特征的一种组织,它存在于自己而区别于他人"(1975)的表述,来得更为鲜活和具体。

20 世纪 80 年代至今,人格定义的蔓延并未停滞,它牵动了大量的研究领域完善着对它的进一步广泛而深入的考察,较有影响的几种界定方式,如下:

科学化的界定:人格是个体内在的在行为上的倾向性,它表现一个人在不断变化中的全体和综合,是具有动力一致性和连续性的持久的自我,是人在社会化过程中形成的给予人特色的身心组织(陈仲庚等)。

心理学的界定:人格,指的是个人的一些意识倾向与各种稳定而独特的心理特征的总和,即个人的心理面貌(郑敦淳等)。

伦理学的界定:人格应该是"一切社会关系"中某一部分——伦理关系、道德关系的一种自我塑造过程,人格的本质是主体的人在社会生活中所进行的人际关系规范创造活动的凝聚结果,也是作为客体的人自我认识、自我完善和自我确立的价值评价。主体人的创造活动与客体人的自我价值评价的统一,就是人格(李江涛等)。

此外还有将人格放在人道主义背景下的哲学考察,生理医学临床病理学人格定义等等,此不赘述。

就整体而言,可以说,人格科学仍处于发展时期,人格定义也仍处于未定义阶段。当然,人格定义实验中的不严密性也许并不是学科与历史的缺点,它可能正以这种形式转达这样一种事实,人格在某种程度上正是人自我认识中一直尚未规范的成分。在这个意义上，人对于人格的自我理解一直是开放的，这种境况也许更有利于人格研究的发展。

尽管人格定义仍无定型，但我们却可从中找到一些非常重要的信息，如人格诸种定义都一致强调到的——人格的整合特征、人格的差异性、人格的内聚能力、人格的辐射作用等等，这些定义都在各个不同的时代背景、学科侧重和结构分析中共同显示出一种愈见清晰的趋势、趋向——身与心、内与外、表与里、个体与环境、自我性与社会性的统一。

这一信息为我们进一步阐释人格提供了重要的研究基础。

三、开放的自我

对于一些不可能直接进行研究的事物，通常的做法是研究与其相关的问题并从中抽取意义或综合意义。而一切科学起于定义的这个观念已长期固定在了我们的头脑里，内涵与外延是否周严、是否准确是我们用惯了的衡量一切学科概念的标尺，然而人文学科面对繁复驳杂难下判断的事物的窘迫却是常事，我常常想，是否有另外一种方法，近于描述，在我们对它轮廓的绘制中渐渐成形，在一种实践中诞生一种含有定义的整体观念，似乎应该先于定义成为我们的起点。我在想，面对愈来愈繁复、交叉、边缘、重叠等多层皱褶组成的新学科，给出一种界定的方法是否已经过时？是否这种定见本身就已帮了一种认识的障碍？在千变万化、日新月异甚至加速度更迭的世界事物里，只给出一种概念的僵死衡定越来越成了一种天真的想法，这种不切实际的惯性思维，会不会删改掉了人类思想中原本该有的鲜活与丰富？

人格，这一含有想象、知觉、冥思、创造力，含有气质、特质、本能、情绪，含有生理、心理、智力、情感等多重品性的生命综合体，作为人以自身为研究对象的对象物，应该有一种新的思想方法对应于它。

而这正是一直困惑我的东西。

歌德曾说，"人们只是在知识很少的时候才有准确的认识。怀疑会随着知识一起增长"。这句话似在预言包括人格理论在内的没有统一的关键术语的前提下的研究状况，无疑，这种状况，仍将持续下去。某种程度上，这种状况，也正是人以自身为研究对象的一切"科学"的常见境遇。这就是这部跨学科专著起始艰难的原因。交叉学科的冒险性，在于，要么，你被说是用不同的术语讨论着同一领域的问题,要么,人们会认为你在用同一个术语在处理和谈论不相关的领域。

绝对性科学性的过于古板的评判似乎一直不大适合人格学科的这种观念应该给予承认,但我们也决不以此作为概念混界的盾牌;但很明显的,在以术语为出发点的思维惯式与以感知为出发点的思考方式间,有一个人文学科研究长期未予重视的差异,划开了人们限定自己言说范畴的一种圈地方式和从实际出发的"师圣体经"的亲证方法。这个角度看,恩斯特·卡西尔如下的话仍具意义,他说:

> 如果有什么关于人的本性或"本质"的定义的话,那么这种定义只能被理解为一种功能性的定义,而不能是一种实体性的定义。我们不能以任何构成人的形而上学本质的内在原则来给人下定义;我们也不能用可以靠经验的观察来确立的天生能力或本能来给人下定义。[①]

给人格下定义的境况也是如此。

没有学科的阿基米德点。

人格的阿基米德点,只能是人。但是,人不是与生俱来的抽象,也不是一成不变的永恒。人,是活的个体,人是当下的、"在路上的"、液体的永动。人在永动之中。人格,也必然呈现这种动态的特征。

恩斯特·卡西尔对我们讲到苏格拉底的规避:

> 苏格拉底向我们详细而不厌其烦地分析了人的各种品质和品德。他试图规定这些品质的性质并给他们下定义:善、公正、节制、勇敢,等等。但他未冒昧地提出一个关于人的定义。[②]

为什么? 也许苏格拉底式的规避正暗示着我们一种苏格拉底的方法,即:

---

① [德]恩斯特·卡西尔:《人论》,第87页,甘阳译,上海,上海译文出版社1986年8月版。
② [德]恩斯特·卡西尔:《人论》,第7页,甘阳译,上海,上海译文出版社1986年8月版。

我们绝不可能用探测物理事物的本性的方法来发现人的本性。物理事物可以根据它们的客观属性来描述,但是人却只能根据他的意识来描述和定义。……因此,苏格拉底哲学的与众不同之处不在于一种新的客观内容,而恰恰在于一种新的思想活动和功能。①

由此,哲学,在此以前一直被看作是一种人对人的理智的独白,现在,变成了一种人与人之间的相互的对话;真理,在此之前,也一直被认作是某种现成已有的东西,而现在,它成了蕴含变化的辩证的思想的产物。

在经验的对象与活动的产物中,我们参悟了什么是静止的学问和流动的人性,正如卡西尔所言,"在这里,我们获得了对于'人是什么?'这一问题的新的、间接的答案。人被宣称为应当是不断探究他自身的存在物——一个在他生存的每时每刻都必须查问和审视他的生存状况的存在物。人类生活的真正价值,恰恰就存在于这种审视中,存在于这种对人类生活的批判态度中"②。

经由这"规避"与"方法"的路径,我们找到了苏格拉底的思想,"他把人定义为:人是一个对理性问题能给予理性回答的存在物。人的知识和道德都包含在这种循环的问答活动中。正是依靠这种基本的能力——对自己和他人作出回答(response)的能力,人成为一个'有责任的'(responsible)存在物,成为一个道德主体"③。

相对于苏格拉底的"思想"而言,他的"方法"的启示大于"思想",或者说,两者是连为一体的互义存在。对话、辩证使他否认了真理是给出的方法模式。真理的获得,必须依靠某种相对的纽带,才得以完成。

这个启示意义重大。

所以,我们必须找到一个纽带,连接对话者与"讲话人"。

这可能是一种打通的观点。真理不是一方给另一方,而是双方对于一个问题的共同解答。

真理如是。

人格亦如是。

_____

① [德]恩斯特·卡西尔:《人论》,第8页,甘阳译,上海,上海译文出版社1986年8月版。
② [德]恩斯特·卡西尔:《人论》,第8页,甘阳译,上海,上海译文出版社1986年8月版。
③ [德]恩斯特·卡西尔:《人论》,第9页,甘阳译,上海,上海译文出版社1986年8月版。

人格不是一个一成不变的实体,而是一种不断获得创造的过程。

也正是在这个认识基础上,我们才可理直气壮地面对马克斯·舍勒的忧患:

> 在人类知识的任何其他时代中,人从未像我们现在那样对人自身越来越充满疑问。我们有一个科学的人类学、一个哲学的人类学和一个神学的人类学,它们彼此之间都毫不通气。因此我们不再具有任何清晰而连贯的关于人的观念。从事研究人的各种特殊科学的不断增长的复杂性,与其说是阐明我们关于人的概念,不如说是使这种概念更加混乱不堪。①

隔裂的思想,恰恰源于"给出"的方法,而不是互动的创造。

人的概念如此。

人格何不如此?

那么,在这个开放的背景下,什么是人格的功能性定义呢? 在林林总总的有关定义的求证中,我宁愿将自己这部书的谈话范围限定在心理学的大区域内,本书的人格概念是带有精神分析意味的,而非一般流行或普遍接受的伦理范畴的称谓,心理意味的人格定义我们选择如下的话语来表达:

人格,是指一个人的心理面貌和精神特质。它是更为个人化的一些意识倾向与各种稳定而独特的心理特征的总和。

本书使用的人格概念,将以此界定为基准。

四、回到隐喻

适用于本书的这一人格定义的无限开放的功能性质,显示了现代人对于丰富多样的世界进行描述的艰难无措。这种境况自然引人怀念两千多年之前的那个似已包罗万象、蕴意非常的人格——面具的韵味。

让我们回到那个面具的启示。它有三个隐喻用心良深。

隐喻一:渊源。前面说过,人格一词源于拉丁语 persona,是指古希腊罗

---

① 马克斯·舍勒:《人在宇宙中的地位》(*Die Stellung des Menschen im Kosmos*)。转引自[德]恩斯特·卡西尔《人论》,第29页,甘阳译,上海,上海译文出版社1986年8月版。

马时代戏剧演员在舞台上戴的假面具,代表着剧中人的身份。这一观点已为学界所公认。而古希腊罗马戏剧作为时序上仅次于神话与史诗的一种文学形态,当时获得了鼎盛的发展,尤其是悲剧,可以列出的著名三大家——埃斯库罗斯、索福克勒斯、欧里庇得斯,他们的成就代表了人类古典时期的精神文化;公元前5世纪初,埃斯库罗斯把演员数量由一个增加到两个,穿高底靴,带面具,可以轮流扮演几个人物;也就是说,人格最早的概念不是哲学或心理学范畴的,在同时代的如柏拉图、亚里士多德等哲学家的著作与言论里都找不到人格一词,它也不是文论范畴的,因为它也从未出现在贺拉斯等人谈论文艺教育与技艺的文论里,人格一词在当时的的确确是戏剧即文学艺术范畴的概念,是创作的概念。这使我想到了悲剧的另一词源,悲剧一解为"山羊歌",原因是酒神颂的合唱队披着山羊皮扮演着半羊半人的角色。我想说的是在人格与悲剧之间有着某种形态上的联系,除此之外,两者在实质上也是极为相近的,它们都在现实生活与虚构表现间贯彻和延续了人类文化自荷马史诗以来的以人为本的思想;人格在戏剧中的最初的面具涵义,在现今的原始部落里仍可找见,如藏族佛教的一些大型庆典中,萨满教驱鬼逐疫的宗教仪式中;更多的古代的例子是,古代伊特鲁亚人习惯于在自己的住所悬挂祖先的面具以作为自己地位的某种象征,中国宋代的傩戏即流传于民间的一种假面跳神戏,也是以面具为主要表现形式的;当然从离我们最近的布莱希特的现代派戏剧中,在中国京剧脸谱艺术中,在20世纪哲学荒诞派戏剧中,细心的话,我们都可找到人格的那个最初的文学含义,和面具一样,藏在那含义后的哲学的心理学的意义,只是这个文学的形象的含义的延伸,或涟漪。

　　人格的文学渊源,是我们谈论文学人格的一块重要基石。

　　隐喻二:传说。正如人格一词源于戏剧一样,人格一词的出现也带有戏剧性。传说古希腊时代一位当时著名的罗马演员为遮蔽他不幸致残的眼睛,在戏剧演出时佩带了自制的面具,此后这种特殊的道具被罗马的演员们广泛使用,代表了剧中人的角色与身份。这个故事托出了人格在成为戏剧面具同义语而很可能在剧中代表着剧中人的悲剧命运之前,它就已确切地代表了一种伤残。请注意这一提示,它不仅是人类对自己命运的探讨总是充满悲剧性的当时文学的面貌,而且是人格本身所包容的病残性的暗示,后者形成了以后的人格心理学的一些非常著名的流派与观点,当然,其间的时空已然跨越了许多个世纪,如弗洛伊德学说,如霍妮等的新精神分析学派。个人意志与宿命的冲突,演化为人性弱点的发现与批判,从《俄狄浦斯王》、《美狄亚》中都可找到例证。今天,"俄狄浦斯情结"已成为与人格理论关系密切的精神分析学派的重要术语之一,而研究变态人格的学说又经常拿血亲复仇力量支配下的美狄亚作为例子。种种现象,已然指向人格中的伤残与悲情。

人格中的负面价值,作为人格与文学共同关注的话题之一,仍然为我们不能回避。

隐喻三:用途。面具是用来肯定身份和地位的,面具是用来遮掩自己伤残的面目的,这都表明了人格所含有的肃穆成分和提升力量。这可能也是古希腊罗马戏剧不朽的原因。虽然在命运的威力与人的自由意志之间仍无法摆脱一种惶惑不解和事与愿违的沉重,但巨人式的人物所具有的自由与个性、才智与力量却使悲剧也充满英雄主义气息,风格崇高雄伟,感情汹涌澎湃,一种遒劲豪放的力量对应着一个朝气蓬勃的时代。亚里士多德的《诗学》里曾讲到了这样类似的观点,他说,悲剧的目的在于"引起怜悯和恐惧",并导致这些情感的"净化",其中谈到了心理的健康作用,也关涉到了人格的另一重更为重要的涵义——铸塑和提升。任何伤残与逆境下不失美的气质和优雅的战胜,这同样是人格与文学的共同特征。

有关人格与文学的现代诠释,在这三个隐喻中几乎都有了雏形。这是一个值得关注的有趣的事实。这一事实,似乎应了克尔凯郭尔的一句话:

"概念像个人一样各有自己的历史,也像人们一样不能对抗时代的冲击。可是它们又跟人们一样总是念念不忘自己童年的情景。"

这是我所看重的人格童年。

同时,这也是本书谈论人格与文学关系的重要起点。

第二节　人格心理学

一、边界

已经知道,人格是指个人的心理面貌和精神特质,即个人的一些意识倾向与各种稳定而独特的心理特征的总和。这个概念决定了人格心理学的界定必然是狭义与广义的综合。从狭义的范畴讲,人格心理学是从心理学角度探讨人的行为倾向,阐明人心理品质的心理学分支;对应于此,人格心理学的广义概念是,它是研究人的成长的心理学,它试图描绘人的全貌,区分影响人的各种因素,并解释这些因素是怎样创造出一个独特的个体的。

1981年,人格心理学家吉尔和齐格娄曾在以往人格心理学研究基础上将人格心理学的研究领域概括为意志自由与决定论、理性与非理性、整体说与原素说、素质论与环境论、主观性与客观性、自衡与动衡、可变性与不变性、前动性与反应性、可知性与不可知性等九大范畴;可见,对应于人格的多因素、多水平、多层次,人格心理学也是一个包含了许多人文与心理问题的复杂系统。所以,人格心理学这一心理分支更像是一种综合,它是将人的整体作为研究对象的,而不是像其他心理学支派只将人的某一方面视为对象。企图绘出全景,又企图在这全景中做到条分缕析的细腻,这是人格心理学的特色之一。人格心理学在本质上的这种综合性也为我们讨论作家人格提供了广义的背景。

正如关涉与人有关的其他一切学科如哲学、人类学、历史学、文化学、文学一样,人格心理研究所要具备的连贯的知识与综合的学问及对研究者本人所提出的人格要求,使得它很像一门尚未可命名的大人文学科;它像哲学一样,必须要对如下问题做出回答,人的本质是什么? 一个人的行为是由自己的意识决定的,还是由意识外的因素决定的? ……;又像心理学一样,无法回避诸如"无意识究竟在多大程度上影响人的行为规范,它与意志的关系如何? 人格是一个整体还是若干因素的机械组合? ……"等疑问;又如文化——人类学,必须直面体质、气质等遗传因素对人格的影响,家庭、社会等环境对人格的影响以及二者之间的关系如何等问题;除此外,它还需对人格形成的条件、人格发展的动力、人格演变的途径、人格结构的类型等问题做出它独特的解释。

二、核心

可以说,人格心理学是人学的一种核心研究。同时,也是人学的一种综合。它像一个大熔炉,需要吞吐大量的木材燃料,需要火,而炼出的只是一颗细小而全一的舍利。

舍利，是它所属的这个人的核心，是这个人全部精神的凝缩与总和。

经不住这种高温是经常的事。所以大多数心理学家宁愿去深钻一个更为学究的分支问题，也不愿将一生消耗在这个庞大而尖端的领域里；涉足于它的多是对个人心理真正抱有兴趣和好奇的冒险者，而当他们一旦意识到它内部布满小径、荆棘丛生的艰难时，是会有多半人被吓退的，而剩下来的，可能是将好奇转为了惊异的人，他们热忱不减，真正走火入魔，在一种耗尽他们生命燃料的火焰里，企图找到一种关于人的新的学说和解释，这种过程往往到了最后，并不能得到现时代人的拥戴或承认，时间延长了这种冶炼，先是有关生命的，后是有关文学的，在如淬火般的淘洗中，尤其后半部的有关文字的获取后世辨认鉴定的过程，可能会是人格这一研究如此吸引人的原因之一，不是荣誉本身，而是生命借文字的一种扩展与延续。这样的生命与生命之间的暗自传递，构成了一种生命最精华部分亦是人格最高结构思想能量的再生。犹如神话，引人着迷。其中的个人介入的千变万化的程式又打破了知识传递与接受的模型；每一个研究者对同一个问题的回答都将由人格的微妙不同而有差异，每一个研究者的研究又因是在回答人的问题而互有着默契，这便是这种共时性的不断更新的学问和在其中不断更新的自己的人格学科仍然吸引着一代代人不惜蹈火的秘密。

三、线索

人的目的、早期经验、潜意识、行为与自由意志、个性与共性的关系以及基因与经验等构筑了人格心理学研究的重心，而对这些问题的不同解释和回答，尤其是对以上问题的焦点——人格构成命题的各自的推断与设想，构成了人格研究中最具代表性的四大基本理论。

（一）特质论（以谢尔顿、卡特尔、阿尔波特为代表），认为人的行为是有机体的先天遗传功能发挥作用的结果；

（二）精神分析理论（弗洛伊德、阿德勒、艾里克森、荣格为代表），认为"无意识"与"潜意识"是人行为的决定因素，人的早期经验对人格有极大影响；

（三）社会学习理论（米勒、多拉得、班杜拉、斯金纳为代表），认为人的行为是后天学习的结果；

(四)人本主义理论(罗杰斯、马斯洛),认为人的行为只有通过对自己或他人自我满足的程度的理解才得以解释。

当然,这样的划分并不能囊括所有人格理论,但是,它为我们理顺了一个线索,就是:人格结构中人格生成或来源问题是划分一切人格理论的分界线。当然,这个界线的外显形式是各流派的人格心理学说对人的行为的不同解释。这也将是我们在第二卷中讨论包括创作在内的文学行为的一个选择点。

以此为线头,西方人格研究的主要流脉和中国人格思想的重要取向的这两大线团就不致太过繁乱。当然,具体论述中,我们也将打破以上划分简单的四大派别,分述它们以及它们所包括的人格心理学说在影响历史的思想上所存的重大分歧,和由此构成的焦点在参与塑造包括我们自己在内的现代人时所存在的问题,以及这些凝聚着人的巨大潜力的学说在人类有关人的自身发展历史上所作出的贡献。

毋庸讳言,其中大部分观点在我出生之前就已存在了,有的已经活了上千年,它们伴随着人类心灵的成长而不懈地修正着自己。我们会在以下论述中渐次看到,这种修正是双向的,一方面,来自于人对于学说的修订,并同时已成型的学说也在影响着人对自我的认识,这认识,反过来又会指向学说的完善。这种人与文之间的作用力与反作用力,以及它们相互之间所呈现出的强力与韧性,最终仍是作用于人的。

这决定了人格是这样一项研究,这种研究视野开放,不设终点。

在这些峻峭的晶体和这个冻结的表面下面,有一股连续不断的流……,这是一种状态的连续,其中每一状态都预示未来而也包含既往。……我们不能说它们之中某一种状态终于何处,另一种状态始于何处。其实,它们之中没有哪一种有开始或终结,它们全都彼此延伸。

这样的表述,某种程度上准确概括了人格研究的此时此地的情状。或者说,人格研究本身先天具备了此时此地性。

历史本身,也正由这许多个"此时此地"连缀而成。

第二章

西方人格理论的主要流脉

第一节　人文思潮

人格作为人文主义精神的核心,它的生成、发展,是与人文主义思潮发展并行的。由此看,我们要了解人格发展史,必得将之放在人文主义思潮的大背景中看。

一、分期

如果以人文主义思潮的产生、起伏、完善划界,人文主义产生以前、人文主义产生时期、人文主义产生之后将分别可看作是西方思想界的古代、近代、现代时期。需要说明的是,这个古代、近代、现代的划分的依据是人文的,而不是单纯历史的,即,人文意义的古代时期则有别于社会历史学延承的古代概念,它指的是古希腊罗马及至整个中世纪结束前的这一段思想史,亦即古代奴隶社会和欧洲封建社会在内的历史时期的人学。时间依史学定位在14世纪之前,也就是人文主义思想为社会精神主体的、以"文艺复兴"为标识的意识形态革命开始之前。

14—16世纪一直延伸至18世纪的人文意义的近代时期的这其中的400年,是人文主义思潮作为运动的兴盛、定型期。也是人格学科漫长的酝酿期,

18世纪之后的现代人格学科各派理论都可在此找到它们各自大厦地基的桩子。

19世纪、20世纪以至以后较长一个阶段,可看作是人文主义思潮作为思想的发展、完善期。这一时期也是西方人格学科的现代时期。人格学科尤其是人格心理学随着人文主义思想中更具代表的人本主义思想的确立,在此时期获得了人类史以来从未有过的长足发展,并由多元迅速走向整合。它所具有的学科深度与思想高度均达到了文明史以来人文主义精神发展的鼎盛,并还有向上走的趋势。

回眸戏剧意义上作面具的"人格"所围的舞台般范围的窄狭到面对人格学科方兴未艾的前途,"人格"与人一起共同走过了两千多年的路程,其中的跌宕起伏构成了人类文明的心灵、精神的主要部分。可以看出,由人文意义划出的"人格"发展的古代、近代和现代三个时期,贯穿了"人格"由社会学到宗教学再到人学的几大转型,而这种转型又是与人类意识形态内部的政治主体到宗教主体再到人文精神主体的三次裂变相对应的。这种现象印证了"人格"问题是人类精神文化的核心。

另一有意思的事实是,就时间的长度而言,由古代到现代则是依次缩短的,一千四百年的古代,四百年的近代,两百年的现代,与之相对的,是时间长度中"人格"容量的呈逆箭头标出的丰富性,也就是说,就"人格"在人学中确立后的内涵丰富性,和人在人的科学的发展史中对"人格"认识的进一步深化而言,两百年的现代时期,可说是古代、近代相加的一千八百年也无可比拟的。

成熟的果子总是从胚芽开始的。让我们回到一种学科成熟、播粉、抽穗之前的那个基础。

二、角色

古代时期。

前面讲过,古希腊罗马最早使用"人格"一词,并将之最早赋予了四种不同的涵义,西赛禄(公元前106—前43年)著述中的四种人格意义分指面具、身份、心理品质和声望,由此人格逻辑引申为表象、性格或角色、品质、尊严等涵义,这在当时是比较纯粹的关于人格的论述,其由外及内的心理意义如性格、品质等还占重要比例，而且也涉及到内部心理（性格）与外部表象（角色）以及心理分支（尊严）和心理整体（品质）；由此看，这在当时也是比较全面的有关人格的论述。它说明"人格"一开始就是一种综合体，此后，人格一词不断经由戏剧（面具说）溢出而在政治、法律等社会学范畴中加以运用，并日益成为社会学色彩极浓的概念、术语。

有一点需提醒自己注意，人格一开始的外部特征（角色）与内部特征（品质）的几近同步性，这在上面已经做了论述，单在此提出是因为古希腊罗马社会由于其奴隶社会阶段的原始性质，抑制了它的作为内部特征亦即心理学范畴的发展，出现了倚重于外部特征或说从外部研究人格的方法的局面，人格一词的社会学气息涵盖了整个古希腊罗马时期，这为它步入中世纪后而很快接轨于宗教神学提供了契机。

在西赛禄之前，"人格"并未明显地被当时古希腊时期的思想家重视，甚或提及，但检索可以暂称为前人格阶段的古希腊罗马时期的几种思想，仍可看出关涉人格意寓而非顶着人格词语本身的有关人的品质与层次的论述。

代表人物是赫拉克利特和柏拉图。

1."逻各斯"

赫拉克利特的"两类人"：（公元前530—前470年）的"逻各斯（Logic）"曾是后代哲学家不断阐释的哲学概念，意为世界的"普遍规律性"或"人类的最高理性"，是世界的本源。赫拉克利特将这一范畴推及于人，提出了他的两类人说。即一类是以"逻各斯"理智所组成并支配自身言语行动和外在需要的高贵者，另一类则根本与"逻各斯"理智无缘，只屈从于与动物无差别的生存欲和内在需要的卑贱者。赫拉克利特由此肯定第一类人而否定、轻蔑第二类人。

2."金，银与铜铁"

柏拉图的"三等人"：稍晚于赫拉克利特的两类人，柏拉图（公元前427—前347年），在其以对话写成的著名哲学论著《理想国》中提出了"三等人"的概念，他认为人的灵魂由理性、意志和情欲三个等级组成，与此对应，人分三等，各司其职。第一等人是哲学家，是神用金子做成的，其品格是智慧（其职责是统治）；第二等人是武士，是神用银子做成的，其品格是勇敢（其职责是保卫）；第三等人是平民，是神用铜铁做成的，其品格是节制（其职责是劳动）。

　　柏拉图的"三等人"较赫拉克利特的"两类人"，带有更为强烈的政治态度，这也是与他们所处的时代制度不可分的。而抛开其中的等级歧视不谈，两种分类方法中确有某种对人的品格合理描述成分。这是前人格时期从人格角度对人的粗略划分，也是西方哲学思想史上最早的对人的品格较为系统的分类。柏拉图从政治伦理教育及等级统治秩序角度交织之中，对人的品格的强调，可说是代表了那个时期还处于雏形状态的隐形人学和显形的意识形态。

　　可以说，西赛禄的有关"人格"的引申也是以此为基础发展起来的。由此，人格在这一时期显出明确的政治化倾斜。也正是这种倾斜，导致了中世纪时期人格的"神格"化的必然。

　　公元476年至14世纪之间的足足一千年间封建社会形态的中世纪统治地位的世界观是宗教神学，它也是这一时期的主体意识形态。围绕个人对神灵、对上帝关系而展开的人为神的附属物的至高无上的宗教神学，决定了人格理论的异化与人格实践的畸形，人生来是有罪的并且生来是为赎罪的，以上帝的意志和教会的戒律为自己活动的准则、规范，个人人格的自主性以及个人作为人的自然本性在神的旨意面前毫无价值和地位，人必须无条件地服从神，人格也须绝对地依照"神格"去塑造，由此，中世纪人的最高品格被定为：顺从、自卑、驯服、怯弱。这是宗教神学基督教经院哲学共通倡导的德性，而在这样的理论系统下，人格的修养、实践就是祈祷和忏悔、束缚欲望、虔诚赎罪，一切人性的正常要求都被视为违背神的意志的异端而逃脱不了宗教暴力的裁判。由此，神权、君权高于一切，没有"人权"的位置，人格只不过是神格的"婢女"，在宗教、道德均政治化的背景下，人及人格从未获得过自主和独立，对人格、自我的戕灭，正是中世纪精神界一片黑暗的最好印证。

　　在此，托马斯·阿奎那的观点比较有代表性。他追求上帝赋予人类的美德经由现实人生过程中人格显现出的神格思想，虽有一定的朴素性，但也不免当时宗教神学的夸大和利用。

　　回溯整个"人格"古代时期，人格的大致状况是：外部人格占主宰地位，亦即人格的外部因素更受重视，由此，人格的社会化、政治化痕迹相当明显，可以说，人格是社会学领域的政治附庸式的概念。这决定于这一时期的社会形态、社会制度以及它们影响下的人对外界自然的关注高过人对社会、尤其人对自我的关注，反证了人类早期"人与自然"的初始矛盾与对峙，也是早期人类对"外宇宙"的首要关注。人类对外部宇宙、自然形态的注目,影响了他的内视力,但人与自然间征服与被征服的探索关系,面对强大的自然力量又需有相应强大的人格与之构成张力,这也是赫拉克利特尤其柏拉图提出等级人并肯认其中优秀者的原因,古希腊罗马是一个英雄的时代,这从古希腊神话中即可看得出来,不是时代英雄,而是需要有英雄的人格支撑那样一个自然力量相当强大的时代,以构成对垒,以推动历史,这也是荷马史诗的主题。到了古希腊后期尤其罗马时期,由于战乱、灾难等使人产生命运乖戾无可把捉的观念,这种观念又由艺术尤其古希腊罗马的悲剧中泄露出来;对比前一时期的求人格高贵的原始乐观主义,这一时期的人格已显出某种平和或无奈的悲惋;这种人与自然角斗中的失败情绪转而将古典朴素的哲学推向了某种不可知论,以致神学、宗教,中世纪的"人格"则彻底将古希腊罗马时代的个人英雄气魄丧失殆尽,而代之以顺从、屈服的犬儒式的人格特征,个人的力量在庞大的自然膂力面前是微不足道的,由此,人们创造了神并屈从于它,而不似古希腊罗马时代普罗米修斯为盗火给人而违逆神、反抗神。

罗马时期,"人格"一词曾被指称为"自由的公民",很好地说明了人格向政治化倾斜的社会层面化,而教会曾将之指代"三位一体的成员"也显现出了人格的宗教(仍是政治化了的神)性质,这两种观念代表了古代时期人格的外向化特征。可以说,整个古代时期是人格的"角色"时期。在这一点,它暗合了"人格"古希腊时代的"面具"起源。这说明,人格古代时期也是人对"人格"本义的解释时期。

这一时期人格定义的社会政治法律范畴的混用,虽给今后学科界定造成了困难和混乱,但其所涵盖的多层次、多侧面、多向度的意义,却为日后人格理论的系统分支奠定了基石。

人格"角色"的这一时期,也是紧扣人类思想史乃至社会史发展的第一阶段的,它在细部保持了与人类命运起伏进程的由自然到社会到自我的由外及内的大的一致性同时,其自身的个性也被湮没其中。

三、巨人

近代时期。

这里人格意义的近代仍然不是我们所习惯的历史形态的划分。从人文意义上讨论人格,人格的近代时期,包含14—16世纪在历史学上尚不被定作近代的文艺复兴时期和17—18世纪历史学称之为近代的启蒙运动时期。这一时期的四百年间,人格发展可能是最为跌宕起伏的,而且也是最富于戏剧性的时期。如何这样说?人之为人的一切,也许在这一时期得到了多向的发展,这是一种解放的预兆,尽管其中浪漫与扭曲共存,但人格的由古代时期而来的压抑不仅在此得到了大大的矫正,而且,人格本身的健全性亦获得了极大的发展与补充。

1. 复兴:巨人时代

现世与个人为主题曲的人文主义精神覆盖了14—16世纪由艺术家文学家唱主角的人文主义思潮和17—18世纪以哲学家、科学家、思想家为主体的启蒙运动的人本主义哲学,这一思想体系于18—19世纪之交形成了人道主义思潮。

文艺复兴时代的现世观是对中世纪神学人格异化的一种拨正,这种拨正程度的最好体现者是但丁(1265—1321)。作为从中古到文艺复兴过渡时期的、连结两个时代的、最后也是最初的一个特殊人物,其《神曲》虽写来世的拟想,却隐喻现世,并且肯定人的力量,认为真正的高贵在于人所具备优良的道德品质。所以尽管他在《天国》一部中写到不同于《地狱》、《炼狱》的人的信仰品质,但是贝雅特丽采的位置在其心灵中已高过上帝或说是与上帝叠合为一的现世人的雕像。与之相衬的个人观标志了近代时期第一阶段——文艺复兴时期作为人的自我意识的普遍觉醒。

莎士比亚与圣奥古斯丁如下两段话显示了文艺复兴时期与中世纪两种精神形态的巨大差异,也是人格近代时期与古代时期的巨大差异。

> 理性:那么,你希望知道什么?
>
> 奥古斯丁:我希望知道我所祈求的事。
>
> 理性:扼要地说一说吧!
>
> 奥古斯丁:我希望知道上帝和灵魂。
>
> 理性:没有别的了吗?
>
> 奥古斯丁:再没有别的了。
>
> ——圣奥古斯丁:《独白》

　　人是一件多么了不起的作品，

　　在理性上多么高贵，

　　在才能上多么无限，

　　在形态上和运动上多么快速而美妙，

　　在行动上多么像一位天使，

　　在理解上多么像一位神仙，

　　宇宙的精华，万物的灵长。

　　　　　　　　　　　　　　　——莎士比亚：《哈姆莱特》

　　这说明，在包括上帝和灵魂的理念对个人的掠夺构成的时代精神的中古时期，个人绝无可能成为关注和研究的中心，"每个人的理性头脑只是把另一个人视为一个实体的'人'，而不是视为有其独特特性的个人。一个人的身份为皇帝、教皇、国王或农奴，比他作为不同于他人的个人状况重要得多"①。于经院哲学、神学中寻找个性无疑是缘木求鱼，这就是我们讲过的古代"角色"人格时期。个性的暗自成长虽一直未曾中止，但"中世纪的心灵"的确"集中在上帝和宇宙的真理上，而不是集中在自然和个人的经验上"②，直到1453年君士坦丁堡陷落为标志的文艺复兴的传统起点之后，以人为中心才代替了以上帝、神为中心。

　　于此，富有意味的两个现象不能不提。一是近代时期对古希腊罗马时期的人的智慧、能力与乐观主义精神的重捡，人的形象亦由罗马后期至整个中世纪的"失败人"而到文艺复兴的"胜利人"，从但丁（1265—1321）《神曲》到拉伯雷（1495—1553）《巨人传》，尤其《巨人传》中格朗古杰、卡冈都亚、庞大固埃三代巨人所体现的浪漫主义的巨人思想，以及稍后塞万提斯（1547—1616）《堂吉诃德》中对于制度的嘲讽讥刺掩饰不住的内心争斗而显现出的人格光辉，都体现了近代时期艺术家对古希腊罗马"英雄时代"的气质的承继，只是更少神性，而充满人性的气息。绘画、雕刻、建筑、科学、民间文学与个人

---

　　①　［美］T·H·黎黑：《心理学史——心理学思想的主要趋势》，第93页，刘恩久、宋月丽、骆大森、项宗萍、张权五、申荷永译，上海，上海译文出版社1990年版。

　　②　［美］T·H·黎黑：《心理学史——心理学思想的主要趋势》，第101页，刘恩久、宋月丽、骆大森、项宗萍、张权五、申荷永译，上海，上海译文出版社1990年版。

创作等承继古希腊罗马以来出现了第二个峰顶，这个书写巨人和书写者本人同样是巨人的时代，我们称之为"巨人时代"，这个时代的精神主流是，肯定人的价值的尊严，以"人"为本，反对教会和神权；肯定现世与个人，提倡个性，反对禁欲和来世观；肯定理性，追求知识和科学，反对蒙昧主义和神秘主义；肯定平等、博爱、自由，反对等级和压迫。总之，个人主义准则是这一人类历史的巨人时代的思想精神。

　　这种精神还体现在同时期的托马斯·莫尔（1478—1535）的《乌托邦》（1516）和弗兰西斯·培根（1561—1626）同样具有乌托邦思想的《新大西岛》（1627，未完成）中，当然也有蒙田（1533—1592）《散文集》中提及的"绅士"教育目的——道德高尚、悟性高、判断力强的人，同时也是这同一个蒙田消极于人的局限，将人放于生物层面上称其是"最可怜的和最脆弱的，同时又是最骄傲和最轻蔑"的，而在个人为准则——巨人为特征的个性时代，预示了某种精神纷乱的信息，这于17—18世纪时更为明显。放在那时详述，此不赘叙。

　　人格近代时期第一阶段文艺复兴的另一富有意味的现象是人文主义思潮自艺术、文学开始和由艺术、文学的贯穿。这一点，与人格在古希腊罗马时代由戏剧为起端并在中世纪终结时以"角色"为完成一样，富于深意。说明人格在这一时期已经越出了角色范围，而与人的感性世界密切相关，同时也说明人格在这个时期内一直处于未及总结的经验阶段，人格是经验式的人格，"……心灵之外没有令人钦佩的事物……"的观念虽然隔开了中古"神"的时代而恢复（相对古希腊罗马言）或进化为"人类"的时代，但心理科学仍相当薄弱，文艺复兴有关人心的论述更像态度、需要的表达，而不是哲学、思想的表述。就是说，文艺复兴的人文思潮可说是古希腊罗马时期人文精神的再度展开，这与其说是文艺复兴以"复兴"命名其回归古希腊罗马思想为宗旨、口号的由来，不如说也是文艺复兴在以上人格现状的结果上二者所具的内在同一性。复兴，意谓再次兴起，这种重新开始的爆发力是巨大的，而其中得益最多，收获最大、成就最为辉煌的却是文学，人格探索的思想在以莎士比亚（1564—1616）为代表的作品中表达强烈而含义暧昧，表现为极不明确而内涵深广的人性。然而正是他——莎士比亚，已是那个时代最为自觉、最为清醒的人物。这是其戏剧的人格贡献同样高过了那个时代的缘由所在。

　　莎士比亚的人格比较篇章见于他本人创作第一时期与第二时期交界线

的《威尼斯商人》(1597)中"法庭一场",夏洛克与安东尼奥的矛盾被社会学者解释为旧时代高利贷者与新兴工商资产阶级的对立,而夏洛克在法庭索要高额利息并要求割下安东尼奥胸前一块肉作为补偿一段将全剧推向了高潮,贪欲和单纯、残酷与和善在此作了区分,爱情故事浪漫气氛的团圆喜剧最终仍未能减弱已渗透于其中的悲剧意识,同时预示了他本人创作的第二时期的悲剧主题。在这一时期,文艺复兴时期的"巨人性格"得到了最为壮丽的体现。《哈姆莱特》(1601)中吟诵出人"宇宙的精华/万物的灵长"那一段人文主义思想重要独白的丹麦王子哈姆莱特,并未被处理成一个勇气可嘉的中世纪以前的英雄,相反,贯穿全剧的哈姆莱特的"延宕"辐射出了人的忧郁、敏感、多思、疑虑和冲动,与内心诸多的矛盾,以及理想、幻灭、复仇、死亡为焦点的人文主义者性格的多重展示使文艺复兴期的乐观与悲怆相纠缠,激情和壮志在诗体散文语言的独白中起伏多变,《哈姆莱特》首开了人格自述性的路线,其后有《奥瑟罗》(1604)的嫉妒之研究,它涉及人格的一个重要领域;《李尔王》(1605)的专断人格以及真诚同时与之对抗的专断、伪善和虚荣,于封建主义向人文主义过渡的时代矛盾中,人格的历时发展得到了展示;《麦克白》(1606)简直就是一宗犯罪者心理人格探索的实证论文,善与恶、野心与仁爱的内在挣扎争斗,共时存在于一人性格的两面,人格两重性及至粉碎、分裂的事实引出了人格的另一重要线索。检索莎士比亚一生的大部分剧作,十之八九以人物命名,作为他全剧的支撑点——人格,却并未引起莎学研究者的重视而几被埋没这一现象引人震惊。而这"人格"正是沟通几百年后的观者的一把钥匙,通过它,我们得以进入许多敞开的门,目睹曾被时间和时代的各种因素封闭的晦暗,房间里的一切也变得敞亮了,而语言正因其人格化而散发魅力,使本来幽暗的四壁熠熠生辉了,它又像一扇打开了窗帘的窗子,窗外吹进来的风,使年代久远的场景中的凝滞的空气流动起来。语言必须依附于人格存在的这一点,被历来的莎学研究者遗落了,本末倒置的结果是藻辞华美的虚浮风气充斥舞台。而我要说的,是莎士比亚戏剧,正是在被其莎学研究忽视的这一点——人格的成就上,使作者在精神上真正与古希腊罗马的辉煌的戏剧鼎盛期的思想贯通起来,使人物越过了"胜利"或"失败"的角色,而进入人格的"自我"阶段。同时,也在从中古时期的"单面英雄"到近代时期的"多面巨人"的流变中展示人格的渐变的丰富性、复杂性和多重性,这一点,恰与古希腊罗马时期戏剧的最早"人格"涵义的隐喻部分——人的面具下面的脸环环相扣。人格在此,真正卸下了面具,而作为"脸"——自我而存在,中古人格解释中的隐喻阶段由此开端。而人格流变的这一步,也是由戏剧做出的,不同的是,古代时期靠的是一个时代,近代时期完成它的只是一个人。

此后,莎士比亚戏剧转入神话、空想,我注意到乌托邦式的理想及其传奇已成为文艺复兴期思想家思想走到尽头时无一例外的营建,《辛白林》(1609),尤其《暴风雨》(1611)中贡柴罗关于理想国的浪漫表述,再次证明了莎士比亚作为一个戏剧家的思想价值,人格思想由此成为这个时代思想的重要成分。仿佛是为更准确地证明这一点,另一垂手可得的例子是:1642年伦敦剧场的被议会封闭。文艺复兴的大幕随之落下。其实,在莎士比亚创作的第三时期"神话"的有关乌托邦的幻想中,就已潜伏了人文主义所遇到的危机。从人格的角度看,文艺复兴严格意义的人文思潮,结束得更早,它的界定可以暂且提前三十年,提前到《麦克白》中麦克白"杀害了睡眠"的独白上,以之作为结束语,一个时代的人格由自剖到瞬时到历时发展、共时存在,只在一位剧作家的短短七年内完成了,而且达到这一时代思想界亦无法企及的巅峰。

这个巅峰是那个时代的超出部分。

作为时代的地平线的普遍精神状况是人文思潮的社会性、政治性,人文主义常常被用来当作武器对付和反抗中世纪社会政治的工具性。有人文思想的社会现实性文论与之对应。创作美学上,从主张艺术应逼真摹仿自然的14世纪的人文主义先驱薄伽丘(《十日谈》)到提出"戏剧应该是人生的镜子、风俗的榜样、真理的造像"观点的(《堂吉诃德》)的16世纪反映时代的小说大师塞万提斯再到与他同时代的英国戏剧巨人莎士比亚也未能免于在《哈姆莱特》剧第三幕二场借丹麦王子道出的"演戏的目的……仿佛要给自然照一面镜子,给德行看一看自己的面貌,给荒唐看一看自己的姿态,给时代和社会看一看自己的形象和印记"以及达·芬奇"画家的心应该像一面镜子"的真实观,即艺术的"镜子"观念,反映出14—16世纪文论普遍的现实性,这种社会学范畴的外向型文艺观主宰的时代,人格的内指向型力量稀少而薄弱,倒是薄伽丘未被我们看重的一部著作《异教诸神谱系》中,人格的内指向涵义有所倚重,薄伽丘流露出对艺术家热情的肯定,尤其在诗领域,他认为这是"迫使灵魂渴望着吐露自己"的条件,而"把真理隐藏在虚构的美好之中和合力的外衣下面",这句话恰正含有某种内向性的提示,这提示不应因其人格含义的暧昧而一再被我们忽视。

尽管社会政治内容的强化与宗教意识形态的削弱的密切交织的时代转型里不曾留有主体人格学术的空隙,然而莎士比亚戏剧作为人格"实践派"的人格贡献仍然在近代人格思想发展史中占有居功至伟的位置。

在我们转入17—18世纪人格"思辨派"之前,另一"实践派"的重要人物及与之相关的三大事件是无法绕开的。

他是一个令其所处的历史发生地震的人物。

在这场地震中,天主教大厦骤然崩塌,作为社会地基的农民一反柔顺而变得狂躁并奋起抗争,天主教的陷落与席卷而起的农民战争构筑了他的一生人格的反正,其激进与保守相缠绕的思想、性格曾成为后世争论的富有意味的焦点,评说纷纭,他以自己的人格完成了这一时代有关人格的阐释,与莎士比亚借舞台人物说话不同的是,他的人格主角始终是他自己。而这一切都是从1517年10月31日维登堡教堂门上所张贴的95条论纲开始的,包括他自己在内谁也不会想到张贴这论纲向天主教专制开战的手在以后也会与贵族市民派相握甚或"掉转枪口向左开火",这只手亲自织出了矛盾之线交织的人格锦缎。他曾经是那一时代宗教的象征,他的名字是马丁·路德(1483—1546)。

一个奥古斯丁会的僧侣、神甫、神学教授,一个追随意志自由问题的改教先导,诸种角色之外,马丁·路德的魅力也许在他一生未能脱身的与信仰相纠结的人格搏斗上,乞灵于圣徒却抛弃修道主义,粉碎天主教却振兴欧洲基督徒意识,倡导意志自由、个性、平等却无法容忍将此教义贯彻得更为彻底的农民起义,政治、信仰、外在生命的巨大危机与之内心追索"神"的激变、挣扎所共同写下的人格篇章,使后人褒贬不一。人文主义者的自相矛盾的人格在他的身上得到了充分展现,一个以一生的信仰挣扎所提供我们一个人格例证的人物,他的价值是否只在于后代对他所做的矛盾而歧义的历史定评呢?无论如何,那人面对教廷建议其放弃学说时的著名回答却穿越了时间,他说:"我行我素,余此莫能。"而这护卫信仰的坚定后面足以使其以单薄之身对峙天主教庞大思想体系的强力的,是什么呢?是什么力量强大到使一个曾为教徒身份的人勇敢到无视中世纪以来的神权宗教与中央集权勾联一起的由焚毁、囚禁、驱逐、火刑等组构的宗教无情的裁判？这种内在的力量所对应的外部环境却是由西班牙史学家柳连杰所统计的单西班牙托尔奎玛达主管的裁判所18年间的加刑与处死人数就高达105304人。研究确认这是西班牙人口锐减的最主要原因。这种对比虽其残酷,但却有不容篡改的历史的真实。马丁·路德以信仰注入的人格拼命地告知了人所能达到的极限,较之社会学对其功与过的史学评价,人格学的解释亦是不应被忽视的重要一点。

真正的改革是从16世纪初叶兴起的,路德的改教运动重写了历史、宗教,也重写了他自身。而在这种重写中,人格的涵义得以显露,自由与自我两种元素首次统一地嵌入了人格历史。它使得人文思想获得了超越时代的高度。

第二个值得人文研究关注的事件是法兰西学院的诞生。1530年,为集中研究希腊语、拉丁语和希伯来语,法国弗朗索瓦一世于这年成立了法兰西学院。它成为一种承前启后的标志,为人文思潮由此进入规范化提供了甬道。同时,也使人文思想获得了某种历史上不曾有过的宽度。

第三件事件是自然科学的兴起。自此,自然科学与宗教裁判所的斗争从未终止。严格地说,斗争引发的一系列血腥事件发生于17世纪,但作为近代第一阶段到第二阶段的过渡段,科学蒙难者的如下事实构成了第二阶段的背景,哥白尼因"日心说"几遭镇压,布鲁诺1600年被烧死、伽利略1642年去世,生前受审数次,刻卜勒被迫害,维萨里遭流放,瓦尼尼火刑而亡,追寻物理意义的真实真理和自由思想的"无神论者"的这些命运事实,说明了17世纪经文艺复兴后仍未打破的作为社会"灵光圈"(马克思语)的宗教的中世纪式的虚伪黑暗,已成为异化信仰的宗教钳制了人的正常心理需要,并进而扭曲着人对生命意义的自发信仰需要。在此,人格同样是没有地位的。这种自毁的结果从19世纪直到20世纪人类的精神状态的贫瘠中即可反照出来。这是我们通常所做的社会学意义上的总结。如果逆时针来看,有一点值得再作追问,就是,距中世纪五百年后,其间有席卷欧洲的文艺复兴相隔,以人为中心替代了以神为中心的人文思潮通过艺术、文学得到了大面积的普及,而作为社会结构上层建筑的意识形态似乎并未有丝毫根本性的动摇,原因在哪里？17—18世纪的与自由思想同时具有怀疑精神的哲学家、思想家由这探寻被引证出来的缘由,大部分源于他们所面临的正是这样一个棘手的历史问题,与其他历史问题不同的是,它有关生存。有关人。可以说,已经有人朦胧意识到了文艺复兴为形式的人文思潮的过渡性,其短命在于它作为文艺形式的思想普及性而非系统性,面对已成体系、屹立千年之久的封建宗教,单纯激情的长矛是无法撬动旧有意识形态的顽石的,哲学的理性时代已经呼之欲出。需要再度强调的是它的前提,依然是关乎人之生存的。因此,一开始它所急于建立的人文思想体系就思维而言的确是建设性的。它为人文思想找到了可作延续长度的另一条边。

2. 启蒙:理性与经验

上一阶段人文思想的长、宽、高为近代时期第二阶段——17—18 世纪的人文发展构筑了矩形的世界观基础,虽只是一个时代精神的框架,然而已经具有了多面体的魔幻能力。

有趣的是,这个魔方的第一侧面,仍然是选择了戏剧作为端始。

17 世纪法国"古典主义"潮流下戏剧对古希腊罗马经典精神的回归在于肯定人的力量,这是古希腊罗马后的戏剧一直向它寻找的力量,所以,这时期的古典主义戏剧多呈现出理性与感情的剧烈冲突并以坚强意志克制个人感情的集体特征,这特征是悲剧的,人物也成了悲剧英雄。这种与笛卡尔哲学唯理主义有关的理性至上的创作思想直到 19 世纪浪漫主义兴起才告结束,但 17 世纪 60—70 年代的以整体利益放弃个人利益的理性思想却嵌入了思想史,而理性和意志正是这一世纪作家对人物人格的肯认。高乃依(1606—1684)的《熙德》与拉辛(1639—1699)的《安德洛玛刻》从正反面讲述了置身情理冲突、爱恨胶着的人物心理及命运结局相联络的故事,这是大多取材于古希腊、罗马历史和传说的古典主义戏剧的"克制"主题,而后者的死亡与疯狂为人类研究的人格领域提供了原始的例证和初步的分析。莫里哀(1622—1673)《伪君子》中刻画了宗教骗子答丢夫,几乎是第一次系统接触到了"伪善"这一人格意义的课题,"答丢夫"现已成为欧洲"伪善"的同义语与代用词;《唐·璜》以伪善无耻又聪明文雅、外表高贵又道德颓败的"恶棍大贵人"唐·璜的两面性引出了双重人格问题;《吝啬鬼》是继《威尼斯商人》之后的第二个放高利贷者,阿尔巴贡的吝啬为人格观照人类提供了微观的范本。英国作家弥尔顿(1608—1674)的长诗《失乐园》亦从另一方面说明了理性时代的整体文学特征,它使理性特征跨越了国界和戏剧形式而成为 17 世纪的人文象征。在取自《旧约》故事的夏娃、亚当命运里,他认为人类乐园的丧失在于理性不强、意志薄弱和感情冲动,而否定享乐的清教思想更在诗篇中撒旦的形象中展现出来:

> 战场上虽然失利,怕什么?
> 这不可征服的意志,报复的决心,
> 切齿的仇恨,和一种永不屈膝,
> 永不投降的意志——却都未丧失。
>
> ——弥尔顿《失乐园》

尽管弥尔顿的诗里和他本人都是中世纪禁欲主义思想和近代人文的人生肯定世界观的混合体,但"意志"已成为他和他的时代的主要声音。

这是那个多面体的一个侧面。

"魔方"的另一侧面是文论。值得提及的是布瓦洛(1636—1711)的《诗的艺术》,尼古拉·布瓦洛—德彼雷奥这部以诗体写成的理论,在肯定理性为人性核心而试图为古典主义文学作结同时,也几乎是首次谈到和强调人与诗对应性的重要——伟大的诗人要有伟大的心灵——"一切要以良知为归依","永远要使良知和韵律符合一致",这种史的价值的文、人一致观还表现在对"个性"的强调:

> 人性本陆离光怪,表现为各种容颜,
> 它在每个灵魂里都有不同的特点,
> 一个轻微的动作就泄漏了个中消息,
> 虽然人人都有眼,却少能识破玄机。①

若望·德·拉·布吕耶尔(1645—1696)的《性格论》在分析人肖像、关系和性格本质上,见解相当有益。二者联合引出了 18 世纪的文学,如笛福

---

① ［法］布瓦洛:《诗的艺术》(修订本),第 53 页,任典译,北京,人民文学出版社 2009 年 2 月版。

（1660—1731）《鲁滨孙漂流记》的"行动人"观点，狄德罗（1713—1784）《拉摩的侄儿》关于矛盾混合体的文人无形的"人格悖论"问题，卢梭（1712—1778）《爱弥儿》以教育为谈论载体的"自然人"观点和《忏悔录》对个人的自传式解剖，以及莱辛（1729—1781）《汉堡剧评》所谈及的人物性格刻画中的"内在可能性"及性格与环境关系等问题，随之到来的"狂飙突起运动"将18世纪70年代的个性解放注入了浪漫和感伤，以替代上一世纪的理性和意志，人文主义在此被人道主义所代替。赫德尔（1744—1803）在其《关于人类历史哲学的思想》（1784—1791）中对此做了表述，由此18—19世纪的两大巨人歌德（1749—1832）以《少年维特之烦恼》（1774）借维特表述了"个人方式"世界观，席勒（1759—1805）的《阴谋与爱情》（1783）中主人公露易丝替作者喊出了"人都是人！"的声音。这阶段书信体《波斯人信札》（伏尔泰）（1761）、《新爱洛绮斯》（1761）、《少年维特之烦恼》（1774），对话体（《拉摩的侄儿》（1762）、《修女》（1760））和自传体（《忏悔录》）为主要形式的文体的流行，暗示了人对自身的关注，人类自我认识的需要得到了注意和发展，这种已超过文学范畴的内视力的增强或说是内视视角的盛行情状，触及了人之人格的潜在成分，虽然只是经验式的絮状碎片，却日后发展为现代时期人格研究的方法和重要材料来源。有趣的是，书信、对话、自传文体所叙述的省思与内视的思想似乎是接上了14—16世纪期望建立一个个人的、内省的宗教的改教先驱马丁·路德的思想线头。

　　书信、对话和自传溢出文学的另一头其实已经接壤了另一面"魔方"的另一面边缘。

　　作为17—18世纪人文思想多面体的正面，是启蒙时代代表人文主义与唯理主义结合后的理性主义和人道主义思想的哲学。原义为"照亮"的"启蒙"运动所偏重的思想解放，法国称之为"百科全书"，似乎更能说明这一阶段的时代特征。在进入人文哲学领域之前，作为文学与哲学两大块的界面缓冲带，有两个人物的自我——人格观值得详述。

　　卢梭（1712—1718）当之无愧地以其思想与文学实绩跨越这样的界面，其1749年应第戎学院征文论及科学与艺术的《科学和艺术的发展是败坏了风俗还是净化了风俗》一文不免有否定社会进化与文明的偏激，然片面之下仍说出了风俗类型化对个性吞噬的可怕和敏感者对于自我丧失的恐惧,他讲,"流行着一种邪恶而虚伪的共同性,每个人的精神仿佛都是一个模子里铸出来的,礼节不断地在强迫着我们,风气又不断地在命令着我们;我们不断地遵循着这些风俗,而永远不能遵循自己的天性。我们不敢再表现真正的自己"①。卢梭为去伪存真地保持人类淳朴的本性和倡导自我竟敢冒反智主义脉流代表人物的不讳,此种勇敢品质与其所倡的人格自我正相映衬。

与此同时,同一时代的狄德罗(1713—1784)的观点更为直截和专业,艺术天才与道德修养的要求几近同义,认为只有高尚作品才能正直,"从你将在你的性格、作风中建立起来的高度的道德品质里散发出一种伟大、正直的光彩,它会笼罩着你的一切作品";"真理和美德是艺术的两个密友。你要当作家、当批评家吗? 请首先做一个有德行的人",此种规劝令人念及波瓦洛,文人人格的更高要求及"文人"对位性得到了史的强调和延续。而我看重的是他对人格差异问题的触及,他这样朴素地比较性地表述这一复杂的个别性人格问题,他说,"在整个人类中或许就找不出具有某些相近的类似处的两个人。整个机体、感官、外貌、内脏各有不同。纤维、肌肉、骨骼、血液各有不同。精神、想象、记忆、意念、真知、成见、食别、运动、知识、职业、教育、兴趣、财产、智力各有不同。因此怎么可能使两个人有完全一样的爱好,对真、善、美具有完全一样的概念呢? 不同的生活和相异的经历就已足够产生不同的判断了"②。所以他反对法则,主张真善美标准的个性化、"诗意的扩张"及艺术家自己的"理想典范",引我感慨的是在叙及客体个性的态度时,狄德罗无意泄露了个性人格形成的全部秘密,那些如机体、感官、外貌、骨骼、血液直至想象、记忆、意念、真知、智力等要素,于 19 世纪 20 世纪很快成为散见于体征说(克瑞奇米尔)、颅相说(高尔)、脑神经说(巴甫洛夫)、思维类型说(巴甫洛夫)、心理类型说(荣格)等个性心理结构理论中的思想珍珠。

多面体的正面——17—18 世纪人文哲学,可视作哲学历史上仅次于古希腊罗马时代的第二个高峰。不仅如此,以理性为中心的人文思想也达到了前代人文传统所未有的高度。哲学,以其实绩的辉煌充当了近代时期人文思想的主角。

---

① ［法］卢梭:《论科学和艺术》,第 4 页,北京,商务印书馆 1959 年版。
② ［法］狄德罗:《论戏剧艺术》,第 153 页,北京,《文艺理论译丛》1958 年第 2 期。

以工业革命为物质基础、"启蒙"之名领衔的自然科学和唯物主义哲学旨在教育民众的全欧性的思想运动,其力图于上层建筑层面建构"理性的王国"而与以往人文思潮的波起不同的"根"的建造意图与努力说明,启蒙运动已决不只是文艺复兴的余韵,描述性语言的征服,思想闪烁的流光,伦理范畴的论理发展,知识、理智、道德、心灵诸多问题的研讨,16—18世纪三百年间的哲学家、思想家的纷纭的学说,几乎就是这一时代人文思想的酵母,他(它)们代表了近代理性主义精神,也是他(它)们,使科学哲学与早期心理学自然地粘合在了一起。

哲学和心理学这两个面,在那个时代的多面体中,我们已经很难找到将之分开的明确的界线。

笛卡尔(1596—1650)"我思故我在"基石上的哲学,确认世界和他自身的存在,通过理性发现真理,从分析心理、经验和意志入手来研究哲学,确立了内省的方法。

帕斯卡尔(1623—1662)呼吁心灵具有理性所不能理解的理由,其可视作近代存在主义杰作的《思想录》侧重人心、强调信仰,人是一枝脆弱的然而会思维的"芦苇",人不幸,然而却凭有信仰和自我意识而居于自然之上。帕斯卡尔以自由意志将心放在了脑之上的位置。

斯宾诺莎(1652—1677)力主人性重建,其一元论与伦理学的自我控制理论对后世影响极大。

莱布尼茨(1646—1716)这位以"两座钟"比示了身心平行论的微积分发明者同时也是一个天赋论者,其对婴儿先天倾向的"雕像"比喻非常著名,他认为:心理在出生时就像一块大理石,大理石是有纹理的,或许正是这些纹理勾画出大理石的例如海格立斯(希腊神话中的大力神)那样的形状。做成这座雕像需要一定的活动,但在某种意义上,海格立斯却是大理石所"固有"的。① 这为我们考察人格早期经验提供了一种思路。

霍布斯(1588—1679)主张描述性方法取代推理性,主张倾注于关于人本身的问题,这是英国经验主义的代表观点。而其有关语言和思维关系的论述,如《利维坦》(1651)表述为"理解不是别的什么东西,而是由言语引起的概念"的

---

① [美]T·H·黎黑:《心理学史——心理学思想的主要趋势》,第129页,刘恩久、宋月丽、骆大森、项宗萍、张权五、申荷永译,上海,上海译文出版社1990年8月版。

思想为后世语言哲学的诞生及人格化理论的发展提供了有益的意见。

洛克（1632—1704）之所以被看作近代心理学的转折点，原因在于其对人类心理本身的探索重要过形而上学对不可知事物的思辨；其心理"白板"的提法否定了莱布尼茨的天赋观念，不同于先验论的是其考察人类心理时超越经院的有效方法，这种方法似也预兆了18世纪理性时代的到来。

贝克莱（1685—1753）"存在即感知"的名言，休谟（1711—1776）的"所有科学或多或少都与人性有关"及其心理学的原子学观，以及苏格兰常识学派、斯图尔特或康德似乎都在印证着这样一个时代精神；从狄德罗《百科全书》中人独立于上帝的宣言到拉美特利（1709—1751）医生的《人是机器》（1748）的断定，科学化对人性的解释和澄清等等，这一时代精神是科学对宗教反驳的胜利，是物理学的胜利。这个哲学的牛顿时代的社会思想基础是由生理学的机械论思想（达·芬奇）、布鲁诺的自然哲学和培根的经验主义以及18世纪的理性原则首尾串联起来的。其表象是，哲学心理学家对灵魂、意志、想象力和智慧的兴趣大大超过对个人心理特质的差异的兴趣，这由《新工具》（培根）、《论物体》（霍布斯）、《方法谈》（斯宾诺莎）、《人类理智论》（洛克）、《单子论》、《人类理智新论》（莱布尼茨）、《人类知识原理》（贝克莱）、《人类理性研究》（休谟）等著作的倾向性即可反映出来，科学代替宗教成为近代时期的世界中心问题，以理性为主导的科学或称其为形而上学为理性原则应用于人类研究拽出了线头，自然观代替了天使观，理性和实验取代了祷告和祈求。然而在地球是宇宙中心创世神话破灭的机器般的宇宙观点为背景的"牛顿"时代，人格同样找不到它应有的一个位置。重物理学轻心理学的时代特征由休谟《人类理性研究》的"相似律"、"时空接近律"、"因果律"等反射出来，即使他稍稍将热情置于理性之上，以人性对抗怀疑论，视情感为人性的基本部分而指出一个人不仅仅是锁在一个物质躯体中的纯理性灵魂的著作《人性论》（1762）也未能总体摆脱理性原则的统摄，第一卷第四章第六节"关于人格的同一性"一段富有意味，他的结论是：

"关于人格同一性的一切细微和深奥的问题，永远不可能得到解决，如其说是哲学上的难题，不如说是语法上的难题。同一性依靠于观念间的关系；这些关系借其所引起的顺利推移产生了同一性。但是这些关系和顺利推移既然可以不知不觉地逐渐减弱，所以我们就没有正确的标准，借此可以解决关于这些关系是在何时获得或失去同一性这个名称的任何争论。关于联系着的对象的同一性的一切争论都只是一些空话，实际上仅仅是部分之间的关系产生了某种虚构或想象的结合原则而已……"①。这是很有代表性的18世纪启蒙者的句式和方法，同时也是人格研究所处位置的最好说明，在一个科学哲学占绝对地位的思想时代具体说是斯宾诺莎的"一元论"，莱布尼茨的"平行论"和洛克"交互作用论"这三大心理学理论为基础的思想时代，身心问题已然是人的问题的极致。理解这一点，就不难接受休谟何以在承认近代"人格同一性的本性"这一问题在英国乃至欧洲已成为重大的一个哲学问题同时又认为人类心灵的那种同一性是一种虚构的同一性的观点了。个别的差异的特征是从"知觉"出发探究的，形而上学的立场与主观唯心论地基是这一时代对人认识的前提。在新物理学长足发展的背景下，休谟把思想流分解为不断变化的万花筒序列，经验、灵魂存在、自我、人格成为困扰他的主要问题，在联想主义即将成为这一时期心理学问题中心同时，哈特利适时为此提供了生理学基础，预兆了经验论悄然取代唯理论的趋势，心灵集合体的观点经由孔迪雅克的感觉论而成为主导思潮，并与社会运动相交织，构成系统的人生观渗透进人们的生活，同时，亚当·斯密《道德情操论》(1759)《国富论》(1776)的人道主义、试图对法国笛卡尔理性主义和英国洛克的经验主义做综合的德国康德的先验论和《实用观点人类学》及其同时代以心理学活力论而非机械论为基础、随绘画与诗歌发展起来的浪漫主义、黑格尔历史动力学的辩证观，延伸了另一个思想更为清晰的时代。

　　在进入19世纪之前，"牛顿"时代已显示出其思想(理性)与内心(感情)的互不相谐的哲学危机，在19—20世纪自称人道主义的存在主义企图反抗于此而复归人的尊严之前，18世纪的一些敏锐的哲学家已经动手做着这些清理道场的事。其中，不能不提的是意大利思想家维柯(1668—1744)，这个笛卡尔——牛顿观引入人性解释的反对者，企图以普遍与独特区分自然科学与人文科学的界限；赫德尔(1744—1803)拒绝几何与人的混用——每个人应当努力实现其作为整个人的潜力而非只是单个分离角色的集合的个体有机化观点使其以"心灵！激情！热血！人性！生活！"的强调而于理性的时代选择灵性。作为时代

---

① 《十六一十八世纪西欧各国哲学》，第604页，北京大学哲学系外国哲学史教研室编译，北京，商务印书馆1975年7月版。

精神的批评者反叛者而存在的事实本身,也说明了哲学根基的某种松动,从理性到灵性,从理智到经验、从形而上学到感觉主义、从玄学到实用的充满魅力的过程里,科学完成了对宗教的取代,这种取代的历史进步性使其在那一交接论争的时代无暇顾及它的已潜在于启蒙的主题里的另一种危险——人的危机。人被抛进过于方法了的或说是太形而上学的科学化里,被湮没头顶的人格几乎被时代遗弃了,这是这一阶段这一时代进步所付出的,而能够看穿这代价的高昂性的只有一个人——卢梭(1712—1778),一种反形而上学的物理科学引入人性的后果是什么呢? 卢梭因站在圈外而勿需为这糟糕的后果辩护,卢梭的价值在于他自始至终都是置身于百科全书派乃至启蒙运动思想的硕大而紧密的星座之外的,他的孤独使其拥有今天帕洛马天文台世界上直径最大的天文望远镜而对那些统治、主宰、笼罩着一个时代的思想星空进行放大的观察,圈外的位置使其恰好赢得了察看时代的第三只眼睛。

天眼洞开? 至少,与时代思想不同的个体思想开始有了存在的可能。

但是也许不曾有过这样一个思想界的人物会获得如此相谬千里的评价。

歌德说,伏尔泰是一个时代的结束,而卢梭则是一个时代的开始。罗曼·罗兰称其为“精神力量超越现实时代的显著榜样”。与卢梭同时代且有交往的休谟则认为:“……他的敏感性达到我从未见过任何先例的高度;然而这种敏感性给予他的,还是一种痛苦甚至快乐的尖锐的感觉。他好像这样一个人,这人不仅被剥掉了衣服,而且被剥掉了皮肤,在这情况下被赶出去和猛烈的狂风暴雨进行搏斗。”①罗素则以后来者的眼光干脆将之剔出真正意义哲学家之外,并表明自己宁愿在托马斯·阿奎那与卢梭之间毫不犹豫的选择前者——圣徒,且对卢梭的生平思想不无讥刺;安德烈·莫洛亚在为1949年法国勃达斯版的《忏悔录》写的序言里虽然也隐约表现了相似的不以为然,但其文字开端,则称卢梭是“要是没有他,法国文学就会朝另一个方向发展”的使文学充满了“青翠的绿意”②的极少数作家之一。

如许评价只道出了卢梭的影响和成就,而我更看重的是他的人格。卢梭的人格决定了他那个时代的精神成就是与其躯体血肉长在一起的,犹如他的独异于人的经历、体验必然产生一种全新的思想将两个截然不同的时代划分

---

① 转引自[英]罗素《西方哲学史》下卷,第232页,北京,商务印书馆1996年4月版。

② [法]卢梭:《忏悔录》第二卷附录,第822页,北京,人民文学出版社1983年版。

开来一样。对于一个"生来就有一个感情外露的灵魂"、心灵的历史中又有"过多的秘密欲望在进行搏斗"并且具有着"倔强高傲以致不肯受束缚和奴役的性格"①的人来讲，当时与后世的褒贬毁誉都已不是重要的了，外在的评价也丝毫动摇不了他；涉猎政治、哲学、宗教、教育、伦理与音乐、文学等领域却最终选择做了那个时代的良心，进入那个时代的呼吸，也许正是这个俘获了我们，布律尔曾言，卢梭的哲学才能是他作为著作家的才能的真正灵魂。而我认为，真正卢梭的施展才华与涵盖才干的部分却是大于哲学的时代文化思想，为与当今"魂魄"的桂冠满场飞的文坛与习惯的廉价倾向相区分，我只把这种意义的价值的人称为灵魂，卢梭是那一时代的灵魂；那么灵魂的灵魂是卢梭个体思想中的人性核心。是这个核心，区分了他与伏尔泰及整个"百科全书派"思想的不同，也使他成为那个轰轰烈烈时代里虽拥有感情、大自然和自我而却始终是独异、孤单、个体的一个人。

　　用图式表现宗教——科学——人性三者位置和关系可能会更清晰，但是为了保持文字的连贯和本书的描述性原则，我仍用文字来说明。卢梭的选择是有意味的，在 18 世纪宗教向科学的文化思想、社会进步的演变中，他既不站在中世纪经文艺复兴至 18 世纪以前的宗教的一边，也不站在他应站在的 18 世纪的科学的一边，而是在科学对宗教的反对时代里，以人性的原则同时反对科学和宗教，"我们连人是一个简单的存在还是一个复合的存在也不晓得"，《爱弥儿》中此种贯穿他一生的直觉出发的思想，在其早年《论科学与艺术》、《论不平等》两篇论文里就已初露锋芒了。以此种出发点的对同样背弃人与宗教背弃人并无质的不同的科学与宗教即当时的两大权力体系进行对峙，其力量是什么呢？

　　　　我并不从高超的哲学中的原理推出为人之道，可是我在内心深处发现为人之道，是"自然"用不可抹除的文字写下的。……如此我们便摆脱了整个这套可怕的哲学工具；我们没有学问也能做人；由于免去了在研究道上面浪费生命，我们在人的各种意见所构成的广大无际的迷宫中便用较低代价得到一个较为可靠的向导。②

---

①　［法］卢梭：《忏悔录》，第 526 页，第 74 页，北京，人民文学出版社 1983 年版。
②　［法］卢梭：《爱弥儿》第四卷《一个萨瓦牧师的信仰自白》。

这"向导"指的是良知。这种对传统意义哲学范畴和方法的抛弃的进一步意义在于恢复哲学阐释文化思想底部的人生的倾向性和哲学本义,对严密性、逻辑形式的远离是私人学说的一部分,而其真实的价值则是他一个人代表了一种社会力量,这种力量不仅针对科学、宗教诸种表象性的存在,而且针对现象背后的某种错误地控制了人类历史的那个思维存在,这种思维常常以哲学、思想、方法的面目改写人性。这使卢梭无法做到宽容。所以在其一系列论文、著作发表之后,在同时受到宗教势力、天主教教会的追踪、迫害之际,他也在不断地与友人如狄德罗、休谟等做着思想的分手,卢梭逃亡的故事本身似乎更能说明其学说"自然"与"文明"的对立主题,这种对立正如卢梭当时所感知的,也是方法论上的对立,所以无怪 19 世纪的罗素仍看不惯卢梭的"善感性"而把它与"祖留的田亩、小农家园的乡土气"的浪漫化等同起来,当然经济组织与个自由的悖反正是由"自然"与"文明"衍生的一个分题,单就地位而言,这时的卢梭很有些像夹卡在中世纪与文艺复兴即古代与近代之间的但丁,实际上对文学来讲,他也确如但丁开启了一个时代,在 18 世纪古典主义与 19 世纪浪漫主义之间的划界,其后有法国雨果、英国拜伦、雪莱、济慈、美国梅厄韦尔、索娄包括爱默生、霍桑标志理性时代向炽情时代的转型,虽然自我实现仍不被正统哲学认作伦理的最高原则,但罗素在其《西方哲学史》中仍不能不承认"浪漫主义运动从本质上讲目的在于把人的人格从社会习俗和社会道德的束缚中解放出来"①,而卢梭要做的也正是这个。当然,另一方面,浪漫主义的发展也未辜负卢梭倡导的民主思想和自由精神。

卢梭的这种与其说哲学不如说是信仰的基本思想,排除了他成为那个时代一个囿于书斋冥思苦想于数理的形而上学家的成功者形象,他甚而认为,"哲学家的漠不关心的态度,同专制制度统治下的国家的宁静是相像的"——那是"死亡的宁静",其破坏性比战争还大,为此他站出了"百科全书派"圈外,而《爱弥儿》论教育与人格的性善论与宗教所持"原罪说"相矛盾所遭的教会迫害,对他无疑雪上加霜,我时常想,当时卢梭的"性善说"与霍布斯"性恶说"之争很有些像古代中国的孟荀之争,场景与论主变了,但都不免抽象的局限,而卢梭的突破则在于他试图将自己的经历体验逐渐地放进去,还原则

---

① [英]罗素:《西方哲学史》,第 224 页,北京,商务印书馆 1996 年 4 月版。

于个体的天然状态的反数理理论倾向,才是他与同时代百科全书派格格不入的根源。由"自然"与"文明"引出的"本能"与"理性"、"人所形成的人"和"自然人"等二元对立命题可看出卢梭将个人经验用作学说的事实基础,启蒙家重视观念,卢梭则注目情感、欲望,由此,卢梭的人文文化使数理文化为主体的密不透风的启蒙时代有了几许灵息吹动。而自然与社会、自然人与文明人的二律悖反性,此后我们在19—20世纪文学文化中时常能听到它的回声。

　　18世纪,是科学飞速进步的时代,同时也是以崇尚科学、文明和进步、推进人类理性、人类文明使之获得历史的合法性及对人文的辐射性为核心的启蒙运动时代,在一社会的上升阶段及其科学带来幸福的社会思想得到哲学武器的维护乃至强化之时,卢梭逆潮而动,保持了与时代的距离和一个人文思想家所须具有的反叛立场,其人格的独异带有的抗辩力量已经溢出了纯粹自然、社会、科学与幸福等问题是非的论理。这种态度本身,指出了一条一直被历史所忽视的道路的存在,即有关思想家尤其人文思想家的精神形象、人格的反思与树立,其有关反叛而非指导、批判而非迎合、目的而非手段的人文思想家的内涵性阐释,是卢梭用一生的经历所做出的,而守卫一个人文思想家对政府、历史乃至时代进步意识形态的永恒的批判性的权力,也是卢梭用一生的坎坷去实践了的。而他于一派喝彩里对"市民社会"的最早批判,马克思称其为"对当时正大踏步走向成熟的'市民社会'的预感"①;他的对异化问题的最早触及,20世纪这一问题已发展为人所面临的共同问题而进入人本主义的核心思想的讨论,他的对儿童人格、平民人格的尊重所体现的最完善的人权思想,使圣—勃夫赞叹"没有一个作家像卢梭这样善于把穷人表现得卓越不凡"②;也使康德因之懂得了"尊视人类"——"有一时期,我骄倨地想着,以为知识构成人性的尊贵,我蔑视愚昧无知的人群。卢梭却使我双目重光。这虚亡的优越性消灭了;我已知道尊视人类"③,这种认识后来构成了康德"善的意志"与道德律令的伦理学骨架;也无怪乎《社会契约论》会成为法国大革命民主政治的"圣经"似的纲领;他的对文明与人性的不同步性甚至逆行性的

---

① 《马克思恩格斯全集》,第2卷,第86页,北京,人民出版社1965年版。
② [法]卢梭:《忏悔录》,柳鸣九译本序,第6页,黎星、范希衡译,北京,人民文学出版社2008年6月版。
③ 转引自[法]罗曼·罗兰《卢梭传》,第24页,陆琪译,西安,华岳文艺出版社1988年2月版。

思想,深刻地影响到文学的浪漫主义、批判现实主义、哲学的存在主义的诞生,赫尔岑讲"伏尔泰还为了文明跟愚昧无知战斗,卢梭却已经痛斥这种人为的文明了",这段话很恰当地表现了卢梭的个性与地位,而托尔斯泰则将卢梭肖像纪念章佩于项间,且思想与写作从一生看亦与之类似,足见其对卢梭的敬仰程度。返顾历史,卢梭仍然是整个近代时期的一个思想致高点上的雕像,他深刻、有力地预见、把握了一个时代的思想潜流并将之以热切激情的方式表达了出来,因他的存在提升了一个时代的境界。这个新境界的主题是:平民形象的人格光辉,卢梭是近代真正贯彻了"以人为中心"、以个人为中心的思想家,他以他的亲身证明了人格这一概念不是贵族性的贵族精神的特权,而承认人格的普泛性、公众性、人人有人格即是在真正彻底的意义层面上承认了人权。

当然,自传体文学的兴盛,暗寓了人格时代的到来。而这个时代的开端却只是一部书所凝缩的一个人一生的文字——《忏悔录》,在这本书第一部的题辞中,卢梭曾预言:"它可以作为关于人的研究——这门学问无疑尚有待于创建——的第一份参考材料";在《忏悔录》讷沙泰尔手稿本序言中他再次强调"这是一份研究人的内心活动的参考资料,也是世上仅存的一份资料",这个与喧嚣生活无法妥协而独独喜爱笃实敦厚的气氛、开诚布公的精神的率真的人,在日内瓦他的著作被焚烧,巴黎他本人被通缉,全欧洲都在咒骂他的情形下,仍能自信到"我现在要做一项既无先例、将来也不会有人仿效的艰巨工作。我要把一个人的真实面目赤裸裸地揭露在世人面前。这个人就是我。……只有我是这样的人。我深知自己的内心,也了解别人。我生来便和我所见到的任何都不同;甚至于我敢自信世界也找不到一个生来像我这样的人。虽然我不比别人好,至少和他们不一样。大自然塑造了我,然后把模子打碎了"的程度,这种始终维护心灵健康与人格尊严的勇气,恐也是今人难以做到的,所以有那种超尘拔俗的坦然跃然纸上:

> 除了他本人外,没有人能写出一个人的一生。这种写法要求写出内心的事物,而真实的生活只有他本人才知道。然而在写的过程中他却把它掩饰起来,他以写他的一生为名而实际上在为自己辩解,他把自己写成他愿意给人看到的那样,就是一点也不像他本人的实际情况。最诚实

的人所做的,充其量不过是他们所说的话还是真的,但是他们保留不说的部分就是在说谎。他们的沉默不语竟会这样改变了他们假意要供认的事,以至于当他们说出一部分真事时也等于他们什么都没有说。我让蒙田在这些假装诚实的人里面高居首位,他们是在说真话时骗人。蒙田让人看到自己的缺点,但他只暴露一些可爱的缺点。决没有一个人是没有可耻之事的。蒙田把自己描绘得很像自己,但仅仅是个侧面。谁知道他脸上的刀伤,或者他向我们挡起来那一边的那只受伤的眼睛会不会完全改变了他的容貌?①

这就是卢梭,18 世纪的思想天平上,他一个人,平衡了整个"百科全书"集团。

将观念与精神分开,并重新注释精神的内核、本义,与"百科全书"派知识集成性的记忆式的"脑"的哲学不同,卢梭的体验创生性的感悟式的"心"的思想,使生命获得了此在性,所以,在伏尔泰等仍带有某种宗教性的护身以在"神"的外衣下讲着自然与科学而保持着某种研究的妥协的和平时,卢梭恰好粉碎了它,以泛神性质的反宗教保留住了思想对时代怀疑、反叛的权力。在百科全书派注重公共、公有主题的寻找与认定的普遍性与类型化里,卢梭的特殊性与个性化融入了个体生命对哲学自体的反省,并将反叛推向了建立,这再次重复了那个设问,哲学是有关数理的,还是有关生命的。卢梭与伏尔泰的不同亦是后世哲学、思想、艺术观各领域两派分离渐行渐远的两条道路的开端。

卢梭不做镜子,在有"镜子"的历史与镜子思维甚至镜子艺术鼎盛的时代,能够有效维护自身个体精神独立性的最好办法,就是远远地离开,拒绝认同、趋众和媚学院,把精神型人格从智慧型人格中区分出来,这就是在伏尔泰被历史、时代选择之后,卢梭却选择了历史和时代。

评定已然显明,勿需再做叙述。

文艺复兴与思想启蒙所组成的近代时期的上下阙,结构了 14—18 世纪整整四百年间的人格转型,以"人"为中心的人本、人权的对自我的肯认与热

_____

① 《忏悔录》的讷沙泰尔手稿本序言,柳鸣九译文。另有远方译文,可参见[法]卢梭《忏悔录》,第618 页,黎星、范希衡译本附录,北京,人民文学出版社 2008 年 6 月版。

情构筑了这一首有关人（而非神）的主题的"词"之背景；自我由"角色"到"个性"的过渡，是这一时期哲学、艺术、文论与人生的多面体的轴心。

近代时期是人格的"自我"时期，也是对人格的隐喻解释时期，那个隐藏于面具后的人格终于冲破了"神格"而以人的面目受到重视，自然科学对宗教神话的冲击，民主与自由的人文思想对神权的破坏，使人终于勇敢地以自我的本来面目出现在历史舞台，向世界发言，这种进步带来的最大影响就是人格的变化，个性解放的环境先是造就了巨人性格，继而还平民人格以合法性，"我表面是怎样一个人，实际上就是怎样一个人"（卢梭），面具取消了，人格的自我犹如一束光，不仅破除了中世纪及古代时期的黑暗，而且照亮了整个人类赖以活动的舞台。

莎士比亚笔下人物的人格的多重性与丰富性与卢梭人格自我所包含的人格完善意愿，不仅标志了"自我"在这一时期的最高人格成就，而且对下一时期生理学、心理学的引出起到了作用，科学理性与人性结合的时代酝酿的四百年里，另一时代的精神特征与人格面貌已经奠定了。

近代时期的"自我"所标识的人格，虽仍未完全脱出社会政治学的范畴，但大部分已转为伦理学、道德个体领域，这说明"自我"人格的近代时期，人格的自律原则替代了他律规范。可以说，历史上因为有了这一时期，人类的精神才有幸不致于沿着中古时期的扭曲和变异的路线发展下去。

布雷特曾以如下的议论表述过这一时期的时代精神，他写道，"……在法国人看来，似乎英国著作中的自然现实主义，才是平民普通思想和情绪的一种显示。法兰西热情洋溢地欢呼和拥护这样的思想：除帝王和玄学外，还有普通人和一种人的科学"[1]。亚历山大·波普（1688—1744）在《论人》中的思想与之类似，他说："应该认识你自己，不要相信上帝在审视；人本应该研究人。"[2]比同时代人更为敏锐的是，诗人波普在此文中将这一时代非常贴切地喻为"中间地带"，近代时期置身于联结古代与近代两个时期的历史性，与自我置身于角色与个性之间的过渡性，都在这极有预见的喻示中显现了出来。

---

① 转引自［美］加德纳·墨菲、约瑟夫·柯瓦奇著《近代心理学历史导引》，第54页，林方、王景和译，北京，商务印书馆1980年9月版。

② 转引自［美］T·H·黎黑《心理学史——心理学思想的主要趋势》，第180—181页，刘恩久、宋月丽、骆大森、项宗萍、张权五、申荷永译，上海，上海译文出版社1990年8月版。

在为已经写得太长的近代时期作结之时,仍有一点需要说明的是,对人的注目的悄然启程中,科学的移位及对宗教的替代,一方面带给人的是人对自身更内部更深层情绪感觉的关注,另一方面也在破除神性的自我的进程中失掉了人可做依托的信仰支撑,我指的不是对神学宗教的留恋,而是科学在完成向人性进发的路程中,不仅击碎了扭曲人性的宗教,而且同时将人心中某种绝非宗教的圣物的碎片也撒得遍地都是,19—20 世纪不乏捡拾这碎片的人,在每一次俯身时他们都会感触到上一时期矫枉过正的一点。尽管人至今不敢公开承认,因为承认,就意味着大大伤了他的自尊。

现代时期就这样到来了。

四、自我

1. 现代时期

现代时期就这样到来了。

以千字为单位叙述 19、20 世纪这两百年间的精神事件无啻是一种天真的幻想,太多的东西发生了变化,旧有的东西非但没有消失而且还在不断增值,新生的东西却同时在不断地产生,科学、政治、经济、思想、文化发生着以后任何时代都不曾发生更无从设想的骤变,有的在迅速形成体系,有的在演化中寻找着自己的阵营,以致研究者不深入到它内部中去则很难捕捉到它的特别性,这也使得 19 世纪在广阔的学科发展层面上同时发展了它的学术分支性,一个最大的变化就是科学、生理、心理学的实验性,它使复杂的 19 世纪的精神生活在定量分析与可验证的可能性下溢出了近代时期纯思辨、纯猜测、纯判断的形而上学范畴,而将玄学式的哲学落入人间,这就是我们读哲学书时经常会碰到的哲学回到地面的意寓,与人有关而不首先与概念有关的哲学渐渐成为大多数人所能理解、所能接受的与己相关的世界观的事件,一方面接上了哲学在古希腊罗马时期的哲学本义,一方面使得卢梭在近代时期的努力有了可靠的一个落脚点。哲学真正成为人的生活方式是 19 世纪乃至 20 世纪的人文主义的一大贡献。同时,哲学的开放性及其打破传统绝对化的相对观念,也使以上所说的定量分析与可验证的可能的方法获得了另一重时间的意义,可能性在质上改变了时间的长度,赢得或说生成了一种新的感觉延长的时间,可以称之为与物理时间相区别的心理时间,这种观念所带来的心理学乃至文学的革命是尚无法用任何形容词所说明的,一言以蔽之,它培育了整个 19—20 世纪的人的精神的对抗性,在现代派小说的每行文字里,我们可以感受到这种迫人的呼吸。

从黑格尔以后,更准确地说,是以黑格尔开始,就再也不会有一个大一统的哲学形态或社会意识来统领整个社会人的思想了。马克思、克尔凯郭尔、叔本华各从他们的角度、方位和目的完成着对黑格尔权威哲学的拆解、修正和反叛;多元化的意识形态暗示了一个时代精神背后的人的向复杂性的求索。而奇妙的是,并没有一个什么人自觉地去发动这样一场对近代时期尚未完善仍还在规整中的理性思想的"叛乱",但几乎所有的学科都不约而同地指向了这个中心:物理学界对早已不满足于代表消极适应问题的世界的牛顿物理学的反动终于有了实际的声音——爱因斯坦相对论的假设基础,量子物理学测不准定律、海森伯几律性的存在等;哲学以柏格森、叔本华、尼采强调人本身生命力量的哲学对黑格尔实在论地绝对理念反叛最为尖锐;前者动摇了传统世界观的物质基础,后者粉碎了传统物质基础之上建立起来并已被全社会认定和接受了的意识形态的权威性,科学与哲学在经历了古代时期的脱节、近代时期的悖离之后终于在现代时期达到了观念的同步,两种力量——物质的与精神的——所绞绕在一起而并发出的能量在文学这一作为观念的表象的事件中——显露出来。社会思想的多元性是 19 世纪尤其 20 世纪的最大特点,围绕着这样一种精神状况,需要再做提醒的是,物理学、哲学对旧有观念的批判性检阅本身,喻示了人的主体观念及主观性的形成和发挥,它的意义使人联想到近代时期的哲学对宗教的反叛;在这种自由平等的精神氛围下,一些新学科新方法的产生和发展成为不可避免,如临床医学、解剖学、神经生理学、胚胎学、精神病学等,这里所举的虽然都属生理医学范畴,且都放置于实验科学的背景里,但也说明了整个社会思想的独立性与自由度,难以设想,在近代时期,宗教与哲学合流的人文环境里以上诸种学科的生存及立足。19 世纪包括生物学——达尔文进化论、高尔颅相学等的科学发展,打破了曾经作为禁忌的有关人的一些重要领域,为人类对自身的进一步认识创造了良好的开端,可以看出,自然科学与社会科学的合流是这一时期人文主义思潮的另一主要特征,也可视作是多元化特征的一个注释,人的问题第一次置放在形而上的思辨认识与科学实验的观测揭示的交叉火力下,探照灯的强光使人的奥秘的黑箱的暗影部分日渐其少,焦点汇总式的论述、碰撞却又带来了不可见的更多的矛盾纠结所投射出的暗影,随着两大学科合流后所交叉出的众多边缘学科的专门化分支同时亦是以往单纯学科的某种溢出传统范畴的研究普泛化而来的,是无可辩驳的实践性与应用性,走下圣坛的学问与人的紧密关系犹如织起的一张大网将与人类环环相扣的诸多问题丝丝缕缕地织成经纬,将对人的深度研究笼罩在里,这与19—20世纪的学科主题是一致的。除却哲学、科学不论,不少资料表明,2500余种学科,心理学所占就有160余种。作为最接近人的课题的这一学科的这一数字似在表明19世纪、20世纪的现代时期对近代时期的某种丰富或说标识着某种焦点的转型,尽管学说各有侧重,但总的趋势若用一个箭头指示的话——它们共同指向着人对自我的关注。

　　凯德洛夫曾有一个"科学的三角形"的理论,"三角形"的三条边分别是自然科学、社会科学和思维科学,"三角形"三条边所框定的中心则是心理学,作为中心的心理学与三条边——自然科学、社会科学和思维科学各有着交叉处或接合部。这个比喻描摹出了这个时代精神的第三项特征,心理学由对自然科学、社会科学和思维科学的整合而成为现代时期的学术中心,19—20世纪人文学科或说人文精神的进步与演变将视这门综合的新型学科为其观测的晴雨表。

　　如此,我们就不能不提及另一个三角形,生活于19世纪末20世纪上半期的艺术家康定斯基用"精神生活"来为之亦为他所处的那个时代的运动命名。他写道:

　　　　精神生活可以用一个巨大的锐角三角形来表示,并将它用水平线分割成不等的若干部分。顶上为最窄小部分,越低的部分越宽,面积越大。
　　　　整个三角形缓慢地、几乎不为人们觉察地向前和向上运动。今天的顶点位置,明天将被第二部分所取代;今天只有顶点能理解的东西,明天就成为第二部分的思想和感情。①

————————

　　① 〔俄〕瓦·康定斯基:《论艺术的精神》,第17页,查立译,北京,中国社会科学出版社1987年7月版。

　　我宁愿将之视为现代时期精神状况的第四个特点，19、20 世纪较以往任何时代都更好地体现了人类精神的向上位移，康定斯基在指出三角形的每一层都有那一层的艺术家同时，不仅描绘出了整个人类精神历史的运动趋向——艺术得不到维护而缺乏精神食粮的时代，灵魂会不断从高处跌落至三角形底部使之倒退和下沉，正如一个游泳的人放弃与下沉作不疲倦斗争时他就会沉没一样；而且康定斯基以诗意的表述不断肯定着这样一种向上的运动，金字塔的建造施工，虽其缓慢，却显现出人类不轻易丧失其精神强度的内在力量，以致"任何人，只要他把整个身心投入自己的艺术的内在宝库，都是通向天堂的精神金字塔的值得羡慕的建设者"。精神的价值、艺术创造的观念乃至对艺术家内涵的全新看法是康定斯基的"精神三角形"想要告诉我们的，它与只是想向我们说明心理学的学科重要性及其综合性、多元性特征的"科学三角形"不同，二者分别代表了那一时代精神的广度与高度。"精神三角形"逻辑上以此为基础，把我们的视线引入到学科之上的更高的精神综合的层面。尽管 20 世纪 60、70 年代的人本主义心理学思想对此将有更新的继承或阐述，但康定斯基已从他那个时代的角度将艺术精神与人格理想隐隐地贯通了起来。直至这种思想日渐成为现代时期的重要标志。

　　成熟的理论一如成熟的时代，也总要有这样一些必备的特点，多元、整合，专门化，精神向度以及其中所涵盖的成熟的生活模式与社会价值观念，19世纪 20 世纪因外部社会冲突的内化与个体化将人变为承受这一切矛盾的复杂体，同时也使人格理论从人文思想中渐渐分离独立出来却仍不免打上了整个时代的精神烙印，本书在以下的具体分析中将力求体现作为这一时代精神的体温计的人格学说的整合特点，当然，另一方面，人性的亘古未有的复杂性的发现，亦使这个时代的人文思潮充满喧哗与争吵。置身于这样一个杂语的时代，如果不仔细分辨，是不会听出各乐器齐奏时其中的主题旋律的。当然，人格主题曲的明晰亦与各思潮所谱写的思想乐谱的长度乃至演奏者与倾听者的心会有关。

2. 理想及其冲突

　　没有一个时代，像 19—20 世纪，将"理想及其冲突"这个小标题所标示的矛盾揭示得如此深邃淋漓。这是我乐意将之作为以心理学为中心、以社会科学为边线的时代精神的第四条边的原因。严格地说，文学浪漫主义运动在此理想与感情的阶段所确立的人道主义与个人主义的牢固性的渊源是它所能依附的同时期的德国古典哲学和英国法国空想社会主义,康德、费希特、谢林、黑格尔与圣西门、傅立叶、欧文的思想综合土壤对 19 世纪以后的精神事件起到了富有主宰力的影响,以致 20 世纪的诸多人格学说都被打上了这一时代精神的胎记。胎记随机体而生长,比如斯金纳的《瓦尔登第二》,直到人本主义的马斯洛的优赛卡娅(善心国)与阿克拉姆式机构"成长中心"重建乌托邦的设计。这一时期人文学者对民谣、民间传说的兴趣将对以后人格文化学派产生重要影响,以个性解放为创作原则,诗歌的拜伦与历史小说的司各特,成为那个时代的典型形象,自由与个性的精神特征述说了文学与哲学的难分难解,"物自体"的康德使近代经验主义与理性主义世界观分流已然明确,和谐的人是这一时期哲学家树立的人类关于自身的理想,希腊艺术被再次作为典范,无论是德国古典哲学、英法乃至欧洲的浪漫主义主流还是后期让位于批判现实主义的文学事实,似乎都以不同的角度不同的语调讲述着同一种声音,人的形象从作为对象的平面的近代进入了人自己用各种材料——泥土、木石堆砌、斧刻的立体雕塑。同样,人格的多方面的的探索——人对自我的探索也使现代时期的这一思想主题得到了浮雕式凸现。

(1)灵魂型:浮士德　曼弗莱德

歌德与拜伦两位诗人笔下的这两位诗人型的人物代表了现代精神的灵魂取值,他们是这一时期灵魂型的人格典范。可视作歌德本人的精神自传甚至是他本人精神自我的镜像的浮士德从歌德写作他的那一天起,便与歌德共生了 60 余年,1773—1831 间的一个诗人灵魂的内部争斗与心灵挣扎被记入历史,于天帝与魔鬼两方,于浪漫与虚无之间,浮士德所经历的知识、爱情、政治、美和事业五阶段悲剧以及其间与魔鬼靡非斯特非勒斯订下的奇特契约到"智慧的最后断案",反映了人类 17—19 世纪三百年的精神生活史,也是自强不息精神的人的一部人格完成史。其中知识与生活、索取与创造的矛盾只有 80 余岁的歌德能体味到它并用一生传达出它。这是 36 岁便辞世了的青年拜伦所不及的。

较史诗而言,拜伦写的是反叛,而这反叛所达到的激情的高度使之获得了与歌德史诗式的智慧长度同样重要的价值。1817 年诗剧《曼弗莱德》不是拜伦的代表作品,但却是拜伦思想的最好表述,曼弗莱德身上集中了拜伦的

全部精神自我的秘密,骄傲、孤独、个人主义、热情、叛逆,一个住在古堡,独自
徘徊于阿尔卑斯山的、知识广博、可呼唤精灵却又寻求遗忘和死亡的神秘主
人公,曼弗莱德失望于理性王国的启蒙与知识,却坚守自由与独立,他拒绝在
人群中生活做一个启蒙者,却又不屈服于旧制度的罪恶,他傲世离群直至临
终时拒绝一切挽救而宁愿独赴死亡的勇气,成为拜伦个性的最集中点,他暴
风雨式的热情和由这热情沸点冰结而成的隐退回内心的观点,一方面让他的
诗句忧郁到炽热的浓烈,一方面也使他成为那个时代的酒精。"使自己生命
的岁月染上致命的瘟疫/由于我们自己的灵魂趋于枯萎/而让我们全身的血
液都化为眼泪"与"……一面破碎的明镜,那玻璃片/已经碎成了无数小块,映
出了/一个人的千百个身影,它虽然不变,但却随着镜片的碎裂而愈小愈细"
是拜伦的两面。徘徊于阿尔卑斯山上的曼弗莱德虽未像浮士德在"你真美
呀,请停留一下"的精神的高峰时刻喊出他的声音,但是他也如浮士德一样,
从另一面诠释了死亡的美,那是一种拒绝的美,它的浓烈程度与浮士德死亡
的拥抱的美——因拥抱美而死亡一样,是积极或消极此类评定字眼难以胜任
的。它们均高于世俗标准。他们同属灵魂型的人。由是,阿尔卑斯山与荷兰
海便同是永生的见证。浪漫主义亦由此获得了它有史以来的由山的高度与
海的广度所涵盖了的最高成就。

　　其间有"为一去不复返的事物所苦"的精灵式的预言者荷尔德林(1770—
1843),有华兹华斯、柯勒律治、骚塞"湖畔派"的神秘与激情,有雪莱(1792—
1822)在《解放了的普罗米修斯》(1819)中的"人之上/已没有王"的宣告,以
及其后由内向人到外向风景的转型,浪漫主义到批判现实主义的过渡,文学
将内向性的探索交付给专业化了的心理学,而自己的目光投向更广阔的社会
现实,雨果、缪塞、乔治·桑为桥梁,直到司汤达、巴尔扎克等一批现实主义作
品,其中的人格典型亦是深具意味的。

(2)功利型:于连　拉斯蒂涅

　　不同于诗人、学者的传统主人公,司汤达的于连与巴尔扎的拉斯蒂涅是
新兴的资产阶级青年形象。他们的平民身份与其周围的最后的贵族的较量
是与野心、利己、反叛、妥协、同流合污、欺诈、向上爬、地位、金钱等字眼联系
着的。司汤达在《红与黑》(1830)之外,设计了《帕尔玛修道院》(1839)中的
法布里斯,而与于连标识相反的道路,法布里斯死了,而于连却连连得手,如

鱼得水,似乎喻示了整个文明进入了一个喜剧的时代。巴尔扎克干脆将其96部长、中、短小说统称为《人间喜剧》,"风俗研究"、"哲学研究"、"分析研究"及其中6篇"私人生活场景""外省生活场景"等的次第划分,已经昭示出了他个人和这一时期文学时代的整体特征。拉斯蒂涅正是这种场景里的一个带喜剧色彩的悲剧人物,他的上爬的欲望与恃强凌弱的势力个性几乎可看成是于连的性格胞弟,同是外省人,同是寄居,同是野心,同是那个年月的聪明人,巴尔扎克在《高老头》(1834)中无意于花大笔墨去刻画的一个青年却在终章时凸现出了他野兽牙齿般最锐利的个性。物质化了的人文环境还会产生别的人物么? 这是挽歌的巴尔扎克的矛盾的背面,所以,《欧也妮·葛朗台》(1833)、《夏倍上校》(1832)、《贝姨》(1847)、《邦斯舅舅》(1846)虽以人名作为小说题目,但却是将人做样本叙述社会的变异的,而由人格的环境因素展示所无法避开的人格生成的揭示,又使得一向被文学史认定是最现实主义的巴尔扎克,其实勾勒出的仍是各色人等的面貌或嘴脸,只是不同于古希腊戏剧中的面具,于连、拉斯蒂涅的真实性让人犹如无意间触目于烫伤还剥了皮肤的人脸的可怕。令人震颤的它们恰恰是人在那个异化了的环境中的人的面目。

(3)心灵型:冉阿让　聂赫留朵夫

与司汤达、巴尔扎克的环境决定论不同,雨果与托尔斯泰终生注重人于环境之上的超越性,冉阿让与聂赫留朵夫是他们这种浪漫主义式的人道主义的重要代言者。《悲惨世界》(1862)冉阿让及对角戏的沙威的刻画都达到了极致,人道主义思想也达到这一时代的极致,仁慈的里哀主教成为悔过者偶像式的信念支撑,个人道德完善思想更是披露得淋漓尽致,晚年冉阿让所代表的雨果年轻的思想,在1889—1899年间,老年托尔斯泰写了十年几易其稿的《复活》中得到回音般的响应,聂赫留朵夫是更为负重的忏悔者,在此他代表了道德自我完善为中心的托尔斯泰主义,也代表着文明人对文明的深度反思。冉阿让与聂赫留朵夫的心灵性是与黑暗悲惨的现实相隔离相对峙的一种概念理想,犹如雨果在他的另一部作品《九三年》里郭文与西穆尔登争执的焦点所喻示的主人公的同时也是作者本人的一种观点,"在绝对正确的革命之上,有一个绝对正确的人道主义",这不仅是郭文与西穆尔登的争执,而在托尔斯泰的人物里,在忏悔的聂赫留朵夫的低语与省思里,似在推进着对以上观点的发展，即在阶级之上有一个绝对的人性。这种表露自然也是理想化的。以致它的完善的理想性质常常使人忘掉人所处的阶段、环境、条件等物质现实。虽写场景，却落脚于人，这是雨果、托尔斯泰与巴尔扎克、司汤达的不同，也是两类作家笔下人物的不同，理想中人与现实中人的不同。而之所以在此将冉阿让与聂赫留朵夫这两个外表看似不同阶层不同身份的人划归一类，一个原因源于美国文学史学者马尔科姆·考利著作的启发，他说"我们从来没有懂得文化是具体情况的派生物——熟知其工具和材料的工匠可能是个有文化的人；一个在田野上驾牲口犁地的农夫，到达篱笆角上时，他停下来考虑生和死以及下一年的收成，这个农夫也可能具有文化，即使他不看报纸。基本上，我们受到的教育是把文化当作表面文章，当作阶段差别的标志——那种假装的东西，就像牛津音或一套英国式衣服那样"①，我想道德是其中非传统的有关文化的独异标准打动了我，使其为我日常看问题的一种方法；当然更为重要的原因是冉阿让自新与聂赫留朵夫忏悔的心灵相通性，一种向善的力量赋予了与他们相关的文字具有某种宗教感，那种圣洁又是与世间的伦理不相分离并紧紧相连的。经由省思而超越，主体的力量战胜了物质环境的律定和安排，对天命的人的解释，是冉阿让与聂赫留朵夫人格价值之所在。

（4）空想型——现实型：奥涅金　毕巧林　别里托夫　罗亭　奥勃洛摩夫　培尔·金特

　　"多余人"的庞大家庭，自普希金《叶甫根尼·奥涅金》（1833）始经由莱蒙托夫《当代英雄》（1840）、赫尔岑《谁之罪》（1845—1847）、屠格涅夫《罗亭》（1856）直到冈察洛夫《奥勃洛摩夫》（1849—1859），俄国文学19世纪画廊中的这个"大家庭"中的主要人物是苍白、神经质的、空想性质的个人英雄、小知识分子、小人物、忏悔的贵族、口头革命家所组成的精神贵族式的形象。与多余相关的总是那一时代知识分子的空虚、摇摆、犹疑、懒惰和言行不一，由此他们总是失掉爱情，错过信任，得过且过乃至苟且偷生，于社会无益，在无所事事又愤懑不满于世事时政的心绪里浪费激情，度过一生。罗亭大概是个转折，他前期的夸夸其谈式的孱弱与其后期屠格涅夫为他安排的在街垒上举着

---

　　① ［美］MALCOLM COWLEY：《流放者的归来》，第28页，张承谟译，上海，上海外语教育出版社1996年11月版。

旗帜而牺牲的姿态构成了俄国知识界的一束亮色。同时有《前夜》(1860)里的叶琳娜、英沙罗夫、《父与子》(1862)中的巴扎罗夫以及车尔尼雪夫斯基《怎么办?》(1863)里的拉赫美托夫作为继承,"新人"的声音渐渐响亮,他们是在信念与为信念献身的具体行动中寻找最短的路线的人。而作为其前身或曰胞长、兄长的多余人却已深嵌入了这一时期的人格文化当中,杜勃罗留勃夫的《什么是奥勃洛摩夫性格?》(1859)对之有绝好的概括。在这个系列中,另一个多余人相对俄国而言是外籍的,易卜生的培尔·金特可视作是多余人形象的一个补充,也正是他使"多余人"现象越过了国界、民族而成为19世纪人格文化的一种具有普泛意义的典型。

长期以来我一直在想着那场诗剧(1867)中的一切有关人的成长的象征、寓言和哲理,《培尔·金特》的中文译者萧乾在1978年译它时曾悟到其中人妖之分主题的深意,而他是在20世纪40年代就看过此剧演出的。培尔·金特一直是文学史论者争论不休的人,失掉自己本来面目,不再忠于初衷的信仰,蝇营狗苟,随遇而安,利害高于是非,为达目的不惜扭曲自我变形为妖,以致在他生命的终端接受临终审判时,面对死亡,神也无法赦免他的堕落。剧中铸钮扣的人的安排是触目惊心的,更触目惊心的是培尔·金特这种人多余而无用到即使是进了铸勺,铸成的钮扣也还是没有窟窿眼儿的废品,所以即便是最后圣洁的索尔微格以温柔的摇篮曲抚慰培尔入眠,但茅屋后面的铸钮扣的人的警示仍然如雷贯耳——培尔,咱们在最后一个十字路口见吧。那时候,看看你到底——我不再说下去了。这是全剧的最后一句台词。培尔在索尔微格"宝贝,睡吧"的歌声里重又回到了婴儿。易卜生将个性原则与利己原则的区分使象征情景的舞台充满了人格意味,同时也点破了空想与物质现实间的本质一致性,利己原则的支配使其成为于社会于人类都属多余的人,而耽于思想上的空幻奉献与实际上的延误与不去实施的结果,使其虽不会堕落,却至少成为无用和多余。

(5)精神型:简·爱　约翰·克利斯朵夫

也许钢琴首先是联系这两个人物的最基础的媒介,那种无法言述的压抑又澎湃着激情的音乐诉说着这两个人物的内心与精神与他们同纬度时间的那群游手好闲、思想大于行动的多余人有多么不同。1847年夏洛蒂·勃朗特的简·爱倔强、年轻,她的清高、不屈与独立所代表的个人奋斗式的世界观和早期一个女子对女权思想的行为阐述使她高于了那个时代而成为后世女子自我检测或男人看女人的一个标准，简·爱的敏感、正直与健全也使她赢得了男性世界的尊重、爱慕与倾心，而更让那个时代惊异的是她在对待爱情上也是要求健全和平等的，当然在这一切背后是一个自小孤单的女子人格精神发育的健全。这是让她最终超越时代的部分。约翰·克利斯朵夫在这一点正是她精神上的同道或伴侣，如果注意的话，可以看出他是罗曼·罗兰于1903 年写完《贝多芬传》后而从 1904 至 1912 花费了 8 年心血哺育出的一个"超人"，克利斯朵夫的人格由"战斗"和"和谐"的音符谱成，他的个人奋斗、精神自我完成的一生虽历经磨难艰辛，却护卫住了一颗完整而欣悦的灵魂，在他的宗教音乐中有他宗教一般圣洁的精神性，犹如钢琴在指尖下舞蹈出的纯净，罗曼·罗兰在 20 世纪初讲述他对那个时代的英雄的理解和缅怀。约翰·克利斯朵夫和简·爱分别从男女两个性别代表了人类的奉献精神，约翰·克利斯朵夫为这个世界创造了和谐的如音乐般诗意的美，简·爱以她的贫困与低微等物质性条件都无法阻止其产生的人格的独立再造了女性自身。换句话说，这种再造，使得她的自我本身就是她拿给这个世界的作品。

(6)神经质型艺术家：波德莱尔　王尔德　爱伦·坡

19 世纪最重要的精神现象特点之一是出现或说产生了一批深具独立个性的职业化艺术家。波德莱尔（1821—1867），王尔德（1856—1900），爱伦·坡（1809—1849）只是这批艺术家中的一小部分，当然也是最具 19 世纪特色的部分。这是我在这一节文字里选取作为著作者的他们而不是他们著作中的人物与这一时期文学中经典人物一起作为人格例证的原因。波德莱尔的《恶之花》（1857）可说是初次涉及文人艺术家的深度精神危机，我将之看作是那个时代以波德莱尔为代表的艺术家的人格自我的非自传体的精神问题剖示，当然无法避开的是一些感觉化的个人生活经验，有波德莱尔自己的话可作印证，他说："在这本残酷的书里，我写下了我的全部思想、全部心灵、全部信仰和憎恨。"文字终于在象征与感官之外，切入了人格内部变化的核心；这也是为艺术而艺术的王尔德不经意间达到的，《快乐王子》（1888）与《道林·格雷的画像》（1890）简直无法没想是同出一人之手，当然二者也代表了王尔德本人的两面，善良无私与利己虚伪使他的人物与他本人都带有人格悖论的色彩，其对道林·格雷描摹到极端细致后所流露出的欣赏意味，我们可从此后日本文学的三岛由纪夫的唯美至绮靡的文字里体会到某种承递,王尔德的文字织就了他的双重人格,而大洋彼岸的爱伦·坡在诗意敏锐的浪漫与空想里,一样无从摆脱美与死亡的纠缠,其"为希望那样的荣耀/为罗马那样的宏伟"句子后的不失古心与个性,这个性与现实的不谐与分裂,培养了他用象征表达痛苦的习惯,《渡鸦》与其说是他的心境不如说正是他本人,在自然与文明之间无法决断不可超度的不祥鸟所背负的难道不是他天才般的空想意识和于内里纠缠消耗他生命的超自然观? 所以创作中不免常有精神错乱式的心灵感应出现,在文字里,所以在其后期诗歌转向小说、散文转向怪诞、恐怖悬念和推理成为从意识到形式到内容精神的必然,《金甲虫》是渡鸦后的又一意象,坡不想多作解释,二元论已搅得他早在40岁前就已憔悴了身心。

(7)分裂型:拉斯柯尼科夫　道林·格雷

陀思妥耶夫斯基《罪与罚》(1866)与王尔德的《道林·格雷的画像》是19世纪精神类文学史上最惊心动魄的两部书,拉斯柯尼科夫与道林·格雷正是这两部书里的人物。《罪与罪》将整个俄国社会的道德伦理矛盾放在了一个拉斯柯尼科夫这样的年轻贫穷的法科大学生身上加以承负,凶杀、自责与疯狂和被解救集中了这诸种事件背后的尼采哲学、超人、无政府主义、宗教、受难、原罪等相互混杂与交叉的思想并成为这种综合性观点的最好阐释,拉斯柯尼科夫被刻画成一类神话中的形象,残忍与良心是他双重人格的两面构成。与拉斯柯尼科夫由犯罪到经由女性——索妮亚——感化而求得最终新生的经历挣扎不同,道林·格雷的刀刃始终是向内的,这个年轻貌美追求享乐而向往青春常驻的青年,借一个画家为他画的肖像中的自镜像的衰老而妄想保住自我现实的年轻,堕落让画像中的格雷狰狞可怖,血迹染身,而当现实的格雷无法忍受这镜像的警示时,他用刀子刺破画像的结局是戕杀了真实的自身,现实的格雷面貌狰狞,画像却恢复了青春。王尔德神话般的象征在人格的两重性——画像的我与现实的我——或说——艺术的我与真实的我——之外肯定还有着镜像所无法照彻和捕捉的内容,但是我们已从格雷的堕落与下坠中看到了19世纪的被盖在面纱或帷帐后面的以前的文学从未揭示到如此深的另一面的人性,对于这种人性,代表以前伦理观的善恶概念已无法全然囊括,拉斯柯尼科夫与道林·格雷为那一世纪的文学提供了文学史上从未表达得这么深邃的近乎变态的人格的双重性。

以上是以欧洲为例通过横向比较而总结的那个时代作为精神背景的前台体现的文学——人格类型。论述至此,不过十分之一的浓缩,可以看出那个时代人的复杂性以及与之相关的人对人格的多方面的探索,这探索是感性的,是19世纪文学史乃至精神文化史中深具代表性的经典人格。对人格的揭示虽然复杂,被揭示的人格也呈现出多面性,但仍能从中透视出现代时期人格的整体走向,在分支与主干之间,总有精神的向上性、灵魂的提升统领着心灵的丰富性与独异于众的个性。

总体来说,现代时期的人格是丰满向上的,种种异化无法改变它箭头的最终指向。而实际上,早在1795年距今两百年间的18—19世纪的过渡期,席勒就已做出了这样的预言。在那部《美学书简》中席勒将它表述为"人格"与"现状",人格是人身上的一些持久的东西,现状则是人身上经常变化的东西。区分它的本义在于找出本质与经验的不同,在于人的本质与人的存在统一为基础的人本主义美学的确立。他说,"在每个人的个体的内部,至少在他的潜能和规定性之中都可能包含有一个纯粹的理想的人(第四简)",他又补充写道,"人开始是诞生出来的,并'完成'为某种东西的;因此,就人来说,不可能单单是人格,而是寓于特别现状中的人格"。在20世纪海德格尔的"亲在"、"此在"中我们可看出席勒"人格"与"现状"的影响。席勒终生追求"完整的人"、"人尽善尽美的样子",以致最终使其学说变成了人的神化的神话。

> 一个天真而富有才智的青年世界里的诗人,正如在艺术文化的各个时代里紧随其后的诗人一样,是严肃无情而难以接近的,如同深居森林中的古罗马狩猎女神狄安娜一般;他全无亲密感地逃避那颗寻觅他的心,避开那种想拥抱他的欲望。……主题完全占有了他,他的心不像一种劣质金属那样直接处于表面之下,而是要人家像找金子那样到深处去找。正如神在宇宙大厦后面一样,他也在他的作品后面;他就是那作品,那作品就是他;……①

---

① 席勒:《论天真的诗和感伤的诗》,见《席勒文集》第6卷,第96页,张玉书选编,张佳珏、张玉书、孙凤城译,北京,人民文学出版社2005年9月版。

19世纪文学中的人格走向可说是延承或验证了这番预言中的理想同时，现代时期的文学也为这理想付出了它所超载的难以想见的冲突，这冲突无一例外地折射于这两百年间的人格里，这人格是作家的，也是作家笔下的人物的。

文学的浪漫主义也许不自知，它开启一个文学新时代的同时，一扇心理学的大门也被悄悄打开了，心理学起初与文学浑然一体，继而渐渐与文学分离开来，尤其在人格方面，成为一门专门领域的有深度的兼有考证与论辩色彩的科学。从中我们可以看出18世纪理性思潮的深刻影响，而最显著的，则是人文主义精神在具体学科中的渗透与贯彻，当然，既纤毫毕现，又不动声色的这种浸润式的影响，往往在方法类型解说过程中屡被忽视。真正认识到这种影响的重要性的是《十九世纪文学主流》的著者勃兰兑斯，19世纪两大潮流所构成的双重思想的主流恰如其分诉说了那一时代精神，礼仪与爱情的两种取向，"美德"与自然之间的不调和性，以致宁馨与冰冷、严酷与热烈，在由一个世纪转入另一世纪时，人格思想被赋予了一个民族彼时彼地的生活意义，由于它代表理想，所以与浪漫主义文学之火总是很近，烤热而熔解，液体流动的人格比思潮的凝固晶体更加接近人的本性，心理学由于对社会学的文学观的兼容而得以成为评说时代思想的标准。这一融汇的新的形态的产生，犹如歌德所言"灵魂的热"。

无可否认，真正将人格研究变为一门学科并日渐成为一种科学的，是现代时期，言说人格人性的卷帙浩繁的时代正在到来，也正是这一时期，它把文学、文化、人文、理论、学术都变为了可资运用的材料、背景，人渐渐由文学遮掩的幕后走上前台并最终站在舞台的中央。虽然，阵旧的是非二元模式仍统揽着文化、文学史，批评的对这一观念的贯彻与移用，一个直接的结果就是——文学的支离破碎，当然多样性、复杂性和矛盾构成了新理论产生的最好土壤，欧洲19世纪高于他所处时代之外或以其他方式异化于社会之外的大作家无一例外地承受多种能量的对立和这个时期乃至所有人类时期不相协调的人生观结合的谬论。17、18世纪的美国被 Robert E. Spiller 说成是英国、西欧的思想化为行动的一个巨大的试验场，所以，以一直居于欧洲文学史外的美国为例对人格角色做一纵向的勾勒则是为西欧精神——人格史中经典人格的一种补述，其中我们看到的冲突的理想外不可错过的一些更为复杂的景象将说明这种角色移动的补述对人格与文学的双重理解提供了多么大的重要性。

其实早在爱德华兹与富兰克林时美国文学就已分出了两条思路,前者引出的作家有坡、霍桑、梅尔维尔、奥尼尔、艾略特、福克纳,作为后者人生观的继承人是库珀、马克·吐温、豪威尔斯、德莱塞等(划分参见《美国文学的周期》作者),这是哲学型与社会型的两个"阵营",后者代表经济现实主义,前者代表神秘主义的某种模糊的理想或信仰,实际上不单美国文学包括世界文学者都是由这两条线绞绕一起的。然而美国文学的这两条路线所提供我们的却另有独特的东西。

库珀(1789—1851)以其写记忆里的历史或与记忆相融的历史的直率与坦诚而成为荣格所说写幻想、神话的伟大作家与写心理现实的一般作家的边缘,《拓荒者》(1823)《大草原》(1827)《最后的莫希干人》(1826)等"身上没有多少文明,却具有常在未受过教育的人身上反映出的文明的最高准则"的主人公无疑是整个美国的民族原型,与实干、冒险等库珀所反映出的美国国民精神不同,爱默生(1803—1883)以其对自然与精神的深思完成着用风神竖琴的意象对美国心灵的另种高贵的平衡。

真正将自己的生活变作一首诗的是瓦尔登湖畔小屋里的隐士梭罗(1817—1862),他的"造屋"意在"实践一下看看通过尽可能多地排除不是必需的条件这一项,人们可以走得多远",身体力行的结论是"如果人信心百倍地沿着自己梦想的方向前进,尽全力按自己想象的方式生活,他定能取得平凡生活中意想不到的成就",独处的珍贵使他总会了步行的人是走得最快的旅行者,缅因州森林及新英格兰小镇的气息与其行动化了的思想相通相连,在远离物质至上的机会主义之后,他忠告于人:"别试图理解时势,而应该理解永恒的真理",在以后的文学发展史中这句忠告日渐发展而成为一种重要的思想,值得一提的是梭罗的作家二分法———一类耕耘生活,一类注重艺术,这种寻找营养或尝试味道的"找食物"的不同出发点成为美国乃至世界文学家的精神分野;梅尔维尔(1819—1891)的《白鲸》(1851)所代表的创作世界观显然属于后者,船长埃哈伯与鲸中之王"白魔"莫比·狄克难分输赢的争斗寓意了在自己想象的主权王国内生活时以往经历转化为记忆后所常引起的内心冲突,海的腥咸与煎鲸脂的味道与复仇、伤残绞绊在一起,而于善恶、自然、意志力之上的泰坦式的巨人形象却为 20 世纪海明威的《老人与海》铺设了桥梁;同时期的惠特曼《草叶集》(1855)中关于人格的抽象思想在于以自我的抽象价值为中心不断向外扩展并通过四肢、爱人、"群众"、民族、人类一层层从内核扩展到宇宙统一性的外部极限,有关自我的史诗使梅尔维尔式的普罗米修斯的个体英雄与一个新兴的民族的血肉交融;狄更生(1830—1886)则从深度上发掘了这一主题,这个马萨诸塞州阿默斯特镇的与世隔绝却又与另一不可见世界神秘相通的隐士,使内向探索心灵叙述愿望的道路变得如惠特曼的自然、事物的本相及其丰富经历的再现一样宽广:

> 呐喊着作战非常英勇,
> 但我知道,
> 更英勇是与自己胸中
> 悲哀骑兵搏斗的英雄。
>
> 胜利了,民族不会看见,
> 失败了,人们不会发现,
> 没有国家会以爱国者的深情
> 瞧一瞧那弥留的双眼。
>
> ……
>
> ——狄金森诗钞之一
>
> 灵魂选择自己的伴侣,
> 然后将房门紧闭;
> 她神圣的决定
> 再不容干预。
>
> 她漠然静听车辇
> 停在她低矮的门前;
> 她漠然让一个皇帝

　　跪上她的草垫。

我知道她从人口众多的国度
选中了一个；
从此闭阖上心瓣
像一块石头。

——狄金森诗钞之八

成功是一种无上的快乐，
在从未成功的人们看来。
只有经过痛苦的渴求，
醇醪才会变得分外甘美。

高擎今日胜利的旗帜
身披紫袍的人们，比不上
那垂死的战败者，
在他们无缘的身旁

震惊着远处凯旋的奏乐
——痛苦、响亮、清晰，
只有他们，才能
清楚地说出胜利的意义。

——狄金森诗钞之二十二①

　　通过死亡、爱，狄更生想说明的意义是什么呢？ 可以看出超验主义的怀疑而不是加尔文教屈从于上帝意志是她精神的支撑和文字的基石。由此正如 Roberti E. Spiller 所说，"狄更生隐居进了一个不变的领域，她的文字献给了一个像她自己一样达到了无可挽回地充满矛盾对立的世界。只有真真训

---

　　① ［美］狄金森：《狄金森诗钞》，以上三首诗分见第 1 页、第 9 页、第 25 页，张芸译，成都，四川文艺出版社 1986 年 12 月版。

练有素的创作才能坚强地面对预示凶兆的混乱"①。面临并沉入同样境况的还有弗罗斯特(1875—1963)与奥尼尔(1888—1953),剖白个人灵魂在现实与幻想间所遭遇的一切,无论外向旁观与内向省视,似乎都遵循着自罗宾逊(1869—1935)《倚天之人》(1916)所表述的某种标准——"人们都以诗人各自在黄昏时的高度去衡量他们";这标准当然不只是对诗人的。而将外向旁观、内向省视所各自代表的两条道路以自己的开拓变为一条大道的是常以也是唯一以第二灵魂言说第一灵魂的海明威(1899—1961)。海明威一生只写一个主题,即各种年纪、各种职业的人的斯多葛式的勇气,即使后期海上的老人桑地亚哥也仍然是丛林的尼克·阿丹姆斯的延续,生存的毅力、英雄的真情使主观与个人的创作登峰造极,以致"没有人解释过那只豹在那么高的海拔寻找什么","没有人需要解释为什么载着主人最后飞向他梦寐以求的安全与健康的飞机突然向左转朝着令人难以置信的山的雪白顶部飞去"②,海明威本人很像那只在乞力马扎罗雪峰上被困的豹子;同样敢于逼视自己所选择的命运的 20 世纪另两个伟大作家是艾略特(1888—1965)与福克纳(1897—1962),他们经由不同的文体由神话或记忆结合了个人与民族之间的联系,他们是以自己灵魂的成长记载美国精神生活的描述人。至此,我们可以看出个体文化为特征的美国的文学在群体文化方面的贡献,其对文化人格的重视超过了欧洲,这为它——本土的实干与冒险找到了更为坚硬的基石也是更为精神的核心,这可能也是人本主义心理学多产生于它领土的原因。

栖身于科学规律与道德标准之间却生活在自我之中的福克纳不是这个国度唯一将"心灵"与"内分泌腺"分开的作家,但是他的话却具有他那个国家、民族精神的代表性:

　　我拒绝接受人类的末日,说什么人不仅仅因为能挺得住,因为在末日来临前最后一个黄昏的血红色霞光中,从孤零零的最后一个堡垒上发出奄奄一息的最后一声诅咒时,即便在这个时刻也会有一丝振荡——柔

---

① ［美］Roberti E. Spiller:《美国文学的周期》,第 136 页,王长荣译,上海,上海外语教育出版社 1990 年 6 月版。

② ［美］Roberti E. Spiller:《美国文学的周期》,第 216 页,王长荣译,上海,上海外语教育出版社 1990 年 6 月版。

弱的、难以忍受的人的颤抖的声音，所以人是不朽的，这种话说说倒是容易的，可是我不同意这种说法。我相信，人不仅能挺得住，他还能赢得胜利。人之所以不朽，不仅因为在所有生物中只有他才能发出难以忍受的声音，而且因为他有灵魂，富于同情心、自我牺牲和忍耐的精神。诗人、作家的责任正是描写这种精神。作家的天职在于使人的心灵变得高尚，使他的勇气、荣誉感、希望、自尊心、同情心、怜悯心和自我牺牲精神——这些情操正是昔日人类的光荣——复活起来，帮助他挺立起来。诗人不应该单纯地撰写人的生命的编年史，他的作品应该成为支持人、帮助他巍然挺立并取得胜利的基石和支柱。①

这不单是美国 20 世纪的文学声音，也是现代时期的"人"的声音，人格的走向更内在化地进入了作家自身人格的深部，美国文学并由此对处于自我冲突之中的人的心灵问题的关注而进入世界精神文化史不可忽略的范畴，这种进入使它同时摆脱了冒险者到流放者再到逃避者的角色的转换，而置身于生活与艺术的叠影之间，"用人的精神的种种元素塑造出某种未曾有过的东西"亦越来越成为与文字并行的或以文字为方式的创造人格的一个标准。

人格在此亦成为折射冲突与理想的一面多棱的镜子。

3. 人的问题

当然，现代时期真正使人格塑造进入意识领域并成为一种理论流向的，还是作为这一时期意识领域最高形态的哲学。19 世纪至 20 世纪哲学的众多学说、主义、流派、思潮中隐匿着两条重要的线索，一条是以 19 世纪英、法实证主义、19 世纪末 20 世纪初的新康德主义、实用主义及 20 世纪逻辑实证主义为系统的已成体系化的首尾相衔的实证、客观的世界观念；一条则是以 19 世纪德国唯意志主义、世纪转折期的生命哲学、人格主义以及 20 世纪的存在主义为脉流的意志——存在的人生选择世界的方式，可以想见，这是一条人格心理较接近的思路。有意思的是，这条思路并不排斥它方法上向前者的借鉴或靠近。需要补充的是，20 世纪 50 年代至今，哲学学界流派界限近乎消失代之以专门领域哲学的时代，如结构主义、阐释学、法兰克福学派等，这种哲

---

① ［美］威廉·福克纳：《接受诺贝尔奖金时的演讲》（1950）。

学由意识形态到研究方法的一步后撤,是人格心理学科诞生后发展中的一个特别背景。

若做对比的话,唯意志主义、生命哲学和存在主义与前代哲学的不同可能在于它们更倾向于与环境、物质、条件、逻辑的原子世界所对位的人的主体能动作用,这个不同也恰是这三种哲学的共同性。叔本华(1788—1860)50万言著作《世界之为意志与表象》或译为《作为意志和表象的世界》的这个书名道出了要在原子元素世界(人亦是这世界的被动元素原子)对面建立一个人的世界(人是这世界的主宰、主体、主动)的哲学初衷,这是他比文学的卢梭走得更远的地方,也是他在那一时代必然走到比卢梭在自己时代更为孤寂的地步,直到连诅咒都引来窒息般沉默时,悲观与虚无在生活意志中已经种播并结出了毒瘤。尼采(1844—1900)对这敌视般沉默的克服是一反悲观而走向残酷,权力意志及超人思想同时体现了人的主体、尊严以及人格的某种片面的理想,但也同时将个人主宰一切的标准推向暴力与疯狂,可惜的是否定客观世界的前提与利己主义的极度扭曲以及以政治统治社会性标准将人分等级,主子与奴隶的道德恰恰破坏了人格的民主性而为压迫、侵略或伤害、暴虐奠定了音律,这是他可贵的作为"大地的意义"的"超人"的人格理想的损失。然而其中还是有它不偏不倚的价值,正如叔本华的遗嘱所传,他最高兴的莫过于他那看来是非宗教的学说,竟能起一种宗教的作用并填满信仰的空白,成为人最内在的安宁与满足的源泉。尼采以击破悲观、击碎退化的对雄健、猛强的男性化的人的推崇而对叔本华的意愿加以最充分的发挥,个人的健全、英雄的向往,充实而完全的人在他未与等级统治与贵族政体相谋合之前是肯定生命的,"在我们的本质之内,创造一个高于我们自己的存在",这种对人的价值肯定中所含有的人格构建仍是以往哲学所未及的。可看作这一线索第二环节的生命哲学是在19—20世纪社会学向心理学的转型期产生的,狄尔泰的一句话概括了当时的思想背景:"心理学的材料将是通过分析社会历史真实情况而获得的最简单的材料,正因为如此,所以心理学是所有具体的精神科学中首要的、基本的科学,而与此相适应,心理学的真理就形成了进一步加工的基础。"①柏格森(1859—1941)的生命哲学恰入其分地体现了这

---

① 《狄尔泰全集》德文版,第7卷,第333页,转引自刘放桐等编著《现代西方哲学》,第190页,北京,人民出版社1981年6月版。

一时代的精神对心理学的侧重倾向，《时间与自由意志》（1889）、《物质与记忆》（1896）、《创造进化论》（1907）中的"自我"向上的生命冲动使那一不懈运动的"变"的哲学逐步也是大幅度地摆脱了秩序的逻辑的冰冷而在人的层次上走向直觉，历史是由间隔出现的直接体验到生命冲动的个人所表现所标志的这个观点，成为以后一切有关"天才人物"的大胆设想的延续，而在种种庞大问题中能明确、集中地探讨人的问题并使其获得问题本身所具的深度的，是鲍恩或说美国所代表的人格主义，关于它是在居于两个世纪——19、20世纪的交接处而最终将人格世界与现象世界从概念到方法到思想对位起来并重新设立人格为"宇宙的基础"这一点，我将在下面的文字里详细叙述，在这里我们要记住的是，价值的世界与事实的世界被彻底地分开了，牛顿时代的现象与事实的哲学也随之走到了它的低音区。真正将价值世界赋予高音的是20世纪20—60年代的存在主义，作为那条线的第三环节它似乎在丹麦的19世纪中叶就开始了，第一个音符是克尔凯郭尔（1813—1855），此后是海德格尔、雅斯贝尔斯、萨特、马塞尔。畏惧与战栗的主题，与实证主义贬抑个性不同，存在主义者将贬抑了个性的个性那不屈又复杂的感受推至极致，这也是他们著作与个人叠印的原因，个人身份贯穿的哲学思想成为这批人的普遍现象，这是极少数写作者能达到的境界；《作为一个作者，我的作品之观点》，自克尔凯尔开始的文字中的人格成分、自我意识甚至自述、自白或自传，可看作是那种时代还未能成为普遍精神的一种存在，克尔凯郭尔以"自我"作为坚持信仰与划分群类的铁盾，"那个个人"——从他对自己墓志铭文的提议即可看出他不仅将个人植入思想而且在思想里不断抽丝个人，这种叛逆于见物不见人的传统哲学的彻底性使我们不能对其笔下的任何文字阅读浮泛。

　　每个时代都有它自己特有的腐败行为。我们时代的腐败行为也许不是放纵佚荡或耽于声色，相反，是一种无节制的泛神论对个人的轻蔑。在我们的响彻时代和十九世纪的成就之上的欢呼声中，听得到被拙劣地表达出来的对于个人的轻蔑；在妄自尊大的同时代人中间普遍流露出一种绝望感。一切都必须依附某种运动的一部分，人命定要被一种不可思议的魔力所迷惑和欺骗，让自己丧失在事件的总体之中和世界历史之中；没有一个人希望成为个人。因此，许多人也许准备继续追随黑格尔，甚至包括那些对他的哲学的可争议性已经有所觉察的人。他们担心,倘若成了具体存在着的个人,他们就会无声无息地消失。①

只有个体是真实的,实体是有形的个体,既不归于神之下——如古代所为,也不归于类之下——如近代所示,亚里士多德的断言成为存在广义哲学的一种根本,就这个含义而言,"群众就其概念本身来说是虚妄的,因为它使个人完全死不悔悟和不负责任,或者至少是削弱了他的责任感,把它降为零数"②的克尔凯郭尔式的忧虑是有价值的,这种其实是肯定个体生命的乐观到雅斯贝尔斯则发展为一种学院式产物之外的"存在"崇尚,真正的哲学必须源于一个人的个别存在,他说:"即使缺乏智慧以臻不能创造他自己的哲学的人,也有权利发表他关于哲学的意见",这意见会是帮助他人了解自身真正存在的一枚钥匙,雅斯贝尔斯以对人格的普遍性承认同时堵死了实证主义的路和以人格为幌而从阶级阶层角度分等类的路,学说在自我身上的试验与实现所依赖的不是话语而是人格品性的特征,使这一代存在者成为哲学家中的哲学家。穿插于詹姆士、刘易斯、到蒯因、古德曼的实用主义流派与摩尔、维特根斯坦、罗素、赖尔、斯特劳森、杜米特的分析哲学思潮之间,这一条线虽涉及面大,却未有连贯的潮流予以承认,介于逻辑论者与经验论者之间,存在论者似乎尴尬地未能分类,又因它既反对前者又异于后者的特性使它似乎超越了一定的学界之规而获得了囊括现实各类学说的最大覆盖面,"在……之外"是存在学说形式的最好概括,而它的内容却是深居其中的,比如海德格尔的"此在",萨特的"自为",海德格尔以经院式的方式关注诸如死亡与绝望等与人相关的非正统题材并将一些看似违逆的思想注入到西方已发展到了很偏颇地步的哲学系统中,在有关存在本身、存有、目的、人的存在途径的晦涩的文字形而上的表述中引出了一种回想的思维,萨特与之不同的是将存在的形而上还原为经验化理解,诸如"承诺"、"决心"、"恐惧"、"真诚"的探询强烈的感性,也隐示于他选择小说写作的动机中。撇开抽象概念,回复事物自身并从

---

① 克尔凯郭尔:《最后的非科学性附言》英译本,第317页。此段另译可参见汝信、王树人、余丽嫦主编《西方著名哲学家评传》第八卷,侯鸿勋、郑涌编,第32页,济南,山东人民出版社1985年4月版。

② 克尔凯郭尔《观点》1939年英译本,第114页。转引自汝信、王树人、余丽嫦主编《西方著名哲学家评传》第八卷,侯鸿勋、郑涌编,第30页,济南,山东人民出版社1985年4月版。

中找到真实的人之生命,是《存在与时间》、《存在与虚无》所做并所要告诉我
们的一种思想,这种思想表达了一种拒绝系统的说明或体系搭建的趋向毋宁
说在克尔凯郭尔后的存在主义哲学以杂记、小品文、小说、戏剧所标识的个人
生活存在的小册子里表现得较上述两种大部头的学术著作更为鲜明,方式与
思想的一致性,使存在者的"独白"或"演讲"后期向心理学靠近并带动了整
个哲学的这一趋近,到了萨特哲学著作中干脆出现了"存在的心理分析"(Ex-
istential Psychoanalysis)字样的章节。外在的哲学批评到内在的哲学演述,不
可免的是其中的道德评判,同样是与人有关,而主观、主体性的位置却得到了
恢复。肯定也是基于这样的一个认识基础,美国学者 W·考夫曼面对现代时
期才会感慨:我们这时代中一个最可悲的特点就是我们面临一个完全不必要
的分歧:一方面有些人致力于理智的明晰和严整工作,却不讨论任何重大问
题,只讨论微小和琐细;另一方面如汤恩比和某些存在主义者,他们讨论那些
重大而有趣的问题,但他们讨论的方式,却使实证主义者把他们的任何努力
视为注定失败的活生生的证据。……也就是说,存在主义者关切那些由生活
而来的问题、道德情感以及所谓哲学必须实践体验的坚定信念,分析哲学家
却坚认不论如何高超,也没有任何道德情感、传统和观点可以证明未经分析
的观念、暗昧的谁或些许混乱为合理的①,所以面对这两种传统两个阵营的紧
张对峙,他主张结合的观点,"必须要有一些肯在分析哲学与存在主义之间的
紧张冲突中去从事思想的哲学家了"或许是对这个时代乃至未来的一声提
醒。从存在哲学的弊病里我们可以品味出这种提醒的必要性。

　　然而,无论如何,哲学经由这条贯串 19、20 两世纪的线终于回到了地面
上言及生活与人生,而后世包括哲学在内的一切人之科学也不能不停下来打
量那面矗立于地面却远高于地面的衡量人之膂力的山坡。意志也好,存在也
好,真正使现代时期思想充满人格色彩的,是下山的查拉图斯特拉与推石上
山的西西弗斯这两个形象。

4. 两座山峰

　　如果说我们在希腊神话中还能找到加缪笔下的西西弗斯被罚劳役的那

---

　　① 参看［美］W·考夫曼《存在主义——从陀斯妥也夫斯基到沙特》,陈鼓应译,北京,商务印书馆
1987 年版。

座山峰的话,在现有的地图册里我们则根本找不到尼采创造出的查拉图斯特拉隐居十年的那山的名称。好在稍谙现代哲学史的都熟知这两个故事,而勿需再就情节多费笔墨。简单地说,查拉图斯特拉是尼采创造出的一个化合物,他30岁开始在某座山上隐居十年,十年后一天因觉醒到奉献与布施智慧的价值而"下山去",下山途中的森林里他遭遇到一老者这样的再三探问——"那时(指十年前)你将你的灰烬携往山上,现在却要把你的火种带到谷中去吗?难道你不怕被判纵火之罪吗?""(你)已是一个觉醒者,你此刻要到还沉睡在梦乡中的人群里去做什么呢?""你独自生活,仿佛置身在四顾茫茫的大海,载浮载沉,你现在想上岸了吗?你又想背负起自己身上的重荷吗?"查拉图斯特拉回答是,"我爱人类","我只想带给人类些许礼物罢了"①,这样,下山者拒绝了做"鸟中之鸟,兽中之兽"的命运而走进集市般的人群里演说自己关于大地般"超人"的思想。在"上帝已死"与"教你们做超人"乃至"超人便是大地"之间,查拉图斯特拉的作用至少有三层意思,一是"上帝已死"的面对和宗教的另种形式的复归——超人,二是超人与大地的互义寓言了哲学回到大地、人回到自身的一致目的,三是超人的超越现状的人的向往。以此为根,他穿行于世间有关变形、道德、写作、死亡、偶像、市场、智者、文化、祭礼、学问等等世相之间而得以擎出他见解的叶片。查拉图斯特拉是尼采所理想的超人,他超出了他自身的独处,而将自身的现状生命扩大至众人以智慧引领众人,在这一行为中他越过了自身的个人。

与查拉图斯特拉不同的加缪笔下的西西弗斯,是一个被神祇罚他做永久劳役的神,已经无法过细去考证那个被罚的原因,总之不停地推巨石上山而又因巨石的滚下山坡而必须再来一轮的将巨石推上山顶,如此往复,彼劳无功的命运已为西西弗斯准备妥帖了。在悲惨的苦刑与永无希望成功的工作之间,西西弗斯以轻蔑克服了命运的荒谬:"紧贴着石头的那张脸已经变成了一块石头!……在他每一次从山顶上下来,渐渐地走向神祇的住所,他胜过了他的命运。他比他的石头更为坚强,""如果他每跨一步都有成功的希望在鼓励他,那么他的苦刑又算得了什么呢?"这种使命运成为人的事务并由人自己来解决的具有意识的英雄为主人公的悲剧性神话,人是越过了境遇本身的

① 　[德]尼采:《查拉图斯特拉如是说》,序白第1—3页,余鸿荣译,哈尔滨,北方文艺出版社1988年1月版。

思想超越，"西西弗斯所有沉默的欢乐都在这里。他的命运属于他，他的巨石也归于他"①，一个人会一再地发现自己的重负，"西绪福斯教人以否定神祇举起巨石的至高无上的忠诚。他也断定一切皆善。这个从此没有主人的宇宙对他不再是没有结果和虚幻的了。这块石头的每一细粒，这座黑夜笼罩的大山的每一道矿物的光芒，都对他一个人形成了一个世界。登上顶峰的斗争本身足以充实人的心灵"②。故事讲完了，神话的更多空隙有待我们用想象去填充，这也是神话之为神话的本性。

从尼采创造出的神话式人物查拉图斯特拉的下山教人做超人的文字，到西西弗斯推巨石挣扎着上山的对希腊神话的加缪式的注疏中，我们可看出人格类型或说英雄类型及其演变的过程，从超人到荒谬英雄，查拉图斯特拉和西西弗斯各自代表着19世纪和20世纪他们那个时代的人格理想，19世纪的人格梦是如查拉图斯特拉似的超越人自身，越小我而完成真正的启蒙中自我成就超人，20世纪的人格梦是西西弗斯式的超人所处的环境，以对荒谬境遇构成的命运的轻蔑而成就自我为荒谬英雄，这当然与他们各自所处的背景相关，毕竟是处于现代时期的两个时代的哲学所表达出的人性，尤其后者加缪重述西西弗斯的时间1942年正处于一战创伤未平二战烽烟又起的那个历史的焦点。这提醒我们注意到两种人格叙述的不同点，尼采的查拉图斯特拉是教喻型的，外向的，以思想去直接覆盖、影响众人以创生超人；加缪的西西弗斯是隐喻、内向的，带有独善其身倾向当然也不乏曲折地给人以希望的光亮；所以查拉图斯特拉显出扩张，而西西弗斯有着韧性，查拉图斯特拉着重下山以使智慧有用，西西弗斯看重上山以使智慧内敛，查拉图斯特拉的下山成为整个19世纪哲学的回到地面的先声，尤其在20世纪的存在主义对此有巨大的回应，而20世纪存在主义代表之一的加缪却以西西弗斯的上山寓意了于荒谬中提炼意义的可能，由现实地面上升华出形而上价值，同样是回到地面的哲学同时也毁坏"神庙"的信仰的哲学后的思想家所应力挽的事情。所以同为"造神"，加缪较尼采则更具悲剧之上的乐观性，尼采的"酒神"的乐观上

---

① ［法］加缪：《西西弗斯的神话》，选自［美］W·考夫曼编著《存在主义》，第326—329页，陈鼓应等译，北京，商务印书馆1987年版。

② ［法］加缪：《西绪神斯神话——加缪论文选》，第407页，郭宏安等译，北京，中国文联出版公司1985年12月版。

单纯的,加缪的荒谬之上的战胜则源于苦难,面向自身。后者所体现的"超物"思想较之前者的"超人",也许根扎得更深。

在我们谈论这两种形象的不同点时也不能忘了它们这两种形象中所包含的人格的共同性,从外部来讲,二者都为随笔式文体,可看作是启示录式的篇章写作的移用,从内部讲,二者都是借创生或重述具超越气质的人来表达一个时代的人格思想,并都有因此而与文体相合的回返古希腊的意向,在这共同性之上,我还注意到一个很有意味的现象,尼采(1844—1900)在写作《查拉图斯特拉如是说》的那一年即1883年是39岁,据史料载这部书的写作全程仅用了10天时间,而我感兴趣的是书中的查拉图斯特拉30岁上山隐居而10年后下山"布道"的这个时间性,40岁的查拉图斯特拉当然应该是在此前一直如主人公一样孤独于智慧的近40岁的尼采的化身式的形象;有趣的是加缪(1913—1960)的《西西弗斯神话》写成年1942年,正值加缪29岁时,在1883年与1942年间相隔59年,差一年不到一个甲子,然而却是两个世纪的事与人,且不说世界进入20世纪后的加速度发展,因战争也因科技,相隔59年却未能隔断两位思想者的人格取向的暗合,虽然他们在表达实质的一致性时采取了多么不同的方式,然而无论疯狂、激越还是沉默、省思,人无论面对受众以传播智慧还是受困厄运而内勉独语,人的主体性被从环境中剥离出来,凸现了它早应该赋予的地位与价值,这也是19—20世纪许多思想家要做和已做的,而尼采与加缪却把它强调到了极致。有意思的是,人的神化或说神化的人所标识的恰正是人的人格观,这是否也预示了现代时期人之向上的某个理想呢? 用完美来表达,穿着古希腊或者中古时期的单纯而少修饰与皱褶的服装。由此我们可以确认自古代时期起便孕育下的人类高贵品质的光芒并未经时间打磨而消逝,它们反而因了打磨的久长而变得更亮了。

19世纪和20世纪的这两座耸立的巅峰证明了人的问题已由外部转入了内部。正如当初卢梭以文学领域标志的由脑转入心的哲学变更一样,这种转向在心理学中体现得更为明显。在进入喧哗的心理学各派之前,界于哲学与心理学之间的学说——人格主义是我们论述人的问题无法绕过的部分。如果说以上两座山峰代表了19世纪德国与20世纪法国的思想高度的话,19世纪向20世纪转折处的人格主义则预示了人的问题向美国的倾斜,这一倾向也是以下我们将谈到的心理学由欧洲向美洲中心转移的一个预兆。

5. 人格主义

历史上,人格主义与实证主义一样,真正开创并代表了美国的时代,但相对于实证主义讲,人格主义的这个价值一直未赢得如前者一样的影响,这个责任实在归咎于欧洲这一接受者的错觉。美国文化在被欧洲世界认定为务实之后,它对人格等主体关注所倾注的精神性被一种错误的认知惯性所掩盖了。但是,历史并不总是沉默的。半个多世纪后的美国本土诞生的人本主义心理学及其向欧洲思想界的伸延实际上已经对此做了翻案式的发展。

人格主义产生于美国的 19 世纪末 20 世纪上半期,然而它所代表的观点却远远超出了居于这两世纪间的过渡性质,鲍恩、霍伊森、布莱特曼、佛留耶林、霍金、伯托西、沃克迈斯特是这一学说麾下的名字,尤其鲍恩(1847—1910)、布莱特曼(1884—1954)、伯托西(1910—)被视为三代人格主义者的代表人物,从 1908 年鲍恩作为开创人的《人格主义》一书到 1920 年佛留耶林创办《人格主义者》杂志以出版至今,人格主义真正成为了一种有观点、有媒介且有社会影响力的学派,或说运动。

人格主义虽然来源复杂、依据众多而且由于它的观点而交叉诸如宗教、科学等领域,但它的主要思想仍然鲜明到用一两句话概括的,那就是,它把人的自我、人格当作独立存在的精神实体,绝对化人格价值又由个人人格为纳入上帝为最高主宰的无限人格的世界人格体系中的有限人格相平衡着。人格是一切事务的本源和基础,甚至是宇宙的中心,人格是第一性的,它派生出现象世界以与人格世界相对应,因此生命无法用物质与运动来解释,世界上的存在都是人格或人格的表现,物质世界与自然界因人格而存在。鲍恩的话是这样讲的:"不管空间和时间本身如何实在,除非它们是思想的原则或内在于我们精神活动的原则,它们对我们就不可能实在。对我们说,空间像其他事物一样,只有经过我们自己的精神创造才存在。"①这种人格即存在的表述是人格主义的中心思想,它与"我思故我在"有某种难以脱节的史的联系,而与中国古代哲学诸如古诗所传达的"菩提本无树,明镜亦非台,原本无一物,何处若尘埃"其间亦有一种难以言传的微妙对应。人格在人格主义者那里已

---

① 鲍恩:《人格主义》,1908 年波士顿—纽约版,第 128 页。转引自刘放桐等编著《现代西方哲学》第398—399 页,北京,人民出版社 1981 年 6 月版。

非一般意义的由客观环境、后天教育等所影响而造成的人格,而成为一种有主观欲求、目的的伦理道德实体;由此反对从逻辑出发而以个体情感和意志出发解释逻辑成为必然,"大人格"的凭借及其与无限的人格——上帝相连的宗教性再度平衡了它的"唯我论"的主观,在人格主义不断强化的第一性、独立性并由之构成的世界观认识论一再将价值的世界与事实的世界分开的努力中,以下的几段话表白了人格是人的本质的自称为"人的哲学"的这一学说的观点:"人是一个复杂的活动整体:有感觉要求、有意识、能记忆、能思考、能行使意志力、有责任心和鉴赏力(审美力和宗教信仰)。而且,人是一种自我意识的力量,根据真理、爱情以及审美和宗教感受这些方面的理想,去有限度地自由发展","我就是我在意识上感知的处在内省中的存在"(伯托西《目的论人格主义唯心主义者的观点》)。"我们反对把生理上的有机体同我、人与人格说成是一个。总而言之,我们在这里所说的是形而上学的我、人或人格,没有形而上学的我、人或人格,就不能有发展中的心理的我、人、人格或自我"(布莱特曼《人格与实在》第14章第3节);由此,他们将这一学说与传统的唯物主义、唯心主义均划开界限——"哲学思想的主流唯物主义和唯心主义已经到了末路,二者都使人有所不安。……在常识看来,唯物主义各方面都使人愉快。我们表面所见的这个世界就是真的世界。在想象中以为神经为物质的原子所冲击,精神、思想、志向是机械力量造成的。记忆循着昨日的经验所形成的沟痕而行。……在这种学说看来,什么事情都极其明白,自原子的跳动以至于哲学思想都容易了解。……可惜这样解决是徒劳无益的。……纯粹的唯心主义在解释意识的各方面也不是更为成功的。……在唯心主义的世界中物质的真实性完全被否定了。唯心主义也并不比唯物主义更使人信服。在日常生活的经验中,物质的世界是极占地位的。若说大地、太阳、有声有光的这个世界只是一场梦幻,是不能取信于人的。自古希腊哲学以迄今日,一直有唯物主义和唯心主义的斗争。到了现代才把这两个相反的争论充分地加以爬梳分析,证明不折不扣的唯物主义和绝对的唯心主义都不能解决宇宙之谜"(佛留耶林《人格主义与哲学问题》第2章)。佛留耶林对两派哲学的双重指责的目的是调和、折衷地创生出一种新的角度研究人的问题的思想方法——人格主义,并将之作为解决一切哲学问题,包括价值、认识论和形而上学等问题的钥匙。当然它对人格的绝对性强调是基于无限人格——上帝的神学观念笼罩下的,这使它成为除新托马斯主义外的西方现代第二大宗教唯心主义哲学流派,尽管佛留耶林不承认它的唯心性并试图以大人格的上帝来使之客观来淡化唯我,而到了伯托西则公开宣称"唯心主义者"的名称。从以上的片言只语所囊括的核心思想里我们也可以看出其人格主义的唯心偏向,当然也包括它于唯心、唯物、宗教——科学、自我——非我、人格——现象等之间的企图调和所造成的折中,但正如一切唯心论中仍有其可取之处一样,它对人格精神性、创造性、主体性的强调使其对人格亦即主体的阐释与界定在那样一个物质主义的美国思想背景中显出重要,它的价值不仅在于凸现人格以在机械论阴影的意识对面使人感到世界不那么冰冷坚硬,而且在于,它对人格的极致性的强调里包含着一些有心的学者对人的问题的一种来自内部的补充,这补充恰恰是对一个急骤物化的时代和民族的一种有益的提醒——

　　人格主义以为教育的主要目的是创造人格的价值,这种体系中的价值包括对人的全面的培养,使人能最透彻地了解生活、历史、文化遗产、自我修养、道德和宗教的意义。①

佛留耶林的理想也是 19 世纪到 20 世纪心理学者的普遍愿望,"精神的自我修养"、"道德的再生"等有关人的人格完善由此开始日益成为一切人文学者关注的对象。在经历了心理学的细部论证后,我们可在同样是美国本土的人本主义中听到它最强有力的呼应。

6. 杂语时代

要在繁杂的各心理体系、流派中找出人格探索的理论,是一件困难的事,难度不仅在于世纪转折期的各思潮的诞生、兴起时的纷乱,而且在正处于转折形态形成的特有的杂语时代。理论的诞生以及诞生同时和进程中的与其他新生理论的相交叉,构成了 19 世纪向 20 世纪过渡的错综复杂的线路图形,立论与争辩同时的嘈杂叫嚷,这种情况令人想到古希腊雅典诡辩学派兴盛的

---

①　佛留耶林:《人格主义》,转引自刘放桐等编著《现代西方哲学》第 421 页,北京,人民出版社 1981 年 6 月版。

时代,面对新的"百家争鸣"的心理学的时代,鲍默条分缕析了浪漫主义、新启蒙运动、达尔文以至世纪的终结四个世界来为 19 世纪画像①,而这肖像又恰恰成了心理学各派诞生的背景。浪漫主义对原子、虚无的宇宙之外的东西的关注在叔本华的"意志论"时刻将这一先验论情绪的理论推入高潮,人认定和强化具有英雄意志的心灵不会只是"接受外部刺激的一个被动受纳器"的意义,引出了冯特的意识心理学,以生机论、目的认为基础的生物学对物理学的抗议,使心理学一经产生便成为机械主义的死敌。这是一个共生的时代,边沁主义的快乐原则、穆勒的单元复合、孔德实证主义的经验性,描述代替解释,预测取代控制,生理学的发展,伯纳德、马赫的理论,使心理学又有着某种科学哲学的性质,铁钦纳的格式塔心理学,詹姆士、斯金纳均不同程度抱有的科学控制完善人的理想以及此后的行为主义是这一性质的形象例子。与《物种起源》的进化论相关的适应心理学对宗教的摧毁是拔根式的,斯宾塞与赫胥黎及至最初的达尔文、华莱士所言的自然选择、生存竞争、遗传等人的动物性法则,《圣经》、神迹与教会竟经不起这一质询,然而适者生存观给带来的幻想即人类中心主义神话的破灭也是地震式的,斯金纳行为主义的自然世界观对此的阐释是符合生物学思维的原义的。仿佛是为了某种信仰的拯救以对抗纯生物主义的法则,一种世俗式的宗教在心理科学的领域中产生了,麦斯麦术、颅相学、唯灵论所综合的一种心灵学可看作是科学时代神秘主义的最后余音,我们且不去考证宇宙间是否存有无重量的可以治病的液体以及物质之外会否存有可资借助的神秘体验,单就它对自然主义的信仰危机的对抗意图就足以使之成为一种超学院的大众学说,目光放在身体与大脑之外,信仰失去后的真空得以弥补,很像是宗教的替身,信徒众多,且狂热难抵,从《心灵学》(英.I.G.吉尼斯著)书中我们可看到它的概览和独到的方法里浸透的宗教意义的延伸,生命的高贵及无限性延长的不朽梦想,使非理性主义思潮的产生与流行丝毫不显得奇怪;当然另一方面,灵学研究、麦斯麦催眠术的学说仍导致了生理心理学的产生,这是一个行为主义与内省主义交互作用时代,也是一个一般成人心理向个体差异研究演化的时代。未定型的东西总是呈现出液态的黏稠与不稳定,正像一个大会堂内大会尚未开始而人员已经就座

---

①　参见[美]T.H.黎黑:《心理学史——心理学思想的主要趋势》,刘恩久、宋月丽、骆大森、项宗萍、张权五、申荷永译,上海,上海译文出版社 1990 年 8 月版。

等待主持人宣布会议开始的前夕,寒暄、嘈杂,听不到具体的谈话内容,整个19 世纪时代的会堂的空间正是被这样的一种声音的喧哗所覆盖了。

　　科学心理学仍为 19 世纪的心理学主流,这与那个时代的科学发展背景有关。实验心理学作为科学心理学的一个组成部分,于 1860 年创立,费希纳(1801—1887)、洛采(1817—1881)、赫伯特(1776—1841)、赫尔姆霍茨(1821—1894)从各个角度对之做了推进,然而在这一现象的主流内,冲突仍然不可避免,科学与信仰、自然与精神、超验与现实,诸如此类仍然是支配、困扰这个时代精神的主要矛盾。赫尔姆霍茨的《医学思想》所提出的一个问题——"我们这一代人不得不受着唯灵论的形而上学专制统治的折磨;而下一代人也许将不得不警惕唯物主义的形而上学了"。他提醒道"请不要忘记唯物主义是一个形而上学的假设……如果忘记了这一点,唯物主义就会成为阻碍科学的教条,并且和所有教条一样会导致粗暴的偏执"①,这话使人想到人格主义者佛留耶林对唯心主义及唯物主义的双向担忧,在这种普遍的时代对一时代主流思想或意识形态的忧虑里,透射出思想界对科学主义带来的意识世界的认知与接受的矛盾性。实际上,文明及对文明的不满与反驳是构成19 世纪至 20 世纪整个现代时期的精神情状,直到今天仍是如此。

　　如果将这一时期的众多心理学思潮做一粗略划分的话,学院与非学院可以是一条界线。冯特(1832—1920)的视直接经验为心理学对象的莱比锡实验室所持的方法——观察还是所研究的对象——统觉以及所提出的学说——情感三维说、感官心理反应、言词联想等显示的生理学与哲学的连结都是必须归入前一类型的,以实验科学将心理学置于科学方法的基础上并确认心理学在他那个时代的研究方向的,除构造主义体系的冯特之外,还有机能主义的詹姆士、霍尔、卡特尔、行为主义的华生、巴甫洛夫以及代表了这一主义的最高峰的斯金纳的学习论等,这是怀着建立的思想的一心理学家;实验室、图书馆、讲坛的阵地里渐渐由此树立起一种正宗而传统的心理学研究体系,后代可以统称其为学院派心理学,或以其特色——实验二字来代替他们共有的风格;由于以上所说的矛盾,在实验室、讲坛之外必然会产生另种与实验心理学决然不同的学派,无意识心理现象本质的早期哲学推论、精神病

---

　　① 〔美〕T. H. 黎黑:《心理学史——心理学思想的主要趋势》,第 231 页,刘恩久、宋月丽、骆大森、项宗萍、张权五、申荷永译,上海,上海译文出版社 1990 年 8 月版。

理学的早期工作造就了这一派的核心——弗洛伊德(1856—1939),其学派领域的特点是"在……之外",省略号处可填系统、主流、意识等等,而这正是他的贡献,《梦的解析》(1900)在意识之外的无意识,《关于歇斯底里的研究》(1895)的在系统之外,确定了它的精神分析学说的临床性,而这又是在主流——实验之外。正如18世纪向19世纪转折时哲学所面临的人性、人本对概念、程式的反叛一样,弗洛伊德的临床心理学造就了19世纪向20世纪过渡期的心理学的转型,使心理学从他学说的一开始就作为一种人格体系的精神分析的存在,而研究整个的人又使传统心理学溢出了学科的专业性而进入文化领域;最主要的,是他使心理学的对象感的界限消失而将包括自己的同伴——人类放在了里面。这是一种偏重内向的研究,与矛盾向外的自身排除在外的学院派大为不同,这种差异使弗洛伊德成为继尼采后文化史上的另一名走钢丝的人物。荣格(1875—1961)阿德勒(1870—1937)、霍妮(1885—1952)等新精神分析学派适时对其学说作了必要的修正与发展,尤其以下我们将会接触到人格结构与人格发展领域,在荣格的集体无意识、阿德勒对创造性自我的强调以及霍妮的文化社会环境作为焦虑的来源中,我们可看到心理学一旦走出实验室走出学院走向临床后的必然的走向社会文化的趋势,而这趋势也是弗洛伊德始料不及的。弗洛姆(1900—1980)心理学意味的社会哲学成为这一走向的极端,文化因素、社会学问题几乎概览也是湮没了临床心理学仅有的一些实验色彩。这是一个很有意味的历史阶段,从弗洛伊德到弗洛姆,很像是当初弗洛伊德对冯特的背转身的一瞬,历史的背叛的重演是有目的的,从生物学到社会学,心理学担当了一个时代的思想由外向到内向终究再到外向的转变,而后一个外向是对第一外向的递进,主体被纳入其中,视野更开阔、思维更广、边缘、交叉成分更多,实用、运用性更强了。本能到内驱力的探索中的位移,是新弗洛伊德主义调整中也是人格观发展中我们必须记住的一点,在解释人格发展中,这种转型表现是:个人生活史重于先天的力量,到了后来,文化史的重要性又高过个人生活经历。生物让位于经验,经验让位于文化,临床心理学达到了学院式实验心理学在实验室里无法达到的境地,结合的方法与自省的意识,将心理学真正作为一有关个体生长的事实而非单纯客体研究对象的态度,一方面排除了冰冷的机械性,其治疗的实用性亦扩大了它理论的影响力,一方面也为更人学的心理学对生理医学式心理学的反叛打下了根基。托马斯·曼说过:"人不只是经历着他个人的生活,像一个个体那样,而且,自觉地或不自觉地也在经历着他的时代以及同时代人的生活",荣格的心理学是这句话的最好阐释,而最彻底体现了这一思想的,是20世纪中期60年代兴起的人本主义心理学。

被称为心理学"第三思潮"有别于实验派与早期临床派的、也自称为心理学"第三种力量"的人本主义心理学,是相对心理分析与行为主义而言的。这是一种与"科学的心理学"相对峙的自我实现的心理学,弗洛伊德心理分析取样病态人格以之作为人之代表,行为主义斯金纳等统计学取样平庸人格以之作为人之代表,人本主义者马斯洛等取样人之杰出人格,以最健康的人格作为人之代表,以内在体验的质量而非外部行为特征作为人格之衡量标准。从"人本主义心理学协会小册子"中的四条基本原则里——一注重体验着的"个人",二强调人类独有的特性如选择、创造、价值观和自我实现,三着重意义性,四关心和提高人的价值、尊严及天赋潜能的发展,其核心在于使个人发现他自己的存在,发现他与其他人以及社会团体的关系①,我们至少可看出三点特征,一,人本主义心理学以人道主义为其哲学母亲;二,有关人的理想的重叠使之成为一种文学式的(而非科学式)人文心理学;三,由于社会改造思想潜隐其中人本主义心理学的社会意义使其成为一种开放的心理学。哲学、文学、社会学的原料搅拌出的心理学的这一现象已说明,到了20世纪,已经不可能再有一种独立于其他学科之外的锁住本领域大门的单纯学科存在了。心理学是如此,其他学科,包括一向稳重老成的物理学也是如此。这是这一时期学科的特色,也是每一学科包括人格领域研究的细部的事实,现代人学家成为心理学家、社会学家等的统称,"他不能再那么方便地把人格属性归之于'遗传'和'环境'的破烂箱了。他不能再满足于宣称生物因素与社会因素的相互依存了。他必须转向复杂的现代调查探索,转向当代实验室研究中出现的遗传与环境问题的广泛解决。他必须寻求那些来自剥夺和丰富,来自敌对环境,或来自单纯的意外和疾病的特殊冲击。他还必须寻求那些促进的,鼓励和刺激生长的因素,不论这些因素是个人的还是社会的,是突然起作用的还是经过若干年月才逐渐起作用的……因为资料的采撷绝不会完善,又因

---

① 参见[美]夏洛特·布勒:《人本主义心理学导论》,第1页,陈宝铠译,北京,华夏出版社1990年7月版。

为观点也可能随着新方法的采用而不断改变,现在流行的个性理论也就不能被认为是什么接近完善或详尽无遗的东西"①,墨菲的这句话是说在人本心理学产生之前的,这句话可以看作是人本心理学产生的原因,也是它采取的与现代态度相一致的开放研究方法的意义。这一立场使其从马斯洛五层次需要的高度开始到罗杰斯的"交友"小组获得了广度,并最终成为公众思想,这其实已经预示了另一种心理学,被称为第四心理学——超越个人的心理学的诞生。

当然,这里所述的只是二百年来西方心理学的一个轮廓。另值得一提的与人格心理相关的学说流派有从人性现状过渡到人性变化的发展心理学和个性研究,以后我们会在具体的作家人格叙述与考察中再次接触到它们,而皮亚杰对儿童心理学的遗传与环境、同化与顺应问题的研究以及本尼迪克特、米德、卡丁纳等文化人类学对青年期和生命全程的文化考察也是我们以下的研究所无法舍弃的。此外,由戏剧、传记开始的个性研究,包括个人差异的医学测定,奥尔波特及其哈佛心理学实验室的完型心理学,阿恩海姆和沃尔夫名字所代表的意义,克雷奇默尔的类型学、气质,谢尔登等以及诊疗心理学在职业上的应用,心理学的跨文化研究,范型、学习论、成长,实现等等更是我们无法绕过的,像巨蟒消化一餐的巨物,大量心理学资料、个案摆满了学者的书桌,这就是刚满二百岁的较人类历史来讲较文明史来讲都只是婴儿的心理学的现状。一方面是加速度背后理论更迭的危机所造成的学科交叉观点混杂的混乱征象,一方面是理性主义、经验主义的近代主题向存在主义、人本主义兼有神秘主义的现代主题转变期的新百家争鸣式的繁荣。心理学与人格一样,如总在建造却永不会完工的巴比伦塔,没有顶点,只是不断地生长,原因在心理学本身与人的奥秘探索的永无止境,当然也有因时代因研究角度因学派观念所造成的"语言"不通。出于严密与完善的愿望,人之内视与追求卓越的高度总不是一代或几代心理学家所能达到的,这就是我读到杜·舒尔茨《现代心理学史》结尾一句"任何科学在其不断变化的过程中都是这样:一幢不断增高的大厦总是向着越来越高的水平发展;没有最后的顶点,只是连续不断地在成长"话时感慨的原因。

---

① 〔美〕加德纳·墨菲、约瑟夫·柯瓦奇:《近代心理学历史导引》,第590页,林方、王景和译,北京,商务印书馆1980年9月版。

以人的人格及其改进为中心的心理学领域直到今天仍然纷争不绝，并未产生一种涵盖或取代了他种学说的观点，多元并存的互文性，大概是科学尤其人文科学进入 19 世纪后的一个特点，我们在此以"杂语"称谓并无贬意。无论如何，人已经敢于面对自身并对自己——人的兴趣大大高于对人所处的环境——物的兴趣，正如人本心理学者所说：

> 他敢于面对有时是全然的荒谬事物，而始终抱有希冀。
> 他失掉过，然后又得到了，又重新失掉，可每一次他都感到了自己的复元；他自身存在的积极力量促使他成长，站立。①

我们在与我们同时代的共同生长成熟的心理学中，在 20 世纪 60 年代诞生的与我们同龄的心理学中，随处可见这种乐观无畏的新西西弗斯精神。

物化的科学找到了它人性的位置。

古希腊神庙特尔斐神谕"认识你自己"在此真正的意义是："成为你自己"。

成为自己。这不仅是人本主义心理学以及现代心理学的核心思想，而且是 19 世纪尤其 20 世纪时代精神的最高主题。

7. 补充场景

被舒尔茨称为"一个时代的代理人"的达尔文（Charles Darwin 1809—1882），其贡献已成为今天普遍承认的事实，然而进化论的提出和有关进化的发现却是经历了漫长的时间，不仅在 1831 至 1836 年五年间乘 H·M·S·贝格尔号的达尔文的环球航行所搜集的不计其数的动植物物种的样本，不仅在于在这之后他又等了 22 年并用 15 年之久直到 1858 年才由于博物学家华莱士的大纲而在林耐学会上宣布自己研究的观点，不仅因于经历了这许多之后终于于 1859 年由出版界向社会公开自己的在当时不仅招致误解而且唾骂甚至动摇了人为中心的这个由古代时期历经千百年来由人共同缔造和维护的信念，而且在达尔文之前就已有人做了先行的探索，比如伊拉兹马斯·达尔

---

① ［美］夏洛特·布勒：《人本主义心理学导论》，第 110 页，陈宝铠译，北京，华夏出版社 1990 年 7 月版。

文,拉马克等。达尔文只是以他对巨量证据的积累并对之严格梳理、大胆求证尤其是在这一切之上的那种科学家必备的执拗的探索精神,完成了他的时代代理的角色。历史证实了这角色不是无足轻重的。而涵盖了包括动物与人的一切活的有机体的规律的进化原理的总观点却不过简单的四个字——适者生存。遗传与变异两个概念是这四个字的注释语。《人类的祖先》(1871)提供了人从较低级生命形态进化的证据,《人类与动物的情绪表现》(1872)开创了一种特殊的比较学及其当中的情绪心理学视点;《一个婴孩的传略》(1877)成了儿童心理学的开先河之作,心理因素在进化中的重要位置,人类与动物在心理上的类似性,有机体对其环境的适应以及类的研究中的个别差异,在达尔文一生的文字里一再强化的一个观点可以用不同的表述方式:每一种生命形式对于它所处的环境都有一种奇迹般的适应作用;物种中的偶发变异,及被选择的后代中变异的遗传性是被保留的,诸如此类,等等等等。其中作为一种可感层面存在的是事实的力量以及在此之上的选择的机制与生存的竞争,历史的掌握者们在人文的许多层面上理解和运用它们,最常见而最不能被接受的一种是:弱肉强食。作为科学来讲,进化理论并未在达尔文的名字后划句号,其后有孟德尔豌豆杂交及其遗传,魏斯曼和德弗里斯胚种物质及生殖细胞内元素的变换以及 RNA 和 DNA 特定分子结构及其相互作用方式的研究鉴定发现均推动了这一学科的发展,罗马尼斯《动物的智力》(1883)的人类自我理解的眼光、劳埃德·摩尔根"节俭律"由低至高的心理官能等级观及分阶段进化过程似乎一直演奏着的乐曲仍是变异、选择和适应。

对于本书的人格研究,什么是将人与动物摆在了同一格子里的甚至在感性上大大贬低了人之功用的进化理论的意义呢? 或许在这一理论的进化实质,它肯定了人的高等,人的向上进化的哪怕是生物学上的递进性,并且这一进化的链条是无法在人这里割断的。这种递进在选择与竞争里演绎出不同的结论,然而被选择本身所包孕了的选择主体的选择性仍然给了我们同一的启示。

高尔顿(Francis Galton 1822—1911)是一个足迹遍及苏丹、西南非的热衷旅行与考察的英国人,他的研究领域比他在地图上的行走还要广阔,适应、遗传与环境、物种的比较、儿童研究、问卷法的应用、统计技术、个别差异的广泛问题、心理测量等，自文艺复兴以后很少有人能达到这样广阔而精深的跨领域研究的程度，然而高尔顿做到了。当然，在这一处无边界的旅行的中心，是1869年他在《遗传的天才》一书中提出的智力遗传的观点。这也是今天人格研究作为一种必备参照的观点。伟人与天才出自名门世家，为此立论他研究名人族谱，从九百七十七个名人中取样，得出杰出人物出生于某类杰出家庭的概率，在大量法学家、科学家、著作家的家庭系谱材料汇集、例证与求索间，个人的伟大出自一定的家系的结论得到反复印证。在其以后的著述如《英国的科学家》（1874）、《自然遗传》（1889）中我们可以一再地遇见个人——家庭——种族这一条线。尽管高尔顿的这一观点在历史中亦由不同的阶层抱有不同的目的做着各自的解释，以致极端化的表现是它被庸俗化为了"龙生龙、凤生凤"的血统论或唯心观，但仍不能由此抹去高尔顿天才遗传观中的可取成分。让我感兴趣的是他的方法，统计测量、资料量化以及心理测验、以测验感觉能力测智力，1884年建人体测量实验室，1901年创办《生物统计学》杂志，以及他对联想的研究，认定早期经验、童年生活对成人人格的影响，以及以分类法方式探讨心理意象而目的在于说明遗传的类似性，更有在此基础上的对更优良、高贵人种的崇尚、向往以及优生学的提倡，都充分显示了高尔顿的严谨态度与大家气魄。生物科学与社会科学综合态度之上的哲学，使后人能够呼吸到那一时代的大气。个体与种族的联系为基点，高尔顿将进化思想延伸至社会科学领域，其后我们会在拉策尔、斯宾塞、L. H. 摩尔根、泰勒、孔德、米勒的著述中看到这种思想的影子。抱着人类改善的理想的论证或说是论证不断印证着这一理想，这就是高尔顿留给我们的财富，而如何运用这笔财富，正如如何在一个人准确的位置看待达尔文一样，我想亦取决于掌握了这理论的人的人格，是将此曲义为以优种、劣种作为衡量人种民族标志的独裁者希特勒，还是运用它的原有深义而在研究人格、智力、精神中不断锤炼自己品行的科学家，两种取向所得的结果是大相径庭的。

　　而高尔顿只是由那个时代向今天的人格发出了一个提问。

　　作为响应，那回答却决不能是模糊的。而且这回答似乎已经远远超出了"天才（或智力）是可以遗传的吗？"这一科学范畴。

　　俄国生理学研究的领袖是巴甫洛夫（1849—1936），可以说他一个人代表了

19 世纪至 20 世纪的三项研究,从有关心脏的神经机能、关于消化腺的课题、关于大脑的高级神经中枢的研究的初级知识中即可看出它们的重要性,其中,第二项研究成为其获得 1904 年诺贝尔奖的缘由,而第三项研究即有关脑神经的进展则为心理学的快速发展奠定了基础。条件反射的观念现在已是一个普及到了初等教育的概念,令人难以想见的是当年的大量的无以计数的实验和它由发现到结论所耗费的整整一代人的时间。铃、蜂鸣器、灯光、节拍器、脚步声等工具、手段以及先天反射、条件反射的复杂实验和说明,1902 年到 1936 年,巴甫洛夫花费了 30 余年的研究,从 1902 年初次发现经反复印证直到 20 年后也就是 1923 年的最初报告,1926 年他 77 岁高龄时的系统报告,我们看到了科学的诚实,精密与正确所蕴含的务实、客观的精神,揭示了科学家的正直人格。同时条件反射观念为中心的脑神经研究亦指出了后天性培养与引导的重要,这不仅在后来影响了学习理论的主体观点,而且成为人格发育观的一个重要基础。个性与脑神经相关可以说支撑了 20 世纪任何新心理学理论的产生,尽管巴甫洛夫从不承认心理学的领域与概念,但他在生理学范畴所做的工作却为心理学的发展开辟了道路。更有意味的是,巴甫洛夫的一生追求——在实验室完成对科学认识及其为这认识所付出的大量的实践与反复的实验与他所发现的学说之间有了一种微妙的关联。人格除先天之外,还有后天的,我想这是从巴甫洛夫的条件反射研究中引申出来的一个观点。尽管这一论点备受忽视,但 20 世纪 60 年代亦即这一学说提出的 30 余年后的人本主义其实在更高意义上延承了这一观点所指示的路线,人是可以自我塑造且自我实现的。

　　而这早在那一时态的 30 年前是巴甫洛夫的无悔,他在自传中写道:"我得到了一生所需要的一切:我完全实现了我开始生活时所遵循的原则。我梦想在学术工作中、在科学中寻求幸福——而我也寻求到了。我想往有个和蔼的人作为我生活中的侣伴,而我也找到像我妻子这样的侣伴……她沉着地忍受在我任教授以前生活上的一切困苦,总是鼓励我从事科学的热情,她把她自己献给了我们的家庭,正如我把我自己献给了实验一样。我曾拒绝在生活中使用狡诈和并非总是无可指责的一些作风,而我觉得没有理由要为此感到悔恨;相反,恰好在这个问题上我现在倒找到某种安慰。"①

---

　　① 转引自[美]杜·舒尔茨《现代心理学史》,第 200 页,杨立能、陈大柔、李汉松、彭聃龄、刘思久、李伯黍、沈德灿译,北京,人民教育出版社 1982 年 2 月版。

对于一个健全的人说,这三者的完美结合与息息相通也许正是这个人之所以健全的标志和原因。

作为心理学基础或补充场景的生理学是无法将高尔(F·Gall,1758—1828)的颅相说排除在外的。这个19世纪初期的德国解剖学家的观点是,人的复杂的心理能力是由特殊官能所组成的,而每种官能在大脑的一定区域则各有自己的位置。某一官能的发展造成了颅骨的隆起,颅骨隆起的不同部位则兆示出不同官能发展的程度,并由此可对个人的个性作出判断和分析。人的特殊官能被划分为30余种,人头盖骨上相应划分为可资对照的30余个区域,一幅F·Gall的颅相图诞生了。友好、自卫、性爱、自尊心、创造力、侵略性、家务本能等均按图索骥,在鲁利亚的《神经心理学原理》及其他与神经医学有关的书籍中可以查到这样一种无所不包的图像,它的信奉者如此之多以致据称那个时代的并不具开放性格的妇女间互相见面时都要以手去触及对方的前额或其他部位以判断对方的官能发展的侧重,这是较极端的例子,然而置身于各阶层的谈资中(尽管评说不一)的颅相说已足见其影响之大之广。毕竟,它将人的视线引向了头颅及其所包含的脑神经系统。我们将在19世纪下半叶的神经系统的解剖学和生理学的发展中看到它作为思路而非作为学说的影响。

1833年至1840年约翰内斯·米勒的大脑皮层的机能定位研究,1861年布罗卡的大脑左半球第三额回的损伤是运动失语症即丧失随意言语能力的起因研究,1870年弗里奇和希齐格的狗的大脑运动机能定位研究,以及1876年费里尔划定猿脑运动机能区域的工作,格龙鲍姆、谢灵顿于20世纪初对类人猿大脑构造的探索,以及临床研究与解剖学发展基础上对大脑中罗兰沟的区域划分运动与感官的认识,更有韦尼克、杰克逊对失语症怀神经病的分类与诊疗,俄国谢切诺夫的行为反射机制(后在巴甫洛夫研究中得到完善),戈尔齐的染色法,希斯的胚胎学,瓦尔代尔命名为的"神经元理论"以及拉蒙·伊·卡哈尔对其的研究,神经细胞的个体性与结构独立性得以确立,它们彼此间在连结点或神经元触处的生理上的联系也获得了承认。神经元说以及紧接其后的谢灵顿的《神经系统的整合作用》(1906)及其研究,包括促进和抑制是突触机能的假说以及有关神经流的"去极化波"所引起的"不起反应状态"与"过度兴奋"状态的纳恩斯特、利利、卢卡斯从 1908 至 1917 年的生理心理学领域的研究,都可看作是延承了高尔的思路——脑神经系统的例子,同时这些研究所得的观点也大大促进了学习理论的生成。在这个意义上,有必要重新认识学习理论的积极性一面,尽管人文心理学所持的人格观一再地排斥生理心理学的这一倾向,但我认为仍有重新审视的必要,而且,我们将此后的具体人格分析中感受到这种认识的公允的重要。

脑神经学科的发展联结了医学领域与心理领域的研究,也就是说,精神病学作为现代时期理智发展的一个不可忽略的方面,横跨了科学与人文两大时代精神的核心。社会学的作用得到了促进。人道主义对监禁与惩罚的反动,皮内尔对患者精神病起因的调查,埃斯德罗的精神病心理学的研究,格里辛格尔的体质因素与心理因素划分,克里佩林从三百种之多的临床类型划分总结出的二十种主要类型。而在狱吏与医生的看管与护理之间,足迹遍及美、欧大陆以致包括日本在内的东方而要求创立公立疯人院并以一生去付诸实践的却是一位美国女性,多萝西娅·迪克斯(D·Dix),她把医学精神与公益事业用生命完美地结合了起来。她个人的努力没有白费,在以后的时光中,为心理缺陷患者、为弱智、低能儿专门设立的院校如雨后春笋,而公众对于同类人的态度也大大改善了。惊惧与同情,两个不同的方向却决定了人类心灵的两种通道。

心身医学由是诞生,在精神病理学的促动下,医学与心理学间传统的鸿沟得以初步填平。这里有必要再次提及我在上文中曾经介绍过的麦斯麦术,它很恰当地成为那个时代医学与心理学间不再存有难以逾越的沟壑的证明。这是一次跨越几个世纪的回顾。十六世纪的天文学家帕腊塞耳苏斯的天体与磁性间的关系论,赫尔蒙特的"动物磁性",十七世纪医士格雷特雷克斯的"磁性"治疗在奥地利医生十八世纪末的麦斯麦的 baquet 作业中心中得以实践,盛着磁化铁锉屑的桶、坐在四周的患者以及连结二者间的金属棒和它所具的已经磁化的神秘磁性,病的治愈,皮塞居使患者陷入一种催眠状态里的想象,有效的治疗,以及麦斯麦术本身信誉的一落千丈,然而,埃利奥特森、布雷德、利埃博尔、贝恩海姆的疗法、麻醉、暗示的发展及其由麦斯麦的启发和对前人的改进,使得催眠术在心理学、医学中得以确立,回想、想象的精神调节及其对生理的特殊功效越来越受到事关心身的一切科学的重视,而麦斯麦,尽管错误百出,但却有他独到的历史意义。

　　从临床精神医学而言,德国精神病学家克瑞奇米尔(Ernst·Kretschmer, 1888—1964)的体征说是绕不过去的一个观点,更何况它道出了人的个性与体格的某种相关。1955 年,晚年的克瑞奇米尔制了一张调查表,认为精神分裂病患者的体征多细长型,躁狂病多为饱满型,癫痫病患者多为筋骨型或细长型;同年,与气质、行为倾向相连的体型的测量与调查基础上,一份体型——气质——行动倾向关系表制出,肥满型与躁狂气质及善交际、表情活泼、热情的行动倾向相一致,细长型与分裂气质及不善交际、孤僻、神经质、多思虑的行动倾向相一致,而筋骨型则与粘着气质及迷恋、认真、理解缓慢、冲动性行为相通,人的体征成为确定个性的决定因素。体征与个性的同构性研究在美国心理学家、医生谢尔顿(L·E·sheldon,1889—1977)的《气质的差异》(1942)也有相近的说明,胚叶起源说个性理论的轮廓是,体型被分为内胚叶型、中胚叶型、外胚叶型三种,与此对应的三种体型的生理个性特点是内胚叶型体型胖而重,消化器官发达,乐观、懒怠、反应迟缓、好交际、喜舒适、贪图口福,中胚叶型则体格强壮、骨骼肌肉发达,好动、开朗、精力充沛、自信、武断、富于竞争性,对人的情感迟钝,外胚叶型体型瘦长,体质虚弱,皮肤组织和神经和神经系统发达,拘谨、敏感、孤独、内倾。这些可贵的临床观察,为心理倾向与个性特征找寻生理基础和原因的努力可看作是现代时期的心理学发展中的一大特征。精神病理与医学解剖的任何微小的进步都会推进心理学对人自身的认识向前跨出它本身难料的一大步,这个结论已经由历史作出了证实。

　　完形心理学的人物是当时德国心理学界的年轻三巨头—马克斯·韦特海默尔(Max Wertheimer 1880—1943)和克勒(Wolfgang Khler 1887—1967)、科夫卡(Kurt Koffka 1886—1941),1912 年关于形的心理学——完形心理学(Gestalt psychology)又译格式塔主义在法兰克福问世。它在根本观点上不仅是对冯特式心理学的一个反动,它反对把意识分解为诸如感觉、意象等元素,,而且在以后的学术中它渐次证明了自己对行为主义的元素主义的反动;它的主张是:组成部分的属性或面貌,只要是能够加以界说的,都要根据它们同它们在其中起着作用的整体体系的关系来说明。有两个例子很能体现这种结构整体的显现的整体观。实验一是,在灰底色上画一个红十字,它在明亮光线照耀下经过二十秒凝视以后将按照熟知的衬比动态原理显现出一个绿色的边缘。然而,在十字的一臂挖一个小凹口。在这个小凹口的空隙处将看到什么颜色呢? 绿色,传统元素论的原因是它是灰色边缘的一部分,那是理应具有衬比色的。红色,完形论者结论的支撑是,因为十字是一种有结构的整体,它强制其内部合成材料由于作为一种成员特性而具有支持这个构造的属性。[①] 实验二是韦特海默尔"关于运动视觉的实验研究",他在暗室中将灯光从一张幕后照幕上的直线形缝隙。这些缝隙是平行的或成角的两条直线,直线先后出现,由受试者观察。如两线的呈现时间距离缩短到 1/10 秒时,就看见只是一条线在移动,时距缩至 1/30 秒时,两条线则同时出现[②],这种似动现象("斐——现象"the Phenomenon)的结论是动自身是一个现象,一个整体,它不是几个不动的感觉拼合成的,它是个完形。因此整体不是由元素合成的,整体先于元素并决定部分。这一静一动两个例子所包含的成员特性律与孕含律两定律很恰切地表达了完形论的整体观,元素论向整合观的过渡,知觉心理学向思维心理学的过渡,以及其中的领悟客观存在于世界中的秩序和含意的思想,与东方古代思想很有接近之处。整体观对人格的影响在于它便于我们更好地对人格悖论——这一类似小缺口——的现象的解释与讨论。完形论的辐射面是广阔的,克勒 1917 年《类人猿的智力》人与猿的思维比较研究,科夫卡 1921 年《心灵的成长》个体向更高整合阶段运动的能力,韦特海默尔 1945 年有关创造性思维的论述以及克勒 1938 年《价值在事实世界中的地位》的探讨等,整合与顿悟的作用不断得以强化,阿恩海姆《艺术与视知觉》(1954)空间结构亦被充分、系统联系于完形原理加以艺术的研究,等等;跨领域的研究使心理学尤其完形论披上了一层统摄式意识形态的色彩,一个曲调,不依靠特殊乐音,同一曲调可由不同乐音组成;同一支曲子可由不同乐器演奏而曲子不变的观点已为现代人所熟知,作为心理元素论、知觉恒定论的反面,完形主义将事物、意义和价值作为心理学研究的对象并得出它们以整体观为核心的结论,在此前后甚至与此同时,物理学界法拉第、马克斯威通过研究电磁现象认为在场之内全局影响各部分,并且一部分改变则一切

---

① 参见[美]加德纳·墨菲、约瑟夫·柯瓦奇:《近代心理学历史导引》,第 354 页,林方、王景和译,北京,商务印书馆 1980 年 9 月版。

② 参见唐钺:《西方心理学史大纲》,第 192 页,北京,北京大学出版社 2010 年 5 月版。

其余部分随之改变。克勒《论物理的完形》(1920)是试图将心理学的完形理论引入物理学的一个尝试,同形论即有机体是一个场,知觉、行为也是一个场,大脑皮质有与知觉、行为形式相同的场的观点诞生了。而物理学与心理学的真正交融却是由库尔特·莱温(Kurt Lewin 1890—1947)做到的。由联想、动机、数学、拓扑学和向量分析进入场的概念,行为必须由全数并存事实推出,特点是这个场的任何部分的情况都依存于它个个其他部分的情况——这是"动力的场"的性质,行为只由现在的场决定,不随过去将来而变;人是一个场,又是一个场内行为,这个场含有这个人和他的心理的环境的生活空间。莱温的《心理运动——向生命空间确定区域内的目标的运动》(1935—1936),紧张系统在紧张水平允许有所下降时会发生什么情况的蔡加尼克效应(1927),霍佩的人的"抱负水平"研究(1930),巴克等人反分化、回返婴儿状态的挫折引起倒退的心理研究(1941)标识出完形论与场论在后期向社会心理学的转移,这种学科的转移与它中心的转移是同步的,30年代起此学说中心由德国向美国迁移,完形概念的应用性的传播与发挥成为学科内的中心,接纳与嫁接是它移位于美国后的发展,进入细部、琐屑的临床、事件,实验以及社会心理问题,干扰了它对终极理论的关心,检验性替代独创性的结果仿佛是一切心理学影响、传播中必须发生的,完形学说亦不例外,从1912年提出到1921年创办《心理学研究》杂志再到30年代的美国学术中心,正如攀上了一个高峰之上必然要走一段平坡缓道一样,而这经常是攀另一高峰之前必需的过程。

物理学、生物学、医学、心理学的交融是它的高峰吗?

起码,整体论显现了与近代时期的原子论绝然不同的两个模式,在任何区域我们都会遇到这两股岔道,正如弗罗斯特的两条路一样,选择了一条就不能同时选择另一条。重视整体的特性理论给我们的启示是:一方面,社会、遗传、环境的整体是对人格影响的因素;一方面,人格缺陷、悖论现象找到了它得以解释的理论基础。

20世纪20年代创立的文化与人格研究,又称心理人类学,真正体现了与19世纪不同的20世纪心理学向人类学的靠近,多学科结合、应用性强是它的主要特征,心理学走出实验室、走出医院,走向田野、走向人群,在文化差异、民族比较、国民性研究同时,将人格形成与社会变迁、教育、民族性、战略决策、心理异常与防治及经济发展联系了起来。与此相关,婴儿、儿童、青春期各阶段的研究取得了长足的进展。生理、文化、生态三方面的综合视点成为研究的主要方法,20世纪代表人物有:美国露丝·本尼迪克特及其探讨普韦布洛、多布、克瓦基特三个原始社会文化的《文化模式》;玛格丽特·米德的以《萨摩亚人的成年》(1928)、《成长在新几内亚》(1930)《三个原始社会的性与气质》(1935)三部著作构成的总题为《来自南海:原始社会的青春期和性的研究》的开拓;当然二者都受波亚士的训练,现场工作为其研究特色。同时期,波兰人类学家布罗尼斯拉夫·马林诺夫斯基(1884—1942)的《野蛮社会的性和压抑》也是一部值得重视的著作。美国以拉尔夫·林顿、艾布拉姆·卡尔纳、科拉·杜波依丝为代表的人类学者及其著作《个人和其社会》、《社会的心理疆界》(与詹姆斯·韦斯特合著)(1945)、《阿罗人》(1944)以及其中的"基本人格结构"、"众数人格结构"的阐述,都为人格研究突破心理学的单一范畴提供了参照系,这种态度与方法在人本主义思想中得到了保留和体现。

自此,从1859年到20世纪中段的与精神、人格相关的医学的、生物学的、物理学的、生理学的、社会学以及人类学的各学科思想有了一个拉洋片式的印象,在以后成文的具体人格分析与人格理论建构中我们会重新体会到它们各自的价值。那时,它们的思想将越过1859、1869、1926、1912—1943年,以致20世纪20年代的各学科的时间与领域的双重界限,而真正地焕发出思想本身的历史无法湮灭的、时光不能磨去边角的光泽与核心。

第二节　人格设计师们

弗洛伊德的人格理论:

弗洛伊德(西格蒙德·弗洛伊德　Sigmund Freud 1856—1939)

主要著作:《关于歇斯底里的研究》(1895)、《梦的解析》(1900)、《日常生活中的心理病理学》(1901)、《性学三论》(1905)、《精神分析引论》(1910)、

《图腾与禁忌》(1913)、《超越快乐原则》(1920)、《自我和本我》(1923)、《文明及其缺憾》(1920)、《摩西一神教》、《少女杜拉的故事》等。

严格地说,人格理论作为一门独立的学科,时限应界定于19世纪末与本世纪初的交汇处,而弗洛伊德正是"创立系统人格理论"的第一人。距今一百多年前即1895年有两个事件深具意味,一是电影的诞生,一是人格自视的开始,后者当然是以弗洛伊德《关于歇斯底里的研究》为标志的。也就是说,在作为物质现实复原的镜像或表象的电影将人的视野引向更广阔的类的同时,弗洛伊德的人格心理研究则使这个进化进行曲中乐观自信、开拓探索的音符所组成的广泛交际的时代具有了同样可贵的内省的深度。这是另一面镜子所摄入的镜像。从内质上讲,这两大事件的容量是一致的,人类也由此获得了看自己的两只眼睛。

1. 人格动力:本能被视作人格动力系统的第一推动力,普遍的例子是饥饿与性,从力比多、生本能、死本能中透出弗氏选取的明显倾向性,人格是由生物本能推动的,生物本能,这是人无法否认的一切包括高贵人格的最起始的根基。

2. 人格构成:以本我(id)、自我(ego)、超我(superego)所组成的人格,打破了传统心理学两部人格结构观。其贡献在于对本我(Id)的重视。本我依据快乐原则,所带来的生理满足是原始过程,自我依据现实原则,与继发过程对应,超我依据道德原则,其中包含良知(内化惩罚经验)与自我理想(内化受奖经验)等。

焦虑与自我防御机制被提出来了,前者包括现实焦虑、神经症焦虑和道德焦虑,后者涵含压抑、替代、认同、投射、反作用形成、理由化、倒退等,它们分别与本我、自我、超我三者的不相协有关,人格的自我调解与平衡的获得涉及到人格变异的课题。

3. 人格发展:认定5岁前人格特征已完形。因与性关联,也称性心理三阶段,包括口唇期(0—1岁)、肛门期(2岁)、性器期(3—5岁),又称前生殖阶段,成人人格的基本成分形成,包含有俄狄浦斯情结(恋母)与厄勒克拉特情结两重要概念。其后,6—12岁称为潜伏期,青春期阶段称为生殖期,由此,人格形成可视作五个阶段。

4. 人格类型:与人格形成期的停滞有关,人格类型被分为口唇型特征人、肛门型特征人、性器型特征人和生殖型特征人四种。口唇型人格是人格停滞于口唇期的人，总要求别人"喂"或给予他什么东西，物质的也有精神的，无论乞求或攻击性的方式索取，总离不开"吸吮"的本质，他在生活中扮演被动和依赖的角色，退缩、依赖、苛求和仇视是这一人格的核心特征；肛门型人格包括肛门便秘型与肛门排泄型两种，前者讲求秩序、过分吝啬与节约、固执并有强迫性，看重钱财，不断累积，后者则显出放肆与浪费和不整洁的倾向；性器型人格轻率、自负、夸张、敏感，带有攻击性与挑衅性，自私与自恋以及男子汉气概的自我表现为其特征；生殖型人格是人格发展的最高阶段，也是弗氏推崇的极少人能达到的理想人格，此种人格能消除本能力量的破坏作用，使之升华而富有建设性，他是能控制和引导自身力比多能量使之能够"生殖"的发展型的人，艺术家的有所创造性是被认定为具有这一人格的类型。

另，弗洛伊德无意识原理所容纳的梦的隐义解析、口误、遗忘、幽默等覆盖宗教、哲学、人类学、艺术、文学等人文学科及人类生活包括梦的各个角度，人性与文明，这一极富时代意义的挑战性思想以及其中的因果论与决定论，也将在弗氏派系及其分支中得到这个时代不断的阐释、体现与修正。

荣格的人格理论——分析心理学(Analytic Psychology)：

荣格(卡尔·古斯塔夫·荣格 Carl Gustav Jung 1875—1961)

主要著作：《荣格文集》十九卷(Sir Herbert Read, MichaelFordham, Gerhard Adler 主编)：卷一，精神病研究；卷二，实验研究；卷三，精神疾患的心理发生机制；卷四，弗洛伊德与精神分析；卷五，转变的象征；卷六，心理类型；卷七，有关分析心理学的两篇论文；卷八，心理的结构与动力；卷九，(第一分册)原型与集体无意识，(第二分册)远古——自性的现象学研究；卷十，过渡中的文化；卷十一，心理学与宗教：西方与东方；卷十二，心理学与炼金术；卷十三，炼金术研究；卷十四，MYSTERIUM CONIVNCTIONIS；卷十五，人、艺术和文学中的精神；卷十六，心理治疗实践；卷十七，人格的发展；卷十八，杂集；卷十九，作品总目与索引。

中译本有：《心理学与文学》、《人及其表象》、《怎样完善你的个性——人格的开发》、《飞碟——天空所见物的现代神话》、《寻求灵魂的现代人》等。

1912 年荣格与弗洛伊德分裂后,提出自己的分析心理学说,亦被心理史学家称为新精神分析学的主要派别,其人格观的表述与学术立论都与(旧)精神分析有巨大的不同。

1. 人格动力:力比多被解释为普遍的生命力而不单纯指性,带有精神的意味。力比多定量是指力比多具有一定能量,人格决定于力比多投放于哪一方面的多寡,意识或无意识,力比多保持相同能量,以利内部均衡,这是等量原则与均衡原则,人格能量决定人格发展;而对立原则是个性某方面发展以它对立面的削弱为代价。

2. 人格构成:自(又称意识)与个人无意识、集体无意识构成人格。其中集体无意识是荣格人格学说的主要概念,亦带有很大的神秘性与狂想性,"集体无意识反映了人类过去进化过程中的集体经验,……是无法明言的数百年来祖先经验的沉积,史前事件回声,……在它之中也可以发现我们类人猿或动物祖先的踪迹"(B·R·赫根汉《现代人格心理学历史导引》第 36 页),它是人格中最有力量的部分,代表着基本的人性,与之相比,自我只是人格中的一小部分,代表了角色与社会作用。集体无意识还包括种族记忆(racial memories)、初级印象(primordial images)或原始意象(arch type)等,原始意象则又包括人格面具、阿尼玛、阿妮姆斯、阴影和自身,其中阿尼玛与阿妮姆斯是论述文学形象中最常用的两个概念,它们分别代表了男人精神中的女性部分(Anima)和女子人格中的男性特征(Animus);自身(self)被视作人格的整合力量与统一。

3. 人格类型:以心理切分,角度与弗洛伊德生物性划分不同,又称心理类型,1913 年国际精神分析大会上提出,内倾与外倾(又称内向、外向)两种类型,加之感觉、思维、情感、直觉四种思想机能,人格(心理)细述为八种类型——思维外向型、情感外向型、感觉外向型、直觉外向型、思维内向型、情感内向型、感觉内向型、直觉内向型。理论基础仍然是:一个人只有一定量力比多可供利用,投入人格某一部分的力比多多了,别的部分就相对减少。

4. 人格发展:人格阶段分期为三大段,儿童期(出生—青春期),本能问题占主导地位;成年早期(青春期—40 岁),现实问题主导;中年期(40 岁—生命结束)个人生活意义问题主导。荣格对中年期的着重与弗氏幼儿期人格为最主要形成期观念有所不同。与之相应,生活的目标与自我实现、内调问题被提了出来,人可以在 40 岁以后积极主宰自己的生活意义而不只是听从本能。自身(self)被解释为曼达拉(mandala 圆圈),即人格像一个圆圈,中心是自身,四周是人格的其他部分,它因文化差异而所代表的原始意象而不同。"随着科学和理智的发展,我们所处的世界已变得非人化,人感到自己在宇宙中是孤立,因为他离开了自然,失去了对自然现象的情感上的无意识同一性。而自然现象也失去了它们的象征意义,雷鸣不再是上帝的怒声,闪电不再是它复仇的利剑,河流不再蕴含精神,树木不再具有人的感情,蛇不再拥有智慧,山不再是神的住所,石头和鸟兽不再对人说话,而人也不再对它们讲话,人与自然的联系失去了,失去了这种象征联系所提供的深刻的情绪力量;"①荣格这段话所包含的神话意识、语言、象征、世界的隐喻等可看作是人格发展理论的一个特别的补充。

与弗洛伊德因果论、决定论不同,荣格的人格理论是目的论、主体论的。当然,任何提纲挈领式的表述都无法传达其理论的复杂性,而荣格的"人格"存在于过去、现在和未来中,包含了意识、无意识、男性特征、女性特征、合理与非常的冲动、动物性与精神性的对立,自我的统一与整合,虽然他最终未给出他一生所提出的"集体无意识"的实验的、科学的、方法论上证明,但这种宁弃方法而不放弃题目的精神态度所代表的恰是与他本人理论一致的人格,而人格本身,正好也与这样的题目所契合。

阿德勒的人格理论——个体心理学(Individual Psychology):
阿德勒(阿尔弗雷德·阿德勒 Alfred Adler 1870—1937)
主要著作:《个体心理学》、《自卑与超越》、《理解人性》。

阿德勒 1911 年与弗洛伊德分裂,两人的人格理论在根本性问题上是对立的,阿德勒的"个人"是总在寻求与他人和睦关系并重视生活意义、渴望未来的个人,这一点构成了他人格理论的核心。

1. 人格阐述:人格被解释为整合了的统一体,包含人的积极品质及人类存在的意义以及人精神活动的目标性等意识范畴的概念,与此相关,器官缺陷与补偿、自卑感与自卑情绪、优越感与优越情绪等正负面的概念被提出来

---

① 转引自[美]B·R·赫根汉《现代人格心理学历史导引》,第 44 页,文一、郑雪、郑敦淳编译,石家庄,河北人民出版社 1988 年 4 月版。

成为他心理意味的人格构成的一部分。

2. 人格动力：优越、完善，为优越而奋斗是个人生命的基本准则，也是阿德勒人格理论的根本动力。个人优越、优越感、优越情绪、社会优越及其相应的生活风格、社会兴趣等概念得到了进一步的完善。

3. 人格类型：依社会兴趣划分，包括统治——支配类型，获取——学习类型，回避类型，社会利益类型四种，由此亦构成四种主要风貌的人格。其中，社会利益类型被看作是人格类型中的最高层面。

4. 创造性自我（Creative Self）概念：这是阿德勒也是人格理论首次提出的一种人格模式或曰人格理想样本。人不是环境影响和遗传作用的消极接受者，遗传与环境只为人格建设提供了砖瓦或原始材料，而创造性自我利用这些砖瓦以其特有的方式建立人格的大厦，个人选择命运，人格健全者是选择了与社会理想相一致的生活风格与最终目标的人。

为此，出生顺序、早期记忆、梦等研究方法被提了出来，而心理学意义上的健康人与不健康人成为划分人格类型的大的标准。强调意识、主体性、未来定向性以及人可部分决定自己人格发展的理论，从中可看出与人本主义、存在主义的共同处，也正是在这一点，理解墨菲指出阿德勒："在心理学历史中是第一个沿着我们今天应该称之为社会科学的方向发展的心理学体系"的观点才显得恰如其分。

霍妮的人格理论：

霍妮（卡伦·霍妮 Karen Horney　1885—1952）

主要著作：《我们时代的神经症人格》（1937）、《我们内心的冲突》（1945）。

文化高于生理因素，从环境条件对找心理动机，尤其是从儿童时期与父母的关系乃至更广阔的人际关系与文化因素中寻找神经症人的行为根源和一般人人格发展的动因的观点构成了霍妮理论的核心。

1. 人格抽样——神经症人格，经由对儿童与父母的交互关系的考察，提出儿童人格的发展源于亲子关系以及家庭内外人际关系的优劣，这种关系以及所产生的态度情绪无一例外地在成年人格中投射出来。"基本敌对情绪"（basic hostility）与"基本焦虑"（basic anxiety）是两个相关的概念，前者是儿童对父母的一种负面行为(如冷漠、遗弃、厌恶、奚落、羞耻孩子、不许孩子与他人接近)的一种负面(敌意、冲突与压抑)的情绪反馈,后者是儿童对世界、父母之外的人际关系的一种负面(不安全、危机四伏)的情绪,无助感和恐惧感是与之相关的根源。就是说,神经症源于儿童与父母的相互关系的不完善,儿童对父母的基本敌对情绪及态度,最终会投射到周围的人、事上而转变为基本焦虑,一个具有基本焦虑情绪的儿童成年后便具有神经症人格。霍妮为此提出了解除焦虑的对策:神经症需要的倾斜,以摆脱基本焦虑的恶性循环性。

2. 人格类型。又称神经症适应模式,包括趋就人(Moving Lowards People)、反对人(Moving against People)和离开人(Moving away from people)三种,又译为亲近人、对抗人与回避人。亲近人适应模式包括友爱和赏识的神经症需要,对支配自己的人的神经症需要以及自己生活限制在狭小范围内的神经症需要,霍妮称之为依从类型;对抗人包括对权力的神经需要,利用别人的神经症需要和对荣誉与人个成就的神经症需要又称敌对类型;回避人包括自我满足和独立性的神经症需要,完美无缺和不受指责的神经症需要,霍妮称之为撤退类型。

神经症人格的症结在于现实自我与意象化的理想自我的脱节,没有现实性的理想自我支配下所导致的某一种适应模式的绝对性造成了人格的畸态。三种主要适应手段亦是三种人格类型之外,一些次要的概念被提了出来,它们是:盲点、间隔化、理由化、极端的自我控制、外化、武断、犬儒主义等。正常人的人格和神经症者人格的不同得以区分。

3. 人格改变:与弗洛伊德不同,认为人格在个人一生中保留着可变性,虽然人格在儿童早期即个人早期经验中已经大体形成,但人格是一个可变量,人可以通过文化等因素的调节去完善自己的人格。

认识到霍妮人格理论产生的实践性,即面临经济萧条期的美国社会情状所产生的心理理论以及她打破弗氏理论经典的勇气,我们就不会过多苛责她人格学说描述过多而科学证据不足的缺憾。无论如何,霍妮毕竟是将人格心理理论引入到人格特例与个案——神经症人格类型中研究的第一人。

埃里克森的人格理论——自我心理学(ego psychology):
埃里克森(埃里·埃里克森　Erik Erikson　1902—1994)

主要著作:《儿童和社会》(1950)。

埃里克森人格理论具有表现自我心理学的人格探讨途径,强调人一生中发展的重要性和将临床与社会、历史相结合等特点,因此它常被看作是一种描述自我在人格经历中如何支配个人心理发展的人格发展理论,带有很强的社会历史色彩。

1. 自我:强调自我的自主性和独立性,自我的作用,自我如何形成、发展、发挥作用、发生障碍等。自我被认定为人格中的决定因素,这是与弗氏本我重点的人格论的极大不同,并且自我被看作是个人的自我意识和同一性的源泉。

2. 人格阶段:由遗传为顺序由社会环境决定的人格形成可划分为八个阶段,又称社会心理发展的八个阶段,分别是:基本信任对基本不信任(basic trust vs basic mistrust)(出生—1 岁),这一阶段人格危机的积极解决导致人格中希望品质(virtue of hope)的形成;自律(或自主)对害羞与怀疑(aueonomg vs shame and doubt)(1—3 岁),这一段阶段人格危机的积极解决导致意志品质(virtue of will)的形成;主动对罪恶(initiative vs guilt),又称创新对罪恶(4—6 岁),目的品质(virtue of purpose)在人格中形成;勤奋对自卑(industry vs inferiority)(6—11 岁),能力品质(virtue of competence)在人格中形成;自我同一性对角色混乱(identity vs role confusion)(12—20 岁),忠诚品质(virtue of fidelity)在人格中形成;亲密对孤独(intimacy vs isolation),又称成年早期(20—24 岁),爱的品质(virtue of love)在人格中形成;繁殖对停滞(generativity vs stagnation),又称关心下一代自我关注(25—65 岁),人的中年期,关心的品质(virtue of care)在人格中形成;自我整合对绝望(egointegrity vs despair)(65—生命结束),人的晚年期,智慧品质(virtue of wisdom)在人格中形成。人格发展的以上八阶段是以人在一生中的八个阶段的危机命名的,若解决危机失败或危机消极解决,则会依次产生与以上 8 种品质相反的恐惧、自我怀疑、无价值感、无能、不确定感、泛爱(杂乱)、自私自利、失望和无意义感几种倾向;对应于八个阶段,个人人格发展在每一阶段所受的影响依次来自:母亲;父亲;家庭;邻居、学校和师生;伙伴和小团体;友人、异性、一起合作及互相竞争的同伴;一起工作及分担家务的人们;人类。而健康人的自我则以八个阶段中各危机积极解决而形成的八种品质为特征。

其中,"自我同一性人"是埃里克森人格学说的主要概念,用来描述早期经验中优势和完善的东西的综合物,人在成年生活中以此综合物来指导生活,它是人的精神生活与物质生活所围绕的主题。

埃里克森以对人格一生的发展变化即贯穿整个生命过程的心理发展观和对自我的关注将自己的人格理论与弗氏的5岁前人格成形说和对本我着重的人格理论相区分,埃里克森心理治疗的目标是帮助不能顺利渡过人生八个阶段的人获是希望、意志、目标、能力、忠诚、爱、关心和智慧的品质,以使人有缺陷的自我在有利的环境中发展出相应的品质。同样,埃里克森的人格理论还强调社会因素、后天教育与人格发展的关系,心理历史学便是由他开创的。

阿尔波特的人格理论:

阿尔波特(哥登·阿尔波特 Gordon Auport 　1897—1967)

主要著作:《人格:心理学的见解》(1937)、《个人和他的范围》(1954)、《偏见的特性》(1954)、《谣言的心理学》(1947)、《人格特质,分类与测量》(合著)(1921)、《价值的研究》(1937)。

阿尔波特是最早出生于美国的人格理论家,是人格特质理论的创始人,也是美国哈佛大学教授人格心理学课程的第一人(1924),他一生的理论都在强调人的重要性并与抹煞人的个性与尊严的理论做着竞争,这使他不仅置于科学心理学的对面,而且置于了精神分析理论的对面。

1. 人格界定:人格就是"真实的人"(What a man really is),"人格是人所是的和人所做的,它(人格)存在于行动的后面,在个人的内部";这是阿尔波特于1937年对人格的 Persona 希腊文"面具"的来源回顾及评论了历史中的50种有关人格定义之后所做的结论与补充,而更准确的人格定义被表述为:"人格是个体内部那些决定个人对其环境独特顺应方式的身心系统的动力结构",其中"独特顺应方式"于1961年修订为"独特的行为和思想";在这样一个人格定义中,动力结构(dynamic organization)、身心系统(psychophsical systems)、决定(determine)和独特的行为和思想(characteristic behavior and thought)等关键语,表述了对特定的人的特质研究的主题。

在强调个别性、特定性同时,阿尔波特还将人格与气质(temperament)、性格(character)和类型、个体性(individuality)等做了区分。

2. 人格理论的标准:认为完备的人格理论必须具备五项特点——必须把人格看作人内部的蕴涵;必须把人看作是充满着各种变化的人;必须在现实中寻求行为的动机,而不是在过去中去寻找;其测量单位应该是"活的综合"(living synthesis),人格理论必须是对全体人格进行整合;必须涉及自我意识。

3. 特质(trait):特质被定义为"——一种神经心理结构,它能使许多刺激在机能上等值起来,发起和指导适应的形式和外显的行为有了一致性";特质不是习惯、不是态度;特质分为个人特质与共同特质,其中个人特质是人格特质理论的重心;个人特质又为枢纽特质(cardinal traits,又称基本特质)、核心特质(central traits)和次要特质(secondary traits)三种,它们分别对人格产生着不同程度的影响。

4. 人格形成:人格形成的八个阶段又称自我统一体的信个发展阶段,分别是:躯体我的感觉(1岁);自我同一性的感觉(2岁);自尊的感觉(3岁);自我扩展的感觉(4岁);自我意象的感觉(4—6岁);把自己当作合理对付者的出现(6—12岁);自我统一追求的出现(12—青少年);自我作为认识者的出现(成年期),特质人格理论强调差异,认定没有两个人有共同的特质;另阿尔波特提出"机能自主"(functional autonomy)的概念,提倡自我统一的机能自主。

5. 人格理想或曰人格模型:提出健康人的概念及其人格的6项特点即自我扩展的能力,人际交往的能力,情绪上有安全感和自我认可,表现具有现实性的知觉,具有自我客体化的表现,有一致的人生哲学等。

据此,日记、自传、书信、采访、个别人的人格、个人材料、人格的外显行为研究成为特质人格理论的主要方法。

6. 人格类型:阿尔波特在意识的层面研究会同并以量表设计确定一个人在其生活中对某种价值的侧重,人格类型被粗略分为理论型、经济型、艺术型、社会型、政治型、宗教型6种。

特质人格论对个人独特性的强调及研究,使其在成为科学心理学、精神分析、行为主义人格学说对立面同时,亦成为存在一人本理论的先驱。

附录一：

卡特尔的人格理论——人格特质因素分析：

卡特尔（Raymand B. Cattell 1905—1998）

主要著作：《人格的科学研究》（1965）、《动作中的人格理论》（1978）。

作为临床学家，卡特尔注重测验、科学理论、因素分析、客观方法以及大样本被试的测定，人格不仅有规律可循，而且人格理论获得了自然科学的测量的基础，在二变量（bivariate）、多变量（muleivariate）和临床（clinical）的方法及从生活记录材料（L-data）、问卷材料（Q-data），和客观测验材料（QT-data）等获得人格素材的来源中，我们可看出卡特尔特质人格论的数量化特征。

1. 人格概念："人格就是让我们预测一个人在某特定情境中所作所为的东西，人格心理学研究的目的是建立有关不同人在各种社会的和一般环境下怎样做的规律……人格涉及到个体的所有行为，包括外显的及内部的行为。"人格是人所拥有的全部特质，而这特质又是可以预测的，用公式表示为：$2 = f(0, S)$，其中，2 = 个体的反应，0 = 人格，3 = 情境，即一个人的行为是这个人的人格和特定环境刺激的函数。这一公式又被称为人格特征公式，注意人格特定（遗传）与外部因素（环境）得到了同等的重视。

2. 人格结构：又称人格特质因素分析。这是卡特尔人格学说的第一个关键点。构成人格的各种特质是作为整体的机能相互关联着的，共分为——个别特质与共同特质；表面特质与根源特质；体质特质和环境特质；动力特质、能力特质和气质特质；本能特质与习得特质以及知觉和运动五个层次。其中的这些特质分别构成人格因子，有的决定人格的基本面貌，有的与行为、情绪有关，有的与认知与思考、意向相联系，总之它们彼此交互作用而构成人之人格。

3. 人格类型：依人格因素—特质分，概括出 16 种根源特质，并据此设计了 16 种人格因素问卷（1950），而这 16 种根源特质亦决定了 16 种人格类型的基本风貌。这 16 种人格特质是：A 乐群性 B 聪慧性 C 稳定性 D 好强性 E 兴奋性 F 有恒性 G 敢为性 H 敏感性 I 怀疑性 J 幻想性 K 世故性 L 忧虑性 M 激进性 N 独立性 O 自律性 P 紧张性。卡特乐认为只要测定出一个人人格中 16 种因素各自不同的存在程度，就可推测出一个人的人格特点并对其人格做出全面评价。人格测验量表及其方法是卡特尔人格学说的第二个关键点。

4. 人格发展：人格的决定因素和结构特质的发展形态亦即先天遗传与后

天学习的问题成为卡特尔人格论的第三关键点。人格发展中遗传与环境的交互作用得到了强调。认为个人特质的发展需经三种不同的学习即经典条件反射学习、操作条件(酬赏)学习、和统合学习。而人格特质形成的年龄趋势也得到了研究,人格发展被划分为从出生到青春期、青年期、成熟期或老年期三个段落,对应于此,各阶段人格特质得到了合理阐释。

5. 变态人格研究:以查明病人的心理冲突为目的,"定量的精神分析"得以创立,160F测验成为临床医生的诊断工具。包括神经症的研究。精神病的研究两种,前者被认为是一种感到自己有情绪上的问题而要求就诊的个体模式,包括特质焦虑(tvait anxiety)和状态焦虑(state anxiety)等特点,后者与前者在特质上做了区分,人格机能的障碍得到了有效的关注。

以测量、因素、分析为基础的理论与治疗,划开了卡特尔与假想前定重于描述的人格学说的界限,固定的测量、精确的科学性为人格学说提供了学科稳定的基础。

附录二:

艾森克的人格理论——人格维度:

艾森克(H·J·Eysenck　1916—1997)

主要著作:《人的人格结构》(1952)、《政治心理学》(1954)、《焦虑和歇斯底里的动力学》(1957)、《犯罪和人格》(1964)、《人格测量》(1976)、《人格维度》(1947)、《人类人格的结构》(1970)、《人格的结构和测量》(1967)。

艾森克从特质转向维度,把人格问题置于实验心理学的研究中,在他的人格学说中,可见康德与冯特的一些影子,尤其是人格维度及人格图解的雏形——强情绪性向弱情绪性的过渡;可变性向不变性的过渡。

1. 人格结构的层次性:又称人格阶层构造论。人格理论从人格特质和维度研究出发,被看作是主要属于层次性质的一种类型,所谓类型是所观察到的一连串的特质,所谓特质是所观察到的一连串的个人反应倾向,所以艾森克的人格研究是集中于类型的研究,不同特质间的相关及相关特质的整合,得出人格阶层构造为:类型水平对应于外倾性,外倾性下分活动性、社交性、冒险倾向、冲动性、外露、缺乏内省、缺乏责任感七种特质,这七种特质又与特质水平对应。人格的层梯模型是艾森克根据特质的相关性计算设计出的人格结构(1970)。

2. 人格维度：认为决定人格的三基本因素是：内外倾性(extraversion)、情感稳定性(neuro-ticism)和心理变态倾向(psychoticism)，这三因素构成了人格互相垂直的三个维度，个人在这三方面的不同倾向与不同表现，构成了他不同于人的人格特征。其中内、外倾性概念源于荣格，而艾森克做出了他自己的特质阐述，情感稳定性的两极是情感稳定和神经过敏，上述两维度提出后，艾森克于研究中发出第三人格维度——心理变态倾向及其与精神分裂病(schizoid)与心理病态(psychopathic)、行为失调(behaviour disorder)原相关性作为补充。研究中，艾森克绘制了大量的图表对其人格维度理论加以说明，如从两维度来分析的人格结构图示(1967)，神经症和病态人格在两维度上的位置(1960)，以及两种维度模型所表现的精神疾病的区别(1976)等等。与之相关的专科概念有：驱力、唤醒、时间抑制、空间抑制、回复现象、警惕现象、适应、消失、激活、兴奋等。

3. 人格结构：1960年提出，1967年修正。主要观点是：人格最基础的层次为L1，表示神经过程的兴奋—抑制水平，这是艾森克人格理论构成基础，属人格遗传型，以此为基础可获得实验事实，表现为第二层次L2，这些现象与事实受到环境影响的作用，又出现第三层次L3，即特质和行为习惯，属环境影响，这些特质在态度、精神面貌或状态等方面都具有特殊表现，构成人格的第四层次L4，1967年后L4层被删去。$0B = f(0cE)$即外内倾行为特质是有机体的体质型和环境史的函数，表达了人格遗传型与表现型与环境间的变量变系。人格的结构主要包括人格的行为方面(如行为外倾)和人格的体质方面(如体质外倾)，前者可通过量表测定，后者可采用实验测得。

人格的生物倾向性探讨构成了艾森克理论的主要方面，实验及科学性是他人格理论的基础，由此，大量的人格问卷(简称E·0·1)被编制出来，每一问卷包括病理人格量表(0)、内外倾量表(E)、情绪稳定性量表(N)及效度量表(L)，前三者代表了人格结构中的三个维度。作为有关人格度研究的测定方法，已被国际广泛采用。

斯金纳的人格理论：

斯金纳(Burrhus Frederic Skinner 1904—1990)

主要著作：《瓦尔登第二》（1948）、《科学与人类行为》（1953）、《言语行为》（1957）、《强化程序》（合著）（1957）、《超越自由和尊严》（1971）、《论行为主义》（1974）。

受巴甫洛夫和华生的"刺激—反应"原理即一切行为都是条件作用的结果和后天习得的并以此为基础，斯金纳将此生物生理学理论应用于心理学即人身上，并以强化理论而予以丰富，正是后者——行为强化论使之成为行为学派的领袖人物并将这一学科于20世纪50—70年代间推至高潮。当然，也正是后者使之同时成为反心理学使传统人文研究——情感、个性特征、计划、目的、意图、自主等——的人是环境的产物的"行为外因论"的代言人，坚信人的行为不是由内部心理活动决定而是由外界环境各种刺激引起的，将人的外显行为作为其研究的主要对象，注重对人的各种行为模式进行考察研究，使之划开了同精神分析学在内的一切深层心理学派和传统人文心理学派的界限。

1. 人格：人格被看作是个体的独特行为方式或这些方式的组合。这是与人的倾向是决定因素的特质理论相反的理论，斯金纳不相信自我概念，环境提到了决定的地位，学习是人格形成的主因，这种对后天性的强调越出了弗洛伊德先天论的经验色彩，但实际方法上又陷入行为主义生物刺激、机械反应论的怪圈。由此，对人格的研究，被认为应该是对个体的特殊学习经历、独特遗传背景的系统考察，去发现有机体的行为和行为的强化之间的独特联系。不能不认为此种思维倾向与方式部分地与斯金纳本人的律师家庭情境有关，他从中学习到的一种学习论的事实反证了他的学习论，这是他本人内在人格发展及学说人格概念的互文性。

2. 人格研究：从个人所处环境的强化程序来考察人格的发展，事件、环境、控制与操纵、学习角度、强化、褒奖与惩罚都被赋予了行为的意义。"斯金纳箱"以白鼠与食物的实验装置引发出人格所赖以改变的原则——环境条件，由此一种有关人格的核心观念形成了，斯金纳认为人为地把人和其他动物分开是没有道理的，人和动物的行为受同样的原则支配。由此，环境、条件与行为关系成为人格中实验的重心。其中，斯金纳所创建的一系列专门的行为实验设计与仪器以及行为评估技术为研究人格在内的复杂心理过程提供了客观科学的方法。应答性条件作用与操作性条件作用是这一重心的两大重要概念。

3. 人格理论的应用：斯金纳与内指向性（认知、生理、心理过程）人格理论不同的外指向型人格理论，试图走通科学化的路子并为'人格等复杂心理研究寻求确定性及科学的判断标准，同时也必然要从心理学科中溢出而走向应用，如行为矫正（代币法、厌恶刺激、偶合契约等）、儿童教育中的程序教学法以及在社会文化环境中的文化工程、行为设计，甚至一以操作条件反应原理为指南的小型乌托邦社会——瓦尔登第二——的社会组织、经济条件、教育、劳动报酬等的设计。公社式的组织，斯金纳由此将操作行为理论从实验室的科学性求证中推广到社会文化的乌托邦空想中，"我们…能用必需的技术，即物质和心理两方面的技术，去创造一个能满足每一个人的真正的生活"，与其说是"瓦尔登第二"中人物的口述不如说是斯金纳对自己理论的信心式自白。由这自白，我们似乎可看到一个认定人类有机体是一关闭的箱子的人格理论者的个体人格论定与社会人类组织（可视为一大人格）的封闭的对应性，元素论、极端环境论者对外显行为研究大于内心心理活动的重视的背面，同时也显示出一个机械冰冷的将低等动物实验——白鼠推及人的人行为心理学家的个人超出他理论的浪漫气质，瓦尔登第二的温馨似乎应看作是一个有力的例证。

附录一：

班杜拉的人格理论——社会学习理论：

班杜拉（Albert Bandura　1925—）

主要著作：《青少年的攻击行为》（1959）、《社会学习和人格发展》（1963）。

有机体与环境的交互作用、有机体对变化着的环境的反应能力，家庭型态研究，儿童的攻击性及其家庭因素等人格发展历程中的各个因素研究以及为创建一更完备的人类行为理论来澄清对人类潜能理解的目的下的对人的主动性和在认知中与环境事件、人际关系作用中的人的选择和自我调整能力，即对人类行为中认知、潜力强化、自我调节等过程的重要性强调，构成了社会学习理论的核心，而人的学习过程、人的认知、行为的发展过程，是个人的内在因素(O)、行为(B)和环境(E)三者相互作用、相互决定的过程，是贯串班杜拉理论的一个基本观点。观察学习和自我调节的强调，直接学习、间接学习的分类、对内部认知的各种变量的强调,"攻击性实验"的典型性以及观察学习被分为注意、保持、运动再现、强化和动机四个过程的重要性,自我调节,个人可以自己的内部标准来强化条件、调节行为等等具体的方法、研究,又表明了他对行为主义与认知主义的交叉和渗透。人格是在观察过程中形成的,观察所得的意象,指导人在相似情景中作出与榜样相似的活动,从而形成行为,形成人格。而且,习得行为的保持是有主动性参与的,人类行为受认知过程调,"改变了条件,就改变了行为",同时"改变了行为,也就改变了条件",后者成为班杜拉与行为主义(学习论)界岭,同时也是社会学习理论的核心阐释。交互作用与自我调整的主体大厦之上,我们已经看得见由强化、认知而来的信念、价值体系、目的性、内在标准等非单纯环境刺激的内质的光芒。当然,它是含蓄的。这种状况,好似映射到大玻璃上的投影。

附录二:

多拉得、米勒的人格理论:

多拉得(约翰·多拉得 John Dollard 1900—)

米勒(E·Miner　1903—2002)

主要著作:二人合著有:《挫折与攻击》(与另人合作)(1939)、《社会学习和模仿》(1941)、《人格和心理治疗:根据学习、思维和文化的一种分析》(1950)。

另,多拉得著作有:《南方城镇的等级和阶级》(1937)、《受束缚的儿童》(合著)(1940)、《战争恐惧》(1942)、《战斗中的害怕》(1943)等。

多拉得的研究跨越着人类学、社会学、心理学和精神分析等诸多领域,米勒则始终致力于把科学的精确方法运用到人的经验的主观方面——冲突、语言和无意识机制以及个体控制自己内部环境的条件和生物反馈领域等等,由此二者在人格、学习、文化、社会等心理、学习理论中达到了共识,试图将弗洛伊德和赫尔(学习的 3—2 理论)两大系统综合起来,"创造一种人类行为一般科学的基础",准确地说,这一基础来自三大传统的综合,它们分别是,弗洛伊德及其学生的心理分析,巴甫洛夫、桑代克、赫尔及其他实验主义者的工作,以及描述人类学习的社会条件的现代社会科学,结合的目的是:心理分析的生命力、自然科学实验室的严密和文化的事实三者之上的心理学的人文科学的地位。心理学领域描述原则,各种社会科学描述条件基础上的行为预示以及行为、语言和压抑、移置作用、冲突等诸种复杂心理的习得性,是这一理论的核心。在此基础上,不难理解多拉得和米勒对反应等级、刺激泛化、初级和二级内驱力、初级和二级强化、期待目标反应、线索产生反应等赫尔概念,和快乐原则、挫折与攻击性之间的联系、早期经验、成人人格、无意识等弗洛伊德概念的借用;与行为主义学习论的联系是实验与描述对象仍为白鼠和神经症患者而结论却是正常人的,受控制的情境下的研究以使对人格特征中文化因素的认识受到强化偶合的机械性限制成为不可避免。这种它并未突破斯金纳的大的理论圈索。内驱力(drive)、线索(cue)、反应(response)和强化(reinforcement)是多拉得和米勒人格理论的四个重要概念,反就等级、一种习得的内驱力——害怕以及刺激泛化更是在实验——白鼠与电击——中随处可见;米勒的四类冲突(conflict)——趋向——趋向冲突、回避——回避冲突、趋向——回避冲突和双重趋向——回避冲突对于说明神经症患者乃至一般人人格及行为都具创见性;而主张“攻击总是挫折的结果”的多拉得的挫折—攻击假设更说明了外界环境与行为对个体行为与人格所构成的内环境的影响与作用;据此,由神经症患者的研究,多拉得和米勒将个体童年描述为四个关键期,也是对成人人格有深远影响的四个关键情境,即喂养情境、清洁训练、早期性训练和生气——焦虑冲突等,提出了儿童抚养对人格发展的重要性课题,而习得的行为因其习得性而同时所具的人能能动地加以斥除的有效性,亦使行为治疗及神经病冲突的控制获得了进展。正是这个使我们在对其以动物推导人的决定论的厌恶下尤念及他们的好处,毕竟实验测验的检验获得了使更具体化更科学有力的心理理论基础。

附录三:

凯利的人格理论:——人格认知理论:

凯利(乔治·亚历山大·凯利　George·A·Keny　1905—1967)

主要著作:《个人构念的心理学》(两卷本)。

凯利人格理论的临床性与独特性之上的开创性与整合性,使之因重视人的主观整体经验而靠近现象学,因强调对思维过程的研究而被称为认知心理学,因注重人的未来和选择他的命运的能力而接近存在主义,又因强调人类解决它自身问题的能力与乐观而接近人本主义。科学家被作为描述所有人的模型,科学家的目标在于降低或减缩生活中的不确定性,像科学家一样,任何人也都在企图以降低、减缩生活中的不确定性来澄清他们的生活的,人像科学家一样着眼未来,现在被用来检验理论对未来的预测能力,而一个人用以预见事情的主要工具,则是他自己的构念(Personal construct),即用来构筑或解释、翻译、给予意义或预言经验的过程。一个构念如一个小型的科学理论,对实在作出预言,若构念产生的预言为经验证实,它就是有用的,否则,这个构念就必须被修改或放弃。每个人都创造他自己的构念去对付现实,他们可按照自己所意愿的方式去解释现实,凯利称之为"建设性的选择主义"(constructive alterinision),生活的开放或禁闭,取决于个人的选择,即"人是受他解释事物的方式所引导的",凯利理论的重心是说,个人的行为与思想的指向是受他预测未来事件的构念所支配的。由此基本假设,引出了 11 条原理来推理人的行为与生活,如:建构原理(construction corollary)、个性原理(individuality corollary)、组织原理(organiztion corollary)、两分法原理(dichotomy corollary)、选择性原理(choice corollary)、限定性原理(range corollary)、经验原理(exerience corollary)、调节原理(modulation corollary)、片断原理(fragmentation corollary)、共同性原理(commonality corollary)、社会性原理(sociality corollary)等,它们的命名与解释构成了凯利人格形成理论的核心。同时,凯利在解释人遇到新情境的行为特征时使用了 COC 周期概念,这也是与人格变化有关的一个概念,COC 是周视(circumspection)、先取(preemption)、控制(control)的三概念英文词汇的第一字母缩写,它代表了周期的这三个阶段,又称是考虑阶段、选取阶段与操纵阶段,人追求构念系统的有效性,以缩减生活中的不确定性,COC 周期是人格形成和获得适应的一种说明。同时,凯利不对传统心理学中概念如动机、焦虑、敌意、攻击、内疚、恐惧、害怕、潜意识、学习等概念做了全新而独特的阐释,尤其焦虑、恐惧和威胁在其精神病理学中占据显著位置,精神病人被认为是拙劣的科学家,他们在缺乏经验的有效性情况下仍不断对事情作出相关的预测和解释,所以精神病理现象是构念系统的机能异常,凯利以之解释心理障碍的定义,并指出心理治疗的目的在于帮助他们建起已遭破坏了的构念系统,围绕于此,贮存测验即 2ep 测验与固定角色疗法被运用和提出,在考察构念系统和重新调整构念系统中,还有会谈法、墨迹测验、主题统觉测验等方法，它们与上述两种主要方法一样，在构念系统的创造中起到了重要作用。

下面两段话可作为凯利人格理论的自述或表白，他说："在我看来，更为有价值的不是一个人是什么，而是他勇于使他成为什么。为了实现这一步跳跃，仅仅暴露自己是不够的，他不必须冒相当程度的使自己处于不知所措的状态的风险。于是，当他一旦瞥见了另一种不同的生活方式，他就需要寻求一些方法去克服他的恐惧，因为正是这个时刻他在奇怪他究竟是什么——是他过去所是的东西呢还是他将要是的东西。"①"无论自然界可能会是什么，无论我们对真理的探索的结果终将会是怎样，我们在今天所面临的事情，是受制于我们的智力所能够允许我们设计出的解释结构(构念系统)的效力范围的。"

从中我们当然嗅出了库恩科学哲学的味道，认知的重要性、构念系统理论以及各种不同人格理论解释的有效性、历史环境及心理因素的重视、经验取代了实验以及原因与必然性的缺憾，和对人类情绪、情感作用的忽视等构成了凯利复杂的理论本身，勿需再做评论，上述两段话正包含着这一人格理论的正、负面。

另，在精神分裂症研究方面，凯利的同事有巴尼斯特尔、富兰塞尔和沙尔曼等。

罗杰斯的人格理论：

罗杰斯(卡尔·罗杰斯 Carl R. Rogers　1902—1987)

主要著作:《问题儿童的临床治疗》(1939)、《咨询与心理治疗:新近的概念和实践》(1942)、《患者中心治疗:它的实践、意义和理论》(1945)、《在患者中心框架中发展出来的治疗，人格和人际关系》(1959)、《心理治疗关系及其影响，对精神分裂症患者进行心理治疗的研究》(合著)(1957)、《学习的自由》(1969)、《罗杰斯交朋友小组》(1970)、《择偶，结构及其选择》(1972)。

罗杰斯的人格理论是一种自我的理论，自我(self)在其学说中举足轻重，现象的存在决定人们的行为，由此有了个体的现象场(Phenomenological field)的概念;相对自我，又有了"理想自我"(ideal self)的概念，理想自我与自我间

---

① ［美］B·R·赫根汉:《现代人格心理学历史导引》，第 195 页，文一、郑雪、郑敦淳等编译，石家庄，河北人民出版社 1988 年 4 月版。

的差别被视作人心理健康与否的指标。人被认为是具理性的,人格是完整的实体,主观世界的经验对行为具决定作用,人是前动的,成长、向上、自我完成是行为的动力,人类本性是善的;种种观点使其学说带有浓厚的人本主义的理想色彩。

1. 人格内驱力;又称人格动力;与弗洛伊德力比多——性解释不同,与斯金纳环境——动力源观点也相差千里,罗杰斯认为人格的能量源是一种人本身的与生俱有的实现倾向",当然它又是意识的,确切地说,实现倾向,是人内在的生长、生存、提高自己的需要,完善与增长的愿望;这就承认了精神现象是作为人的本能需要包含于人的实现倾向中的。实现倾向意味着人对自己的存在与发展的有意识的自我把握与协调,在此人不是被动于本能或环境的,人是具有自主性的。罗杰斯的人格动力是具体到个人的,是对个人的独特的主观经验的解释,自我的发展成为人的实现倾向的主要显示。

2. 人格形成:积极关注的需要(need for positive regard)和有条件的积极关注、无条件的积极的关系处理关注以及自我关注的需要(need for self-regard)的关系处理关系到人的人格形成时自我的是否协调。在自我和经验间的一致(self-consistency)与协调(congruence)是心理健康的关键,自我结构、价值体系、自我的价值观念是与之相关的概念;同样,意识中的自我与实际经验分歧时,个体自我就会处于内在的紧张、混乱与焦虑状态,即不协调状态(incongruence)。以每一个人的最终目标不是对其他人而是对自己的情感保持真实"为中心观点,它的反面是人格形成中的障碍及与此对应的不协调的人。"价值条件"与"机体评估过程"是与此相关的两个重要概念,它们区分了并分别代表着与中心观点有关的两种自我倾向,前者代表了人评估自己的行为与经验的采用的标准并非来自内在的自我而是来自外部社会和他人的权威,人由此丧失自主性而依照外来暗示、外部的意旨、非我的指令、虚伪的"好""坏"评价标准去塑造生活,现代工业文明中人在外在目标如金钱、名誉控制下的不真实的自我即为人格扭曲的一个实例;"不协调的人"是其人格外貌;后者则代表着人以自我内在标准而不是他人外界所强加的条件来评价自我的过程,依自我的内在要求、自我的实现倾向、自我的真实感情去行事,保持自主性,"自主的人"是这一人格的外观;总之,个人能否以自己内在的自我作尺度去评价自己的生活经验,构成了我们衡量其人格及行为是否自决、自主、自由的分水岭,同时也是说明其人格自我是否健康、健全的标志。上此,自主性与整体人是罗杰斯人格理论的两大思想支柱,人并不仅仅是构成他的各个部分的总和的观点,有些接近格式塔的哲学心理学说。

3. 人格模式,也称人格理想。罗杰斯的人格模式是充分发展的人,又可称健全的人,或机能完善的人。总之他是依从内在价值尺度生活,并因保持了自我的起初而使生活一直保持着高质量的人;他的自我结构与经验相协调一致,他依照内在的机体评估过程而不是外来的价值条件生活,他在许多方面纯洁、善良得像一个婴儿,当然他同时具有以下五种特点,即,经验的开放、协调的自我、机体评估过程、非条件的自我关注、与同事和睦相处等。罗杰斯以这样美文式的评语描述过"他":

　　……他具有高度意识性和自我定向,是内心世界更深入的探索者。他独立于环境,藐视权威,怀疑行为塑造,确信人本主义。我敢断言,他具有高度的生命力。

——罗杰斯 1974 年

这种"新人"的表述及其所洋溢的对人类前景的充分自信,概括了罗杰斯人格理论的核心——人格理想,人本化的人而非技术化的人,这也是人本主义心理学人格理论的共同点。

4. 人格研究方法:1 技术测量法,又称(1—sort),即将写有形容词或句子的许多卡片交与被试者,要求被试者根据自己的特点,或他人特点把这些卡片进行分类,通过这一技术,可将他人对被试者的评定和被试者的自我评定进行比较,也可将理想自我与现实自我进行比较,连续实验的结果,一定时期后,被试者两种自我辜分歧减少,自我概念趋近理想自我,这一结论使 1 技术具有了心理治疗的意义。参与 1 技术测量即患者中心治疗的还有浦脱勒和海格等。将人格研究、自我测定赋予科学方法,说明罗杰斯的人格理论的乐观与自信同样表现在经得起科学的检验上。

5. 应用及其他:罗杰斯人格理论的产生于心理治疗定。这一事实一开始就决定了这一理论的实践性,反映在描述性与应用性上。首先是心理治疗,涉及三个主要概念,"非指示性疗法"(nondirective)即造成一适当气氛,让患者自己解释问题；"患者中心治疗"（client-centered therapy）即治疗者不再消极等待患者诉说病因而是主动了解或参与患者的现象场或内部参照系；"个人中心疗法"（Personc-entered）是第二概念的发展，强调人不只是角色身份存在而是一种完整的实在，是相互作用的统一体。心理治疗的目的在于把不协调的自我转变为协调的自我，因此真诚相待、非条件积极关注和设身处地的理解成为关键。再一个应用是教育，罗杰斯主张教育的目标是培养能适应变化和知道如何学习成为具有独特人格特征而又充分发展的健全的人，而健全完整的人的教育则包含知识教育、认知能力发展和情意的发展等内容，人受此种教育应具有如下特征：创造性、建设性、行为表现合规律而不能预测、有选择行为的自由；罗杰斯进一步强调了意义学习，强调学习者的创造性、独立性和自主性。由于心理治疗方面的影响罗杰斯人格理论还被广泛应用于医疗、教学、商业司法等方面。

现象场、自我和成长趋向以及机体评估过程等概念所含蕴的自我选择性、独立性、自主性、创造性所表述的人是他自己的建筑师的观点是基于人类本善的观点之上，并由罗杰斯的实践而将之发展了的理想的总体理论之上的；同时，罗杰斯为这综合提供了科学性的支撑，人格的理解由单一的描述性变为具有了可操作性，而把患者的协调性作为治疗的函数来检验，力在帮助同类中不协调的人重获真实自我的真诚、尊重与同情态度和由此他所投入的对人本质揭示时的宗教性的热情，亦是与他强调人性的善一脉相承的，所以，与其说，人性"善"是罗杰斯人格论观点的基础，不如说是罗杰斯以其本人的理论发展了它，而对人潜力的充分实现所怀有的信心与热情都只是在这柴薪之上燃烧的火焰。为了获得或创生一种健全的人的理论，罗杰斯首先将自己创造成了一个健全的人。这种理论与自我（研究者个人）的叠印（重叠）在人本主义心理学中表现得尤为明显。

单此一点，似乎足以消解掉由于理想化而产生的谬误了。

马斯洛的人格理论：

马斯洛（阿布拉汉·马斯洛 Abraham Harold Maslow 1908—1970）

主要著作：《自我实现的人们，关于心理健康的研究》（1950）、《动机和人格》（1954）、《人格问题和人格发展》（1965）、《人类价值和新知识》（1959）、

《宗教、价值和顶峰体验》(1964)、《科学心理学》(1966)、《趋向存在心理学》(1968)、《人类本性的进一步研究》(1971,去世后发表)。

中译本有:《动机与人格》(华夏版)(许金声等译)、《人性能达的境界》(云南人民版)(标方译),及《人的潜能和价值》(合著)(华夏版)(林方等编)、《存在心理学探索》(云南人民版)(李文恬译)、《自我实现的人》(三联书店)(许金声、刘锋等译)。

马斯洛的人格理论似乎一直与威信、"内在的信心"、"优越感"、健康、突出、有优越性的个体样本相关,《动机与人格》作为最早透露出此信息的著作,说明了一种新型的人格理论所致力的人的肯定的积极方面的信心,而有别于病态、动物性的"残疾"心理学传统及一切"还原——分析"理论的研究道路,由之而来的既不同于视人类为由动物本能和文化两者引起的冲突的牺牲品的心理分析,又不同于视人类只是一种听任环境塑造其行为的生物有机体的行为主义的心理学的第三种势力——人本主义的"整体——分析观"得以在历史与上述二者区分开来,这种心理学尤其在人格心理领域与传统有巨大差异的观点认为只有对人本身的理解才是至关重要的,由此,健康、健全而活力的人成为这一学说的主题,而在几乎是首次成为心理学中主角的健全人的自我实现性,包藏了一种学说对神圣性的恢复,而这一切的标志应该是1962年美国人本主义心理学会的成立,选择、创造、自我实现、尊严、完善和意义被尊为这一学说中庄重而崇高的原则,而正是这一点,使马斯洛本人获得了不仅仅是学会、运动等形式上的领袖地位。

1. 人格定位:探索人类的积极本性、解释一个心理健康和强壮的人的最高能力、研究心理健康、机能健全的人类有机体,以整体分析法把人当作一有思维、有感情的统一体加以分析诸观点中隐含了与致力于本能——性——我——无意识研究的精神分析及致力于环境——行为——人——生物性研究的行为主义均不相同的人格观,这种有关健全人格定位的概念从美国人本主义心理学学会工作原则中透露出来,经验的人、个人的创造性与自我实现、人的尊严和价值、人的可预言性等等,构筑了马斯洛所代表的人本主义的人格内涵。

2. 人格动机理论:此为马斯洛人格理论的重心,又称需要的层梯学说,马斯洛分需要为低级需要(人与动物俱有)与高级需要(人类特有)两类,并将此划分为层梯,具体为五种需要,即:生理需要(Physiological needs)即与有机体生存有直接关系的饮食、性、排泄和睡眠等；安全需要（safety needs），即使生活更具确定性的住宅、工作、秩序、安全感、可预言性、计划等；从属和爱的需要（belongingness and love needs）即彼此关心、尊敬与信任的健康亲密关系；尊严需要（esteem needs）即别人对自己的重视、认可和与此相应的信心与自尊；自我实现需要（self-actualization needs），即位于需要层梯最高阶段的不同于前四种基本需要的人的更高级的需要，它的定义是"人的潜力、才能和天赋持续实现"，"人的终身使命的达到与完成"，"人对自身的内在本性的更充分的认识与承认"，"不断地向人的综合与统一迈进的过程"，简而言之，自我实现就是"一个人必须是他所能是"，只有追求自我实现的人，才能依自我本性协调发展并不断完善自身，将潜能化为现实的需求的这一需要完成。这是马斯洛人格论的核心概念。与此相关，五种需要之外还有两种相关情感或愿望的需要，或称社会动机，它们是：知识与理解的欲望，即人对知识、真理和智慧的探求，以及对解决宇宙奥秘的穷追不舍精神；审美需要，即对秩序、对称、趋合结构和活动完成诸种事物的需要。与之有关的还有存在动机的探讨、"成长动机"、"缺乏动机"以及之与对应的 B 型价值、D 型价值等概念，和与 B 型价值或认知体验所对应的"高峰体验"（peak exeriences）概念，狂喜与极乐的神秘广阔的情感使其人格论带有了宗教的神秘色彩。

3. 人格模式：马斯洛的人格理论明确定位为：自我实现的人。与上述"自我实现"的定义，即可看作心理科学中最具诗意的定义相对应，自我实现的人被认为所具有的特征条分缕析有 15 种之多，它们是：（1）准确和充分地知觉现实；（2）对自己、对别人、对大自然所表现出的承认与宽容；（3）自发性、单纯性和自然性；（4）以问题为中心而非以自我为中心。富于献身性，并为工作、事业而生活；（5）超然于世的品质和独处的需要。具有自己的价值标准和情感要求；（6）自主的、独立于环境和文化的倾向性；（7）永不衰退的欣赏力；（8）周期的神秘或顶端（高峰）体验。以诗意、审美的眼光观察事物；（9）和所有人和睦相处的倾向。关注全人类，富于同情、怜悯和爱；（10）仅和为数不多的人发生深重的个人友谊；（11）接受民主价值的倾向。更少偏见，不歧视；（12）强烈的审美感；（13）十分完善的毫无恶意的幽默感；（14）创造性；（15）抵制文化的同化。这是作为"内引导"（inner directed）的人的共有特征。对应于此，马斯洛亦对自我实现的人的消极特征作了陈述。并分析了自我实现者不普遍(占1%)的原则及产生所需的必要条件。

4. 人格环境:对应于自我实现者人格形成的必要条件,马斯洛将其人格理论扩展于现实生活中以设计最理想的环境满足自我实现的最大可能的环境要求,这就是马斯洛的"善心国",又称"善良心灵之国"(Eupsychia,Eu—完好,psy—心理、ia—国家、地方),优赛卡娅,他认为如果有一千个美好的家庭移居于一个遗弃了的海岛上,在那里他们可能决定自己的命运,这种乌托邦社会群体的设想的主要目的是为自我实现者提供人格成长的良好环境,而它全部内容都是围绕着这个目的展开的,如生理、安全、归属与爱尊严等基本需要的满足,文明、自由、风俗习惯以及人际关系的和谐和睦,生活风格更趋近于道教。1963年,墨菲据此建立一种亚斯拉姆(Ashram)机构,欧洲随之此类机构增为几百个,社区式的公共生活、爱与和谐、创造、探索与诚实的氛围与原则,使之成为有利于自我实现个人成长的机构,故又称为个人成长中心或成长中心(grouth center),从此种乌托邦思想的贯彻及付诸实践的事实中可见马斯洛人本主义理想的实质——人的向善性,为此他投身其中且投心其中的是宗教般亲证式的痴迷。

5. 人格研究方法:为弥补马斯洛有关人格模式人格学说的观察性描述性所带来的科学性的不足,集中于需要的层梯性和自我实现两核心部分的实验在马斯洛之后获得了展开,如马迪和科斯塔1972年设计出的纵向实验、格雷厄等人1973年的对人的分层取样法,样本、平均等级值及个人定向调查表尤其后者,即POI(Personal Orienation Invetory)的评估程序以及相关的自我陈述问卷、项目内的12个包含时间合理使用、内在支持力、自我实现价值、实在感、情感反应等的亚量表和这种测验的信度与效度都部分证明了马斯洛两大理论的可检验性。当然一种描述理想的理论的确定所需要的最好验证者还是时间。

19世纪的人的丰富,到了20世纪由战乱而致的人的困惑,使20世纪对人的问题的追问者在心理学学科发展中骤增,这是人格心理学无以回避的繁荣基础,人格学界充满了寻找答案的理论与人,为人类,亦为自己,马斯洛的动机不自觉而单纯地说明了这一点,从仰慕(导师本尼迪克特、惠太海默)开始,学术成为与生命生长相融合的部分,无论其学说如何,是否因理想的偏执而不完善、缺乏科学的实证与支撑,或者其实施或认识的方法上还存有怎样的弊病,但这个起点,较视人仅为对象而非自身的外在物的一切心理学说都更接近心理学及至人格学的本义,马斯洛始终不肯把人格、人放在外在于他自己人格的对面。仅此一点,其人格的力量强韧过其人格的学说。这是人格学史上一个研究者以其自身超越了他的研究或说是成为他的学说的最好体现者的例子。自我实现的人由此被定义为:"在他们的基本需要已得到适当满足以后,又受到更高层级的动机——'超越性动机'(Metamotivations)——的驱动"。①

在他以前的著作里,我们已经看到了这个预见。

　　一个重大的存在主义的问题,由下述事实提出来了,即自我实现的人(以及在高峰体验中的一切人)偶尔生活于时代和世界之外(即时间和空间之外),即使通常他们必须在外部客观世界之中生活。生活于内部心灵世界之中(这个世界由心灵规律支配,而不是由外部现实规律支配),即生活于体验、情绪、需要、畏惧、希望、爱、诗意、美、幻想的世界中。这与生活在非心灵的现实中并适应这种现实是不一样的,这个非心灵的现实,是按照他不理解的规律前进的,而且这个现实对他的本性来说不是必不可少的,尽管他依靠它生活。(他毕竟还能生活在其他类型的世界上,如作为科学幻想小说激起的认识)。不畏惧这种内部心灵世界的人,能享受它达到这样的程度,使这个心灵世界,在与更为艰难劳累的、承担外部责任的'现实'世界、奋斗和竞争的、正确和错误的、真理和谬误的世界的对比中,就可以称做天堂。这是真实的,即使比较健康的人也能比较容易和愉快地适应'现实的'世界,而且经历了较好的'现实的考验',然而却没有把它与他们的内部心灵世界混淆起来。……健康人能够把它们二者都综合在他的生活之中,因而没有抛弃任何一个现实。②

当然,现实之上,马斯洛还告诉了我们人格的未来。无论是解释或呼唤

---

①　[美]马斯洛:《超越性动机论——价值生命的生物基础》。引自[美]马斯洛等著、林云主编《人的潜能和价值》,第209页,北京,华夏出版社1987年9月版。

②　[美]马斯洛《存在心理学探索》,第六编第十四章成长和自我实现心理学的一些基本命题,第192—193页,李文恬译,昆明,云南人民出版社1987年8月版。

"超越"的理论,还是自认人本心理学是为"超人的"、"超人类的"(transpersonal , transhuman)的"更高的心理学"做准备,或说现在的人格只是为未来人格诞生所街接的一环,甚至现在的人只是介于原始人与超越人的必不可少的过渡的观点,种种愿望,无论偏执与否,所围绕的都只是这一个核心。

附录一:

弗洛姆的人格理论:

弗洛姆(埃利希·弗洛姆 Erich Fromm 1900—1980)

主要著作:《逃避自由》(1941)、《自为的人》(1947)、《爱的艺术》、《人的心灵》(1964)、《人的破坏性剖析》、《禅宗与精神分析》、《心理分析与宗教》、《在幻想锁链的彼岸——我所理解的马克思和弗洛伊德》、《马克思关于人的概念》、《弗洛伊德的使命》、《占有或存在——一个新型社会的心灵基础》、《希望的革命》、《健全的社会》等。

中译本有:《逃避自由》(上海文学杂志社写作参考系列之四,1986 年)、《自为的人——伦理学的心理探究》(万俊人译,国际文化出版公司 1988 年版)、《人心——人的善恶天性》(范瑞平等译,福建人民出版社 1988 年版)、《禅宗与精神分析》(与铃木大拙、马蒂诺合著)(王雷泉、冯川译,贵州人民出版社 1988 年版)、《在幻想锁链的彼岸——我所理解的马克思和弗洛伊德》(张燕译,湖南人民出版社 1986 年版)、《占有或存在——一个新型社会的心灵基础》(杨慧译,国际文化出版公司 1989 年版);《健全的社会》(欧阳谦译,中国文联出版公司 1988 年版)等。

弗洛姆的人格理论较之心理学而言更像是一种社会哲学。它研究社会因素乃至整个社会面貌对个人的影响,认为人的本质是由社会因素而非生物条件决定的,具体地说,人格被认定是在人的童年由影响个体的社会力量把已影响了人类种族发展的历史力量决定的,大规模的社会、经济、政治及历史力量冲击下的人格,是一种文化的产物的观点使其人格观具有人本主义的倾向,"依据我们生活于其中的、社会的必然性,我们就成为我们不得不是的那个样子的人",弗洛姆的这句话的内涵当然是与环境决定论的斯金纳有区分的,依此,弗洛姆在自然与社会历史发展的条件下阐明人类的处境并分析社会因素对人格及人格类型的影响,其中生产型的人格及其所具的生产型的爱,可视作弗洛姆人格理论的中心理想,同时也是他向往的人类精神生活追求的伦理价值目标。这种价值观又构筑了他所展望的充满友爱、责任、合作和亲情的健全的社会——人本主义的社会主义模型。

1. 人格需要:人有五种特殊的需要而正是这些需要使其超越了生物性,它们是:个体完全相同感的需要;个体隶属于社会(根源)感的需要;把低级的动物本性上升为具有创造性的人类的需要,与其同伴造成融洽关系的需要以及求得稳定的和一致的方向或参照的需要。具体地说,舒尔茨将之明确而通俗地描述为:(1)联系需要;即寻求、找到或恢复我们与自然界、他人所失去联系并获得联合的满足的需要。其中健康的方法是通过爱;而与之对立的不健康的方法则是失掉自我完整和个性的服从或权力。(2)超越需要;即高于我们作为创造物的被动角色的需要,创造性与破坏性是这一需要乃至人性中的两个对立方面。(3)生根需要;为摆脱孤独、无依无靠感而寻求的与自然的联接的替代性。积极方法是建立与同类的兄弟情谊,即关心和参与;消极方法是乱伦联系,畸形、偏狭的爱;(4)同一感需要;即作为独特个体的同一感以与他人相区分;健康方式是个性,是自己管理自己的生活而非由别人塑造自己的生活,不健康方式则是领先对于民族、种族、宗教和职业的适应,追随团体规范、价值和行为;(5)定向结构需要;即求得一种参照系而形成一贯的或说统一的对世界的映象,包括对事件、体验的解释;理性是其理想的方法,人以客观的方式观察世界与自我;非理性是其非理想的方式,依照观察者主观所希望的样子看现实而使世界图景虚幻化或失真,脱离现实。所以对应于人的五种需要各有两种不同的选择方式,而正是选择方式的不同决定了人格的不同定向。

2. 人格类型:根据人格的五种定向,即敏感的、开拓的、储藏的、市侩的和创造的,弗洛姆分人格为五种类型:即,承受型人格(具敏于感受的定向、接受定向);掠夺型人格(具开拓的定向,剥削定向);积聚型人格(具储藏的定向,囤积定向);买卖型或市场型人格(具市侩的定向,市场定向);生产型(具创造的定向)。其中,弗洛姆对前四种倾向各做了有关解释与分析,认为它们均属非创造性定向或非创造性人格,其中所蕴含的被动、焦虑、暴力、统治、封闭以及交换特征是与创造性定向相背逆的,晚年,弗洛姆还补充了两种定向,即死的定向(necrophiaious orientation)和生的定向(biophilious orientation),又称恋死定向,与爱生定向,前者亦属病态的非创造性的定向,后者与创造的定向一起被描绘为生产型人的人格特征,但从影响而言,创造的定向及与之对应的生产型人格。生产型人则大于其他描述,而成为弗洛姆人格理想的中心。

3. 人格模式:人的五种需要及其各自的健康、不健康的方式,以及五种定向结构下的人格类型已经为其人格的理想理论做了准备或说是准确性的阐述,弗洛姆健康人格的概念是具有创造性定向的人,即创造性的人。也就是上面几种定向中所说的生产型人格的人,献身于人类的幸福和从事生产和创造活动是其主要性。创造性定向,表现出人的潜能最充分的利用或现实化,创造性的人则指运用、实现了全部能力与潜力的人,弗洛姆的创造性意指具有完善机能、自我实现、爱、坦率、体验等广泛的涵义,而创造自我是创造性的核心。围绕创造性定向,健康人格还包括创造性的爱,创造性的思维、幸福和道德心。具创造性人格的人即创造性的人是自我指挥和自我调节的人,是人类发展的一种目标和理想境界,而这一人格模式的形成是依据于社会结构的健全的。

4. 健全的社会:弗洛姆人格理论的社会性不仅表现在他对人格起源/人格形成的社会因素的探源,而且表现于他的健全社会的建设理论,当然这是为了更好的人格环境的创造目的的。"健全的社会"的概念又可代表弗洛姆人本主义的社会主义的核心,人的利用与开发是为达到自我的最大限度发展,人性为中心,是经济和政治调动的基础和标准,责任、自我、创造性与爱构筑了这一社会的特点。在这里,生产型与承受型等五种非生产型人格定向相区分,本质生活与异化生活划开了界限,人的内在价值实现,包括人与大自然的交往、对万物的爱、人与人间的感情交流、真诚、友善以及一切创造性活动得到了肯认,而追求权势、财产、以金钱占有作为价值标准的生活观遭到了扬弃,人的自由与奴役两种情状所衡量出的人格与社会的健全与否的标志得到了强调和体现。

围绕生产型概念,又称创造性。这一关涉健康人格、健全社会的文化—心理概念,弗洛姆曾引用马克思如下一段话作为他理论的说明,这段话在被引用之前也是描述一种理想的人格关系的,它确定而有力,从中我们不难看出引起弗洛姆共鸣的思想部分:

　　我们现在假定人就是人,而人同世界的关系是一种人的关系,那么你就只能用爱来交换爱,只能用信任来交换信任,等等。如果你想得到艺术的享受,那你就必须是一个有艺术修养的人。如果你想感化别人,那你就必须是一个实际上能鼓舞和推动别人前进的人。你同人和自然界的一切关系,都必须是你的现实的个人生活的、与你的意志的对象相符合的特定表现。如果你在恋爱,但没有引起对方的反应,也就是说,如果你的爱作为爱没有引起对方爱,如果你作为恋爱者通过你的生命表现没有使你成为被爱的人,那么你的爱就是无力的,就是不幸。[①]

　　值得重视的是,这段话表现了人与对象(世界、人、艺术、自然界、爱人)的一种对位关系,在以下文学与人格的关系阐释中我们还将对此对位性再做具体分析。这是有关人格的一种非常可贵的思想,我们也将在以后的以生命作为文字的例证中看出这种对位性思想所包含的强大的再生性。

附录二:

罗洛·梅的人格理论:

(罗洛·梅 Rollo May　1909—1994)

　　主要著作:《爱与意志》(1969)、《焦虑的意义》、《自我的追寻》(又译《人对自身的探索》)、《心理学和人类困境》、《创造的勇气》、《存在:精神病学和心理学中新的一维》(合编,1958)、《心理辅导的艺术》、《梦境与象征》(合著)、《存在心理学》(编著)、《宗教及文学的象征主义》(编)。

　　严格地说,罗洛·梅的人格理论属于存在心理学的范畴,它基于强调主观与客观相统一、意识的选择;人的主动与自由以及人人对自己的选择负责的伦理学基础上,因而人格的选择与自由成为重要,当然这一基本点并非全然来自由法国移置到美国来的存在主义哲学的影响,最中枢的作用应是罗洛·梅本人所患的以死亡作为悬念而等待最后判决的肺结核疾病,这场病改变了他的一生,也促使了他的有关存在观点的最终形成,在

---

　　① 马克思:《1844 年经济学哲学手稿》,《马克思恩格斯全集》,第 42 卷,第 155 页,北京,人民出版社1979 年 9 月版。

一系列与人格有关的如焦虑、恐惧和意志的概念中有它来自生理——心理方面的影响;由此,以罗洛·梅为领袖的存在心理学以不能切身探究存在和无助于解决人的异化反造成人格分裂为由摒弃了包括精神存在的深刻理解上,强调理解而非技术性分析在内的一切传统的强调顺应的心理学,主张把心理治疗、人格建设建立在对人存在的深刻理解上,强调理解而非技术、强调患者自身的存在情境以及治疗中的场关系。强调先于知识的选择以及信奉与献身的意义,视恢复人实现自身存在的能力为存在人格理论及其实践的根本性目的。

1. 人格形成:趋向存在的选择态度被视作人格形成的关键。记忆并不仅由过去的印记决定,而是在一个人对现在和未来所做出的抉择的基础上起作用的,人格亦是如此,传统心理学认为,个人的过去决定了他的现在和未来,与之不同的存在心理学的观点则是,一个人的现在和未来——他在此时此刻如何献身于存在——也决定他的过去。即是说,它决定他对他的过去能做出怎样的回忆,他选择过去的哪些部分来影响他的现在,从而构筑他的人格。

2. 与人格有关的几组概念:

环境、共境、我境:是三种基本的"世界样态",又称"周围世界"、"共存世界"和"自己世界"。环境指生态环境,(德文 Vmwelt,英文 The world round),共境(德文 mitwelt,英文 with the world)指由人构成的社会环境,我境(德文 Eigenwelt,英文 one's own world)指一个人自己的意志状态,即个人自己的内部意义的世界。三者的关系是相互渗透的,而人在所有三方面同时存在,尤其是我境的存在是真正体验到自我存在的存在,它是区分健康人与患者的人格健全与否的重要标志之一。

焦虑、恐惧、有罪:焦虑是存在心理学的一个常态概念,不独指精神病患者的体验,亦包括正常人对非存在的一种恐惧,它是含有内在冲突的、潜伏于人身上的对丧失潜能充分发展机会或未能完满实现潜能,向非存在的恐惧,其带有面向未来的能指意义,即它具指向未来的性质;恐惧则是一个消极概念,虽仍有积极涵义,但不如焦虑所隐含的某种潜在可能性要在未来的显露;有罪是与焦虑相对的一极概念,它是面向过去的一种选择的心理后果,由于选择了安适以避免危险与焦虑,同时也意味着永失发展与成长的机会所陷入的一种状态。总之，焦虑与有罪两个核心概念表明了人对环境选择的不同结果，积极的或消极的，指向表明了人对环境选择的不同结果，积极的或消极的，指向未来的或指向过去的，同时这不同结果所凝结的心理状态也塑造着由选择而来的人格。

爱与意志：罗洛·梅的一对重要概念。仍然是潜能充分实现的核心下，对意识的反求，厄洛斯、欲望和意向（eros, the daimonic , and intentionality）代表了三种主要的力量源泉，三种力量构成人的深层动力功能从而构筑爱与意志的基础部分，爱与意志是意识交融的形式，是良性选择与结合的意设，二者的滥用与缺乏都会造成人人分离，而二者的结合与深化则会孕育人格的充实与完成，"我们"意识的形成是它的最高层面，爱所包含的层面与类型，意向的存在所指，爱与意志同社会生活的关系，关怀、意识所形成的世界与未来，选择与的回避的不同后果，爱与意志的每一行动中对世界与自我的双重铸造都得到了恰如其分而热情洋溢的表述。

3. 人格模式：选择的人。选择在存在心理学人格论中所占的位置决定了这一理论的人格模式。个人的形成、自由选择一直是贯穿于这一理论始终的心理健康的标准。能动的选择，"我境"的重视是与具有这一人格的人相互换的概念，它们的对位性说明了以存在为情状和目标的人格理想或曰人格模型，当然，这是渗透于罗洛·梅论述中的思想，他始终未将这一模式单独标注出来。

4. 心理治疗的意义：它以个人通过认识"基本焦虑"来摆脱神经机能症的恐惧为基本原则，也就是说，心理治疗的目的不在于治愈患者的神经症症状，而在于从根本上帮助患者体验他的存在，这一观点在其《存在：精神病学和心理学中新的一维》著述中表述为对存在的结构的理解与揭示，"治好种种症状，无疑是希望的……不是治疗的主要任务。最重要的是个人发现自己的存在、自己的 Dasein[此存在]"[①]；治疗过程的本质，是帮助"病人认识和体验自己的存在"，围绕此，人对自己世界的"补建"，医师与患者的场关系、真诚对患者内在自由与成长的有助性等概念与描述才有

---

① ［美］罗洛·梅、恩·安格尔和亨·爱伦柏格尔编：《存在：精神病学和心理学中新的一维》，纽约基本书店 1958 年英文版，第 27 页。引自［苏］阿·米·鲁特凯维奇《从弗洛伊德到海德格尔》，第 69 页，吴谷鹰译，北京，东方出版社 1989 年 3 月版。

意义。

总之,存在主义心理学的人格理论是一种实质上的选择论,"人格依赖于人的选择"主题下对意志作用的强调使其在细部与人本主义的潜能自发实现的人格理论有一些分歧,当然也包括对"恶"的问题的不同看法,但从大的方面存在论与人本论的人格趋向性仍是一致的,其理论体系仍可涵盖于人本论的大的体系之内,因为在对人及人格的信念与积极态度上所构筑的联盟使之很难被某些细节的外力所分开。

当然,罗洛·梅从存在的经验上对善、恶所构筑的世界与人对这世界的选择上的看法也许更贴近于我们文化的心态,他说:

> 从我的经验看,当我们看到并肯定人有善恶两种潜能时,人生从摇篮到坟墓的旅程便呈现为一种热情,一种挑战,一种吸引。我们所体验的欢乐,将带有我刚才说到的那种增强自身的、敌意的和消极的可能性作为它的另一极。从我的经验看,正是这一两极化,这一辩证的相互作用,这一积极与消极之间的摇摆,给予人的生活以动力和深度。生活对于我不是一种实现预定的善的模式的需要,而是一种挑战,经历几个世纪一直传递下来,要我们每一个人做出选择,是把杠杆掷向善还是掷向恶。①

对于所掷方向的选择,无疑决定于人格,也决定了人格的方向。

在我们结束伴随着我们心灵成长并与我们人类的人格一起孕育、发展、成熟的诸多人格理论前,在我们为众多的人格理论的以上只不过为沧海一粟的景象作结前,以下几种人格理论及其它们的代表人物是我们在谈论人格时所无法绕开的。

沙利文、弗兰克、马迪、皮尔斯分别从四个向度代表了他们各自的人格看法,从而不仅丰富了人格文化本身,而且让我们有幸看到了被统化或掩盖于人格庞大理论筋胳下的细部组织。

---

① *Journal of humanistic Psycholgy*, vol. 22, No. 3, 1982,第19—20页。转引自林方著《心灵的困惑与自救——心理学的价值理论》,第233页,沈阳,辽宁人民出版社1989年12月版。

沙利文的人格理论:

沙利文(Harry S. Sulliran　1892—1949)

主要著作:《精神病学的人际关系论》、《精神分裂——一种人性发展过程》。

人格的人际关系理论是沙利文人格理论的重心。由此他的理论强调,没有人能长期脱离与他人的关系而不发生人格退化,人格也只能通过人际关系的表现来加以研究;自然地,共同生存、机能活动和组织结构三项原理成为其人格理论的论点依据,而人的生活所需的文化环境、人人交往成为人与其他生物相区分的界限,沙利文的人格研究特色在于着重人之共性或相似性,研究普遍人性的发展程度和形式,并不强调人的个体差异。其人格发展阶段的划分亦与之对应地以人际关系的发展为主线,人际关系的成熟被视作人格正常发展的标志,人格发展由此被分为婴儿期、童年期、少年期、前青年期、青年期、后青年期、成年期或成熟期七个阶段。焦虑的概念说明了人格反常发展亦即人际关系人际交往方式畸态的表现,与之相关的动力系统(dynamism)概念及其两种类型亦涉及人与他人的关系;自我系统(self-systenm)或自我动力系统(self-dynamism)的范畴则说明了父母与婴儿的早期关系;建立某种合理的社会生活以超越动物起源的某种生物规定性并使人格在与人交往基础上获得动态的自主的发展,是沙利文人格理论目的,围绕于此,其人格成熟的标志,或说其人格模式的理想为:正常人际关系的积累、真诚的爱、他人和自己同样得重要等三个必备的条件。心理治疗的意义正是帮助精神病患者渡过人际关系的挫折期而重建对之人格正常发展有益的良好而健全的人际交往关系。

弗兰克的人格理论:

弗兰克(维克多·弗兰克　Victor Frankl 1905—1997)

主要著作:《人对于意义的探索》、《活的意义来》、《无意义生活之痛苦》、《医生与灵魂·从心理治疗到理智信念治疗》、《心理治疗与存在主义:理智信念疗法论文选》。

如果说奥斯维辛集中营的恐怖生活改变了弗兰克37岁以后的命运的话,倒不如说那张从己死俘虏衣袋里发现的纸片上的希伯来祷文拯救了他的命运,那句祷文是:"用你的整个心,用你的整个灵魂,用你的全部

力量,爱你的上帝,"人可失掉他的所有而仍保留有决定我们生活结局的
最后权力,这种权力即是选择对于我们命运——痛苦的、濒临死亡的——
反应态度或方式的自由,而在包括死之在内的境遇中发现意义,这构成了
弗兰克一生的有关人格的主要观点,同时也给他的理论打上了深深的宗
教神学的至少是信仰主义的印记。弗兰克的人格理论具有强烈的实践
性,意义疗法,又称理智信念疗法,即是论述人存在的意义以及人对生活
意义的需要,它帮助那些生活缺乏意义者重获意义,重获有关人性的理论
和人生意义的哲学,它是建筑在由意志自由、意义意志以及生活的意义的
理论基础上的,由此,弗兰克反对将人视作由生物本能、童年冲突或环境
外部力量决定的被动受支配的人,对于我们选择对外条件的反应而言,我
们是自由的,这种自由使我们上升到环境与命运之上。以上的基础也被
看作是理智信念疗法的三项基本原则。

弗兰克在强调意志自由时写道:

> 他登上自己生存的身体和心理决定因素的领域……他自由地占据
> 对这些条件的阵地;他始终保持着选择自己的方针和对它们的态度的
> 自由。①

由此,我们看到人的动机和目的始终是意识的,弗兰克否认潜意识的心
理过程,追求意义的意志和人面对超意义的自由对生存的解释也使得任何消
费享乐主义、虚无主义以及无所事事的庸禄、顺应命运的被动甚至无神论等
适应心理学成为种种必须摒弃的部分。而健康人格的标准是,探索一种能向
我们生活提供目的的意义的能力,从而超越自我,把自我献给一种事业或一
个人而使自己成为完美的人。简言之就是:我们沉浸于超出我们自己的某人
或某事之中。舒尔茨将这种表述归结为一种新的人格模式——超越自我的
人。而他的对面,缺乏生活意义不能探索个人的责任,缺失目标,空虚的状态
的人,则是患了"意向性神经病",或称"精神遗传性神经机能症"的人,不幸
的是,许多文化广泛存在着这种空虚的状态,弗兰克将此种病症越出了一般

① [奥]维克多·弗兰克:《心理治疗与存在主义》,第15页,转引自[苏]阿·米·鲁特凯维奇著《从
弗洛伊德到海德格尔》,第247—248页,吴谷鹰译,北京,东方出版社1989年3月版。

医学意义的生理心理范畴，而以之来普遍统摄和考察人格、文化的领域，并指出这种病态的精神不健康的普泛性。针对于此，三种赋予生活以意义的方法被提了出来，它们是：通过我们向世界提供某种创造物；通过我们从世界上吸收经验；通过我们对待痛苦的态度。由此，他视精神性、自由和责任心为人类存在的本性的三种因素。对应于上述三种方法，三种最基本的价值体系即创造的价值，体验的价值，态度的价值得到了论述和重视，尤其态度的价值是人生在最恶劣的境遇中在无机会表现以上两种价值的消极状态下人所能向人生提供的意义方式，所以，超越自我，可看作是健康人格本质的最终状态，人不是一个只和自我打交道的封闭系统，那样只会造成自我挫折，自我实现的道路恰恰是超出自我意义的道路，从中我们可以体味到浓厚的宗教性质，自由动因，人探索意义、超越自我以与世界融合，等等价值体系证实了"站在攻学与哲学之间的界线上。医学上的神甫沿着划分医学和宗教的伟大分界线作手术"①的自白，宗教在自由与意义的层面上复活以为生存虚空的时代提供一种人文存在的价值，是弗兰克贯串学说与生活的理想化的实践。由此，他的人格设计也属完美主义的，舒尔茨将之总结为以下几种特点或许正是一个宗教神学者兼心理治疗医生对于时代的健康人格的向往：

他们在选择他们自己的行动方向上是自由的。

他们亲自负责处理他们的生活，和亲自负责实施他们顶住他们命运的态度。

他们不是被他们自己之外的力量决定的。

他们缔造了适合他们的有意义的生活。

他们是有意识控制他们的生活的。

他们能够表现出创造的、体验的和态度的价值。

他们超越了对自我的关心。

他们是指向未来的，是由远景目标和任务指引的。

他们献身于工作，他们通过工作，而不是在工作之中发现意义。

---

① ［奥］维克多·弗兰克：《医生与灵魂》，第283—284页，转引自［苏］阿·米·鲁特凯维奇著《从弗洛伊德到海德格尔》，第256页，吴谷鹰译，北京，东方出版社1989年3月版。

他们具有给予爱和接受爱的能力。①

弗兰克本人的起初生活经验使他在没能出示自己理论的证据、数据以及实验室科学所要求的一切事实同时,也能保持他乌托邦式的有关意义自由与信念的人格理论的有效性和真实,因为从奥斯维辛活下来弗兰克本人就是他人格学说的例证,而且它的有力性高过了任何将心理、人格作为对象加以研究的学说、书斋与实验室本身。

麦迪的人格理论:

麦迪(S·R·Maddi)

主要著作:与 Kobasa,S. C. 合著 *Existential Personality theory* In R. J. Corsini(Ed.), *Current Personality theories* , Ltasct , Illinois : Peacock ,1977,1985。

麦迪的人格研究致力于存在主义人格类型和人格发展,亦即是对存在主义人格理论的总结与集中,因此,他的研究与著述可看作是存在主义的人格观的综述或条理化概括。

1. 人格构成因素:

(1)人格是由人的意义属性构成的。人有能力意识到他自己与周围的世界并对之加以感知、认识和思考,寻求意义是个人的基本倾向。

(2)人的心理功能的特征表现为象征化、想象和判断。象征化指从经验中抽引出的观念,想象指观念在新方式中的结合,引导到变化本身的概念化,判断指对经验的评价,从而形成价值观念或作为人格一部分的"我境"存在。

(3)人的另一特征是加入社会。这是作为人格的"共境"部分。其中交往方式的不同构成了存在心理学的伦理观。

(4)人的又一特征是进入物理的和生物的环境。这是"环境"部分,生态环境与社会环境是两相结合的而不是彼此分隔的。

(5)时间是人格形成的必要背景。过去、现在与未来的结合在个人意义发展中作用明显,三者的整合构成人格。

(6)人生是由一系列选择组成的。选择或称抉择是存在主义动力学的概

---

① 　参见[美]舒尔茨《成长心理学》,第 231—235 页,李文恬译,北京,三联书店 1988 年 1 月版。

念,选择的主动性体现存在。

(7)人格是事实性和可能性的综合。

(8)人的选择有两种可能方式:选择未来,引进焦虑;选择过去,引起内疚。存在人格论显然倾向于前者,因为后者的选择意谓安全、舒适表象下的禁锢与停滞。这一观点在罗洛·梅的研究中尤有代表性。

(9)选择未来需要勇气。信心和高度自觉的意识状态构成勇气,即承担未知风险的某种为人的素质,蒂利希的《存在的勇气》中表述得尤为明显。

2. 人格发展:以克服焦虑的勇气为基础。

(1)发展是存在的心理、社会和生物物理因素的交叉作用。心理、社会、生物三种需要影响人格,且相互影响。

(2)早期发展可由鼓励个人特征得到促进。真诚关怀是有助于儿童人格发展的一种重要形式。

(3)必要的约束有助于积极的发展。

(4)经验的丰富有助于积极的发展。逆境、挫折经验有助于人格创造性的形成。

(5)人格发展的理想高度是自我决定。成年的标志。

(6)失败的经验能促进自我决定的发展。

(7)自我决定的发展经历三种类型的倾向:唯美的,空想的和纯真的,其中纯真水平为发展的最高阶段,这一阶段人可冷静对待事实,对前景有更明确的意识且献身于他认为有意义的事业。

3. 人格模式:将成人生活方式分为纯真存在与非纯真存在两类,前者是有利的早期发展和随后的自我决定发展所达到的最终后果,后者则指早期发展受到压抑或破坏和随后自我决定发展相应不足所造成的后果。由此,对纯真存在的确认成为存在人格论的健康标准,亦即观迪与存在心理学的人格理想或曰人格模式为——纯真存在的人。他具有以下几种特点:(1)有明确的价值标准、兴趣爱好和生活目的;(2)有敏锐的感受力和鉴赏力;(3)社会生活中倾向亲密关系,重视与人主动深交,强调双方共同培育并享受真诚的社会生活;(4)在社会制度方面,是主动的,有影响的;(5)思想、情感与行动是统一的,有计划的;(6)生活常变常新、富于创造性;(7)常感焦虑,并勇敢地迎向焦虑而不放弃自身的成长;(8)其道德意识的呼唤永远在场。

罗洛·梅曾说过这样一句话,"存在主义是一种理解人的尝试,它的要点在于从根基上削除主体和客体之间的分裂,那是自文艺复兴后不久以来一直引起西方思想困惑的原因"①,理解了这一起点,就不难理解马迪所述的存在人格论有关人格构成、发展以及人格模式观点中的总体意向。在这个意向中,存在是前提,存在亦是人本身。

皮尔斯的人格理论:

皮尔斯(Fritz Perls　1893—1970)

主要著作:(1)*Ego ,Huger ,and Aggressio ：The Bebinning of Gestalt Therapy* , New York：Random House , 1947；(2)*Gestalt Therapy Verabatim* , Lafayette , CA：Real People Press ,1949；(3)*In and Out of Garbage Pail* , Lafayette, CA：Real People Press ,1969；New York：Bantam ,1972；(4)*The Gestalt Approach & Eye Witness to Therapy*, Ben Lomond , CA：Science and Behavior Books , 1973。

格式塔疗法是皮尔斯人格研究的中心。当然皮尔斯的"格式塔"不是从格式塔心理学即完形理论中派生出来的,相反二者在主张上还有很大分歧,皮尔斯的格式塔意喻人类活动的唯一规律——每一有机体都倾向于整体性和完满。这一规律可说是普遍而永恒的;它的反向是未完成状态,即格式塔的闭合,那么人格的整体就是破碎的并可能丧失其意义,围绕于此,皮尔斯的整合意味的格式塔人格说在以几下大方面得以展开。

1. 人格动机理论:与弗洛伊德本能驱力不同,皮尔斯认为我们是被未完成的状态或不完全的格式塔驱使的,而每个人内部,都有未完成状态存在,它们按重要性的等级进行排列,其中最紧迫的情境是个人思想行为中占支配地位的控制者和指挥者,直到这一等级满足后下一重要情境才能浮现。因此,自我调节与外部调节是与此相关的两个重要概念,其中,自我调节以及相应的自我意识引导了健康人格的成长,而反之外部调节及所相应的投射概念则带有压抑与强迫的意味。而相对于生活于过去的追溯的性格与生活于未来的预期的性格,皮尔斯提出了注视当前,此时此地的平衡性,并认为上述两性

---

① May,R. et al. (Eds), *Existence*. P11, New York：Basic Books ,1959,转引自林方《心灵的困惑与自救——心理学的价值理论》,第240页,沈阳,辽宁人民出版社1989年12月版。

格将会影响人格、人性的正常发展。因此皮尔斯的人格动机理论可表述为：调整个人内部平衡即完成未完成状态是人格的动机，承认冲动与欲望并适时地于此时此地对之加以主动的处理，是我们对自己有能力独自负责的表现。

2. 与人格有关的概念：也可看作是人格的附加方面。公众的水平、私人的水平；焦虑和内疚；意识对心理健康的重要性及其关于自我的意识、关于世界的意识和自我与世界之间的中介幻想的意识三个层次；记忆与感觉；意识连续体的概念，分裂及其对现实所表现出的逃离与畏缩态度，自我的"道德心"，支配者所标设的内化的控制，被支配者的防御与辩护，以及二者冲突所导致的自我折磨的比赛、至善主义所导致的真实自我感的丧失；自我的界限，以及它的自居和异化的两个特点，等等有关人格非常态的细部论述，较好补充了皮尔斯格式塔人格理论；而这一切论述的目的都只是以排除的方式对健康的个体的界定，个体或人格的健康在于人之潜能的有效运用并个体是自主而具充分意识的，同化于生活之中以求主、客观、自我与世界、意识与感受性的高度熔合或沉浸于此时此地进程，是皮尔斯的目的，也是他格式塔的最好阐明。

3. 人格发展：把环境的支持改变为自我的支持，这是其人格发展的基本观点。绝境的概念说明了环境支持已不适用而自我支持尚未得到时的一种情境。作为人通过实践潜能而成为个体实现自我，并在"真正的成长"中对抗棍棒与催眠所造成的存在的丧失，挫折是与之相关的一重要概念，皮尔斯肯定了它的必要性（与宠爱相比）；人格发展是个体人摒弃角色自我的奴隶式人格而以摒弃它的起源——环境支持的一种自我支持下的健康选择，皮尔斯视其为人格发展的最终目标，使个体潜能现实化而不陷入记忆或展望、计划的控制中的这种状态，也表明了他的人格理想。

4. 人格模式：人的现实性（区别于过去的时态与未来时态）标明了皮尔斯的人格向往或曰意向是：此时此地的人。虽然他始终没有明确给出这一概念，但它的内涵早已渗透于他的学说中，由此，可以从舒尔茨对他的感悟所得的信息看出这一人格模式所代表的人格特征，它们是：他们牢牢建立在当前时刻存在的基础上；对于他们是怎样的人有充分的认识和认可；能坦率表达他们的冲动和渴望；能对自己的生活负起责任；摆脱对任何人所负的责任；他们处在与自我和与世界的联系状态中；能坦率表达他们的怨恨；摆脱了外部调节;他们反应当前情境并被当前情境所指引;他们没有被压缩的自我界限;他们不从事追求幸福而是保持他们之当前所是的样子。①

尽管皮尔斯的仅对自己负责而摆脱对他人负责的观点,以及过于依赖感觉而摒除记忆或计划理性的观点有着极明显的反理性与反智主义色彩,但其自发、自由的此时此地的人的人格观所包含的某种严肃的人生——我们是什么样子以及我们能够变成什么样子——所含蕴的人之潜能的充分发展与成长,则使他的理论获得了极大的普及与实践性,格式塔训练中心便是这影响的形式之一。

在经历了太长的回眸之后,总算接近了一个尾声,有关这一小节的人格学说,林林总总②,我无意对之加裁剪或鉴定,因为继文学、哲学、文化学、心理学、医学、物理学等科学以及人类学之后包括同时作为以上这所有学科综合的人格学虽已有了上述的学科领域中的 21 位代表所列出的理论,但他们也仅仅是这一广阔领域中的一个极小的部分,何况人格学本身还未定型,不断的发展与变动构成了它的灵活性,也构成了它难以把捉的一些特点,很像是一种塔尖的学问,达到它所需经验的大量的梯层、楼道的崎岖与幽暗是足以将只抱了单纯的膂力和大胆的人吓退的。在这一点,舒尔茨是对的,他说,对人格的最好解释来自全部人格理论的总和。那话是含有深意的——"在人格理论的领域中,当前所需要的是这样一种人,他能进行广泛的综合,能够对所有人格理论的概念和思想进行协调。如果我们的关于各种理论都是从不同角度对人格知识的贡献的观点是正确的话,那么产生一个像牛顿这样的人去把现存所有人格理论综合在一起就将会是极有意义的"。在这段语录出处的那本《现代人格心理学历史导引》著作的第 244 页③的这句话下有往年岁月留下的墨迹,批示似的一句话是:我是不是这样的一个人呢? 重翻开此书此节,这句话依然是我心中的忐忑,疑问的书末未留记号,我已记不得初问的年月,而在书的扉页、仍赫然撰有"1990 年春"的字样,距再一次翻阅它——1995 年

① 参见[美]舒尔茨《成长心理学》,第 272—276 页,李文恬译,北京,三联书店 1988 年 1 月版。
② 此节介绍的人格研究相关的心理学家学说观点,参见全书后附参考文献的人格心理学相关著作。
③ [美]B·R·赫根汉:《现代人格心理学历史导引》,第 244 页,文一、郑雪、郑敦淳编译,石家庄,河北人民出版社 1988 年 4 月版。

春天3月2日,农历二月初二、龙抬头的那天已相隔了五年,距今已有二十年,光阴荏苒,依照人格学家的经典观点,这多年间我私人的人格成长里——如果静坐下来做精神分析的话——一定包藏了这样的疑问,与传统的或反叛的理论一起,组合着我人格的理智或感觉部分,影响了我对人类对世界的一些关键看法和习惯,并从我所从事的写作或干脆说是文字里一一泄露出那观点,和经验。

　　让我们再回到以同样方式影响或构建了西方价值体系或人心的基本人格理论上来。上文讲到过传统心理学将之赋予的四大基本理论的总结,如果更简约些说明的话,四大派别中特质论除外,又可划归为三种影响较大的思潮,精神分析、学习理论和作为第三势力的人本主义;当然这是以抹去了它们细部枝节的各种微妙的差别之后所作的教科书式的便于记忆的区分。而实际上,各有特质的人格理论总是在一些不易注意的细节上讲透了人性并又总是在一些我们忽略的时候影响着我们的性格和人生。每一种人格理论都对人的本质作出着自己的假设——如果可用假设来称谓的话,"精神分析理论假设人有一种动物般的欲望,但由于社会而受到压抑;社会文化学派假设人与人之间的关系对人格的影响最为重大;特质理论假设人格可以由一些先天的或后天的特质来描述;学习理论强调环境条件对人格的影响;存在主义——人本主义强调人的主观现象学的经验和个人对存在方式的选择自由"①。对于人格研究而言,所需的仍是综合,而综合不是相加,格式塔式的方法提示我们产生某种新质的必要,而它的基础就是认识,所以评价仍然是不可绕开的一环。

　　在这个情结下看四大基本人格理论所应保有的自我或许有利于某种新质的引发。特质论、社会学习理论分别代表着遗传决定论与环境决定论两种单一的倾向,它们对复杂的精神现象——人格结构的研究恐力难胜任;精神分析诚如茨威格所言,它所提出的某些公式已经深入到了西方文化的"血液"中了,但弗洛伊德的"本我—自我超我"三层结构及"口腔期、肛门期、男性生殖器崇拜期、潜伏期、生殖期"人格发展五阶段又因生物决定论与还原论色彩过浓而无法对二十世纪社会发展中的人的行为作圆满的解释;新精神分析学

---

　　① 〔美〕B·R·赫根汉:《现代人格心理学历史导引》,第245页,文一、郑雪、郑教淳编译,石家庄,河北人民出版社1988年4月版。

派及由此基础上发展壮大起来的"第三思潮——人本主义"在完成对冷酷无情的行为主义和与世隔绝的精神分析批判同时,提供了一种开阔的认识方法。它假设:"人类在物质生活已有基本保障的基础上有可能自觉追求真善美和公正等高级价值的实现,……仅仅有科学技术的发展和经济的繁荣并不足以保证文明生活理想的实现。关键的问题要有健全的文化,其职能在于启发人的自知,促进人性的丰满发展",马斯洛认为"心理学家应该描述他们的价值追求和精神生活,作为人类共同向往的理想生活境界"[①],这样的理论及由此的一系列应用实践,如遍及美国、欧洲的团体心理治疗组织——"交友"协会、"成长中心"及对教育、工商业、管理等行业、部门的影响、渗透,使得心理学去除了经院、书斋的学究气而变得与个人人生极为贴近,它将心理学这一传统生理——心理科学的窄狭思维扩展到人类学领域,而对外在环境方面加以研究,则将它置于社会发展需要上,在有关"体验"、"选择性"、"创造性"、"价值观"与"自我实现"、"意义性"基础上,更好地实践了这一流派"最终关心和提高人的价值与尊严"的原则,无怪乎第一届国际人本心理学大会主席 C·布勒在她的《人本主义心理学导论》一书的扉页写下"人本主义心理学能给我们时代备受蹂躏的文化提供帮助"的引言。

　　"关心和提高人的价值与尊严","给人以生活的理由",这与文学的目的相一致,"人生观"、"责任感"、"目的感"的强调比之具体的人格模式设计更给我们以启发,但我们又不能接受它的抽象的前提。任何时候,人都不是抽象的存在,终极目的设置必须以具体现实为依据,"人生观"、"责任感"、"目的感"更是具有特定的历史、文化内涵,当然,在许多方面,人本主义理论可供我们代理鉴的,较之任一种人格心理学派,都要多得多。而对健康人格的倚重,我们也可从舒尔茨总题为"成长心理学"的人格七种模式——"成熟的人"(奥尔波特的模式)、"充分起作用的人"(罗杰斯)、"创造性的人"(弗洛姆)、"自我实现的人"(马斯洛)、"个体化的人"(荣格)、"超越自我的人"(弗兰克)和"此时此地的人"(皮尔斯)——等人格理想中寻到人类设计自己的深切心理根源。

　　19 世纪乃至 20 世纪因社会冲突的内化与个体化,使人格在为承受这一

---

　　①　参见林方《心灵的困惑与自救——心理学的价值理论》,沈阳,辽宁人民出版社 1989 年 12 月版。

切复杂形式的矛盾体，"歇斯底里"等病态名称即现代派对人的形容并非凭空的艺术想象，人格学说作为时代精神的镜像以及它所表述的独语、自白形式，乌托邦设想、心理特征的内化与渴望、科学、医学日新月异的贡献、递进对人之人性的推进与粉碎并行景观、文学中的人格及文学家人格，哲学对人格自体的关注性功能的减退和热情之宗教化、心理学在人格问题上的愈往深处走愈往远处走的踟蹰与迷茫，作为人认识自我的更高综合的人格心理学的内部分歧与整体的不稳定，等等，都为我们描述了这二百年间并还将持续更长时间的一种动荡提供了可能。置身于自然科学与人文科学之间的这一特殊学科，预料它的发展不如说是在叙述我们内心的一种理想，自然科学的一方会说，理想是不能替代现实的真实的，而人文科学一方的回答则是：理想会因了所述人的众多与实践而在将来成为真相。

这也是我们对于西方的人文历程太长的一瞥以至成为凝视了的原因吧。

第三章

中国人格思想的重要取向

　　已经知道,中国古代典籍中未曾出现过"人格"一词,可以找见的是与之近义的"人品",但出现也已是唐、宋以后的事了,况且它只代表"人格"的道德性一面,这种伦理式的界定或诠释却也道出了中国文化传统的对人的看法,早期中国明显有所侧重的人学观念奠定了它以后的人文文化,也确立了这一文化在历史和世界中的位置,更重要的,它成为一种潜在的思想或说是一种隐形的观念影响并决定着我们对事物对自我的一连串的看法,这一传统直到如今,仍然是生生不息的。这当然再次反证了中国文化的顽强生命力。这种生命力的强韧多半源于中国文化的伦理品质,理解了这一层意思,就不难理解为什么中国传统典籍中没有"人格"一词而它的文化却几乎是充满了人格意义的原因了。这绝不只是一个逻辑的合理性推论,在以下的论述中我们将看到这一点。

　　中国历史上不少有关人格的思想论述,散落在如典籍的残片一样的角落里等待人们去给以梳理、拾掇,然而没有人;几世纪以来它们只是等待一双手,将那些散失的珠子串起而又不损它们的光泽,然而并不是所有敢于做的人都能做到此;更多的珠子遗失在了盘子里,或者串起后失去了它原有的光泽。这是每一文化在后代所面临的尴尬,文化不是训诂,然而走调的传唱仍然被视为不可原谅。也正因如此,充满了渴念与希望、焦虑和恐怖等人类潜意识的中国人文文化的伦理性质,使之介于宗教与文学之间,与人心接壤,同西方人文文化的理性品质不同的是,它虽不像西方人文思潮的高潮迭起而在一定历史时代成为主流,却是贯穿古今的从未断裂的一连续性的人学思想体系。它理论的空间性与实践的时间性交织出的人及人格的思想远远超出了它作为一种学说所置于历史空间里的实际长度,并同时给了我们极大的诠释自由。对于一次论证而言,这种自由是前提,讲述本身是一种崇拜,而且再没有比中国人格思想更合适的对象了,在英雄神话与圣人方式的传唱中探求内我的途径追索创世的可能,这种美,"对于一个配不上它的灵魂来说,是不堪忍受的;但对于一个已征服了命运的灵魂来说,它是信仰的关键"。

如果以"应该"与"本来"加以划分,中国人格思想是属"应该"范畴的,它的文学性而非科学性,注定了它的人文性而非自然性色彩,也注定了它的研究方法或说思想演绎方法的亲证性而非实证性。用理想人格思想史称谓它是合适的。在这一总题下,作为伦理行为的主体人格的一系列问题,如每论人性必涉善恶区分,以及各个不同的理想人格的方案等等都只是这一大题下的分支;而人格,无论在哪个空间里,都已被打上了伦理文化的痕迹,中国的人格思想不啻是人是"社会人"的理论的典型诠释。

儒、道两家的人生观可谓比较显明地透露出各自不同的人格理想,加之更早的上古神话、传说中的某些观念,以及后来带有移置色彩的佛教(释),土生土长的"巫"、"医"、"禅",杂糅的"侠"、"商"等对人格的不同解释里的人格理想规范,似都透露出一个信息,即无论圣王理想、"尧舜人格"还是"清静无为"的品格,无论《内经》医学,还是阴阳五行的分类或无以计数的民间宗教典籍,都传达的是中国古代思想者对人的设计与考虑,成人、圣人、真人、至人、神人在相当大范围和相当长历史中内化为中国人的做人典范,与西方人格不同的是,中国的人格思想人格范型,伦理性纠结其中,人只是伦理关系网结中的一个纽结。而在家庭本位、社会本位的文化特征下,民族凝聚力强旺、群体人格发达同时,个体观念相对淡薄,造成了人格等差意识,这也是双重人格滋生的土壤,理性主义的缺乏及与之相对的功利主义、王权思想影响着它的个人的道德修养与理想人格设计的发挥,对主体的道德评判与价值确认的侧重使之倾向于文化社会意义的对人阐释而非西方从人的心理生理角度对个性倾向、个体状态、个体存在和个体素质的界定与阐释;概括地说,以儒道思想为主体的中国文化已然超越了将人格分解为"人的胡子、血液、抽象的肉体的本质",而一开始就触及到"人的社会本质",但同时无可否认的是,对人的社会性群体性的强调,对人作为关系的一方、作为群性中一分子的强调,也是对个人作为个体的独立人格的一种忽视,我们是经常在这一文化中遭遇这种淡漠的。然而仍有理想的倡导,并通常是以人的生命血肉来完成的,更多的人格文化证实了这一点,以使研究它言说它的人不敢有半点亵渎。中国的人格思想多半是由个体的人以人的形式写就的,这是这一文化比世界上任一种文化都撼动人心的地方。以人的形式而不只是以文字的形式,去阐发思想,也就是说,中国文化较之这世上的任一种文化都更具有人的风格,都更值得从人格的角度对之加以言说。

可以看出,"人格"一词所被打上的文化烙印,如东方人格,以修身为向往,具伦理意义,以横向的、人际关系的、在空间的分歧为特征;西方人格,以求真为目的,具科学特征,易形成分裂人格,以纵向的、在时间上的悖离为特征。除此之外,作为动态人格的流动性与丰富性,又使人格在生成与变迁中形成更宽广也更复杂的历史内涵,这是西方至今还未找到一个完美的人格定义,中国则一直回避着不肯直接说它的原因。诸种特点与上述倾向相呼应,使得对代表群体和文化道德的人格如何向更完善的理想人格发展以达到人格的极致的本体研究以及为此提出、设计教育方案与修养原则的拓展研究成为中国人格发展及人格研究的主要任务。

以下,我们将从神、儒、道、释、侠、巫、医、商等方面对中国人格思想——这个无人格学术系统语境然而确是发达的人格文化代表的国度与民族的人学思想的核心做一次调查,也许我们的诚意会使我们触摸到这一已长成了我们生命一部分甚至就是我们自己血液我们自己心跳的脉膊。

第一节　从神到儒的历史

一、神

如果追究最早的人格萌芽,还得从从前说起,神话作为传统文化最早的部分,一直是人类童年期的心理投影而更具体地暗示着一个民族精神追求的方向。在神身上寄寓理想，是人对于自我人即人格完善的最早体现，这是它的超文化的部分，前论语时代的中国的意识形态的雏形与线索，都包含在了人类童年的无意识然而又是相当明确的集体信仰里，破译它所贮藏的一个民族精神最原始也是最深层的密码，虽世代有人做却远未完成。岔道太多，而且扑朔迷离，隐喻被压成纸型，物化对象的实证与定量分析使人在捡起古人留下的瓦砾、箭镞、骨骸时那股生命气息却从指缝间溜走了，理论的反冥想性与反经验的历史分析共同完形着一种透骨的学科冰冷，这使得后代的文学或理论对它的借鉴一直是身体僵硬，与它所讲述的柔软而有温度的神话不相对称。"时间好像又退回到那个盲点，历史再度失却它的象征，由此持续，一旦我们的遗产被挥霍殆尽，精神就会像赫拉克利特所说的那样，从火焰般的高度上降落下来。但当精神变得太沉重时，它就化成水，于是智识以魔鬼似的专横和放肆僭据了曾经属于精神的宝座……"而我们正是这样一个时代的孩子；所以灵魂寻找失去的父亲已成为中国历史人格中的一个最根本的心理动机，而这动机的渊源就是文化作为神话删节本的存在，我们下面还将讨论到这一点。

　　集中于前论语时代的中国上古神话传说没有巨型史志及完整的原始典籍记载的史实或曰特性，与它同时代的任一古老民族发源的文化特性都不相同，埃及有《金字塔文》、《亡灵书》；印度有四部《吠陀本集》、史诗《摩诃婆罗多》和《罗摩衍那》；希腊有《神谱》、《伊利亚特》、《奥德赛》；希伯来有《摩西五经》；北欧有《埃达》、《萨加》；日本有《古事记》；中国《周易》、《尚书》等五经圣典已属史官文字，与文明时代文化之前的原始文化相对的并无一部完整的宗教典籍或神话作品，零星见于《山海经》、《太平御览》、《周易》、《淮南鸿烈》以及智性加工后的《庄子》寓言里。《山海经》是原始宗教神话材料最集中的一部，但其异闻性又更倾向于小说地理类而不具圣书的神性。其它如《楚辞》、《穆天子传》、《淮南子》、《十州记》、《神异经》等中碎片断章式的杂抄即中国精神文化圈最古老的神话，已是理性时代的文献、散记；中国早期神话的外形的人文性与现世性，更与其内里所讲述的思想的观念化倾向相一致，世俗化的、非原始态的神话固然不如其它民族的神话那样具备神性，却也因此获得了难得的人文气息，并在时光的打磨里不易丧失它的浪漫，上古神话如"夸父逐日"、"精卫填海"、"盘古开天"、"女娲抟黄土作人""炼五色石以补苍天"、"共工怒触不周山"、"刑天舞干戚"、"鲧窃息壤、息石"等宗教、审美、道德合一、图腾、超人、英雄合一的精神方向暗指了一种文化史背后的心理需求,这种人文性即神话的历史化结果一方面使神话向传说转化,另一方面也使之在转化中保持了它另一种意义的神性。

后者使其在历史的嬗变中能一直居于理性、宗教和科学之上。

这种与西方文化不同的特性具体表现在创世神话和英雄神话中。

创世纪:

《圣经》记述的西方创世神话见《旧约·创世纪》第一章:

> 起初,神创造天地。地是空虚混沌,渊面黑暗;神的灵运行在水面上。神说:"要有光",就有了光。[1]

神依次创造空气、天、海、众星与各从其类的有生命的活物,包括人:

> ……野地还没有草木,田间的菜还没有长起来,因为耶和华神还没有降雨在地上,也没有人耕地,但有雾气从地上腾,滋润遍地。耶和华神用地上的尘土造人,将生气吹在他鼻孔里,他就成了有灵的活人,名叫亚当。[2]

称为不仅基督教而且西方世界观念的始祖。

中国西汉"盘古创世"神话这样记述宇宙的开辟:

> 天地混沌如鸡子,盘古生其中,万八千岁。天地开辟,阳清为天,阴浊为地。盘古在其中,一日九变,神于天,圣于地。天日高一丈,地日厚一丈,盘古日长一丈。如此万八千岁,天数极高,地数极深,盘古极长。后乃有三皇。数起于一,立于三,成于五,盛于七,处于九,故天去地九万里。[3]

---

[1]　《旧约全书·创世纪》。见《新旧约全书》,第1页。中国基督教协会印发。1994年,南京。
[2]　《旧约全书·创世纪》。见《新旧约全书》,第2页。中国基督教协会印发。1994年,南京。
[3]　见《艺文类聚》卷一,引徐整《三五历纪》。

　　从表面上看中西神话在创世观上是相近的,然经由时间的变迁倒是《圣经》的西方文化被压成了严整的纸型,中国的神话意识却得到了口口相传的保存;原因不仅是科学的介入,而西方的文学也不断持续着对《圣经》上帝造人观念的修正,譬如最为著名的例证是同样可奉为文学圣典的《浮士德》中——墨菲斯托菲里斯在浮士德书房里说出的创世之史:

　　他说:

　　　　在无从计算的年代里,灼热的星云毫无目的地飘绕于宇宙中。经过漫长的岁月它开始形成,中心星云团抛出行星群,行星群冷却下来,沸腾的海洋和燃烧的山峦起伏动荡,来自黑色的云团中的热而大量的雨水,在凝固了的地面泛滥。接着,第一个的生命的微生物在海洋深处形成,在适宜繁殖的气温里,迅速成长为广袤的丛林,巨大的蕨类植物从潮湿而肥沃的大地中破土而出,海洋动植物生长繁衍,生存竞争,并发展演化。正如历史所呈现的那样,人类诞生了。……①

　　这个他恰如19世纪歌德的分身,墨菲斯托菲里斯的一半很难说不是浮士德,而这种混合体又与歌德本人难以区分,它们共同代表了19世纪的世界观念,同时也代表了西方神话的终端思维的特征,科学化思维能在文学中对神话思维如此轻易地取代证实了这一点。所以,西方文学不断地反过来求助于神话,科学化的思维改变了西方文学的最初属性而变异为历史性的文学;中国文学中却一直未见科学如星云团、蕨类植物的字眼的渗透与修正,它几千年依旧是无终端式的神话思维,尽管流派纷呈,但不失弹性,这是与西式文学的强力特性所不同的,因为未曾须臾分离,所以勿需返回,因在其内,故也无退寻的意向,科学下的文学,仍然做到了能对神话存而不论,并将世界的本源交于科学做解同时而自己保留一定的阐释权,并因此而保全了文学的独异和完整,再次透露出了中国文化的非同凡响的智性特征,因此中国文学的风格至今仍是神话性的。因此西方文化倾向于自然,中国则倾向于人文,西方神话创生出宇宙而将之放在了敌意的对面从而与它的创生者——人相分离,

---

　　① 〔德〕歌德:《浮士德》。此为译文。原文为诗作,参见《浮士德》钱春绮译本,上海,上海译文出版社1989年8月版。

中国的创生者则最后都与他所创生的世界、宇宙融为一体。天人合一、化身宇宙而不是创造一个与己对立甚至对应的客体,是万物有灵的,这是它从根基上区分于《圣经》所代言的精神的地方。西方神话中人是被造的,神与人相分离,神造了人,并执行着对人的支配;中国神话中人与神自相统一,神(人)是造人的,是主体,两者一体,并无谁去受谁的支配,牢记这一点非常重要,在主体文化与被动文化之间,人的地位是绝不相同的,创世神话所泄露的人格的差异及其所依托的经验——科学世界观和神话世界观的向背在以下不同的英雄神话中将进一步得到证实。

二、英雄神话

见于创世神话的人文性,中国英雄神话与他族文化的相异处在于它的神性英雄的人化特征,后期家族意识的过早侵入,取代了巨型神话史诗产生的可能,也是中国神话无至上神及其神系神谱不健全的原因,而另一方面,氏族族源神话多于创世神话、人类起源神话也是事实,中国神话中的五帝(黄帝、颛顼、帝喾、尧、舜)三皇(伏羲、女娲、神农)已明显具有人形并向帝王转化的倾向,由此,他(们)带有民族性的特征,中国始祖神如女娲、伏羲以至后来的黄帝,其实都已带有了神界的人性化社会化表征;英雄本身就已是一种群体的符号,而与西方的主神的唯一性不同,英雄所具的世俗化、文化化及其亲人性表明中国神话的平行转述性质,一方面中国神的活动空间多在人世,对氏族义务的兴趣远大于创世类与宇宙发生关联的事件;一方面中国神在英雄崇拜与祖先崇拜的杂糅情感里具有着神性消退人性饱满的征象,而一旦人的因素上升到主要地位,神便人格化了。这一点在其后的汉代谶纬之学风行乃至以后历史上几次神话回流现象里都可找到解释的证据,这是古史神话从原始神话中分离出去的开始,也是功利取代自由的文化的发展与二元对立的文化心理形成的起源。

这就使得中国神话中的英雄具有一些与他族神话中的神相区别的特性:

他是人格神。他具备人形,并如上所说,他是氏族祖先,具有人性的特征,最重要的是在他之上并没有一个有形而强大的控制力量,如西方的上帝。他是缺欠的,在力量上,然而在他之上没有万能。

他不是至上神。而且根本没有至上神。平行的英雄替代了主宰的上帝,始祖神话创世神话模糊难言中(或许就根本不存在?)神祇们获得了极大的主体性和平等性,神与神之间是平等的,与英雄间的关系对应,这是人文性强的文化的一种标识;神谱缺乏而以族系代替,但仍是生殖神话简约短小,神际关系不明;神与英雄相叠,神祇们独来独往,各行其事,各司其职,关系平行而共生,自由而又有主体。

他致力拯救与正义。如女娲补天、神羿射日、大禹治水等的救世救灾,以及黄帝与蚩尤的作战的正义。

　　往古之时,四极废、九州裂,天不兼覆,地不周载,火爁而不灭,水浩洋而不息;猛兽食颛民,鸷鸟攫老弱。于是女娲炼五色石以补苍天,断鳌足以立四极,杀黑龙以济冀州,积芦灰以止淫水;苍天补,四极正,淫水涸,冀州平,狡虫死,颛民生。①

　　蚩尤作兵伐黄帝。黄帝乃令应龙攻之翼州之野,应龙蓄水。蚩尤请风伯雨师,纵大风雨。黄帝乃下天女曰魃,雨止,遂杀蚩尤。②

　　两则神话表明他(她)虽非至上神,却行使着至上神的职责,并具备有至上神的能量,只是一切为人,而扬弃了神的与人分裂的一面。而重"德"是这一品行的核心。

主体性、平等性、共生性、人伦化了的我们称之为英雄的神,其人格化的特性已标明了文化超人的诞生至少是精神愿望的一种辐射,天神向人祖、远古神祇向近古人物、神话性向历史性,神、超人近一步向圣王贤相,而妖怪向动物或叛臣的转变,展示了人事渐近鬼事渐远的历史进程,神格向人格的转化,众神化形为人的这一现象似只有中国神话发展中所独具,西方神话中的神在未能转变为人话之前似已冰封冻结了,神人之间至今仍然存有不可逾越的高墙。而中国神话中的神人关系很像是精通穿墙术的道士,无论内外,他

---

　　① 《淮南子·览冥训》。见《淮南子集释》(上),第479—480页,何宁撰,北京,中华书局2010年1月版。
　　② 参见《山海经·大荒北经》。见《山海经全译》,第319页,袁珂译注,贵阳,贵州人民出版社1994年4月版。

即是他,神人一体。当然也有不一致的时候,以下我们探讨巫时将会碰到。

总之,神人互演的文化致使人文性与其人格神相合,必然要演绎出神话时代神话观念中的人格理想,只是在这一演进过程中,它一直在找一个能体现其精髓的指称罢了。

三、天子

准确地说,天子是古史神话从原始神话中分离出来的产物,他代表了神话时代的人格理想。从少典氏、炎帝、黄帝、帝喾、颛顼到尧、舜、禹、汤、周文王的转化,已经可以看出神话向传说的演变,从事神鬼的殷到讲人伦的周之间,正是神话隐喻与文化嬗替相交叠时期,神话的神圣性、宗教性和传说的人间事物中心、伦理性、虚构性缠绕在一起,并终于从原始神话的神格的天帝观中脱离而找到了代表它精神理想的新形象。"天子"成为神话时代人自我理想的象征。

天子是神人合一的。这来自他的身世来历。他起初是神异诞生的,后又说为是受命于天的感生,神人合一的天子,理论上是神之子,道义上是神,实践上是人,他既应合自然天命而与宇宙间有着难以言说的感应关系,又关注人事,主动奉天承运,以德感化人心;他具向外开拓、征战的外力,也不乏通神并经过人所不知的途径进入事物精神中心而与之心灵感应的内力;他类似于希腊神话的"超人"和希伯来神话中的"弥赛亚",但比超人更有征服的目的而不致将征服发展为破坏,并比弥赛亚有理性而不过度用其意志的强力去抵消善恶的分析;"天子有圣德",天子所重之"德",大于并包含我们现在所说的道德,圣德理解起来,一定还有天道的意思,以人道来辅佐天道,顺天道而实践人道,是天子的责任,更是神话时代的天子观念的核心。

《尚书·尧典》成为天子——这一人格图示的集中展示:

> 曰若稽古,帝尧曰放勋。钦明文思安安。允恭克让,光被四表,格于上下。克明俊德,以亲九族。九族既睦,平章百姓。百姓昭明,协合万邦。黎民于变时雍。[1]

---

[1]　《尚书·尧典》。见《今古文尚书全译》,第14页,江灝、钱宗武译注,贵阳,贵州人民出版社1993年12月版。

这是尧的功业。

　　慎徽五典,五典克从。纳于百揆,百揆时叙,宾于四门,四门穆穆。纳于大麓,烈风雷雨弗迷。……正月上日,受终于文祖。在璇玑玉衡,以齐七政。肆类于上帝,禋于六宗,望于山川,遍于群神。①

这是舜的德行。

天子是以上人格的统称,而不是狭隘意义的专人,具体一个时代,他是尧或舜,抽象意义上,他是早期人最朴素的人格指称。由此"致君尧舜"成为后代向天子人格取齐的一种传统。

天子徜徉于天理与人礼之间,由天帝而来却打破了主神的主宰性而又行使主神的责任,观念上与人平行而能力上与人不等,介于神人之间,同时具有神性和人性,主倡德行,代天行道,不仅代表了具体的周代的人格向往,而且这种神话时代的最完整的发展也最成熟的人格理想贯串了以后的中国历史,并成为一种无法磨灭的精神素质,在漫长的民族精神历史中我们可以从各个时代的人格变迁中看到他的长长的投影。

附:圣典所论天子及其历史演变。

《荀子·正传》:"天子……居如大神,动如天帝。"

《荀子·君子》:"天子无妻,告人无匹也。四海之内无客礼,告无适也。……不视而见,不听而聪,不言而信,不虑而知,不动而功,告至备也。天子也者,执其重,形至佚,心至愈,志无所诎,形无所劳,尊至上矣。"

《礼记·经解》:"天子者,与天地参。故德配天地,兼利万物,与日月并明,明照四海而不遗微小。其在朝廷,则道仁、圣、礼、义之序;燕处,则听《雅》、《颂》之音;行步,则有环佩之声;升车,则有鸾和之音。"

《大克鼎》(西周金文):"天子之德,显孝于神。"

……

《己亥杂诗》(清·龚自珍):"我劝天公重抖擞,不拘一格降人才。"

---

① 《尚书·尧典》。见《今古文尚书全译》,第23—24页,江灏、钱宗武译注,贵阳,贵州人民出版社1993年12月版。

……

天子观念是中国早期文化的人文核心，也是无论原始神话还是古史神话的神话时代的人格理想。这种人格理想一旦形成便不会随着历史的移动而轻易消逝，尤其是中国这样一种韧性很强的文化，以神性来构筑人性的极致的传统使天子在文化的变迁中化身为适应各个阶段的人格形象与格指称，成为一种千面英雄式的精神象征。天子是天帝与人之间的中介或灵媒，他联结天与人，是天人合一的最原始的观念折射，人性与神性俱在，神格与人格共生，当然在古史神话从原始神话中分离出的那一时期，人格渐次大于神格，但神化为人过程中并未影响天子所代表的人格理想的神性性质，而是变体为更易为人理解并贴近于人的形象，如君子、圣人等；"天道远，人道迩"，古史神话进而变体为儒，原始神话变体为道，在入与出之间，神话仍以不同的面貌在发挥着作用，并以其边缘思维平衡着民族文化的发展，然二元对立的双重人格也从此产生，"内道外儒"，儒、道人格理想的分流在此——原始神话与古史神话时代——就埋下了伏线，也成为以后士阶层人格裂变的渊薮。晋代葛洪的《抱朴子》中分的内篇、外篇的修身与治国的两个向度的体例结构证实了这一点，就是战国时代的道家代表人之一庄周的《庄子》的后世修订也未能保持它与内容一致的形式，它的结构仍是内、外、杂的区分，一如《老子》成文的道经与德经。天子在时序与天体间循环，虽然有不同的分身，然而总代表着人的对高于自我肉身人的追寻，这种在天与人之间的定位也是关于理想人的，大多数时代里是"虽不能至，心向往之"，然而却形成了可贵的仰视神圣的心理传统，成为华夏民族巨大的凝聚力，使之生生不息，而一代代人在他那个时代的具体又抽象的形上的精神的感召下，一遍遍重演着夸父逐日的神话。这可能就是我们起初深感迷惑而难于倾诉的谜底。只要看一看鲁迅先生的《中国小说史略》，我们就会明白上述的结论，从神话传说到六朝之鬼神志怪，以及唐传奇、宋话本、明神魔小说、清侠义与公案，直到20世纪初的鲁迅先生自己的《故事新编》，无不贯彻着这样一种精神。只是血越来越热。

　　……王头刚到水面，眉间尺的头便迎上来，狠命在他耳轮上咬了一口。鼎水即刻沸涌，澎湃有声；两头即在水中死战。约有二十回合，王头受了五个伤，眉间尺的头上却有七处。王又狡猾，总是设法绕到他的敌人的后面去。眉间尺偶一疏忽，终于被他咬住了后项窝，无法转身。……

　　……

　　黑色人也仿佛有些惊慌，但是面不改色。他从从容容地伸开那捏着看不见的青剑的臂膊，如一段枯枝；伸长颈子，如在细看鼎底。臂膊忽然一弯，青剑便蓦地从他后面劈下，剑到头落，坠入鼎中，嘭的一声，雪白的水花向着空中同时四射。

　　他的头一入水，即刻直奔王头，一口咬住了王的鼻子，几乎要咬下来。王忍不住叫一声"阿唷"，将嘴一张，眉间尺的头就乘机挣脱了，一转脸倒将王的下巴下死劲咬住。他们不但都不放，还用全力上下一撕，撕得王头再也合不上嘴。于是他们就如饿鸡啄米一般，一顿乱咬，咬得王头眼歪鼻塌，满脸鳞伤。先前还会在鼎里面四处乱滚，后来只能躺着呻吟，到底是一声不响，只有出气，没有进气了。

　　黑色人和眉间尺的头也慢慢地住了嘴，离开王头，沿鼎壁游了一匝，看他可是装死还是真死。待到知道了王头确已断气，便四目相视，微微一笑，随即合上眼睛，仰面向天，沉到水底里去了。①

人类灵魂的神话是以这样的方式世代相传的。

道成了肉身，住在我们中间。

信仰者言不尽意，对神的阐述也就成了阐释自身。

神话在后期变作了传说，是因为有了人性，不是现今理论上的形而下意义的，我宁愿将它阐释成也相信它是神性意义的人性，是与现今语词概念内涵绝不相同的人性，是强健的，而非自怜的甚或病态的；例证之一有鲁迅先生的《中国小说史略》中谈及神话向传说也即神性向人性演进时所言"传说之所道，或为神性之人，或为古英雄，其奇才异能神勇为凡人所不及"②，关于这种半神意蕴的人性，已去之我们远矣，然而却正是我写作此书的原因；当代文学已经贫瘠到以性来替代人性的地步，太多合乎"人性"、心理意义的形而下的

---

　　①　鲁迅：《故事新编·铸剑》。见《鲁迅全集》，第二卷，第382—383页，北京，人民文学出版社1957年5月版。

　　②　鲁迅：《中国小说史略》。见《鲁迅全集》，第八卷，第12页，北京，人民文学出版社1957年5月版。

挣扎，却少有超越人性的心灵意义的形而上的拼杀；多道义伦理的探索，少人道天命的穷究；多人性意味的咂摸，少人格意义的塑造；太多欲望平面滑行的得不到的苦闷，而少精神深层探险的无法选择的痛苦；多外在教化加之上的道义力量及过程论的困窘，少实质意义本体论的怀疑，对应于此，文学也多呈人在情欲性爱苦海里原始的浮沉与痉挛，少见人在教义、信念择选上最内在苦痛与灵魂承受此痛的撕裂的战栗。马克思曾引用过费尔巴哈的一个观点即神的本质就是人的本质，“人关于神的知识就是关于人自身的知识”，神话与宗教一样，都是人的无意识的自我意识；这一点虽屡经强调却并不为人重视，引用变异成只是说说而已，它的内在的意蕴，却一直是在学术研究视野之外的。所以神话总是以民间性的面目出现，民间承接了它，使它在边缘性里保有自己不受污损的神圣性。这一思想史的缺环状况引起学界的注意是最近几年的事情，比如，“20 世纪中国文学的民间世界”（陈思和）以及《文化大革命中的地下文学》和几种诗杂志对活跃于 70 年代的“白洋淀诗群”的讨论等，都证明了这一点，只是尚还只限于发掘的表情层面，意蕴常被忽略，但已经有了一个开始，这是值得高兴的；神性的声音总在底层，虽然不同的时候总有一些不合时宜的人去追求它甚而创造了它。

从远古神话到两汉谶纬之学、魏晋玄学、现代文学史的《故事新编》以至 20 世纪 80 年代初的文学寻根，神话在历史上不曾间断的文学复活，似乎也在预见着一个于20 世纪末 21 世纪初的新神话的兴起时间。神话的再度复活又总预示着人格的某种改变，而那些新产生出来的人格会是什么样的呢？当人性在人格中被过分地渲染以致畸形地指代它涵义中的某一面并以这一面来代替人性本身时，代表了神性的神话世界连同它的思想是一定会到来的，并将它所言的神性的人格带入到已无法正常表述人之精神的人性中去，使它不致残缺，使之完善。

四、儒

神祇——帝王之“德”，为儒学的发展埋下了的伏线，在春秋时期已然长成了那一时代思想的主干。以仁人、克己、好学、公正、慎独和自强、守义、志坚、适中、举贤、独立、超然等诸仁兼备的品性（德）为特征的儒学思想能够历经约三千年而不曾中断或衰落而一直占据着中国思想文化的主流位置并一直是中国统治层权力层和文化层或曰士阶层所共有的人格的显在思想,其原因的主要点大概不在礼义政体或社会结构或心理习惯等方面,而要考虑这种思想本身的魅力原因了。

言必称尧舜的古典的儒,起初在天子与圣人之间有一"圣王"的短暂阶段,由于社会条件的变化即并不是每个人都有摄政的机会,圣王被圣人、圣贤所代替,而"内圣外王"的理想所言的"王"已变异成了社会关怀的一种态度,"圣"所言的德上升为主要地位,成为仁、义、礼、智的善端,对德的注重无异是对修身注重的别种说法,但是当时儒家学派内的思想也不是铁板一块,孔子之后,孟子、荀子各个细处不同的观点组成了多元论的人格发展观,当然在视礼义道德的具备为人格至高理想一点是相同的,而且由此奠定了几千年的人格规范,影响到政治、价值、伦理、文化方方面面,成为一张大网,而网结的核心就是人格;儒家的人格理念,也是最能体现"应该是"的精神而非"本来是"的原则的,这是它的理想性所在,正与它强调人的尊贵性相符合。由是,圣王之后,圣人、君子、儒生以及同义语的人爵、大人、大丈夫、鸿儒、成人、士以至祭司等名称所指涉的理想人格图示层出不穷。

1. 圣人

作为儒家人格理想的最高范式,圣人凝聚了儒学传统的核心思想。几乎每一时代的每一儒家代表都曾在自己的著作中讲述过它,《论语》中圣人一词多次出现;孟子、荀子更是将圣人挂在嘴边,其后宋明儒学大师如朱熹、王阳明以至近代的三代新儒熊十力等无不以此作为自己为文作学与做人的标尺去身体力行,德行实践与体证生生不已不仅是中国文化的一种特性,而且简直就是一代代智识层做人的理想的实现过程,立德、立言、立功的目的都是围绕此而形成的,成为圣人的成圣观念已经成为一种信念而深扎进了中国人格思想的最底层,并以实现它的最高层人格现想作为表征。这就是儒学之所以重视修身的原因所在。

孔子说:"自天子以至于庶人,壹是皆以修身为本。"[①]

而作为儒学连环扣的《大学》则更明确其为:"古之欲明德于天下者,先治

① 《四书·大学》。见《四书》第106页,王国轩、张燕婴、蓝旭、万丽华译,北京,中华书局2007年3月版。

其国;欲治其国者,先齐其家;欲齐其家者,先修其身;欲修其身者,先正其心;欲正其心者,先诚其意;欲诚其意者,先致其知。"①儒学修身的目的、途径与方案相互缠绕,而修身的目的却是为成圣。中国文化倾向于对理论的、政治的、宗教的兴趣高过对社会的经济的审美的价值兴趣,即理论的美学的价值大于政治的社会的更大于经济的宗教的价值,其原因大致在此,而国人性格中的社会协惘性、群体意识、权威感、外控欲望、自我克制、社会内向性、实用价值以及折衷崇尚,其原因也在于此;圣人的人格理想几乎在每一事件中都能找到其内核性的影响力的。那么何为圣人? 又怎样才能具体地成圣呢? 圣人只是一个抽象的人或人极,还是,圣人是一种人人能达到和拥有的境界呢?

孔子曾说过:"不义而富且贵,于我如浮云!"②这句话很易使人联想起康德《实践理性批判》中的一句话——"世界上有两件东西能够深深地震撼人们的心灵,一件是我们心中崇高的道德准则,另一件是我们头顶上灿烂的星空。"不是要说孔子的话比西人的话要早几千年,虽然事实如此,而是说两句话虽说的是同一个意思,但所表述的天、人观是大相径庭的,孔子的内心原则用了浮云作比本身,虽态度决绝,比喻相反,然在人与天之间仍具可比性,康德的星空与内心却是分离的,不是可比的拟人关系,而是明确分开的且至多是并行的,这个区分是中西文化对人的看法的很不同的地方,说明起码自孔子始中国思想史中有关人格的观念即是天人一致的,或说是天人合一的,天与人是可以互换的这个隐示,直接关联到人格理想中的圣人观念;圣人的圣(天)与人的合一所组成的词汇本身也是一个直观的说明。

这样先秦诸子言论中虽都有圣人思想的胚胎,而圣人格局的基本奠定却是孔子,以其此岸性与神圣性相渗的偶像,提炼着圣人神话而演绎成文化脉流,介乎现世与宗教之间,影响、铸模着后代人的人格与人生。

圣人的意蕴,尧、舜是它的最原始的形象表征,这里有与神话时代的天子相重叠的部分:

　　大哉尧之为君! 巍巍乎! 唯天为大,唯尧则之。荡荡乎,民无能名

---

①　《四书·大学》。见《四书》第106页,王国轩、张燕婴、蓝旭、万丽华译,北京,中华书局2007年3月版。

②　《论语·述而篇第七》。参见《论语译注》,第69页,杨伯峻译注,北京,中华书局2009年10月版。

焉，巍巍乎其有成功也，焕乎其有文章！①

较之孔子，孟子则更强调人性中的"圣"，从以下段落可见其对圣人理解的推进：

> 今夫麰麦，播种而耰之，其地同，树之时又同，浡然而生，至于日至之时，皆熟矣。虽有不同，则地有肥硗，雨露之养、人事之不齐也。故凡同类者，举相似也，何独至于人而疑之？圣人，与我同类者。②

圣人有了道德自我的意味。孟子的圣人人性化还原还在并不失掉它个性的完美的诗意基础上，描述如：

> 可欲之谓善，有诸己之谓信，充实之谓美，充实而有光辉之谓大，大而化之之谓圣，圣而不可知之之谓神。③

可谓孟子心中的圣人画像。

天子发展到春秋战国，原始社会到奴隶社会，人格理想出现了圣人与帝王的不相合一，圣人与天子重叠部越来越少，当然主要是外部的"位"方面的，而与帝王的重叠更少，且大部分总相对立，才德与位的不相统一，为人格理想埋下了分裂为儒道的种子，也说明了人格与时代环境的相承关系。圣人的不一定王，也即圣人与圣王的区别影响了以后的价值观念与生存方式，圣人也分裂为两个，随时而变，犹如硬币的两面，相互区分又连为一体，如葛洪所言："且夫俗所谓圣人者，皆治世之圣人，非得道之圣人。得道之圣人，则黄老是也；治世之圣人，则周孔是也。"④而实际上，内圣外王的理想却是由黄老最先提出的，而周孔中的孔也即儒家的先驱一辈子都未能做上王；这里我先只提醒圣人人格的多重性，以下道家部分我们将对圣人的另一面进行展开描述，

---

① 《论语·泰伯篇第八》。参见《论语译注》，第82页，杨伯峻译注，北京，中华书局2009年10月版。
② 《孟子》。参见《孟子译注》，第241页，杨伯峻译注，北京，中华书局2010年2月版。
③ 《孟子》。参见《孟子译注》，第310页，杨伯峻译注，北京，中华书局2010年2月版。
④ 《抱朴子·辨问》。见葛洪撰《抱朴子》，上海，上海古籍出版社1990年10月版。

以及说明作为隐士的圣人在价值体系与行为方式间各执一端的二分所涉问题的繁复且带有的强烈的文化性。

宋明儒学有关人的观念仍然沿的是孟子的路线,但已融了许多他论进去,包括道,和易,周敦颐便以对《周易》的话的引用来说明圣人,是"与天地合其德,与日月合其明,与四时合其序,与神鬼合其吉凶"的人,圣人的圣字得到了强调,正如圣人的天的一面得到了恢复;然而如张载、二程、朱熹、陆象山等都更偏向于人是道德和存在以及在此意义上人向社会世界而非自然世界的延伸性,王阳明又称圣人为"大人",更突出了圣人的人间气味,当然这种人间性已并不排斥自然性,人与天仍是合一的,甚至只是合一的境况才可被称为"大人":

> 大人者,以天地万物为一体者也,其视天下犹一家,中国犹一人焉。
> ……大人之能以天地万物为一体也,非意之也,其心之仁本若是,其与天地万物而为一也。岂惟大人,虽小人之心亦莫不然,彼顾自小之耳。是故见孺子之入井,而必有怵惕恻隐之心焉,是其仁之与孺子而为一体也;孺子犹同类者也,见鸟兽之哀鸣觳觫,而必有不忍之心焉,是其仁之与鸟兽而为一体也;鸟兽犹有知觉者也,见草木之摧折而必有悯恤之心焉,是其仁之与草木而为一体也;草木犹有生意者也,见瓦石之毁坏而必有顾惜之心焉,是其仁之与瓦石而为一体也;……①

大人与小人即平常人同论,且与天、物齐论,很有些庄禅的义理,还不足以代表儒家的典范人格观;宋另一思想者程颢却诚实地发挥了孟子的圣人与吾同心的思想——尧舜禹汤文武之道相传若合符节,非传圣人之道,传其心也。非传圣人之心,传己之心也。己之心无异圣人之心,广大无垠,万善皆备。故欲传尧舜以来之道,扩充是心下耳;②人之圣性就这般悄然取代着圣人的概念,王阳明的《传习录》中"人胸中各有个圣人"一段更是明显,圣性与圣人混同了边界,内圣的"价值自我"也取代了政治意味强的道德自我;这在现

---

① 王守仁:《大学问》,见《王阳明全集》,卷二十六,续编一,第968页,吴光、钱明、董平、姚延福编校,上海,上海古籍出版社1992年12月版。

② 参见[美]杜维明:《人性与自我修养》,第99页,北京,中国和平出版社1988年8月版。

代儒学思想体系中已发展成熟，如熊十力的《对话》、《原儒》、《乾坤衍》中有关人之自足性、本体性的认识都证明在政治力量与精神价值之间他对后者的偏向，并无意间在对心理根基与内在价值的研讨中将儒学由集体意识群体性格推进为一种更个体化的伦理宗教，而在思潮之外对文化的介入使之更纯粹地保住了已被时间传统损耗和被政统磨毛了边角的儒家精髓，"反己自求"、"自家体认"的观点很为一个观念纷多的时代的人提出了可供其主体选择的主体性的方案。

那么，究竟什么样的人才能称得上是圣人呢？中国的命名传统仍然倾向于形象描述而不擅长下定义，明代思想家胡敬斋曾在他的文集里有这一个比喻，圣人境界似是"屹乎若太山之高，浩乎若沧溟之深，纬乎若日星之炳"，这个浪漫的极富文学性的譬喻使人想起柏拉图在《蒂迈欧篇》中的另一个比喻，也是有关人的神化的，他称之为"我们灵魂的至高无上的'形式'"，他说，"……所谓居于肉体顶端的、把我们从地上提升到天上同类那里的这一器官，就像一株植根于天而不是地的幼苗"，他还将之称为"守护神"，从这里更印证了中国圣人人格思想的天人可比性与互融性，西方最早的源说明了其人文对人格的不同确证，一开始那人格之上就有一更高的至上神在主宰着，人格与神格是分离的，人格实际是第二位的；中国文化所表述的初期思想中"圣人"因其是天与人或神格与人格的合一，所以它是一体的第一位的，在它之上没有更大的神，在它对面没有物质，神不独异于我，神不绝对；他既是物质，也是神，他是这三体的合一。记着这个特性是有益的，它关涉到以下我们要谈到的圣人的内涵。

刚才说了，圣人的表述是超定义的，我想原因也不仅在文化，而可能更多部分在圣人还找不到可对位于它的词语，所以譬喻之外，另一形象产生了，那就是对位于这一人格的实体——人物：孔子。

立人，这是语言的尽头的最好的表志方式。同时也是东方人格文化的有形体现。

十三年周游列国、游说君主，终生奔走于政治与人道之间结合（犹如天人结合的另种方式）的志于道又不见容于世的孔子作为继尧舜之后第一个为士的圣人典范（以天子来命名尧舜，则孔子为圣人第一人），最早被孟子所阐释发挥为言志的一个典范，近代如五四时期反传统先驱李大钊在其《自然的伦理观与孔子》里仍用了三个"确足"来表述对这个文化圣人的态度,他说,"孔子于其生存时代之社会,确足为其社会之中枢,确足为其时代之圣哲,其说亦确足以代表其社会时代之道德"①;如此两千年里,孔子与圣人两个语词可以互换,二者也是互义的。孔子在成为后代的楷模时,在作为提升人向圣人境界进取同时,也不可免地隐含了对他人独立人格的掠夺。

这是一个硬币的两面。

与特性相联的圣人的职责在儒家重要经典《大学》中有很全面的披露。其中,"格物、致知、诚意、正心、修身、齐家、治国、平天下"八条目说出了圣人境界的三层次②,由自我到家族到天下所围成的一个循环体将追圣的士的精神性文化性社会性生存概括得天衣无缝,使之不只成为儒家的道义标准与行为准则,而且辐射面相当广泛,儒家思想的兼容性很是聪明地把圣人变作一种可以达到的有弹性的人,在无论何种境遇中都能找到与之对应的原则,可退可进,可伸可缩,可仕可隐,而又分别有与之对位的圣人,如被孟子列为三圣人的伯夷模式(为隐),伊尹模式(为仕),孔子模式(仕隐之间),这在密不透风的文化范式中给出了极其可观的主体选择的自由;也大大丰富了圣人人格的内涵,"天下有道则见,无道则隐"的孔子的仕隐有道、进退自如的模式尤受推崇中却进一步为人格的某种不可见性的分裂埋下了伏笔。

内圣外王的"博施于民而能济众"的圣人境界被冯友兰说成是"天地境界",知行合一,天人合一,政道合一,已然是"大化"之境界,其方正与圆融代表了圣人人格的内涵与外延。用儒学本体的话来记述它或许更不会失真;其内涵是更多集中在定义式的圣的特性上:

　　　　圣人,百世之师也。③
　　　　圣人也者,人之所积也。④

　　① 李大钊:《自然的伦理观与孔子》。《甲寅》日刊,1917 年 2 月 4 日,见《李大钊文集》,第一卷,第246 页,北京,人民出版社 2006 年 3 月版。
　　② 王文亮《中国圣人论》一书中"圣人与士人性格"一章将其解释是为士的三个世界,认为只有在这三个世界同时都能够游刃有余的人才称得起是圣人。参见王文亮著《中国圣人论》,第 158—169 页,北京,中国社会科学出版社 1993 年 4 月版。
　　③ 《孟子·尽心章句下》。见《孟子译注》,第 305 页,杨伯峻译注,北京,中华书局 2010 年 2 月版。
　　④ 《荀子·儒效》。见张觉撰《荀子译注》,第 137 页,上海,上海古籍出版社 1996 年 8 月版。

圣人也者，道之管也。①

圣人，备道全美者也，是县天下之权称也。②

天者，高之极也；地者，下之极也；日月者，明之极也；无穷者，广大之极也；圣人者，道之极也。③

圣人者，人之先觉者也。④

其外延是对圣的职责范畴的功用阐释：

圣人之道，同诸天地，荡诸四海，变习易俗。⑤

盖圣人之政，仁足以使民不忍欺，智足以使民不能欺，政足以使民不敢欺。⑥

圣人于行藏之间，无意无必，其行非贪位，其藏非独善也。⑦

圣人之行，虽不必同，然其要归，在洁其身而已。⑧

圣人的同义词还有人爵、大人等，代表着人心中内化的一个人格的至高的"统治者"。

无论前世后人怎样对其叙述圈定，圣人依然是半神，且几千年中只有一个孔子堪称此号（尧舜应划归于天子，伯夷、伊尹影响力有限），而且几近于不可及，高需仰视；更重要的是与圣人有关的一个儒家致命的问题非但未能在这时得到解决，而且暴露得更厉害了，这就是儒家的圣人人格的至尊观念即

---

① 《荀子·儒效》。见张觉撰《荀子译注》，第125页，上海，上海古籍出版社1996年8月版。

② 《荀子·正论》。见张觉撰《荀子译注》，第366页，上海，上海古籍出版社1996年8月版。

③ 《史记·礼书》。见《全本史记》，第23页，司马迁著，北京，华文出版社2010年6月版。

④ 李翱《复性书上》。见《李文公集　欧阳行周文集》，第7页，上海，上海古籍出版社1993年6月版。

⑤ 《春秋繁露·基义》。见《春秋繁露》下册，第435页，董仲舒撰，凌曙注，北京，中华书局1975年9月版。

⑥ 王安石《三不欺》。见《王安石全集》，第228页，秦克、巩军标点，上海，上海古籍出版社1999年6月版。

⑦ 《四书集注·论语·述而》。见《四书集注·大学·中庸·论语》上册，第0091页，珍仿宋版印，北京，中华书局1957年8月版。

⑧ 《四书集注·孟子·万章章句上》。见《四书集注·孟子》下册，第226页，珍仿宋版印，北京，中华书局1957年8月版。

人生来平等而成人后的不平等所带来的功德贵族制(儒家人格观的外延)和价值等级制(儒家人格观的内涵)所隐示和认可的特权思想①,从人格思想到它的社会思想已然形成了一个统一而完整的体系,圣人理想只是它的一个形象式的再现。然而如何解决思想上的如下问题,比如如何将人格与平等观念、尊卑观念作一细节的区分? 如何将制度的等级关系所植于的不平等观念与人格等级关系即层梯关系相划分呢? 而解释自然的事物或种类的不平等根源或前提能否直接移来解释人呢? 宗教的平等与人格的不等式是人文精神界不断演化的一个冲突的主题。正误的答案好像都没有。而金字塔尖上又只能容下一个人。这种内在的不平衡和重重疑惑我想一定程度上造成了相当一个时期内重修身而又不能轻易达到圣人境界的儒者与士人的痛苦,相对历史而言,这痛苦的时间是可忽略不计的,但是正是它们的存而未决却使另一种可望亦可求的人格呼之欲出了。

其实,人极、人伦之至的圣人在被称为"圣贤气象"那一天起如二程"人须当学颜子,便入圣人气象"的话里就已透出了圣人的进一步人间化的企图,如果说陆象山(陆九渊)的"宇宙与吾心"的互换论还有些神秘的话,王守仁"人人都是仲尼"、"满街都是圣人"的启示录式的"传习"更是明确了直观体验的成圣方式;"人皆可以为尧舜"的诠释宣言这样一种理想,将道德变作存在;事实上道德也变作了存在(在儒士一节我会深究此点)。而于这样的背景下所诞生的一种新于或确切讲是不同于圣人表述的人格肯定是体现着它的由儒学思想构筑着主体愿望的时代的。

这种人格就是君子。

2. 君子

君子是中国人格思想史中的一个重要概念,也是儒家人格理想中仅次于圣人的典范人格。君子是圣人的现实境界,是儒家人格的第二境,所以又可将之作为圣人的现实指称;君子由其现实性所获得的群体性几千年来使其成为超越了历史其后也必然超越了学派的理想人格规范,成为为己做人的标准,品评他人品行的准绳,并进一步成为群体本位的人格范式而代表或涵盖

---

① 这一点美国学者唐纳德·J·蒙罗在其著作《早期中国"人"的观念》一书中有睿智的论述,此书由上海古籍出版社 1994 年 8 月出版。

着大部分的中国文化思想的发展历史和影响着它的走向。

君子作为儒家思想人格的代表,从儒学经典《论语》中曾有 86 章 121 次论及于它即可得到直观的证明。

如前所说,对儒家来讲,圣人是人格修养最完善的人,是道德高尚的最顶峰,是人有关人性的一个理想,古往今来却极少能有人达到这一境界,获得这一地位,事实证明也只有孔子一人被冠以这个人伦之至的称谓而其后再无第二人;而儒家所倡的道德修养的道路又是朝每一个人开放的,为解决这个思想上的矛盾,君子诞生了,它的背景与它所依托的思想都说明它是在更广阔的范围里向更大多数的孜孜以求的世人(更大多数是士人)所提供的一种为仁的标准,这标准也是人经修炼可以达到的一种人格,它次于圣人(从境界上言),但毫不影响它的神圣性,而且由于历史的局限如为王的一面被甩掉了则更获得了自由的空间,圣性渐次让位于德性并被德性所兼容。德性亦从此成为君子的人格代称。

君子既与圣人不同,是因其具有的现实性,而于现实中又能以转化的方式保住圣人人格中的圣而以德涵盖之,那么究竟具有怎样的品性才可称为君子呢? 君子的意蕴具体又有哪些呢? 它又是如何达到的呢?

古人的话虽然简单却有深意在里。它因是君子人格时代的思想产物,因而具备着未可替代的发言权。

道、德:

"君子谋道不谋食。"①

"君子怀德。"②

仁、义:

"君子去仁,恶乎成名? 君子无终食之间违仁,造次必于是,颠沛必于是。"③

"君子之于天下也,无适也,无莫也,义之与比。"④

礼与知:

---

① 《论语·卫灵公篇第十五》。参见《论语译注》,第 166 页,杨伯峻译注,北京,中华书局 2009 年 10 月版。

② 《论语·里仁篇第四》。参见《论语译注》,第 37 页,杨伯峻译注,北京,中华书局 2009 年 10 月版。

③ 《论语·里仁篇第四》。参见《论语译注》,第 35 页,杨伯峻译注,北京,中华书局 2009 年 10 月版。

④ 《论语·里仁篇第四》。参见《论语译注》,第 36 页,杨伯峻译注,北京,中华书局 2009 年 10 月版。

"君子敬而勿失,与人恭而有礼。"①

"君子于其所不知,盖阙如也。"②

信和节:

"君子信而后劳其民,未信,则以为厉己也;信而后谏,未信,则以为谤己也。"③

"可以托六尺之孤,可以寄百里之命,临大节而不可夺也——君子人与?君子人也!"④

文与内质:

"君子博学于文。"⑤

"质胜文则野,文胜质则史,文质彬彬,然后君子。"⑥

行:

"君子欲讷于言而敏于行。"⑦

"子贡问君子。子曰:'先行其言而后从之。'"⑧

为人:

"君子成人之美,不成人之恶。"⑨

"君子尊贤而容众,嘉善而矜不能。"⑩

"人不知而不愠,不亦君子乎?"⑪

由此,君子所含蕴的人格得以完整且具有现实的可行性,而君子之所以

---

① 《论语·颜渊篇第十二》。参见《论语译注》,第 123 页,杨伯峻译注,北京,中华书局 2009 年 10 月版。

② 《论语·子路篇第十三》。参见《论语译注》,第 131 页,杨伯峻译注,北京,中华书局 2009 年 10 月版。

③ 《论语·子张篇第十九》。参见《论语译注》,第 199 页,杨伯峻译注,北京,中华书局 2009 年 10 月版。

④ 《论语·泰伯篇第八》。参见《论语译注》,第 79 页,杨伯峻译注,北京,中华书局 2009 年 10 月版。

⑤ 《论语·雍也篇第六》。参见《论语译注》,第 62 页,杨伯峻译注,北京,中华书局 2009 年 10 月版。

⑥ 《论语·雍也篇第六》。参见《论语译注》,第 60 页,杨伯峻译注,北京,中华书局 2009 年 10 月版。

⑦ 《论语·里仁篇第四》。参见《论语译注》,第 40 页,杨伯峻译注,北京,中华书局 2009 年 10 月版。

⑧ 《论语·为政篇第二》。参见《论语译注》,第 16 页,杨伯峻译注,北京,中华书局 2009 年 10 月版。

⑨ 《论语·颜渊篇第十二》。参见《论语译注》,第 127 页,杨伯峻译注,北京,中华书局 2009 年 10 月版。

⑩ 《论语·子张篇第十九》。参见《论语译注》,第 197 页,杨伯峻译注,北京,中华书局 2009 年 10 月版。

⑪ 《论语·学而篇第一》。参见《论语译注》,第 1 页,杨伯峻译注,北京,中华书局 2009 年 10 月版。

要如古人所界定的"九思"（视思明、听思聪、色思温、貌思恭、言思忠、事思敬、疑思问、忿思难、见得思义）、"三戒"（少时戒色、壮年戒斗、老年戒得）、"三畏"（畏天命、畏大人、畏圣人之言）①；只是为了一个目的——

　　　　子路问君子，子曰："修己以敬。"曰"如斯而已乎？"曰："修己以安人。修己以安百姓。修己以安百姓，尧舜其犹病诸！"②

　　君子仍未完全摆脱圣人以至更早的天子人格给它的影响，置身于社会而在其中极限并积极地发挥个人的作用，这其实是西方现代知识分子概念的基本点，而这又正是君子人格的核心。

　　《论语》所给定的君子内涵经《孟子》、《荀子》以及历史上其它思想著述得到了进一步阐述与完善，如：

　　夫义，路也；礼，门也。惟君子能由是路，出入是门也。③

　　君子之言也，不下带而道存焉；君子之守，修其身而天下平。④

　　蓬生麻中，不扶而直；白沙在涅，与之俱黑。兰槐之根是为芷，其渐之滫，君子不近，庶人不服。其质非不美也，所渐者然也。故君子居必择乡，游必就士，所以防邪僻而近中正也。⑤

　　这句话是又可做环境对人格的作用来强调的。

　　君子者表里称而本末度者也。故言貌称乎心志，艺能度乎德行。美在其中，而畅于四支，纯粹内实，光辉外著。⑥

　　君子以争途之不可由也。是以越俗乘高，独行于三等之上。⑦

　　夫君子之清、清以和，君子之慎、慎以简，君子之勤、勤以敬其事，而无位

---

①　参见《论语·季氏篇第十六》。见《论语译注》，第 174 页，杨伯峻译注，北京，中华书局 2009 年 10 月版。

②　《论语·宪问篇第十四》。见《论语译注》，第 156—157 页，杨伯峻译注，北京，中华书局 2009 年 10 月版。

③　《孟子·万章章句下》。见《孟子译注》，第 229 页，杨伯峻译注，北京，中华书局 2010 年 2 月版。

④　《孟子·尽心章句下》。见《孟子译注》，第 314 页，杨伯峻译注，北京，中华书局 2010 年 2 月版。

⑤　《荀子·劝学第一》。见《荀子译注》，第 4 页，张觉撰，上海，上海古籍出版社 1996 年 8 月版。

⑥　《中论·艺纪》。见《中论校注》，第 99 页，徐湘霖校注，成都，巴蜀书社 2000 年 7 月版。

⑦　《人物志·释争》。见《人物志》，第 228 页，北京，中华书局 2007 年 12 月版。

外之图。①

可见，君子一义已经溢出了儒学一家的界限而成为广泛的一种理想人格规范。

而且，君子常以小人作衬的对比特色，也在时时提醒着君子这一人格的现实性，如《论语》中有"君子喻于义，小人喻于利"；"君子坦荡荡，小人常戚戚"；"君子泰而不骄，小人骄而不泰"；《荀子》中讲，"君子乐得其道，小人乐得其欲"；"君子道其常，而小人计其功"；《四书集注》中讲，"君子小人之分，义与利之间而已"；《读通鉴论》中，"慎以自靖者，君子之徒也；佞以悦人者，小人之徒也"；《贞观政要》中更是频频出现君子与小人的字眼，以扬人之善与讦人之恶作着最基础的区分。

君子在其对立面亦可视作他的反面镜中显现着他的影像。从而成为中国文人仕者以至一切重操守之人的一面人格镜子。

君子另一较为通俗的称谓是"大丈夫"，指士中的有浩然之气，至大至刚的志士仁人；现在我们多沿用的是孟子在《滕文公下》中的定义，即"富贵不能淫，贫贱不能移，威武不能屈，此之谓大丈夫"②。可以品出其中已相当浓烈的道德现实的气味。

中国古代的基础人格已经奠定。此后的思想历史只不过是君子这一人格的发酵史。我们同时可以嗅得到其中所蕴藏的芳冽和醇香。

当然君子一称在前论语时代即出现了，它的称谓不独为儒家所有，儒学家似也从未争夺过这一专利。儒之前，"君子"一词就已出现在《诗经》中，我们熟悉的有"窈窕淑女，君子好逑"，"淑人君子，其仪一兮"；与儒同时期的其他诸家也不乏以君子言志，最为著名的例子是《周易·乾》中一句："天行健，君子以自强不息。"《周易》中还多次论及君子之德，"君子敬以直内，义以方外；敬义立而德不孤"（《坤》）；"君子以遏恶扬善，顺天休命"（《大有》）；等等，不一枚举。从诗中的保存看，君子具有很强的民间性；从诸子言论看，君子有其时代的广阔性，从以上提到的历史传统看，君子是中国传统文化沿存下来的最具完整性的人格典范之一，尽管之后我们还要讲到它在近代意义上的变体，但并不影响君子所具有的历史传承性。这里值得提醒的区分是，无

---

① 《读通鉴论》卷七。见王夫之《读通鉴论》第三册，第438—439页，北京，中华书局1975年版。
② 《孟子·滕文公章句下》。见《孟子译注》，第128页，杨伯峻译注，北京，中华书局2010年2月版。

论诗经还是其他诸子的演绎或初衷,都与我们所说的人格意义上的君子有所不同,诗经中的君子几乎不带道德意义,只是当时对男子的一种称呼,虽然其中也含有赞叹与赞美的意思,但绝非严格意义的人格称谓;诸子思想中虽多了一些道德层面的内容,但并没有将之作为一种为人的标准加以提倡和发挥,而只是零星地散落在典籍断章间,从未构成过一种整体的自觉的模式,也不是哪一流派的中心思想;由此结论是很明显的,只有儒家集成了它更准确地说是创生了它,第一次赋予了它人格的意谓,使之成为中国思想文化史亦是中国人格思想史上的第一个由人自己自觉提出的切入人间思想具备现实色彩的理想人格的规范。

当然,这规范常常是通过肉身的方式加以全美地体现。

3. 孔子与儒士

早我出生 10 年出版李长之先生的《孔子的故事》在而立之年读到,竟不能释手,已经是第三遍读它了,这部有着钢蓝底暗哑般的封面上站着从儿时记事起就熟悉不过的形象,那个老人已经有两千五百六十二岁了,却仍是那样矍铄俊彦、清朗澄洁,他站在那里,脸上永远带着世人无法表述而又是对世事全然了于心的参悟的微笑,那种兼有正直坦荡之质与凛然威严之气的神貌,即使在兵荒马乱的中原地带行走、流浪的那些昼夜兼程的 14 年里也没有丝毫的改变。

占了这本不足 7 万字的“小”册子的中心篇幅的,是孔子由鲁出走后的在中原诸侯列国的辗转,齐景公的 80 名美女、120 匹骏马停在曲阜南门外,鲁定公与季桓子的目光便越过了三年前夹谷之会为鲁国赢得三个城池的孔子,而变得模糊起来,孔子并没有等来祭天的祭肉,而在子路催促下上了路,走到鲁国南境屯时,等到的也只是一个送行的师已,而他的到来也仅是为了探探孔子去国的口风罢了。有谁想到了这就是那个遥遥的 14 年羁旅的开头呢? 催促老师出国的子路想到了么? 受到冷淡的孔子想到了么? 命运倒出的这样一个线头,它的终点又结在哪里,那一同在黄昏时走出国境的有着缓缓影子与清瘦身躯的一行读书人,会想得到这场自我放逐的结局么?

孔子终于出走。他无法忍受的就决不营苟。无论历史如何记述那个孤单的开始,孔子还是做出了他的选择,无论这选择是在怎样一个被动的境遇里发生的,无论他是否知觉到这选择背后即是对自己的选定进一步的全心意地承诺,对那个自觉到又未详知的将来,对天命所要他接着做的;反正,他上了路。这一年,是公元前497年,这一年,孔子55岁。此后,是在卫国受到的监视,过匡城的被拘留,晋国边界上的天不济,复回到卫国后的三年滞留,过宋国时遭到的迫害,在陈蔡的绝粮,不辞劳苦行至楚国边缘却逢楚昭王病故,负函的等待成为泡影,返卫而后归鲁,生命里的14年光阴是由车辙上的尘土做成的。我手上现有的两幅《孔子访问列国诸侯示意图》[①],从两幅图上,可以想见只有马、牛和木碾车的时代里的那样一种辗转:鲁之曲阜,过大野泽,经郓城到卫之帝丘;至匡折回帝丘到曹之陶丘;经定陶到宋之商丘;向西经睢县到郑之新郑;向东南到陈之淮阳;折向西南到蔡之上蔡;南下至负函(今信阳市);匡氏书中的图这一处已是孔子行迹的最南端,曹、杨的示意图将孔子的行迹向南延展到郢,在汉水以南。回走的路线是由重线标识的,由负函或郢直接到卫,由卫东行至鲁,南下的折线与北上的直线标识着不同的心境,那种向上穿越中原的气魄有一种归心似剑的味道,"归欤!归欤!"的急切语气里当然有天命不随人愿的不甘。

　　展卷看一个人的行走变得如此具有魅力——原来不曾发现,以至我将匡氏书前那幅较为详尽的图复印了放在书桌的玻璃板下,渐渐地,鲁——卫——曹——宋——郑——陈——蔡——楚等国国名,变得不再遥远,而那途经的自远古时就闻名的几大水系——济水、颍水、淮水或者还有汉水,以及流淌其间的睢水、沙水、汝水都变得清晰起来,仿佛它们是一条条自东向西横亘中原的河流,可以看见它在阳光下反射出的黄金碎片样的波光粼粼。实际上,孔子不曾到过比负函更南的地方,比如曹、杨两人绘出的当时作为楚国国都的郢,那应是汉水流域,现在的湖北境内,史记上说到的负函即现在淮水流域的信阳市应是当时孔子足迹的极限了。俯身望着这些中原地名,这些一个55岁的老人一步步跋涉到69岁的地方,那些折线与直线的来去,心里是曾暗下决心沿着它走上一走的。地点都集中在山东、河南境内,现在又有着大大方便于古时的交通,作为一个生长于中原的后人,没有理由对两千多年前的那次中原的流浪采取漠视旁观的;而且我想,如果走的话,也应该是走的最朴素的方式,用脚丈量,太想知道的是那个藏在一个个地名后的思想秘密了,在

---

　　① 见匡亚明著《孔子评传》,齐鲁书社1985年3月版;曹尧德、杨佐仁著《孔子传》,花山文艺出版社1988年12月版。

春秋那样一个大动荡的时代里，一个人走在诸侯争权、国家裂变、人心游移，一切都不稳定的路上，一个人面对着一个冰上火中的世界——尤其中原小国常常旦存夕逝的世界，那个领着一群弟子在此间到处闯荡寻找出路——不是为自己而是为时代——的已然超出了他自己所说的"知天命"年限的人，他想要以那行走寓言的究竟是什么呢？这个谜，是只有亲身走一走那路或许才可解开的呵。

让我真正看重长之先生这部加了后记方满110面的书的——现在哪一部儒学传记不是洋洋数十万言，而当时这部小册子才花到四角钱即可购到——是它正文前附着的一些墨拓和手绘，图7至图10表现的四个情景，几可视作孔子一生性格的缩写。一幅选于明墨拓孔子世家图，讲孔子和弟子们在宋国树下讲学，宋国司马桓魋叫人来砍树。图右侧三人砍树，中心位置坐着孔子，安然地给恭立于前的弟子们讲课，那神情好像什么事也不曾发生。《史记·孔子世家》中孔子的那句话就是这时说的，面对弟子"可以速矣"即让其快一点逃离的劝解，孔子脱口而出"天生德于予，桓魋其如予何！"一幅是明崇祯刊圣迹图，内容是孔子在陈国到楚国路上被乱兵包围住，粮食也吃光了，可是他还照常给弟子们讲学。关于这幅图所描绘的事件下面我还要涉及。图9仍选自明墨拓孔子世家图，记孔子在楚国的边界上经过，有个好像疯疯癫癫的人，到孔子车子前面唱歌，不赞成孔子各处奔走。《史记》记载的这个楚狂人是出现在长沮、桀溺和荷蓧丈人之后的，孔子答前两者尚有"天下有道，丘不与易也"的自辩与"隐者也"的不予理会，而对这个歌人，他下了车，想与之交谈，那人却趋而去，只留了背影给孔子。图上孔子尚立于车上，抚栏而听，更细部的表情看不分明；图10是明崇祯刊圣迹图，述孔子和弟子们编写《春秋》、整理诗歌和音乐。这已然是归鲁以后的晚年生涯了。图中的孔子正面居于黄金分割位置，他的前方是一案几，弟子们立侍周围，奇异的是孔子头戴一顶官帽，年纪似乎比流浪时还要小上一些，那幅肃然沉着的表情有些不似在途中形象的亲近平易。讲学、旅行与著书构成了孔子一生，所以那概括也相当容易做，那结论好像也是现代至今一切知识分子所做和正做的。多多少少，单从这点来看，每个选择了如此生活的知识者身上都打着一些当初孔子的影子。然而深想那行走的目的时，会有一种眩晕，一种目的与初衷相叠的感觉，纠缠不清的是那离开的缓慢却果决，如果没有子路的催促呢？他还是最终也要离开的,他离开的不是因美女与良马而引起的智不如声色犬马的一时委曲,"道不同不相为谋",这才是他远远走开的原因。他无法忍受的不是这样一个国君,而是自己的祖国竟掌握在这样一个国君手里的事实。他感到窒息。而他精心维护的仁又无法使其采取兵变的形式——虽然他在以后也曾遭遇过这样的机会,但他实际上拒绝叛乱这种方式,他一生都在拒绝着这种方式,是为了要为一个时代建立一种稳定的秩序他才不倦奔走的。实际上与其说他是在期待着一个发现他治国才干的明君,不如说他以行走的方式远离着任何当时行盛于世的不义,这层隐衷使那场延宕了 14 年的行旅有了一种放弃的色彩,他所积极寻找的和他所一定抛弃的相互纠结,直到 3 年居停去陈的那份感慨——"归欤归欤! 吾党之小子狂简,进取不忘其初。"其初又是什么呢? 有种警醒在里。14 年的明君之梦,终于被归鲁后的学问生涯代替,也许真正的经世治用不是面向一国一城的,一种秩序的实现恰是覆盖一个时代的。这可能就是楚昭王之死给孔子的绝望中的惊悟。也是他急于要回国却又不为仕的缘由。14 年的行走给出的结论竟如此急骤,有《论语·为政》为证:或谓孔子曰:"子奚不为政?"子曰:"《书》云:'孝乎惟孝,友于兄弟,施于有政。'是亦为政,奚其为为政?"这句话正讲在他由卫返鲁的时候。

　　是呵。"其初"是什么? 先是不愿与一国君为伍,离开一个具体的地方,再是不愿与一切国君为伍,离开一个现实无法实施的念想。从起初到终论,其间隔着 14 年的路程。孔子坚执的仍是他起初坚执的。路途的蹉跎坎坷并未磨去这一点,反而更成就了它。正是将"有为"看成是在更大范围与更长时间里发生作用的事,孔子才在晚年选择了文化,这与其初他的进取——教育相一致。孔子曾在路上问子贡,"你以为我是因为多学而认识到这一切的么?"子贡反问难道说先生不是么?

　　孔子否定于此,那答案是"予一以贯之"。由是,返观那场颠沛便已积有一种芳洌在内。有志向在里,也有疑窦在里。

　　所以他将那一个问题反复地提于弟子面前。

　　"诗云:'匪兕匪虎,率彼旷野。'吾道非邪? 吾何为于此?"——古时诗歌上说,又不是老虎,又不是犀牛,徘徊在旷野,是什么因由? 是我们讲的道理不对么? 不然,我们怎么会困在这里呢?

　　他问子路。得到的回答是:怕是我们的仁德不够? 人们才不相信我们;

怕是我们的智慧不够？人们才不实行我们的主张吧。——他对这个回答的回答是,如果有仁德就会使人相信,为什么伯夷叔齐会饿死呢？如果有智慧就能行得通,为什么比干的心会被人剜掉呢？

他复问子贡。子贡答道:先生的理想定得太高,所以天下不能容先生。先生能不能把理想降低一些？——他对这个回答的回答是,一个好农夫耕种不一定有好收成,一个好工匠做好活不一定正赶上需要,一个想有作为的人有他自己的主张并将它有条理地发表出来不一定人家就接受。你不追寻你的正道而只计较别人是否接受,没有远大的志向呵。

他将同一个问题提于颜回。得到的回答是:先生的理想定得高,所以不相容于社会,但先生一直身体力行推行理想的实现。不能相容又有什么关系？不能相容,才可考验出有德人的涵养。拿不出好主张,是我们的可耻,有了好主张而没有人实现,是当权者的可耻。不能相容有什么关系？不能相容,才可考验出有德人的涵养。对这样一个答案,他是欣然而笑的。于是那即兴的幽默感——为将来多财了的颜回管账——使其回到了他一贯的乐观。

"吾道非邪？吾何为于此？"那反复提给弟子而只要一个答案的问题,是不是也是想向自己求个结论呢？孔子内心是那样的寂寞,不是求而不得不见容于世的落寞,而是同道之中知者寥寥的寂苦。是呵,不是老虎,不是犀牛。徘徊旷野,所为何由？! 孔子是那样地自疑,并只从自疑中确认自信,他问这个问那个,也同时问自己,难道有什么错了么？在哪里？陈蔡之厄发生于从宛丘到负函一段的路上,楚使人聘孔子而孔子也要前往拜礼的路上,吴、楚交战,陈、蔡怕楚任用孔子而危及两国,便发兵将此一行围于郊野。几天的绝粮正如上述明崇祯刊圣迹图中刻画的——孔子讲诵弦歌不衰。这一年,史书上记是公元前489年。然而,俯读《孔子访问列国诸侯示意图》,这样的地点又在哪里呢？颍水无言,汝水无言。

那时并不知已有人间歇走过了这样的路途。在不远的时间,1987年夏1989年春一个老年人为写《孔子》在其写作前后,六次从异国跑到中国访问山东、河南,并沿孔子被逐出鲁后和子路、子贡、颜回等弟子的14年流浪之路走一遍。一个80岁的老人这样做是为什么呢？仅只是写作的需要或吸引,他在序中说道自己晚至70岁才读到让之倾倒的《论语》,而成全了旅途之乐的只是那不足2万字的断章片语"深深打动我们这些即将对人生进行总清算的老人的心"——的这样一个简单的动机。

> 一个身材修长的人缓缓地走在前头。①

这是这部由蔫薑作叙述人的小说讲到的孔子的第一次出场。日本作家井上靖写道：整个山丘复盖着沙子，连一个棵树也不长，但山丘与山丘之间，点缀着稀稀落落的柳树……一个身材修长的人缓缓地走在前头——多少年来，这个人何尝不一直这么着走在前头。在井上靖为写这位老人而奔波于中原路途上时，我相信，他也一直这么着翩然走在作家的前头。于是那座毗邻蔡国的陈国边境的村庄也渐渐地摇近了。"我们仰面躺下，发现头顶上伸展着巨大的桐树枝柯，浅紫色的花朵缀满枝头，在我们这些流亡者看来，显得那么怪诞虚幻又富丽艳美。……太阳已经坠落，余晖还在四周荡漾返照。……孔子端坐在桐树底下……正用指甲弹拨乐器，琴声悠扬动听。"②再没有见过以这样唯美的文笔写陈蔡之厄的文字了。打断了老师的弦歌的，是子路。这就是《史记·孔子世家》中那节著名的记述了，子路几乎是半愠怒地走到孔子面前发问的——那牢骚与怨气都已不可遏——"君子亦有穷乎？"——这无疑是对孔子一向的"仁""信"之教的挑战。孔子是这么回答他的弟子的，他一定是停下了手中的琴，但目光却留在那几根静寂而不发出声响的弦上，他缓缓地说出了使几千年儒学讨论遍生歧义也是儒家立身修德的话：

> 君子固穷，小人穷斯滥矣。③

惯于按剑的子路没有话说。子贡、颜回没有话说。这句话，仿佛概括了他们行走的意义。1958年版《论语译注》中杨伯峻的译文是，君子虽然穷，还是坚持着；若是小人，一到这时候便无所不为了。是君子就不为任何事所动，危难困厄时也不紊乱，能够自己约束自己。坚执自己。这句缓缓脱口而又斩

---

① ［日］井上靖：《孔子》。可参见刘慕沙译本，第23页，2010年版刘慕沙译文为"……一位修长人物领先缓缓漫步"，北京，北京十月文艺出版社2010年版。

② ［日］井上靖：《孔子》。可参见刘慕沙译本，北京，北京十月文艺出版社2010年版。

③ 《论语·卫灵公篇第十五》。见《论语译注》，第159页，杨伯峻译注，北京，中华书局2009年10月版。

钉截铁的话,使随行的人陷入了沉默。远处围兵的嘈杂,是谁将它放在心上了呢? 琴弦止处,连桐花落地的声音都可以听到呵。你以为我只是多学而知道这一点的么? 面对子贡的色变与"难道不是么?"的反问,孔子说,不,我有一种基本观念去贯穿了它。

予一以贯之。①

正是有这种贯穿自己的节操,才使得他在那个动乱、分化的春秋时代里变得孤独,也才使他在那个无义战的年代里尚以一己之躯保存着他血缘里认定的古殷的标准。"吾从周"誓言般地宣谕了他的不入潮流。虽然经历了14年的迁徙流浪他才亲证了那个初衷,那个进取的界定。然而失望代替了犹疑,自信又代替了绝望,建立在一以贯之的信念下的从容将那个不是从一时政治出发而必从代代相传理知出发的历史文化秩序确立的初衷磨砺地更加坚定了。这个立场的找回,是在困厄与寂寥中完成的,不知觉间,叠过的时光舒展开来,一条河似的开敞在他面前。"逝者如斯"的感念里已经包含了立于川上的人获得的俯瞰襟怀。所以,没有圣人,圣人是后人封的。只有在一个时代里做自己天命做的事的人。他自觉地意识到那责任,便不再推诿,冒着"知不可而为之"并为世人蔑笑的境遇,做了他要做的事。对这一点,他再清醒不过。所编《春秋》最后,有着这样的自识:后世知丘者以《春秋》,而罪丘者亦以《春秋》。

与《孔子的故事》为同一作者的李长之早在 1946 年——正好是他写《孔子的故事》的十年前,写过一部《司马迁之人格与风格》的书。我读到的是1984 年三联版,是这几年我从图书馆里借出率最高的书,多张借阅卡片上不同时期写着同一个名字。李长之写司马迁在性格上与孔子的契合,独到地发见儒家的真精神是反功利。其中他也无一例外地引用了厄于陈蔡的孔子三问,道之不修,是应该苛责于己的,道已大修而不用,则不必责己。"不容,然后见君子!"这句紧扣孔子性格精髓的话,李长之给出了这样的翻译,他说,"救世是一个最大的诱惑,稍一放松,就容易不择手段,而理论化,而原谅自己

---

① 《论语·卫灵公篇第十五》。见《论语译注》,第 159 页,杨伯峻译注,北京,中华书局 2009 年 10 月版。

了。孔子偏不妥协,偏不受诱惑,他不让他的人格有任何可袭击的污点。司马迁最能体会孔子这伟大的悲剧性格。"反功利,确如李氏所说,对于一个有救世热肠的人更为难得,因为在一个裂变急骤、格局未定的大变革时代,机会太多,一方是寻找,一方是拒斥,孔子失去了许多机会,比若楚昭王的死;同时他也主动抛却了许多机遇,如闻赵简子杀贤者便决然放弃入晋,还有公山不狃的诱惑,哪怕他有"为东周"的念想,他还是不能与不道相苟合。所以只是放弃,放弃,离开一个地方,再到一个地方去,直到他走到中原的边界明白了他所找的天国不在地上。那么,归欤,归欤。他的归路走得那么干脆,不抱任何不实的期望,不在任何地点做他以前有所待时的逗留。这就是孔子,这位自知时日无多而归心似箭,一心想回国以著书而传承"仁""信"精神的人。那方立定的书案就这样诞生于 14 年的车辚马啸之后。这就是同样于战争年代颠沛于西南边陲的李长之先生所生出的叠印生命式的有关君子正义的感慨吧——所谓有德,所谓闳览博物,所谓笃行,所谓深中隐厚,所谓内廉行修。

　　仁远乎哉? 我欲仁,斯仁至矣。[①]

　　中国历史上第一个为孔子写传的司马迁在他的破例将世家这一称谓与体例给了孔子的《孔子世家》里,将那 14 年的颠沛写得极为简约,是"已而去鲁,斥乎齐,逐乎宋、卫,困于陈蔡之间,于是反鲁"。写他的归鲁也是一笔带过——"孔子之去鲁凡十四岁而反乎鲁。"知天命年后,流浪中原寻找济世的土壤,耳顺年后由中原归鲁将阐发济世的精神,于是,书传、礼记自孔氏,雅颂各得其所,礼乐自此可得而述,以备王道,成六艺。还有《春秋》。"吾道不行矣,吾何以自见于后世哉?"这句自问是可看作他因史记作《春秋》的动因的,只是为了行道于后世,这番苦志,正如对先生"莫知我夫!"的喟叹,子贡有一问:"何为莫知子?"孔子答:"不怨天,不尤人,下学而上达,知我者其天乎!"这部集孔子苦心孤诣的书在它于历史上发挥更大价值之前,确实起到了准绳当世的作用,《世家》中记:春秋之义行,则天下乱臣贼子惧焉。这就是那个未说出口的"其初"么? 他用他的遗著为一个乱世提供了它还不能全然理解的

---

① 《论语·述而篇第七》。见《论语译注》,第 73 页,杨伯峻译注,北京,中华书局 2009 年 10 月版。

"仁""信",对于那个时代而言,这种思想如此超前,以致颜回会说"夫子之道至大,故天下莫能容",然而,"见容"与否就是一种"道"之是非优劣的标准么?那转折的语气里含着一种否定的坚定,以至誓言般地重复两次——"不容何病,不容然后见君子"!

其实整个春秋的思想界好像就是这么着有一个无形的天平。一方是乱世,一方是孔子,一个人置身于一个大时代的背景下,这种机会并不是每个人都能遭遇和把握它。孔子入周问礼并在临别时得到一段话的那位他所敬慕的老子不想做这天平,他留下一部天书样的《道德经》便骑青牛西去了,1996年12月,还是初冬时节,我站在几经重修的函谷关那烈风涌怀的隘口,看一点点下沉的夕阳染红了遍山的蒿草,苍茫的暮色渐渐合拢,在喉的却不料是那种与时地均不相宜的刺鲠,我想说什么呢?为什么在那个山上眺望,我最怀念的却是孔子,最想知道的只是两位老人在入世与出世间作出相异选择的动机呢?如果真有天平的话,孔子是首先放头颅上去的一个。

那么怎样让那世界平衡,什么又是这架天平的准星?司马迁让那放逐的事件淡出之后,却不放过那于事件中凸现的人格。由此对话与自白占着不惜笔墨的篇幅。《世家》写孔子30岁,只一事件,是齐景公之问政——秦国小处辟,其霸何也?孔子对曰:"秦,国虽小,其志大;处虽辟,行中正。身举五羖,爵之大夫,起累绁之中……"后人对孔子议政之事多喜引孔子另次回答景公问的"君君,臣臣,父父,子子"一节而重视他要在乱世建立秩序的一面,却独冷落了上述答问里的"中正"二字。司马迁不愧是孔子的最知心人。他写出了那个纵有治国理想但却以中正为基的人的精神,这是一个哪怕最普通的读书人区分于一个优良政客的关键一点。而鲁昭公二十年时,孔子正处于30岁年轻气盛的而立之年。血气方刚的孔子没有因辅佐或救世而遗漏这个前提,年轻的他尚不知道中年之后他将为之付出的一切,包括黄河南岸异国国土上心身惧焦的落寞苦寂颠沛流离。对于中正,司马迁当然不是一笔带过,对于那奇异一生描述最后,一声独白越过事件,横空出世——"不降其身,不辱其身,伯夷、叔齐乎!""柳下惠、少连,降志辱身矣。""虞仲、夷逸隐居放言,行中清,废中权。""我则异于是,无可无不可。"《论语·微子》这一段似更全一些。讲到柳下惠、少连的言中伦与行中虑。《史记》中没有确切说孔子讲这句话时在多少年,但从上下文推,应是鲁哀公十四年与十六年间,这时的孔子有 70 或 71 岁。70 岁多的孔子依然不忘自己的定位——无可无不可的中道,大有为已盖棺定语之意。令人肃然。这话是说在老年的,在此之前,已经有了那场流亡的铺垫。

这是汉代的司马迁为那天平找到的准星。理解了这一层,中正,二字,用先人传下的汉文字写下来,有以往不曾发现的好看。所以那事件也迎刃而解了。中原流浪之时,孔子不被卫国所用,便西行欲见赵简子,他带了一行弟子行至黄河,听说赵简子杀了窦鸣犊、舜华两位贤大夫的消息。于是有了那声"临河而叹",望着黄河水的眼里闪过的警觉是在那为此事的悲恸哀婉之后么?一阵乌云卷过来,变成他眼中的阴翳,那话一定是含泪说下的——"美哉水,洋洋乎!丘之不济此,命也夫!"一旁立侍的子路走上前问先生为什么不渡河,说这些话又是什么意思呢?孔子为他的感慨下的注是:……丘闻之也,刳胎杀夭则麒麟不至郊,竭泽涸渔则蛟龙不合阴阳,覆巢毁卵则凤凰不翔。何则?君子讳伤其类也。夫鸟兽之于不义也尚知辟之,而况乎丘哉!这句话与其说于子路不如说给自己,那经了河水放大的金石玉振之声,再度剖白了一心有为的孔子是有所不为的。他的救世必以义为前提,这一点已然无法更改,所以他放弃了渡河到晋国去的念头,而在这决然的放弃里又有着对天命若此的失意无奈。水流淌的是那样地美。尽收眼底的江山打动着这个一心要建立功业的人,但是彼岸却不可去,那个无道的人在中人以下,不可与君子语。想想看,这番话,是说在过匡时面对匡人之拘弟子之急"天之未丧斯文也,匡人其如予何!"和过宋时面对桓魋的砍树弟子的催促"天生德于予,桓魋其如予何!"的雄志大略后面的。孔子决不趋利忘义的反功利态度,使得春秋时代那么多的以见用为目的的谋士都变得黯然失色了。霸业成就了又如何?孔子自有他不同与世的标准。由此,孔子严格地将他活动的区域限定在黄河之南。以一条河为界,他以不渡完善着义的前提。

里仁为美。择不处仁,焉得知?①

遗憾是已经无法考证孔子是站在黄河的哪一段说那些话的了。地图上

① 《论语·里仁篇第四》。见《论语译注》,第 34 页,杨伯峻译注,北京,中华书局 2009 年 10 月版。

也没有标识。从卫国出来西行渡黄入晋的话,又是哪一段呢? 桑田沧海,黄河已几经改道,如今的地图上已不可能查出那个地点了。心里隐约地有那水脉的影子划过。我知道它不在我去过的风陵渡、太阳渡,也不在陕晋边界的那一段唯一南流隔河即可望见壁立山峦上人家的渡口,这些渡口我都曾跑过,包括去年在去函谷关路上从车窗玻璃可望见的黄河,它在我们的视线里足足流淌了两个小时。整个行程里阳光在上面反射出的光芒灼痛着我。是呵。孔子言天不济他渡河的地点奇异地从版图上消失了,还是现代人的笔画它不出,人们已不惯于或还没有力量承受他于洋洋水边讲下的话。

"太山坏乎! 梁柱摧乎! 哲人萎乎!"是孔子留给这个一再伤害他的世上的最后的话了,他负杖倚门,歌叹而涕下。"天下无道久矣,莫能宗予"的不甘一生都在咬噬着他,然而他宁愿受这咬噬,也不愿放弃那个"义",别人只看到了他因志不得的伤感,却谁看得见他为此付出的疼痛。他是宁愿牺牲了一己——哪怕已满腹治国之经纶,也要成全"仁""义"大道的人。这样的人,在那个根本无法与之比肩的时代,他的生命怎么可能不是一场悲剧。

　　　　人能弘道,非道弘人。①

对于这一点,孔子何尝不意识得到。世上确实需要他这一种人,然而世人却不需要,不义的现实与求仁的理想间的分裂之苦当然写入了《春秋》,《世家》有一句,"鲁终不能用孔子,孔子亦不求仕",当执射还是执御之论都成往事时,孔子终在案几之上找到了他的位置。正是因了这一点的共鸣吧,《春秋》才那样为司马迁所喜欢,以至成为他的写作理想,成了他著《史记》的精要。那份史的责任那份对史实当中人之人格的着重不能不说来源于孔子的影响。说得远了。实际上,世人不是不需要孔子,孔子殁后次年,鲁国便开始了大规模的祭奠活动,只不过世人需要的他最不重要的一部分,是他的礼,他的秩序之说,他的稳定,这恰却是孔子的衣袂部分,然而,谁人说过"中正不苟"才是他的骨头?! 后世将之比于圣人,供着他或者把他批倒,借着他说着自己的话,然而,谁人如他起初与最后在料到了天命不济的运命后不惮于自

————————

① 《论语·卫灵公篇第十五》。见《论语译注》,第 166 页,杨伯峻译注,北京,中华书局 2009 年 10 月版。

身被湮没的命运而成全大义，"不义而富且贵，于我如浮云"的布衣之节已不单是一种竹简上的理论。

君子之于天下也，无适也，无莫也，义与之比。①

在春秋时代的文字中泅渡，我常常惊异于那个时代的读书人文与人的惊人的叠印，他们的知与行达到了后世需仰视才见的境界，那种叠合，那种相吻，其间简直不留一丝缝隙，他们以身为文的一生简直是给后人看那段历史提供了一种浪漫主义的神话角度，你却知道，它是绝对的真实。怎么可能？怎么可以？进化至此的今人带着某种不信然而又愧然惶然复欣然的心态看着这一切的发生、完成、延展。那时的理论与人是那样不可思议又必然地合一，他就是他的思想，他的理论就是他本人，这可能就是孔子于不幸中的幸，那是一个真正的大时代，出了大的理论，出了巨人。春秋，这个汉词，吟诵起来有一种音乐的调子，是什么，赋予了这个战乱已经开始不义行盛于当世的时代以灵动的乐感的呢？是孔子这样一些后人称之为儒的人吧。对于浊世，他们没有逃开钻到山林里去，而是以清洁之水不断地洗涤它，他们专注于此的样子像是对待自己裸露的身体。生逢乱世，那是真正的澡雪。孔子正是这样的一个人。

所以，对于后世阐释的已成典范的孔子，我习惯于抱着一份敬重的怀疑。孟子表白"愿学孔子"，且将圣人的信念充实为"穷则独善其身，达则兼善天下"的积极理想；司马迁《史记》更是随处证引孔子言曰，并专列《孔子世家》而记史明志，那段太史公自述的话让人读之动容，"虽不能至，然心向往之。余读孔氏书，想见其为人。适鲁，观仲尼庙堂车服礼器，诸生以习礼其家，余低回留之不能去云。天下君王至于贤人众矣，当时则荣，没则已焉。孔子布衣，传十余世，学者宗之。自天子王侯，中国言《六艺》者折中于夫子，可谓至圣矣！"《朱子语类》中说孔子已干脆用圣人指代，"圣人贤于尧舜处，却在于收拾累代圣人之典章礼乐制度义理以垂于世"（卷三六），而卷九三中朱熹直接感叹"天不生仲尼，万古如长夜"；近代李大钊在其《自然的伦理观与孔子》里用了三个"确足"来表述自己对这个文化圣人的态度，他说，"孔子于其生存

━━━━━━━━━━
① 《论语·里仁篇第四》。见《论语译注》，第 36 页，杨伯峻译注，北京，中华书局 2009 年 10 月版。

时代之社会,确足为其社会之中枢,确足为其时代之圣哲,其说亦确足以代表其社会时代这道德",在此文中,他还进一步表明了对传统反思的立场是"余之掊击孔子,非掊击孔子之本身,乃掊击孔子为历代君主所雕塑之偶像权威也;非掊击孔子,乃掊击专制政治之灵魂也"。1917年2月4日的《甲寅》月刊有其那段文化事件的历史性,然而李文此语却经起了时间的恒久考验。如此,两千年内,孔子与圣人两个语词可以互换,二者也是互义的。只是那时活着的孔子并不是一个人所推崇的成功者。相反,他是一个于当时而言的失败者。像堂吉诃德一样,奔走一圈,仍回原地,在路上与风车作战,格格不入于那个时代,却一定要为那个时代提出一种秩序,提供一种理性,一种结构,一种为仁的道义。

因为这个,所以苦找到了他。在他追寻仁的一生里,苦也附体于他,挥之难去。

君子无终食之间违仁,造次必于是,颠沛必于是。①

所以他们所说的孔子都是孔子,却必得合起来才是。真正的孔子是所有孔学论者笔下的孔子之和,颜渊的话是后来才品出味道的,有幸与孔子生在一个时代并作为孔子最满意的弟子之一,这位在陋巷亦不改其志的人,喟然叹曰:"仰之弥高,钻之弥坚。瞻之在前,忽焉在后。夫子循循然善诱人,博我以文,约我以礼,欲罢不能。既竭吾才,如有所立卓尔。虽欲从之,未由也已。"连颜回都如是这般,又怎能苛责其他人没有写出孔子的全貌呢。然而,1995年末写下的一篇文章却不能不使我心有所动。李洁非的《说"苟"》一文初发在哪里已经记不得了,那里面讲到的"苟"与"恶"的区分却迫人神经,他讲到苟与不苟在古代是一桩关系人格的大事。可惜他引用到的《荀子·不苟》一文我一直没有找到。他接着说他对苟与恶比较的观点,"依我之见,在一定条件下,'苟'的行为和心理对社会的败坏,是更为内在和不可救药的。就像某些疾病一样,'苟'对社会健康的侵害,不是突然地从表面爆发出来,而是悄悄潜伏在机体内部,销蚀其活力,使其萎靡不振,终至无痛而死"。他说

---

① 《论语·里仁篇第四》。见《论语译注》,第35页,杨伯峻译注,北京,中华书局2009年10月版。

了古贤忧苟甚于防恶的态度后，引用了一段《论语》上的话——道之以政，齐之以刑，民免而无耻。这是《为政》中的一节，孔子紧接着说的是——道之以德，齐之有礼，有耻有格。足见耻的教育、不苟之约即便一时不能普及于社稷却也直接通向着正直勇毅的个体。这种认识于次年1月产生了《心中的夫子》，李洁非眼中的孔子是一个远远走在时代前头的"永恒的失败者"，像俄底修斯那样迭遭困厄，但终生不曾更改志向，并从这一种特别的失败中感受到那存在的价值——"一个真正而纯粹的思想者的独立性和敢于坚持其立场的使命感"——李文称这个是夫子留给中国知识者的最宝贵的财富。

读古史，时常念及春秋时代的人大多都透着一种洒脱，一种来去由己的自由，现在知道那自由源于对一己职责的认定，源于对一己立场的自知，这种职责自知的基础就是"不苟"。凡事都有界限，大事更是如此。小时读书竟不太懂得古时之人为什么说着说着意见不合了就割席而坐，现在懂了他们的标准。在孔子心目中，济世是一个大理想，但比这理想更重的是节的不能违犯。那时，相统一的不光是人与文，理想的内涵与实现理想的手段也是如此叠合在一起！

> 君子义以为质，礼以行之，孙以出之，信以成之。君子哉！[1]

1996年深秋，11月，在曲阜我拜谒了与孔子有关的三个圣地——他出生的地方，他安眠的地方，后人祭奠他的地方。三处相距不远。而在那个秋雨湿襟的漫步过程中，有一些当时不易觉察的心惊。那个结庐三年复又三年的子贡庐，那个躲过了焚书季节藏有完好典籍的鲁壁，那棵大成门内石陛东侧的孔子手植桧仍然活着，青苍葱茏，就是明人钟羽诗中"冰霜剥落操尤坚，雷电凭陵节不改"的那棵树，那个刻有"大成至圣文宣王"的墓碑，走在一个人的生与死间，有一种不甚真实的感觉，你很难认定那人已经不在人间。洙水与泗水，又到哪里去找？惜手头不见崔述的《洙泗考信录》，然而孔子，你怎么就能做到？不光人、文，手段和目的，甚至连生死都不让它有距离。孔子！

在那样一个经了数世修葺扩建堪与故宫媲美的大院子里行走，令人缱绻

---

① 《论语·卫灵公篇第十五》。见《论语译注》，第164页，杨伯峻译注，北京，中华书局2009年10月版。

不去的却是静默不言的杏坛。《庄子·渔父》中载这是孔子"弦歌鼓琴"给弟子讲学的地方，在它面前静默地站立，首先想到的是初中课本中念过的一段，那个孔子让弟子各述其志的故事。回来后，我在《论语·先进》中查到了它的全文，子路、曾晳、冉有、公西华侍坐，各述其志，子路的"千乘之国"、冉有的"礼乐之邦"、公西华的"宗庙之事"均未能打动提问的先生，唯有专注鼓瑟最后发言的曾点换得夫子的喟然一叹——"吾与点也！"那让孔子如此动心的志向是什么呢？——

　　莫春者，春服既成。冠者五六人，童子六七人，浴乎沂，风乎舞雩，咏而归。①

这才是孔子真心向往的呵。他是那样地喜爱音乐，与齐太师语乐闻韶音三月不知肉味，向师襄子学琴竟投入得废寝忘食；也许身居困厄之中能够面对世界的也只有一张琴了，也许能够记录述而不作的孔子一生心事与灵魂的也只有这一张琴了。他一生弦歌，无论讲学生涯、流亡生涯还是著作生涯，直到生命成为断弦为止。

暮春咏归。从指缝间长出来的是什么样的音乐呢？什么样的音乐才能配得上这样一副怡然与清爽？

那内心的终点！

想一想都让人心疼。

那幅访问列国也是中原流浪的地图没有指示这样的路线。这个世界所能给他的，是一个又一个的困境。孔子一生充满了突围的壮烈与自知的坚苦。然而他是多么希望能有那样一个境界，那个对战乱的春秋而言如梦般神话的世界，如果没有，他是怎样地受尽辛苦而去创造了它出来。

实在是应该马上就背了行李踏着他走过的路一步步走走。井上靖走过了它，不足 15 万字的《孔子》被称为"从时间的缝隙中窥见历史皱襞里的一个人的足迹"，对应那人波澜壮阔的生涯的，还有比亲身沿着他的道路走更好的方式么？

_____

① 《论语·先进篇第十一》。见《论语译注》，第 118 页，杨伯峻译注，中华书局 2009 年 10 月版。

　　鲁迅先生在 1935 年底——也即是距他去世半年前出版的《故事新编》里，没有为孔子着一笔墨，在这部奇书里，他写了老子（《出关》）、墨子（《非攻》）、庄子（《起死》），写了作为中华民族文化源头的道与侠（《铸剑》），还有上古时期造人、补天等神话，《补天》、《奔月》等，一共八篇文字——不仅在中国文人文化里就是在鲁迅本人的写作里也是独立而诡异的——却独独隔过了儒，隔过了正统文化所依于的那个含先生本人所受教育的结构了几世代文人文化的孔子，作为以别样形式写下的《中国小说史略》——我也一直这么将《故事新编》当它的另一理论的文化简易版本读的，然而这一点的发现，曾使我深深地困惑着。是当时文化语境中的反孔与反封建的意义大于着对那传统的总结，是先生本人置身其间已遍尝了那文化变异后的吃人实质而感到的每每攫心似的压抑，还是血脉里的那种东西的纠缠与矛盾那种挥之难去已凝成血块的东西更无可换算为文字的形式。总之，先生对儒的态度达到了嗤斥与不屑的地步，酸儒与腐儒频频令其捉住，不放过的也有底子虚浮的隐士，以至在其笔下，1934 年的《且介亭杂文》里干脆以《儒术》为题一并称之，在《且介亭杂文二编·隐士》里也对一味高蹈却无补于世的一群极尽讽刺，直到二集中的《在现代中国的孔夫子》讲到孔夫子长期以来被当作一块砖头，其圣人意义早已变质。所以后儒时代的无论登仕与退隐，无论进、退，在鲁迅眼里，均一个"啖饭之道"。从 1934 年 5 月至 1935 年 5 月这一年的文字看，鲁迅似乎想对自己的思想作一个清理，儒之传统当然是在他理性之外的，是他的长矛常常所指。这个清理，正如同年编就的《故事新编》似的，后者可看作是鲁迅对自己长期来所置身的一种文化的清理，这本小册子，八篇小说，竟前后写了 13 年，从 1922 年的《不周山》（《补天》），1926 年的《眉间尺》（《铸剑》），到 1935 年年底赶写似的出手的四篇——竟占全书二分之一篇幅，说明着什么呢？查一查那写作年代总会有些很有意思的发现。这可能正是我近年来不自知地迷恋于一种在学问里可能还尚无定位的个人版本学的原因。

　　所以这里我们不妨看一看《故事新编》的八篇小说，和文字后面注明的各自的完成时间：

　　《补天》、《奔月》：1922,1926 年作

　　《铸剑》、《非攻》：1926,1934 年作

　　《理水》、《采薇》：1935 年 11 月,12 月作

《出关》、《起死》：均于 1935 年 12 月作

从中能否理清鲁迅的一种思路，刚开始写作时，他并无一定的文化意图，尤其在对一文化的清理与检索方面，这在书的序言里，可看得出来，进入 20 世纪 30 年代后，尤其是他写杂文最多的 1934、1935 年，许是看惯了太多的文化的看不惯，而自觉感到了一种回溯的必要，才一口气地写下了《理水》至《起死》四篇吧。当然里面肯定带着时评划过的印痕。那种一贯的调笑与冷峻已经不善于埋得太深。这就是先生序中"不免时有油滑之处"的自嘲么？风格我真地不想再论，只那两句让我不能放下，——"直到一九二六年的秋天，一个人住在厦门的石屋里，对着大海，翻着古书……"，一句是开篇，"这一本很小的集子，从开手写起到编成，经过的日子却可以算得很长久了：足足有十三年"。鲁迅序言亦写于 1935 年 12 月 26 日，与其几近同时，确切说 4 天后的 30 日，《且介亭杂文》编成，写序。把两部书放在一个时段看，可见鲁迅这一年对自己对文化的同步清理，他要捉住造成了他的《且介亭杂文》所指对象的历史，尽管早有准备，从 1922 年已经开始，然而自觉地探源却仍是这一年，也只有这一点，才可解释他于两个月时间便写下了 4 篇小说，这个速度超出了一向谨为文学的鲁迅，况且同时他还写有大量的杂文。如果不是一种探寻的激情，一种要把灵魂的那些微渺胚芽赶在它们成果之前做一检索，哪怕重坠它出世前的黑暗，为获取而再做一次深重的沉浸，也是不可推诿的。然而，那序言还是简约到极点，只写书的成因，而避开主旨，只在结尾处写，"……不过并没有将古人写得更死，却也许暂时还有存在的余地罢"。只谈手写至编成的过程，从《补天》到《起死》的 13 年——甚至对这起止点两标题的寓意也没有透露一丁点，只一语带过"四近无生人气，心里空空洞洞"的 1926 年秋时的心境，只提《补天》(《不周山》)、《奔月》、《铸剑》(《眉间尺》)，其余绝口不提。

然而，吸引我的是那样一种选择，在那样一种固定的时段里。八篇的新编"故事"真只是为了填补凭海空洞的心境么？这不像鲁迅做的事，先生在楚歌四起的当时也不可能有这样的余闲。那么，问题来了。先生写下这样的文字是想揭出与预示什么呢？什么促使他一手抓握匕首似的杂文去完成时代的批判使命——那是一个现代意义的知识分子必得完成的，一手又牢牢地不放松史的撅头，或为剖地基，或为盖高楼。而在这样的意图下，什么样的事可以称之谓"故"，什么又称之为"新"呢？先生是太想为之做个结论，尽管他知

道,结论其实不可能有。所以用"新编"这样的方式,那太过曲意的处置企图已经不能找到一更好的表述渠道,对于自身已是其间一部分已是一机身上的零件而言的文化,任何样的检索都不能够将之放在外面,放在对象的位置加以观照,所以没有理论,他放弃了理性论述的形式,如那《中国小说史略》所做的,他没有去写一部类近中国文化精神史略的文著,而只将自己对它的理解放在了这八篇里面。不知这样的选择,先生想没想到他也给现代文学史家留下了一个难解的谜,所以大多数治这一段学问的人是避开它不谈的,或只是在风格上打转转。那是一个较博尔赫斯还要深不可测的迷宫呵,那个书写者的灵魂里有着太多亡魂的回声与纠缠。

但是,新编的故事存在着。它不因别人的噤口而丢掉意蕴,褪失颜色。

从无意到自觉,《故事新编》写了中国文化的四大渊源,《补天》、《奔月》两篇是神话,《铸剑》、《非攻》两篇为墨侠,这四篇还属无意阶段,可以看作是鲁迅气质中本有的东西,他的如《朝花夕拾》中谈山海经等的文字,与他《野草》中的文字作为佐证,再好不过说明了先生人格结构中的这一部分,他的民间性,他的近墨,与他的浪漫,和认真。其余四篇,从写作时间看,则自觉成份较大,理性掺入其间,《理水》、《采薇》两篇,我以为写的是"儒",《出关》、《起死》则明显在写"道",只是写"道"两篇写的是老庄之道,由它的代表直接出来发言,写"儒"的文字却一概发生于儒之前,在一个儒前时代,或前儒时代里,他们能否代表儒,或说正是以此方式成就对原儒的追回亦未可知,总之一切又都带上了某种传说的色彩,这种斑驳,好像又正代表着先生心中对其一贯的矛盾心态。

孔子没有出现。他隐身于文化里面。正像不写他的作者在他的序言中的另种隐身。这个留白值得注意。它使得舞台上有限的水银光柱聚打在《理水》、《采薇》人物所占据的亮点上。

《理水》说的是大禹治水的故事。开篇的一片汪洋,宛若 1996 年美国电影《未来水世界》里的情境,怪不得后者让人看时觉着眼熟。文化山上的学者们吃着奇肱国飞车空投的粮食,热切而无聊地做着"禹是一条虫"的考据学,小说的写法也是奇,禹到第三节(小说共四节)才出场,这时全篇已进行有二分之一。挥开了卫兵左右交叉的戈的,是那面目黧黑的大汉,真是精彩!更精彩的是他一步跨到席上,并不屈膝而坐,"却伸开两脚,把大脚底对着官员们，又不穿袜子，满脚底都是栗子一般的老茧"。面对着已经旷日持久的湮不是导的争议，作者写道："禹一声也不响"，"禹一声也不响"，最后是，"禹微微一笑"；而支撑着他这自信的，是与坐而论道胖得流油汗的官员们绝不同的、站着的那"一排黑瘦的乞丐似的东西"，他"不动，不言，不笑，像铁铸一样"。鲧的儿子大脚的禹与口舌发达的文化山上的学者们的区分，大约就是鲁迅心中真儒与伪儒的边界，在务实与蹈虚之间，济世与玩学问尚清谈之间，先生的边界坚硬到连那功成后的事迹也不放过，结尾禹进京后不重吃喝，做祭祀和法事却阔绰的一点却也多少影射了孔子的"礼"。体制化政府化后的禹后之儒可能正因为这个表面的皮才渐渐丢掉了它起初的里。丢失了它的济世责任与百姓意识的。而这真可能是儒走向了学（形式）而不是济（实践）的根源也未可知。而那起初，正是先生要恢复的么？

　　《采薇》映入眼帘的是秋阳夕照的两部白胡子。养老堂台阶上并坐的两位老人是辽西孤竹君的两位世子，均让位而逃，又路遇，便一同来到西伯的养老堂，本来他们是可以颐养天年的。可是他们偏不，不是不愿，而是不能，因为心里有一些标准不能放下，武王伐纣的大军面前便多了两个拦道的人——这当然为其最后赴首阳山之途作了铺垫。然而为那绝食作引子的却是作者行文中尽写的"烙好十张饼的工夫"，"烙好三百五十二张大饼的工夫"以至"烙好一百零三四张饼的工夫"的机智，而"不再吃周家的大饼"却是对史书上"不食周粟"的现代翻译；在"让"与"伐"间比较，两位贤人作了他们的孝、仁要他们作的选择，而且这个"出走"是他们人生里的第二次选择，一次是不做王，这次是不做他们认为不义的王下的臣民，这亦无可厚非，没有任何人强迫他们这么做，只是他们身受的教育驱动他们必须这么做。而这么做时，他们都已是不能自食其力的老者了。以两部白胡子向整个社会宣战，以心内的王道向现实的王道宣战，正如拦在讨伐大军前面的垂垂老人一样的情境，使人读了感到滑稽又心酸的。鲁迅的目光却越过于此，他不舍追问的是"不食"形式下的价值的有无。义是什么？是正义之义，还是理念书本上的抽象道义，他要问个究竟，这个究竟就是会伤了这两位老人他也还要追问下去。伯夷、叔齐终于饿死。正如《理水》最后对回京后讲了排场的大禹颇有讥讽一样，《采薇》结尾借了各界的议论也使得首阳山的故事笼罩上颇多疑处。从中可见出儒之道德源头的回溯里先生情、理中的矛盾。

　　这可能正是他不让孔子在故事中出现的原因。《理水》《采薇》两面谈儒，各有褒贬。禹代表着前儒积极入世的方面，是"有所为"，"为"的所指是百姓，所以它背后是有百姓支撑的；伯夷、叔齐则是前儒"有所不为"的一方面，"不为"的能指是自身，所以百姓只把他们当圣人看个稀罕，而不怎么站在它那一边。然而我觉得，有为与无为，后来，都已与王道无涉，只不过一个是"行义"，一个是"守节"，"行"是积极的儒，"守"也未尝不是儒道的另种积极，有种决绝的意味，为了一种自所坚信的念想去守，从而不惜生命放上去这一点，在一个物质与实惠至上的功利权衡一切的时代里，就不失其照人的光彩。那没让他走上前台的孔子曾说，"不得中行而与之，必也狂狷乎！狂者进取，狷者有所不为也"。先生不写孔子，却写与"中行"不一的两个极端，禹的狂，与伯夷、叔齐之狷，难道在寓意着这个？然而，那天真里也许真地纠缠有太多的矛盾，以至会以讹传讹，弄得形式总是大于内涵。鲁迅正是担心着这一点，才不惜在任何人事上都放上批判。不仅前儒这两篇，整部《故事新编》都是，标题的起始到最后，"补天"的决心与"起死"的绝望绞绕着他，从那诡异的行文里我们可以感受到他一人所受的双向同时的拉力——这种拉力与他心灵的承受硬度成正比，甚至还可以看见在厦门对着海的一个窗口里面那张怨怒、哀伤到憔悴的脸。1997年1月在北京阜成门鲁迅纪念馆那空寂无人的展厅里，隔着玻璃，我再次看到了先生在厦门面海的山上照下的照片，在"全集"的扉页曾不止一次见过，不解的是为什么一身素衣的他依靠并手扶在一块墓碑上面，与坟合影的墓外的他凝视着，如今我明白了他。

　　避开孔子，避开尧舜。他选择了禹作儒之道德源头，足见鲁迅心中的儒是近墨的，有侠气，重实践。而这正是国人精神中所乏的。包括《采薇》，也是和《史记·伯夷列传》——司马迁将之作为列传第一——不同的，尽管他承认那是小说的文本来源。备受文化纠缠的先生也是这样实践的，他在1934年9月25日——注意这个时间正是写《且介亭杂文》与《故事新编》的中段——写下的《中国人失掉自信力了么》公开表明着这一点，那些文段是曾当学生时朗诵过的——"我们自古以来，就有埋头苦干的人，有拼命硬干的人，有为民请命的人，有舍身求法的人，……虽是等于为帝王将相作家谱的所谓'正史'，也往往掩不住他们的光耀，这是中国的脊梁"。由此推断，先生将之作为他本人小说创作的终篇，就有着些许如《春秋》般的绝笔意味。

士不可以不弘毅,任重而道远。仁以为己任,不亦重乎? 死而后已,不亦远乎?①

《理水》、《采薇》就史说,都属前孔子时代,在春秋以前,作为儒之道德源头,作为道统,各有经不住考证的疑问,何况在鲁迅眼中,根基都是动摇的,然而有一点可以肯定,或者根本不需儒之称号,是——有所为,有所不为,这个界线在心,而不在礼,或者理。

所以,在这个意义上,守节也是一种行义。所谓"道不同不相为谋",所谓"君子谋道不谋食",所谓"天下有道则见,无道则隐",所谓"达则兼善天下,穷则独善其身",所谓"圣达节,次守节,下失节",从《论语》至《孟子》到《左传》,总有一个自衡的标准。念及太史公将伯夷、叔齐之事写入列传,且置于列传第一篇,也是有其用意的,更打动我的倒不只是"不食"的史实,而是一向吝墨的史家所发的史外随感,面对"积仁洁行如此而饿死"的善人与"暴戾恣睢"、"操行不轨"而"竟以寿终"的盗跖,太史公不禁发出"余甚惑焉"的天道是非的质问。在这样一座山上漫步,心境是无法轻快的,轰然于耳边的是司马迁文中对孔子的一句引文:

岁寒,然后知松柏之后凋。②

何晏对它的集解可以背下来,"大寒之岁,众木皆死,然后松柏少凋伤;平岁树木亦有不死者,故须岁寒然后别之。喻凡人处治世,亦能自修整,与君子同,在浊世然后知君子之正不苟容也"。这已是超出了一人一事的议论。对照此后的为儒而儒,将儒作为一件衣服去谋求"啖饭之道"的伪儒——其中当然不乏读书人——而言,上古时代的两位固执的老人对周食说"不"的精神,也许在抽象意义上大于着它的史实意义。正是这个,赢得孔子"不降其志,不辱其身,伯夷叔齐与"的喟然一叹,引来孟子"伯夷,目不视恶色,耳不听恶声。非其君,不事;非其民,不使。治则进,乱则退……故闻伯夷之风者,顽夫廉,懦夫有立志"并"伯夷,圣之清者也"的议论。毕竟有激烈的壮怀在里。有不

① 《论语·泰伯篇第八》。见《论语译注》,第79页,杨伯峻译注,北京,中华书局2009年10月版。
② 《论语·子罕篇第九》。见《论语译注》,第94页,杨伯峻译注,北京,中华书局2009年10月版。

附青云之志的决绝在里。因了这个,身居中原,投向西北的目光里,总是含着后来者的敬意。

作为生于孔子同时代、少孔子9岁的孔子的大弟子子路,以耿直、勇毅见称。《史记·仲尼弟子列传》中称他"好勇力,志伉直"。就是这个有些莽莽撞撞的人,一直跟在孔子身边,并成了他的一面镜子。公山不狃之乱,使人召孔子,孔子竟有些动摇而为"周"的念想"欲往"之时,是子路不高兴地阻止了老师,《史记·孔子世家》里只有一句,是"子路不说(悦),止孔子"。孔子有一些政治抱负的辩白,然而"卒不行"。居停在卫,灵公夫人南子要见孔子,孔子辞谢不得情况下不得已而见一事也让子路很不高兴,一面是帷中夫人环佩玉声,一面是孔子的北面稽首。《世家》上又一句,"子路不说",弄得孔子赶忙辩解:"予所不者,天厌之! 天厌之!"足见子路是喜怒俱形于色的人,他不会为了某种虚饰的尊敬而掩盖真情,尤其不会为某种表面的"礼"去代替他学的也是心目中自有的对"义"的那一份看重。

因为直,所以陈蔡之厄时,面对仍然弦歌不止的孔子,他有些耐不住,走上前半愠怒地问,"君子亦有穷乎?"而在得到孔子"君子固穷,小人穷斯滥矣"的肃然一答后,他便没有话说。先生的凛然大义与其好勇气质有着默然的共识,所以他要到了他自己没有说出的话。正是子路自己当年催促着还惦记着鲁国祭肉的老师赶紧出发离开的,所以在一些事情上,他似乎做得比孔子还要果决和彻底。从而成了孔子的一面镜子。这可能正是孔子如此喜爱和信任他的原因吧。"道不行,乘桴浮于海,从我者,其由与?"孔子是认定子路是跟从他走到底的最后一人的。

长期以来,我一直不解,怎么,一个好勇之人,与读书人——儒的形象气质真是相差甚远,却独独得到孔子如此大的信任,从气质上言,无论如何,子路都有些近墨侠,不仅在他成为孔子弟子前的行为与打扮,就是当了弟子后,仍然是剑不离手,动不动就拧着脖子与别人做一争执,眼里揉不得沙子也罢了,好像有时不免小题大做,让人觉着不怎么讲理。比如,对于孔子的治国首先必得言顺之理,他就一下子敢于顶上,说,"子之迂也!"弄得孔子失态大叫"野哉,由也!"比如,子路使门人为臣之事,孔子病重,他就赶紧张罗着安排后事,使得孔子叹喟不止,"久矣哉,由之行诈也!"直说到自己毋宁死于二三子之手,不大葬,死于道路等等。可见子路已冒失得可以,恼人得很,然而可爱。

刚、毅、木、讷近仁。①

正是由于这种性格，子路才会在一些大是大非面前挺身而出。而正是深知弟子的为人，孔子才会对他的命运结局有不祥的预感——如《史记》中记载所言——"若由也，不得死其然"。古歌里唱，命里的苦要来，谁能躲得开呢？子路根本没有想到要躲，天生的那保全自己的本能在他那里似乎全不存在。他要进城去，可是城门已经关了，况且赶着出了城门的子羔惶惶然地将一切都告知于他，好心地劝他快逃，然而他不肯，趁着使者入城的空，进了城。不知远在百里外的孔子能否看见他硬朗的背影，反正对这一切的发生，孔子是早有预料的，听说卫国出了事，这位已逾古稀之年的人只说一句——"柴（子羔）也其来，由（子路）死矣"。果然，那城门在子路的背后再也没有对他打开。

"方孔悝作乱，子路在外，闻之而驰往。遇子羔出卫城门，谓子路曰：'出公去矣，而门已闭，子可还矣，毋空受其祸。'子路曰：'食其食者不避其难。'子羔卒去。有使者入城，城门开，子路随而入。造蒉聩，蒉聩与孔悝登台。子路曰：'君焉用孔悝？请得而杀之。'蒉聩弗听。于是子路欲燔台，蒉聩惧，乃下石乞、壶黡攻子路，击断子路之缨。子路曰：'君子死而冠不免。'遂结缨而死。"②这是《史记·仲尼弟子列传》中的记载。同一篇文字，还记载了孔子的两句话，一句说于子路殉节事先，是"嗟乎，由死矣"！大意同上。一句是事后的慨叹，"自吾得由，恶言不闻于耳"。意指有子路侍卫，侮慢之人不敢有恶言。

结缨而死。并被卫兵跺成了肉酱。子路死得好惨。然也死得其所。这个未出先生所料的结局倒使我想到了子路生前与孔子的几番答问。子路问鬼神，孔子答：未知生，焉知死；子路问尚勇，孔子答，君子义以为上。在这一问一答里，在提问者的问题里，是不是已经藏下了子路对自己命运的预感呢？那让他倍感困惑的死与义促使了他去用身体力行的方式找到了他自己的答案。

如今，子路墓仍然在古时卫国的土地上站着。像那结缨而死的君子，保

---

① 《论语·子路篇第十三》。见《论语译注》，第141页，杨伯峻译注，北京，中华书局2009年10月版。

② 司马迁：《史记·仲尼弟子列传》。见《史记》，卷六十七，第2193页，北京，中华书局1959年版。

持着它尊严的姿式。1997 年 6 月,我突然想到孔子痛失他后的心情,由是推断孔子内心也是尚勇的,虽则在子路生前他话里话外地一直对好勇做着善意的批判,可是,子路作为孔子唯一一个儒的行动派血气方刚地实践了对于"义"的诺言,他不侥幸于自己的不在场,而非要"驰往",他不在意子羔的劝告,非要进入已经关了的城门,他不在乎卫兵的长戈,非要结好象征君子尊严的缨冠。在这一连串放不进利弊得失之权衡空隙的事件里,一切都发展得那么本能与自然。站在子路墓前,有两句话是无法不想起的,"食其食而不避其难",这句话说在进城之前,是对子羔的;另句是,"君子死而冠不免",这句话是说在与卫兵血刃时的,是说给自己的。

孔子听到消息后是让人把家中的酱都倒掉了。他心里苦到不能看见。

子路就这样准确地用生命证实了老师对他的看法。而且,无意间,透露了儒之尚勇的一面。

> 可以托六尺之孤,可以寄百里之命,临大节而不可夺也——君子人与? 君子人也![1]

古史大概正在这一点,让人每每披衣挑灯,感泪纵横,夜不能寐。

13 世纪南宋的文天祥可谓少有所成。20 岁初试便中了状元,并得理宗之赞——此天之祥,乃宋之瑞也。本来按照事情的正常发展,文天祥会延展着儒士——一个读书人的仕的道路走下去的,可他偏偏生在一个国家危难、边境日瘦、虽偏安临安亦不保的南宋时代;生在这个时代也罢了,那么多读书人或潜入学理不问政治或偷安一时觊觎于仕,或隐居求志对朝廷的更迭作消极而清高的不屑而置之,那样中世纪的中国历史上会多一个鸿儒,而少一个先烈;可文天祥不是,他偏偏不走上述道路的一条,不走也就罢了,他偏偏投入地很,对于大节大义,他无法做到旁视惘闻。

整整十五年,文天祥在出仕与罢官间相反复,做了无数个大大小小不同职位等级的官,而那名称也着实让人记不得了,然而文天祥这个名字,却是刻入了历史。文天祥的最后一个官职做到了丞相,然而却是在国家危难到覆灭

---

[1]　《论语·泰伯篇第八》。见《论语译注》,第 79 页,杨伯峻译注,北京,中华书局 2009 年 10 月版。

之时,在那个特别的前夜,道义铁肩,已是责无旁贷,按照一般人的观点,尽职尽忠也就足矣,可他偏要力挽狂澜。在此之前,先是应召组织义军,这时朝廷中的许多大将都弃城而逃了;后是在能否被允进入临安而待命城外,这时竟还有谗臣怀疑他会对大宋起兵,心虚若此,文天祥是早该从中看出江山社稷的结局的,可他偏偏要迎上去。南宋末年,由地方官组织的勤王兵似只有江西这一支逾万的队伍,有人劝他放弃,说元兵长驱直入,足下以乌合之众,前去迎敌,这与驱群羊斗猛虎,有何区别? 他的回答却是:"我未尝不知强弱之比。不过国家养育臣民三百多年,一旦有急,征兵天下,没有一人一骑前去。我深恨此事,所以不自量力,决心以身殉国。只望天下忠义之士,闻风而起,人众势大,那么社稷便可保全了。"大敌临近,他心里放下的早不再是一己的利害与安全。那个早年曾想在和平年代里隐居,并真地骑马走了江西老家的几座山找一适居之地的儒生文天祥不见了,代之以金戈铁马、沙场点兵、堂堂剑气的武士。"平生读书为谁事? 临难何忧复何惧!"正是这个起意才会产生后来《指南后录·言志》诗中如此掷地有声的汉语。

所以文天祥总是夹在两间。因为正义。因为有意识地要为儒——平生读书的人一个诠释,一个集解,一个"正义"。所以那个动荡的时代才会把他夹在中间。先是夹在南宋朝内主战还是主降的本国人中间,再是夹在投降派与侵略者中间,夹在元人的劝与南宋的弃之间,夹在生还是死这个亘古来的问题和选择中间。先是他率领的义军如此,后是他一人如此。两间的客观与一人的决意是那么地直线来去,文天祥在大是非面前做到了毫不犹豫。他最后做的与他起初做的是一件事。他的选择,从临安作为国都的城内大臣纷纷弃国而逃——上朝官员曾一度只剩下 6 个人——而他一个文职人员却危机时挺身而出、领兵作战的那一刻起,就已作出了。而他的这个选择,又可以更早在他少年时答卷中寻见发端。那中了状元的御试策中写道:"今之士大夫之家,有子而教之。方其幼也,则授其句读,择其不戾于时好,不震于有司者,俾熟复焉。及其长也,细书为工,累牍为富。持试于乡校者以是;较艺于科举者发是;取青紫而得车马也以是。父兄之所教诏,师友之所讲明,利而已矣。其能卓然自拔于流俗者几何人哉?"这种与当时"士习"的利欲之风的划界,这种对"利"的批驳,与《孟子》开篇《梁惠王章句上》的开卷相吻合,孟子见梁惠王,梁惠王劈头就问不远千里而来的孟子:"将有以利吾国乎?"孟子对答得坦荡而直接:"王!何必曰利?亦有仁义而已矣。"①可见,中间隔了十三个世纪,一千二三百年,儒的义、利之分仍然不浊。而"利之儒"与"义之儒"的区分却也只是到了国家民族存亡生死的关键处才可看得分明。"卓然自拔于流俗者",这是文天祥给自己的人生定的调子,此后的身体力行,对于一个内心义利经纬分明的儒士来讲,一切都基于那并不难做的知行相叠上。

后儒时代对于义的阐释多在语言层面,太多的文牍案卷简直要把文人儒士的背都压弯了,纸上的东西弄得学人忙于应付,少有人再对儒之本有的骨头的东西加以关注。自孟子的战国起到汉再到北宋,大师不绝,层出不穷,然而同时学理式儒的方式亦在悄悄走离着春秋时孔子的路。翻读历史,似乎漫长的释义时期只是一个准备似的,直到行动产生,直到有人续写上儒之实践派的断章。

末世争利,维彼奔义。这是《史记·伯夷列传》中的话么?在一个惊涛骇浪的时代,有着这样的精神背景,文天祥心境若水,去意已定。

于是世上产生了那样一条路线,它纵贯从穗到京的中华版图,我没量过其间的距离,只知道,它正好大致是现今的京广线,还不算水路在内。这条路线,现在在中华书局1962年版的一本沈其玮编著的《文天祥》的小册子的书末可以找见。图名全称是《文天祥被俘北上图》,放在《伯颜灭宋进军图》与《文天祥进兵江西图》之后,密密麻麻的地名和实虚双线标出的陆水两程,我仍然记着第一次看到它时的那阵心惊。

路线的开端在崖山的最后一战。五坡岭被俘的文天祥从潮阳到崖山,是被囚禁于元军船中亲见这场战役标识的南宋的覆灭的。一个武将不能参加保卫自己国家的战斗,一个爱国爱到骨头里的义士自杀不遂而不能不亲眼为他所爱的国家送葬,这个痛苦,在南宋,体验到它的,怕只有一个文天祥。1279年正月十三到二月初六的22天里,面对一水相隔海上交锋的两军,尤其二月初六那一整天,从早到晚,我不知道在一片昏暗的海浪里置身,面对宋军战船上纷纷倒下的樯旗,他是怎样把一个宋朝的结局看完的。史册上记载整个崖山外的海面上浮尸逾十万具,陆秀夫背着9岁的宋帝赵昺跳海殉国,已突围出去的张世杰遇飓风,守着自己的战船坚决不肯上岸,以溺死海洋的方

---

① 《孟子·梁惠王章句上》。见《孟子译注》,第1页,杨伯峻译注,北京,中华书局2010年2月版。

式殉国。在大胜的元军的一片鼾声中,只一个人在北舟中面南恸哭,一夜没有合眼。由于崖山,那所有的复兴之梦,江西的组织义军,皋亭山进元营辞意果决的谈判,三年前押送北上路上镇江的走脱,以至重新于南剑州起兵抗元的那所有孤意苦心,都一页页愈翻过去了。而构成了文天祥比亲见自己国家灭亡更大痛苦的,是灭了自己国家的竟是宋朝汉军将领张弘范。崖山的悬崖上,张命人刻上了"镇国大将军张弘范灭宋于此",我没有到过崖山,只听说后人在摩崖石刻上加了一个汉字——这个字不过也是重复了张文中的一个字,碑文便成"宋镇国大将军张弘范灭宋于此";后来查手头的一些与文天祥有关的文卷,上述张刻下的那行字早在明朝时即被御史徐瑁削掉,另刻"宋丞相陆秀夫死于此"。这个信息引得我在地图上找到了这个地点,广东分省图上可能看得更清楚,在斗门与苍山夹着的那一个三角海域里,现名为崖门,在今广东新会县南,西江入海处。据说山在大海中延袤80余里,地势相当险要。所以那"最后一个"的痛苦不难想见,——诸老丹心付流水,孤臣血泪洒南风。这样的恸心引出的仍是国破家亡若此的愤愤——我欲借剑斩佞臣,黄金横带为何人?

其实在崖山之前,文天祥就已抱了殉国的决心。崖山前夜,正月十二,元船过零丁洋。次日崖山开战前夕,张弘范派人劝文天祥写信招降张世杰,文天祥在那纸上写下的《过零丁洋》。它是《指南后录》的第一首诗,上过中学的学生都会背——"辛苦遭逢起一经,干戈落落四周星。山河破碎风抛絮,身世飘摇雨打萍。皇恐滩头说皇恐,零丁洋里叹零丁。人生自古谁无死,留取丹心照汗青。"只是做学生时只感念于那赴死的决绝,没有去注意他的起句与末句在某一点上的对衬——起句的"起一经"讲了他的研读经书的出身,是一个读书人的身份;末句讲到"汗青"依然是指竹简,是史,是一个读书人的归宿。这一点,在我寻着他的路走得愈远,对它的感慨就越深。

零丁洋就在崖山附近。地图上没有标识。从艾煊发表于1996年4期《花城》的《过伶仃洋》一文推断,说是从深圳到珠海之间,在珠江口外。这个提法让我心惊,因为读到此文之前,1997年4月在广州开会,我坐着轮渡从珠海到深圳即走的是这一路线。印象中舷窗外的海江一样的颜色,与友人说话时,并没意识到要往右边——那珠江口外的苍茫中看上一眼——后来友人来信中讲他从深圳到珠海再返回来,一人走到甲板上,我不知道他有没看到那些岛屿——后来听深圳人讲有零丁岛无零丁洋,朋友说这话时,我能看见那些零丁(伶仃)的小岛散落在一片汪洋中的样子。珠江口真是一个奇罕的地方,那条去的海路,左舷窗便是林则徐销烟的虎门方向——这也是当时坐在船中的我不知的。

崖山之后,文天祥剩下的便只有诗了。这心内的江山,是谁也夺不去的。从广州到大都的万里行程是由一系列的诗篇串起的,一步步的行走,神州陆沉,故国黍离,几乎是重演了历史上的《离骚》一幕,困厄中,总出史诗,北征的路洒满着感慨的清泪,从"一样连营火,山同河不同"的《出广州第一宿》到《南安军》的"饥死真吾志,梦中行采薇",到"想男儿慷慨,嚼穿龈血""不愿似天家,金瓯缺"的《满江红》,"金人秋泪,此恨凭谁雪?""睨柱吞嬴,回旗走懿,千古冲冠发"的《念奴娇》,到"文武道不坠,我辈终堂堂"的《白沟河》,几乎一地一首,感念非常,却是步步坚定了肝肠烈烈的初衷,在一首题名《泰和》的诗中,它被表述为——"书生曾拥碧油幢,耻与群儿共竖降",我注意到这里,他仍用了"书生"一词。这样,一面是绝食服毒的死不成,一面是赣江、东阳的两次搭救失败的生不成,文天祥用诗画出了一幅史所未有的北行图。

1997 年 5 月底终于在北京东城府学胡同找到文天祥祠时,正院居中迎面对着我的是今人立下的一座石碑,上书"文丞相信国文忠像",有文天祥身着宋服的阴刻头像,头像上方阳文刻着那首他死前的绝笔自赞,是赴柴市前写在衣带上的,站在那样的字句前,我无法走动。"孔曰成仁,孟云取义,惟其义尽,所以仁至。读圣贤书,所学何事? 而今而后,庶几无愧。"[1]在柴市刑场,写这话的人问了看刑的人那面是南,并南向三拜而死的。"读圣贤书,所学何事?"书写的人,将他的所学贯彻了个彻底。从御试策算起,到"起一经"到"书生"句,再到这句自问的话,文天祥一直以一个读书的儒士而自醒,或荣或辱,对这个身份与责职他始终不弃,话里话外,他甚至看重于它超过了一朝丞相的名位。做丞相时,社稷为上,国破家亡,则布衣气节跃出海面。其实这在他,是一切行动实践的人格基点。所以他总是有意无意地提醒着自己,用一个读书人。

祠占地不大,相传正是文天祥当年被囚兵马司的一处土牢,从地图上今

----

① 此为文天祥就义后,人们发现的他衣带上的自赞。参见《文天祥集》,代序,第 8 页,太原,三晋出版社 2008 年 10 月版。

天仍然可见这一处的兵马司的地名标识,今祠的窄狭也与他《〈正气歌〉序》中的"空广八尺,深可四寻"相对应,不知可否成为佐证;一面墙上刻着《正气歌》的全文,记述着他以一己承传的古人的"浩然之气"与这个当年土牢的水气、土气、日气、火气、米气、人气、秽气诸七气相敌的气魄,"以一敌气,吾何患焉!况浩然者,乃天地之正气也"。这里,他又提到了孟子。他不弃的仍是儒士定位——当什么都被剥夺去了,连江山在内——那最后不被夺去的、他一直小心保护的是:一个读书人的自知。

> 其为气也,至大至刚,以直养而无害,则塞于天地之间。其为气也,配义与道;无是,馁也。是集义所生者,非义袭而取之也。①

这里,文天祥所要维护的已不再只是一个宋朝,一种汉姓,甚至一个儒家道统,他殉的不是一君一国,而是一种支撑了他也支撑着历代千万儒烈之士的义,"取义成仁",使得虽假以百龄之寿而不苟生,这种气节不仅使之能够不顾物质生命的消亡,而且能不屑那引动于他治国的大诱惑——元许诺他办教育,并以宰相之位相邀。然而,文天祥更看重那前提,如古人在"苟"前的止步,这个汉子,把儒士的反功利精神发挥到了极致。

一部十七史从何说起?!宋代最后一个守住了心内江山的人常常以此扪胸自问。在此写下的200首一律五言四句的《集杜诗》作佐证,文天祥仍是一介书生,是一个儒士。然却不同于一般通论意义的儒,不是后人想见的学儒(又包含鸿儒与犬儒),他是儒的更古时涵义的体现者,如果说汉后之儒分化为践学派与践义派的话,文则是典型的践义派。时穷节见,道义为根。引为同道、肝胆相照的人也基于这样一种区分。一部用古体写下的《正气歌》即是一方丹青引:

> 在齐太史简,在晋董狐笔,在秦张良椎,在汉苏武节;为严将军头,为嵇侍中血,为张睢阳齿,为颜常山舌;或为辽东帽,清操厉冰雪;或为《出师表》,鬼神泣壮烈;或为渡江楫,慷慨吞胡羯;或为击贼笏,逆竖头破裂。②

---

① 《孟子·公孙丑章句上》。见《孟子译注》,第57页,杨伯峻译注,北京,中华书局2010年2月版。
② 文天祥《正气歌》。参见《文天祥集》,第148—149页,太原,三晋出版社2008年10月版。

居天下之广居,立天下之正位,行天下之大道;得志,与民由之;不得志,独行其道。富贵不能淫,贫贱不能移,威武不能屈,此之谓大丈夫。①

古人的凛烈磅礴之气,让人写来有一气贯通之感。

君子不忧不惧,一切都因有"亦知戛戛楚囚难,无奈天生一寸丹"的自重。

坐在人影寂寥的享殿门前,对着那棵据说为文天祥亲植、主体树干向南倾斜45度角的枣树,宛若面对"臣心一片磁铁石,不指南方誓不休"这样朴素的句子,隔一堵墙便是一学校,可以听到学生们在课间熙攘的声音,不知他们的课本里,是否还保留着那篇《指南录后序》,那里面写了那么多的死,那么深重的"痛定思痛",那么强有力的"复何憾哉""复何憾哉"的叠句,今人朗声读来有一种吟唱的调子。在读书年龄,在这个读的时刻是不必去问许多的,然而与那朗朗书声一墙之隔碑上的那一问,也会在他们成长后的某一时刻会遇到的——读圣贤书,所学何事? 这是每一以知识为天命的人都必须做出回答的。

在府学胡同寻访时,不意发现北京燕山出版社也在此胡同内,距文丞相祠不远,印象中几在斜对面,我的行旅里即有它1995年版的《论语》与《孟子》,在它1991年出版的一介绍北京文物胜迹的书中,我后来看到了一句让我读之哽咽的话,第115页这句话白纸黑字:有传说,享殿石阶,每当下雨,即呈红色,相传为文公被杀时血迹。

我不睬它是不是后人的附会。当时坐在前殿背面的我,面对着的正是享殿。

"故衣犹染碧,后土不怜才。"这是宋亡不仕的谢翱的诗,作于文公卒后八年,《西台哭所思》同时,好像还有一篇《登西台恸哭记》的文字,用典甚密,语多隐晦,然而雪夜的西台绝顶,富春江上,毕竟在同时代时听到了纪念。在祠中前殿图片上看到江西吉安文天祥墓,沿山绵延,气魄浩然,1982年修葺一新,墓前石碑上书,只四个字:"为国捐躯"。

志士仁人,无求生以害仁,有杀身以成仁。②

---

① 《孟子·滕文公章句下》。见《孟子译注》,第128页,杨伯峻译注,北京,中华书局2010年2月版。
② 《论语·卫灵公篇第十五》。见《论语译注》,第161页,杨伯峻译注,北京,中华书局2009年10月版。

　　47 岁的文天祥没有像他名字预示的那样享得天年。然却用一己躯身为读书之所学提供了一个答案。"风檐展书读，古道照颜色"，千山以外、文公读过书的白鹭洲书院，不知是否一如这祠边的学校，仍被朗朗书声覆盖着？那正气的诵读里不知是否也有这一种如先人一样、内中清明的音声。

　　其实这种从道不从势的儒士的烈士传统，自远古至近现代都不曾断绝过。以孔子作一个坐标的话，无论是前儒时代、儒之时代还是后儒时代，这里我所选择的人物只是以这个意义的儒士或儒者来界定，而不是普遍意义说的儒家。近现代的情况因文化背景的置移而变得较复杂些，但仍能从历史的皱襞中寻见那亮光。"我自横刀向天笑，去留肝胆两昆仑"的谭嗣同，将变法的基点建立于反君主专制上，何尝不是对孔子大义的另种追回，对等级之先、正统之前、未被纳入到一种体制秩序前的儒的追回，其《仁学》复杂地加入了西学、佛学成分，但其行动上的持道不屈却是对自孔起的儒之读书人一以贯之的立人之道的默识心通，冲决网罗、以心力挽劫运的行动，也是中国士之传统——忧患与入世的一种体现。所以在变法失败能走逃时，他拒绝了那一条个人的出路，选择了流血。

　　　　鱼，我所欲也；熊掌，亦我所欲也。二者不可得兼，舍鱼而取熊掌者也。生亦我所欲也；义亦我所欲也；二者不可得兼，舍生而取义者也。生亦我所欲，所欲有甚于生者，故不为苟得也；死亦我所恶，所恶有甚于死者，故患有所不辞也。[①]

　　有标准在的，虽然平时看不见它。正如血流在血管里。连那结局都是反功利的，只为一种精神价值，为一种信去"自吾身始"的实践。这何尝不一直是读书人最后的选择。"知身为不死之物，虽杀之亦不死，则成仁取义，必无怛怖于其衷"，这种襟怀，谁能不说它是君子。谭嗣同确是被称为"戊戌六君子"之一的，我想在这称谓里已经有着某种对历代来的质烈之士的肯认成分。当然在现代能举出更多的例子，读现代史，我每每惊讶于读书人在其中的价值，在一个群体中，或者在他于困厄的斗争中在某一时刻只剩一个体时，他总

---

　　① 《孟子·告子章句上》。见《孟子译注》，第 245 页，杨伯峻译注，北京，中华书局 2010 年 2 月版。

能作到凛然大义,这在世界知识分子史中都是一个奇迹。那种纯粹内实与光辉外著,让我不止一次从他们具体到个人的名字想到君子、大人、士、成人乃至祭司一系列儒之称谓,在那里面,贯串着的究竟是一种什么样的力量与生气,使得一代代人不惜前赴后继而非要把一件事情做得完善、做得彻底?!

而且,在许多时候,这种只知做的人总被夹在两难中间,要么是义利,要么是得失,更甚是生死,但更奇的是,他们的每一次选择都是那么准确,我不知道这其间藏有什么样的秘密,我只知道这其间一定藏着秘密。那种选择几乎是不用选择,是一种近于本能的自然的东西,行动的主体是那样的主体,完全不像后来人们所说的儒的四平八稳毫无生气,正是这些人物使我对一直知之甚少的儒产生了写的兴趣,但我却不知该怎样给他们一个总的名字。

广义意涵的儒士人格也许真地无法作为对象去旁观它,犹如人的四肢与舞蹈者的关系,虽然镜子是必须的,但就是无法将之(四肢)拆开放于对面作一旁视,正如人不能截下自己的血管而又要看血脉的流淌似的,它是我们无法放在镜中的东西,无从肢解、无需诠释、无法定诂,只是一种不可言的接近,或者事实的远离。我们已在此中浸泡太久,我们已经长成了它,二者不分彼此,叠印是不足概括的,可以概括的只是以文传唱、以人增其大义的"弘道"方式。

对于乐得其道,对于身体力行,对于在大节大义面前没有两堆干草间踌躇而只是直线选择的天然气质,1995年我在写着的一本书中曾试图以"圣人——君子——儒士——祭司——成人"的人格"金字塔"给予概括;时隔两年,再翻阅当时的文字,最感念的不是那概括的是否谨严,而是那一英勇的群体曾经若此时至今日还在感动着我的事实。

儒士,正是在这个意蕴上,完成了他在历史转化中的人格确定;成为中国人文思想从道德论向存在论转型期的理想人格建设中的最有力的证据。

儒士的身体力行的阐释者身份所标识的人格的中国文化的独有性,也因此获得了世界的意义。

4. 祭司

距1995年的61年前也即1934年,胡适曾写过一篇《说儒》的论文,在这篇长达五万言的文字里,他提出了一个很让儒学研究界吃惊的观点,这一观点到半个世纪后的现在看,仍然是惊人的。

在《说儒》这篇文章里胡适讨论了儒字的含义与历史,认为"儒"在孔子之前早已存在而且起码有几百年的历史了;那么这好几百年里,儒是一个什么样的含义和内容呢? 胡适认为"儒"其实指的就是"殷代的遗民"中的一个特别的阶层,是殷民族中主持宗教的教士,在公元前一千一百二十年至一十年间即三千年前殷人被周人征服后,这些遗民中的教士,则仍在文化上保持着他们固有的礼仪或者宗教祭典,仍穿戴他们原有的衣冠,更仍以他们的治丧、相礼、教学为职业,而以这种方式不仅保存了他们那一族相对发达的文化,并将之自然渗透到当时的统治阶层的政治中去,最为突出的例子就是孔子;胡适的例证是孔子曾自称为"殷人";并且按他对儒的解释而将柔、弱、懦、软的解义与当时征服条件下的殷被灭殷人作为亡国之民的困厄与痛苦的体验和与之并生而发展起来的以不抵抗的礼让来取容而又在一定范畴中(如宗教)保住自我为人的尊严的一种人生相联结。胡适还说到了老子,认为老子先于孔子,以谦恭为美,应为"正宗老儒",我的理解是适之先生称老子为老儒称孔子为新儒的原因还不仅在老子的消极、孔子的积极,那里面还有这样一层意思,即老子在孔子时代之前的考证成立的话,那么老子位于周灭殷的初期,他所受的折磨会是深于后期较宽松了的孔子的,这可能是老子不争(以保全自己)孔子要争(以扩张自己)的原因,所以《老子》里讲"报怨以德",而孔子《论语》中则成了"以德报怨",意思相同,而说话人的地位不同,说话人的主、被动关系也不相同。在老子那里仍是无奈的东西,到了孔子这儿,已变作了自己可掌握命运负荷理想的主动。

中国历史上也因有了这个由被动到主动由保存到发展的链条而不仅保全了它的由殷到周几将为战乱毁灭的已在殷时相对有所发展的人文性,而且由此创立了一种更为有力的新人文主义,并且造出了与之相配的"知其不可而为之"的"造次必于是,颠沛必于是"的坚定人格。

胡适将之说成是文化的反征服斗争,是有这一层人格的意义的。他说:

> 在这场斗争中,那战败的殷商遗民,却能通过他们的教士阶级,保存一个宗教和文化的整体;这正和犹太人通过他们的祭师,在罗马帝国之内,保存了他们的犹太教一样。由于他们在文化上的优越性,这些殷商遗民反而逐渐征服了——至少是感化了一部分,他们原来的征服者。①

① [美]唐德刚译注:《胡适口述自传》,第257页,上海,华东师范大学出版社1993年4月版。

祭师,或是祭司,都是这样一个意义的实现阶层,他们是礼的实行者、传教士,施礼、传教是他们的职业也是他们的在文化象征意义上的生存方式;他们先是在具体的祭礼、丧礼等宗教仪式典礼中行使着具体的职业意义层的功能职责,并以此为生,到了后来,可能是孔子及他的弟子时代,这种职业就从单纯糊口的意义而上升为传道授业的层次,并在这一转化中注入了一种人格的意谓,使祭司一词不仅是一职业的代称,也不仅是一个包容了文化意义的词汇,而且它简直就是儒士的一种人格的价值存在的标志,形象地阐释着儒在历史上在人类文化上更在精神领域中的无可替代的价值。

儒被看作是这样一种社会阶层,我想不仅在于一种历史的自我角色的还原;一种力图于传统事件中续接血缘的重新定位的努力,而且还包含了胡适本人在 20 世纪 30 年代时的心理的不同于前的微妙变化,胡适一直在倡导一种方法论,即他所言为中国打下一个非政治的文化基础,"我们应致力于我们所认为最基本的有关中国知识、文化和教育方面的问题";为此他一直试图将五四定位为文艺复兴运动,他也是如此身体力行的,如研究问题,输入学理,整理国故,而这一些工作又全为了一个再造文明的目的;现在来看,脱离当时文化的在每一时代都需肩负的功利目的与现实责任看,不能不说是有其长远的人文意义的。所以我想,胡适在提出儒的阐义这一观点并将之定位于祭师而又拿来孔子作为证人的同时,在他以五万言篇幅说儒的激情里,是否也一定有他将自己的历史命运与职责范畴加以阐释加以定位的心理在呢? 也许是不自觉的。然而整理国故的工作似乎正是一个注释。在定法与成例之间,胡适所致力于的国学现代化的创造,是会为历史所记载的。

由此,我同意唐德刚的一个观点,他说,胡适把孔子以前的"儒"看成犹太教里的祭师(Rabbi),和伊斯兰教——尤其是当今伊朗的 Shiite 支派里的教士(Aggtullah);这一看法是独具只眼的,是有世界文化眼光的。①

宗教仪式与信仰的结合,而以文字或言说试图回答世界和人的起源试图说明宇宙的运动、人的种族、家园以及人类内部精神史的神圣存在,与以文字言说记忆命运的真实、述说战争、迁徙和胜利,或单纯只维护某一集团群体的宗教信仰和行为同祖先的宗教世界间的连续以强化集团的群体纽带的目的

---

① 　[美]唐德刚译注:《胡适口述自传》,第 273 页,上海,华东师范大学出版社 1993 年 4 月版。

是不同的,更与以无名人们的生活经验为表述事件的典型性的善恶训诫的情节性的娱乐故事不同,这些可能只是一点点的微妙的区别,就划开了完全相异的方阵与命运;这是我一直强调的一个简单的区分,引用荣格的话就是,一般作家只随声附和,伟大作家却"把历史从头到尾沟通起来,潜入历史的最深层创造作品……他的全部才能的核心在于感受到和预知到这种潜在历史深层的集体无意识和原型",这种文字即足以摧毁已在的井然有序的世界,使人们的目光越过现存事物而抵达原始文化、心灵的积淀物或遗留物,也就是说这个意义的文字使用者——作家——他是通过民族体验而叙述人类精神的人,他的全部存在的价值和意义即在于在这个他所界定的世界里,创造、传达和唤醒同类心灵深处的"种族记忆",使世代积聚的集体无意识能量在释放中表现、建立、聚合出一种更强大的深沉难忘的震撼人心的情感与能量。

从这层意义上说,这样的文字拥有者就是讲述民族与人的神话、信仰的祭司,而当"祭司"这一民族与人的精神的传承者成为一个阶层时,文学与精神则会获得它真正意义的繁荣,而因其对现实包括未来的人类精神文化的参与,其中的作为人类文化基因沉潜渗透于民族气质、性格中的神话、信仰也才能焕发出它新的生命力。

日本神话学研究者大林太良曾说:"只有当神话与现实之间产生距离,神祇与人类之间趋于疏远,人对神祇的信仰发生动摇的时候,人们才有可能或多或少客观地对待神话。"①这话距今已有年矣,却仍道出了一个事实,文学的重建信仰的作为时代启示录而存在的意义远未实现,大林太良认为神话的方法会导引出这样一种意义。

荣格则说,"艺术家不是拥有自由意志、寻找实现其个人目的的人,而是一个允许艺术通过他实现艺术目的的人"。荣格一边相信存在着这样的人,一边使自己成为这样的一个人。

而无论东方还是西方,都约在本世纪早些时候意识到了文字掌有者本人精神境界或说人格内部界定的重要,从大的精神范畴而言,由胡适、荣格、大林太良所代表人类提到的那个文字掌有者即文化传承者,就是精神文化意义上的祭司。

---

① [日]大林太良:《神话学入门》,第 1 页,北京,中国民间文艺出版社 1989 年 1 月版。

　　祭司的任务不仅在于传承文化,而且包含了创造神祇和保护信仰;正如殷人中的传教士——儒——在三千年前所勉力做的一样。这就是为什么传道、授业、解惑以至德行、坚贞被儒家如此看重的原因吧。

　　而这一切,都必须建立在一个基础上,那就是,人类不要错待自己的历史。这是我们唯一可作为遗产留给后世的,也是我们自己能够凭借文字形态或我们自己的身体使人类不屈的精神活在不同世代的唯一方式。

　　包括这方式也是由先人传下的,它更是一种生存。

　　"人能弘道,非道弘人。"[①]

　　拥有这种生存方式的他,统称一切,掌有文字,和精神;最主要的,他拥有与其所有的文字精神相匹配的灵魂。

　　这种生存,这颗灵魂,这个人,在这里,我称之为祭司。

　　贯穿整个文化思想史的人格思想的显在形式,即以上所提到的圣人、君子、儒士、祭司等儒家人格范式,自董仲舒"独尊儒术"始直到20世纪80年代新儒家从未有过中断,而且一直是中国人格思想的主流;而从圣人、君子、儒士、祭司诸种人格范式的递进中,我们也可看到理想人格的演变及人格的层梯性关系;然而在为儒家思想作结之前,仍有一个我们无法绕过的儒学概念,它恰好不仅是人格的,而且在人格领域中占有相当重要的地位。这就是儒家人格的关键——成人。

5. 成人

　　经过以上对儒学人格思维内涵的熟悉,就可分辨出"成人"这一概念绝不只是指一个人的生理意义的成年,虽然这是它的字面的生理的意义,而高出这一意义的是它的心理的道德的甚至就是人格本身的含义。

　　让我们再回到孔子:

　　　　吾十有五而志于学,三十而立,四十而不惑,五十而知天命,六十而耳顺,七十而从心所欲,不逾矩。[②]

　　① 《论语·卫灵公篇第十五》。见《论语译注》,第166页,杨伯峻译注,北京,中华书局2009年10月版。

　　② 《论语·为政篇第二》。见《论语译注》,第12页,杨伯峻译注,北京,中华书局2009年10月版。

这是经常被引用到的孔子的一段话,其中包含的一生的修炼就绝不只是平常意义的二十岁冠礼所述的男子成年;那么孔子的成人又是怎样一个概念呢? 与任何其它的概念一样,述而不作的孔子仍然没有给出定义式的通用答案。根据以上的经验,我想,在许多方面成人是与君子、儒士等人格内涵有着相同点与交叉点的,如果以成仁来理解成人,则成人应该是道德高尚、风度文雅,智识、胆略都发展相对成熟的人,是德与才、品与貌、文与质、善与美结合并相统一的人。这个人诚而信,不仅以实现现实的政治清明的目的作为自己的志向,而且以实现更长远的人性完善的目的作为己任;他在对这两种双重的责任的实施中,不仅能保有自身力量的平衡,而且能保持自我内在心灵的洁净;怨不得孔子《论语·宪问》中答好问的子路话时会这样作结于成人:

> 若臧武仲之知,公绰之不欲,卞庄子之勇,冉求之艺,文之以礼乐,亦可以为成人矣。
> 曰:今之成人者何必然。见利思义,见危授命,久要不忘平生之言,亦可以成人矣。①

可见成人确是内外兼修,文质统一的人。而且成人一词本身就既可作名词解也可作动词解;这是它不同于圣人、君子、儒士的地方,圣人、君子等只可作名词解,而成人则不仅可如上作静态的概念,同时也是一动态的过程。就是说,名词的成人指涉一种人格境界,动词的成人同时指涉为达到这个名词人格所代表的状态的修炼过程。

不独如此,成人一词区分于圣人等人格的还在于它因动态的涵义而来的一个特性,即它是一个有长度的人格概念。对比可知,儒家人格最初的典范——圣人,是一只有高度的概念,到了君子尤其儒士这一层人格范式,则获得了极大的广度,圣人君子所代表的等级性逐渐被打破,代之以相对的平等观念,而到了成人(更多是作为动词含义的存在),它便不仅获得了应有的广度,而且以此为基础,拥有着其它人格范式所不及的长度,标示着修炼的不可绕过。对于成人人格范式,孔子之后,荀子、王夫之等人都有重点论述,如荀

---

① 《论语·宪问篇第十四》。见《论语译注》,第147页,杨伯峻译注,北京,中华书局2009年10月版。

子的《劝学》、《儒效》篇中更是以此与他的性恶说相联系而论述向善的成人之道的,并将定德操看作是成人的核心;王夫之进一步在道德基础上强调自然人向理想人转化过程中"成"即培育的重要,"自非圣人,必以学成人之道"①;明显地,成人比之圣人或其它人格范式有着更大的普遍性,并且因其内含的全一完整使中国人格思想在其所言的人格内涵中愈来愈丰富,包含着多重的意义与双关。儒家理想人格也由此具有了多维的特征,而成为中国人格思想中最立体的人格。

成人的立体性在于它的长宽高。高与宽我们上文已不乏论证,而长度却不仅只是一修炼的概念,并仍包含了一层历史的涵义在里,儒学人格对现代的浸润从它的仪式化定型中就可辨出,如距孔子时代几千年后的公元一千九百九十五年即正是我开始写作这部人格的书的当年的五月开始,由民间与政府共同组织的以学校为单位的 18 岁成人仪式活动正在全国范围内全面展开,集会、宣誓、领取公民证等具体事宜项目与成人这一责任与浪漫相绞绕的道德性相合一而共同融入到具有宗教意味的一个仪式中去,虽其在实施的具体中变作了一种新型然而常规化的形式,但从中仍透出了它背后的人格成就的深层内涵。

从中我们或可再度体味到儒家人格思想的强大的生命力。

所以,在我们言说人格时,其实是在这样一个前提下展开的,人格既是名词,又是动词;既是静态的境界,又是动态的过程;既是生理的、心理的概念,又是道德的、精神的概念;既具有如圣人的高度,又具备如儒士的广度,更具有如成人的长度;总之,它是多维的、立体的,是同时占据着精神、文化、历史几重空间的一个概念,在某一个历史时期,它被称之为圣人,而另一时间段它又显形为祭司,虽面容不同,但却书写着同一个理想;历史因这书写显出秩序,又变得活水一般,在它清澈的投影里,我们总能看见自己的影子。波光粼粼中,它依然那么彻底,和真实。

写到这里,我想到了西方宗教的领圣餐这样一个仪式,教徒在祈祷完总要去领一份据说是基督的肉或血的象征物,或吃下去,而其中的原始的要与

---

① 《论语·宪问篇第十四》。见《四书集注》上册,第 0186—0187 页,珍仿宋版印,北京,中华书局1957 年 8 月版。

基督融为一体或代基督受难的意图在历史的仪式化中已渐渐模糊,而成为只是一种必需的不必去问所以然的仪式了,宗教的圣性通过物化为仪式固定了下来,而恰恰是这种固定使其失去了它;中国圣人的儒士祭司化何尝不有与之相似之处呢? 儒士等作为圣人的变体——圣人转述者身份的存在,正像是从圣坛上领取了一份圣餐,当然任何比喻都不免于牵强,然却有它可比的部分,圣人这一意向被分为了一份份,像我们上述曾提到过的圣人向君子转演时的某种碎裂,陨石雨似的,降落下来,而每一个领到了圣餐的人即将圣人的意蕴传达好的人又都有了在人间成圣的希望,有了可与圣人重叠的部分;什么是这圣餐? 人格! 人格,即是那血肉的象征物,它不同于基督的,是它仍然不具实体,虽然它多以实体的文字教义表述,而外壳之内,它仍然是精神的,它并没丧失掉它在仪式内的精神含义,一方面因这仪式在历史上是无形的,不构成对它形式上的干扰,另方面,这宗教是向内的,是个体修炼意义的而不是由外向里宣谕的;这后一点,是中国人格思想与西方主要区别的地方,二者同为宗教性人格,但西方的上帝是崇拜的对象,是外离于“我”的,所以分现世与天国,此岸与彼岸;而中国的圣人则是成就之对象,是内化于“我”的,所以天人合一。在这个意义上中国的人格修炼更接近于西方宗教领圣餐的原始的宗教意义,人与天,人与圣人是合一的,这在宋明时代尤其王阳明的观念里已表露地相当明确,儒士、祭司当然是圣人的世俗化的部分,然而正是这世俗化的个人化而非西方的仪式化的物化保持了与圣接通的人间气息。

第二节　真人到隐士的过程

一、道

　　作为中国社会意识形态早期自觉时代的另一思想流派,道家与儒家产生的年代相近,且是以后发展中唯一能与之抗衡的思想学派,两者人格思想取向虽不相同,然而,道与儒之间确实相互形成了对峙和补充;道在人格范式上虽多与儒名称相同,但表述内涵不同,而且力量强大,在历史上绵延不绝,贯穿始终,于每一人文阶段都能找出它的人格思想的各种形态。以下我们将在与儒的比照中得出道家特殊的自成一格的人格格局。这格局是由天人,圣人,真人、至人、神人,隐士等渐次展开的。

1. 天人

准确地说,天人并不是道家直接提出的一个概念。它是庄子用来指涉没有脱离自然本质的人的,是天道的一个有形的体现者,道在人间的不自觉的演示者,是顺天人格的最早体现。

这个浑然本色的天性体现者,在儒家人格思想里是被视作自然人而加以排斥的,而且是儒一直寻求的修炼对象,是一定修炼之后必得转化为与人之自然状态不同并胜之一筹的君子等人格或角色的;儒推崇的是社会人,是要将自然人改造修炼为社会人的,但道却将自然人视为人格的高境界,在道那里,被改造了的自然人的人,即社会人则是人的异化。这当然与它所坚执的观念有关,道是主张"绝圣弃智"的;然而也并不能因此而错误化理解天人的自然人概念,天人所代表的人之自然状,不是指人的完全蒙昧的无知或痴傻愚钝,而是指人未经修饰的自由天然的情态,这种天成自然的真纯情态甚至在文字语言上仍构成着我们表述的障碍。我们只知道,它如士阶层一样,游离于等级之外,解脱于氏族血缘之外,居于身的流动、身心的职业,心的思想都可自由选择的三重空间里,这还不够,他还是一个绝不受束于事务的人,修炼在他那里并不存在,代之而来的是顿悟,是静观冥想,是超越;他,天人,就像一个不存在于世间的形而上的气之凝结,然又确实存在于世间的一个无法以手触到而只能感知的人。他化形万物。他就是道本身。

关于天人,庄子并无过多论述,似只在《庄子·杂篇》中最末一篇《天下》中提到:

"不离于宗,谓之天人。不离于精,谓之神人。不离于真,谓之至人。以天为宗,以德为本,以道为门,兆于变化,谓之圣人。以仁为恩,以义为理,以礼为行,以乐为和,薰然慈仁,谓之君子。"[①]

与神人、对圣人一起并列言说的天人,是道家人格中最基本的部分,指不违背道的宗本的人;所以虽然"杂篇"被后代研究者认定为伪作,却仍传达的

---

① 《庄子·杂篇·天下》。见《庄子今注今译》,第855页,陈鼓应注释,北京,中华书局1998年7月版。

是道家的精神,天人被列于神人至人圣人前也是有寓意的,他代表了道之根本;而这一点,较之庄子,老子的《道德经》中对天人的论述似更清晰一些,老子将他视作是不能用语言表达(下定义)而只可用文字描述的等同于宇宙间最高主宰的某种神秘实体,"渊兮似万物之宗",老子这样形容他:

> 挫其锐,解其纷,和其光,同其尘。湛兮似或存。吾不知谁之子,象帝之先。①

我以为这一段话说的就是不离于道甚至就是与道一体的天人。

象帝之先。这种"有情有信,无为无形;可传而不可受,可得而不可见;自本自根,未有天地,自古以固存。神鬼神帝,生天生地;在太极之先而不为高,在六极之下而不为深;先天地生而不为久,长于上古而不老"的道,这种"独与天地精神往来,而不敖倪于万物。不谴是非,以与世俗处。……上与造物者游,而下与外死生无终始者为友"②的理想人格,独立性、普遍性、永恒性之外,仍然神秘难言。

道与人格的叠印,亦即精神的自由,是道家人格哲学的核心,天人是"背负青天,而莫之夭阏者";他的人格境界即是超世的,又是齐物的。庄子这样描述他:

> 大泽焚而不能热,河汉冱而不能寒,疾雷破山而不能伤,飘风振海而不能惊。若然者,乘云气,骑日月,而游乎四海之外,死生无变于己,而况利害之端乎!③

"有物混成,先天地生";老子说如是。在他眼里,天人与道更是混融为一体的。

---

① 《道德经》。《上篇·道经》,第四章。见《老子译注》,第19页,辛战军译注,北京,中华书局2009年3月版。

② 《庄子·杂篇·天下》。参见《庄子今注今译》,第884页,陈鼓应注译,北京,中华书局1998年7月版。

③ 《庄子·齐物论》。参见《庄子今注今译》,第81页,陈鼓应注译,北京,中华书局1998年7月版。

独立而不改,周行而不殆,可以为天地母。吾不知其名,字之曰道,强为之名曰大。大曰逝,逝曰远,远曰反。①

"不知其名",何尝只是老子一人的感慨。

应该习惯的倒是对这种非实体的不确定物的精神魂魄的描述时的文学性大于思辨性的画魂式的笔墨;也许对于超越语言层面的精灵的表述,只有超越语言层面的一种对衬的方法,方能大概勾勒出那个轮阔。

2. 圣人

《道德经》八十一章,"圣人"出现有 23 章 26 处;《庄子》三十三篇,"圣人"几乎篇篇论到;加之以比喻引到的理想中的道者形象,足证明圣人堪称道家的理想人格范式。

与儒家的圣人模式的不同在于对同一人格名称的内涵阐释。老子哲学的"圣人"被认为是:"处无为之事,行不言之教",做到"生而不有,为而不持,功成而弗居也"。圣人也因此具有以下一些特点:

圣人恒善救人故无弃人;恒善救物故无弃物。是谓袭明。②

圣人恒无心,以百姓之心为心。……圣人之在天下,歙歙焉,为天下浑其心。③

……圣人方而不割,廉而不刿,直而不肆,光而不耀。④

……圣人欲不欲,不贵难得之货;学不学,复众人之所过。以辅万物之自然,而不敢为也。⑤

---

① 《道德经》。《上篇·道经》,第二十五章。见《老子译注》,第 101 页,辛战军译注,北京,中华书局 2009 年 3 月版。

② 《道德经》。《上篇·道经》,第二十七章。见《老子译注》,第 108 页,辛战军译注,北京,中华书局 2009 年 3 月版。

③ 《道德经》。《下篇·德经》,第四十九章。见《老子译注》,第 192 页,辛战军译注,北京,中华书局 2009 年 3 月版。

④ 《道德经》。《下篇·德经》,第五十八章。见《老子译注》,第 225 页,辛战军译注,北京,中华书局 2009 年 3 月版。

⑤ 《道德经》。《下篇·德经》,第六十四章。见《老子译注》,第 247 页,辛战军译注,北京,中华书局 2009 年 3 月版。

圣人被褐而怀玉。①

圣人自知而不自见也,自爱而不自贵也。②

……圣人为而不恃,功成而不处,若此,其不欲见贤也。③

圣人不积。既以为人己愈有;既以与人己愈多。故天之道,利而不害;圣人之道,为而不争。④

他还以道为准绳,来赞叹大道之人的行动,"孔德之容,惟道是从";要求抱一的圣人"不自见、不自是、不自伐、不自矜",以其婴儿样的柔弱单纯,以其知白守黑、贵柔处弱的特质,要求圣人"去甚,去奢,去泰",以"见素抱朴,少私寡欲,绝学无忧"的本真状态对峙宗法人伦,追寻玄远、浩大的境界,并以此定位理想中的圣人形象及人格品质。

由此,圣人还化身为不同的人格名称。

道经中,如"上善":

"上善若水。水善利万物而不争,处众人之所恶,故几于道。"

如"善为道者":

"古之善为道者,微妙玄通,深不可识。无唯不可识,故强为之容:豫兮其若冬涉川。犹兮其若畏四邻,俨兮其若客,涣兮其若凌释,敦兮其若朴,浑兮其若浊,旷兮其若谷。孰能浊以止,静之徐清?孰能安以久,动之徐生?保此道者不欲盈。夫唯不盈,是以能敝复成。"

德经中,如"大丈夫":

"大丈夫处其厚,不居其薄;处其实,不居其华。"

如"上士"、"上德"、"广德"、"建德"等:

"上士闻道,勤而行之;中士闻道,若存若亡;下士闻道,大笑之。……上德若谷,广德若不足,建德若偷、质真若渝,大白若辱。大方无隅,大器晚成,大音希声,大象无形。道隐无名。"

---

① 《道德经》。《下篇·德经》,第七十章。见《老子译注》,第 271 页,辛战军译注,北京,中华书局 2009 年 3 月版。

② 《道德经》。《下篇·德经》,第七十二章。见《老子译注》,第 271 页,辛战军译注,北京,中华书局 2009 年 3 月版。

③ 《道德经》。《下篇·德经》,第七十七章。见《老子译注》,第 294 页,辛战军译注,北京,中华书局 2009 年 3 月版。

④ 《道德经》。《下篇·德经》,第八十一章。见《老子译注》,第 307 页,辛战军译注,北京,中华书局 2009 年 3 月版。

如"婴儿"、"赤子"：

"知其雄,守其雌,为天下溪。为天下溪,恒德不离,复归于婴儿。"

"含德之厚者,比之赤子。"

不仅若此,圣人还必须具备以下与道重叠合一的品性,并构成他的人格内涵。

如至柔："天下之至柔,驰骋于天下之至坚"；

如清静："清静可以为天下正"；

如玄同,如慈,如俭,如不敢为天下先,如以正治国,以奇用兵,以无事取天下；

更如"独异于人"："……众人皆有余,而我独若遗,我愚人之心也哉。众人昭昭,我独昏昏；众人察察,我独闷闷。惚兮其若海,恍兮其若无所止。众人皆有以,而我顽似鄙。我独异于人,而贵食母。"

可以看出,圣人在道篇与德篇中的微妙不同,德篇已大量涉及到政论的人,讲到大邦与小邦的关系,圣人亦日渐向统治者演化,道经的人格化圣人到德经中已变异为角色化圣人,治国、用兵等实用性功利性的偏重,固然有文化的因素,但在老子后期确不复找见"被褐怀玉"的纯粹意义的圣人；圣人由宇宙的创始者、事物运行、变化规律的道而向修身之道尤其治国之道偏移,五千言的《道德经》后部,老子寄"行道"于王侯身,"道常无为而无不为。侯王若能守之,万物将自化",这是道经的最末一篇,37章,即在此已经透出了它人格转型的端倪,人格的最终的实利化或干脆称之为儒化是和老子其人的早期史官身份与经历分不开的；游离于自然而进入权术之治只是一种人格阐述者自身人格的必然性发展,这一课题也是相当有意思的；在下面中我们还会碰到这种无从摆脱自身的现象,这个大题。这样我们再看庄子的自由人身份与他对圣人人格的坚持,就会更有深度的多,庄子对道的社会化含义的扭转是与这坚执在一起的,他继承了老子早期精神境界的"道",而放弃了它改造政治的社会理想的道,从历史上看,这种修正是美学上的进步,庄子赋予了"道"以更纯粹的人格内涵。

庄子在《知北游》中这样"定义"圣人：

天地有大美而不言,四时有明法而不议,万物有成理而不说。圣人者,原天地之美而达万物之理,是故至人无为,大圣不作,观于天地之谓也。①

围绕着这一内涵,圣人具有以下一些外延;比若圣人的行为方式是,"六合之外,圣人存而不论;六合之内,圣人论而不议。春秋经世先王之志,圣人议而不辩。……圣人怀之,众人辩之以相示也"。庄子继续论到大道、大辩、大仁、大廉、大勇以及不言之辩,不道之道,并以"天府"、"葆光"借喻圣人的至境。圣人的风貌是,"众人役役,圣人愚芚,参万岁而一成纯"。圣人的境界是,"忘年忘义,振于无竟";圣人包含了物化之化身于物的意思。② 再比若圣人的特点,"……圣人有所游,而知为孽,约为胶,德为接,工为商。圣人不谋,恶用知? 不斫,恶用胶? 无丧,恶有德? 不货,恶用商? 四者,天鬻也"③。接着庄子以天养对人为,以无情对有形,阐述了他在圣人问题上与其思想一致的任自然的观点。圣人的存在是,"将游于物之所不得遁而皆存"④即圣人生活在万物都不会丢失的环境里而与之共存亡,可以知道,圣人仍是与道合一的;圣人的品格:"……圣人,其穷也使家人忘其贫,其达也使王公忘爵禄而化卑。其于物也,与之为娱矣;其于人也,乐物之通而保己焉;故或不言而饮人以和,与人并立而使人化。"这已有了些现世的色彩;圣人的本性是,"圣人达绸缪,周尽一体矣,而不知其然,性也。复命摇作而以天为师,人则从而命之也"⑤。而到了《渔父》中的"故圣人法天贵真,不拘于俗"的作结,似又从外延跳回到了内涵,法天贵真的圣人从两个向度表明了与儒之圣人的截然不同,它也是必然要由之引出的自由人格如下面我们将探讨的真人人格的萌芽,而且已具有了人格——心灵哲学的色彩,也是在这个意义上,李泽厚先生在美

　　① 《庄子·外篇·知北游》。见《庄子今注今译》,第601页,陈鼓应注译,北京,中华书局2010年3月版。

　　② 所引均见《庄子·内篇·齐物论》。此三段引文分见《庄子今注今译》,第84页,第94页,第98页,陈鼓应注译,北京,中华书局2010年3月版。

　　③ 《庄子·内篇·德充符》。见《庄子今注今译》,第179页,陈鼓应注译,北京,中华书局2010年3月版。

　　④ 《庄子·内篇·大宗师》。见《庄子今注今译》,第196页,陈鼓应注译,北京,中华书局2010年3月版。

　　⑤ 《庄子·杂篇·则阳》。此两段引文分见《庄子今注今译》,第713页,第716页,陈鼓应注译,北京,中华书局2010年3月版。

学层面上称庄子哲学为人格本体论。

圣人与道的合叠，仍显出圣人的滞于世的前提，至于"得道"（道要去得）的字面所透出的与论述相逆的反自然观，仍露出了庄子的有所待，"在太极之上而不为高，在六极之下而不为深，先天地而不为久，长于上古而不为老"之后的"狶韦氏得之，以挈天地，伏戏氏得之，以袭气母"等，其后仍有九个之多的"得之"的好处，来说自本自根、生天生地的"道"的重要性，道仍然有所待，陷身功利，而人之有所倚（对道），更反于他的出发点，合一的圣人人格，仍需修炼，而非自然天成的道理仍然于迤逦委曲的文字间未能藏住而被道破，虚淡的心境亦与他激扬的文字形成反讽，或许圣人真是儒家的人格特指，而使任何说他的思想都会受到入世的感染；由此看，圣人较之我们将言的真人至人与神人并不足以成为道家人格的核心，虽然《庄子》中不乏对之的强调，尤其《应帝王》更是流露出参政的意向，无为而治，仍然是一种治，治世的方案经常冒出来打断那天与真的叙述，犹如一面玉帛上的几丝擦痕。

但就整体而言，庄子的圣人与孔子人世之内的圣人不同的是，他仍是人世之外的，是如孔子所叹"游于天地之一气"的。

如此，庄子借女偊对南伯子葵的回答"参日而后能外天下，……七日而后能外物……九日而后能外生"讲三天之后忘天下，七天之后忘万物，九天之后忘自身的心境澄澈的境界，达到"朝彻"和"撄宁"，不受外界的纷扰，而保持心灵的宁静；而"以无为首，以生为脊，以死为尻""知死生存亡之一体"的得道之人即圣人亦是超乎生死之外的，庄子借子来临终"成然寐，蘧然觉"来说安闲熟睡似的离开人间与惊喜地醒过来而回到人间的无差别无界限（《大宗师》）。

如此，庄子借子贡问"畸人"，孔子答"畸人者，畸于人而侔于天"，不同于世俗而同于自然，"以生为附赘县疣，以死为决疢溃痈"，借孔子的自叹弗如，借许由反对尧之观点（仁义、是非）体现"道"之逍遥、纵任的境域，并称之为宗师，"整万物而不为义，泽及万世而不为仁，长于上古而不为老，覆载天地刻雕众形而不为巧，此所游已"；借颜回说孔子，解释"堕肢体，黜聪明，离形去知，同于大道"的"坐忘"（《大宗师》）。

从中可见道与儒不同之处在对圣哲之王的看法，庄子借老聃话说，"明王之治，功盖天下而似不已，化贷万物而民弗持；有莫举名，使物自喜；立乎不测,而游于无有者也",立足于高深莫测的神妙之境而生活在什么都不存在的世界里,这该是与儒有形的圣人绝对不同的人格之境(《应帝王》)。

庄子借列子之行守亲证"于事无与亲,雕琢复朴,块然独以其形立。纷而封哉,一以是终"的固守本真,提倡"无为名尸,无为谋府;无为事任,无为知主"以说明"圣人之用心若镜,不将不迎,应而不藏,故能胜物而不伤"的境界(《应帝王》)。

由上可知,道家的圣人有时被称为"畸人""吾师"等,而在与天道重叠一点在真纯如一固守本性一点都是相同的。而这圣人人格的精要,在总结了圣人的风貌、本性、品质与行为之后,似只有一个庄子所讲的寓言最能表达它其间用语言尚模糊难言的一切:

> 南海之帝为儵,北海之帝为忽,中央之帝为浑沌。儵与忽时相与遇于浑沌之地,浑沌待之甚善。儵与忽谋报浑沌之德,曰:"人皆有七窍以视听食息,此独无有,尝试凿之。"日凿一窍,七日而浑沌死。①

3. 真人　至人　神人

真人、至人、神人实在是作为无有七窍的浑沌的至高境的另一种说法,也是立论于个体身心道德的最高体现;是庄子无情无己顺天的人格标准的集聚。

因为圣人基本上还是老子的一个人格概念,而且从它的内涵看总还未能脱去儒的成分,虽则价值观念已绝然不同;老子的圣人与孔孟的圣人的区分可以从它们所述的一个简单的例子的不同观点得出——二者同言到的"大丈夫",老子讲,"大丈夫处其厚,不居其薄;处其实,不居其华";孟子讲,"富贵不能淫,贫贱不能移,威武不能屈,此之谓大丈夫",二者都讲大丈夫,然而他们的理想人格是不同的,儒家是侧重外向的,虽然他用的是内向的衡量标准,道家则是无有疑义的内指向的,立身淳厚、存心朴实、崇道薄礼是他的人格的全部内容;然而即便老子的理想人格也无法跳出中国人文文化的此岸性,圣

---

① 《庄子·内篇·应帝王》。见《庄子今注今译》,第249页,陈鼓应注译,北京,中华书局2010年3月版。

人的无论儒道的无一例外的此岸性征,在老子德经中圣人的向统治者的人格角色化过程是一很典型的说明,所以,单就圣人人格看,后人说李聃为老儒也是有几番道理的。这也是庄子一直与老聃划界线的原因。圣人的偶像性与此岸性已不足以代表他对人格理想的表述了,庄子作为自由人与老子作为史官的身份与心情的不同,也使他亟需找到与自己处境相对衬的语言,来表现他的终身不仕,他的由此所保住的"无为有国者所羁"的"天地精神",庄子对老子的由自然进入权术之治的反动而为复归自然极力放弃社会理想的道而保住道之更纯粹的精神境界的涵义;为此则必须有另外的不同于圣人这一表述方式和名称的人格命名出现,必然的,这种新的表述是在社会秩序与个人自由之间有明确的舍取,必然的,这种新人是站在由儒道圣人所表述的文化格局外的,同时他也站在了偶像性、现实性还有此岸性之外;他必须很好地体现道之精神,并常常等同于道,他就是那个服从于内在生命法则指示的人。

这个他,从"至人无己,神人无功,圣人无名"中我们即可觉出他在庄子心中的位置。

所以,圣人虽频频在《庄子》书中亮相,但确是老子的一个人格概念,庄子说他(圣人)时其实已发生了转义,他说的是他心目中的圣人,这圣人的内涵常常以其他的语词来代替,代替语分别是:真人,至人,和神人;而这才是庄子的人格理想的根本体现,是他人格思想的正本。

所以,庄子创造了一种可称为"真人境界"的人格文化来对位于儒学的"圣人境界",后者的强大使之感染到了老子的道中来了;区别是,圣人仍有所倚,而真人则无所倚,亦无所待,真人是天人合一、特立独行的,所以,庄子将圣人新释为"圣人将游于物之所不得而皆存"亦是可以理解的了。

那么,什么又是庄子的"真人"?

这个答案似乎全集中在《大宗师》里。

对于"何谓真人"这一设问,庄子的回答是:

> 古之真人不逆寡,不雄成,不谟士。若然者,过而弗悔,当而不自得也。若然者,登高不慄,入水不濡,入火不热。是知之能登假于道者也若此。古之真人,其寝不梦,其觉无忧,其食不甘,其息深深。真人之息以踵,众人之息以喉。屈服者,其嗌言若哇。其耆欲深者,其天机浅。古之

真人，不知说生，不知恶死；其出不䜣，其入不距；翛然而往，翛然而来而已矣。不忘其所始，不求其所终；受而喜之，忘而复之，是之谓不以心捐道，不以人助天。是之谓真人。若然者，其心志，其容寂，其颡頯；凄然似秋，煖然似春，喜怒通四时，与物有宜而莫知其极。①

"古之真人"的三个排比之后，是有关圣人、贤、君子、士等的反面论证，与几种人格样式区分式的关系之后，则进一步论证其人格面貌，是——

　　古之真人，其状義而不朋，若不足而不承；与乎其觚而不坚也，张乎其虚而不华也；邴乎其似喜也，崔乎其不得已也！滀乎进我色也，与乎止我德也；厉乎其似世乎！謷乎其未可制也；连乎其似好闭也，悗乎忘其言也。②

才得到了真人形象的完满，故，作结于"天与人不相胜也，是之谓真人"。

这种作结的句式在《刻意》中加以重现，并采用了对比的方法划开了真人与他人的界线："……众人重利，廉士重名，贤人尚志，圣人贵精。故素也者，谓其无所与杂也；纯也者，谓其不亏其神也。能体纯素，谓之真人。"③

由是，真人的要义是："无以人灭天，无以故灭命，无以得殉名。"④即是慎守而能返其真，这是道之贵真。

由是，真人之真是："……真者，精诚之至也。不精不诚，不能动人。故强哭者虽悲不哀，强怒者虽严不威，真亲未笑而和。真在内者，神动于外，是所以经贵真也。"⑤

　　① 《庄子·内篇·大宗师》。见《庄子今注今译》，第 186 页，陈鼓应注译，北京，中华书局 2010 年 3 月版。
　　② 《庄子·内篇·大宗师》。见《庄子今注今译》，第 187 页，陈鼓应注译，北京，中华书局 2010 年 3 月版。
　　③ 《庄子·外篇·刻意》。见《庄子今注今译》，第 430 页，陈鼓应注译，北京，中华书局 2010 年 3 月版。
　　④ 《庄子·外篇·秋水》。见《庄子今注今译》，第 461 页，陈鼓应注译，北京，中华书局 2010 年 3 月版。
　　⑤ 《庄子·杂篇·渔父》。见《庄子今注今译》，第 874 页，陈鼓应注译，北京，中华书局 2010 年 3 月版。

由是,真人的实例是:"在己无居,形物自著。其动若水,其静若镜,其应若响。芴乎若亡,寂乎若清。同焉者和,得焉者失。未尝先人而常随人"的主张与行为的关尹;和"知其雄,守其雌,为天下溪;知其白,守其辱,为天下谷"的言与"取后"、"取虚"、"曲全"的"常宽于物,不削于人"的至极的老聃。①

那么至人、神人又代表着怎样的人格呢?

《庄子》中多次写到至人:

比如《齐物论》:"至人神矣! 大泽焚而不能热,河汉沍而不能寒,疾雷破山飘风振海而不能惊。若然者,乘云气,骑日月,而游乎四海之外。死生无变于己,而况利害之端乎!"至人是超越死生与利害的。

比如《应帝王》:"至人用心若镜,不将不迎,应而不藏,故能胜物而不伤。"至人修养高尚,心境淡泊清虚,迎合事物本身而能秉承自然。

比如《天道》:"夫至人有世,不亦大乎! 而不足以为之累。天下奋棅而不与之偕,审乎无假而不与利迁,极物之真,能守其本,故外天地,遗万物,而神未尝有所困也。通乎道,合乎德,退仁义,宾礼乐,至人之心有所定矣。"至人不凭借外物的程度到了他视统治天下为拖累,他专注于忘乎天地不受困扰的精神世界,深究事物本原,持守事物根本,以道为上,而不受控于仁义、礼乐,内心恬淡而强悍。

比如《天运》:"古之至人,假道于仁,托宿于义,以游逍遥之虚,食于苟简之田,立于不贷之圃。逍遥,无为也;苟简,易养也;不贷,无出也。古之谓是采真之游。"至人是生活、游乐于无奢无华、无拘无束的境地而又能自由自在的人。

至人作为庄子的理想人格可见一斑。如果说庄子所言"至人"还在语言上有所倚的话,即庄子或说道家想解释这种人格而不仅仅是描述它,那么较之这种有为行为,"神人"人格所言的形式则与它所标识的内容是统一的;它仅作为一种描述性的存在而不力图或刻意去解释而又确有真义包含在了描述内,这恐怕正是庄子言道的大义。这也是神人最先见于庄子《内篇》中第一篇《逍遥游》的原因(或也是至人、圣人等多出现在"外篇""杂篇"的原因?)。

《逍遥游》中,有几与《大宗师》讲真人那般的大篇幅讲到神人:

① 《庄子·杂篇·天下》。参见《庄子今注今译》,第935—936页,陈鼓应注译,北京,中华书局2010年3月版。

藐姑射之山，有神人居焉。肌肤若冰雪，淖约若处子，不食五谷，吸风饮露，乘云气，御飞龙，而游乎四海之外；其神凝，使物不疵疠而年谷熟。①

之人也，之德也，将旁礴万物以为一，世蕲乎乱，孰弊弊焉以天下为事！之人也，物莫之伤，大浸稽天而不溺，大旱金石流，土山焦而不热。是其尘垢秕穅，将犹陶铸尧舜者也，孰肯分分然以物为事。②

口气好大，一语点破神人（亦即庄子所代表的整体理想人格）与圣人（儒家人格典范，或许还含有老子道家的圣人）的不同，神人所留下的尘埃和瘪谷糠麸之类的废物，也能造出尧舜那样的圣贤人君来，他（神人）怎么会把管理万物作为己任呢?！这是与"天下不足以为之累"一脉相承的；神人的这一顺应万物凝神自得而不为功利所动的特性有时也以"德人"来作表述，如：

德人者，居无思，行无虑，不藏是非美恶。四海之内共利之之谓悦，共给之之为安；怊乎若婴儿失其母也，傥乎若行而失其道也。财用有余而不知其所自来，饮食取足而不知其所从，此谓德人之容。③

也是《天地》这篇，接着说到神人：

上神乘光，与形灭亡，此谓照旷。致命尽情，天地乐而万事销亡，万物复情，此之谓混冥。④

这是淳芒对苑风的言说。普照万物又混同玄合的精神超脱物外的神人，

---

① 《庄子·内篇·逍遥游》。见《庄子今注今译》，第25页，陈鼓应注译，北京，中华书局2010年3月版。
② 《庄子·内篇·逍遥游》。见《庄子今注今译》，第26页，陈鼓应注译，北京，中华书局2010年3月版。
③ 《庄子·外篇·天地》。见《庄子今注今译》，第350页，陈鼓应注译，北京，中华书局2010年3月版。
④ 《庄子·外篇·天地》。见《庄子今注今译》，第350页，陈鼓应注译，北京，中华书局2010年3月版。

其全无世俗性而游于万物自然中的某种人不常见的极度解脱和高蹈常常给人以非人格的印象,所以有人论及道家思想而称其为非人格性特征的这个结论也是不奇怪的;几千年前的庄子似乎早已准备好了对这一论点的答复,所以他让连叔规劝也是启发肩吾,肩吾说,"(神人)……我认为这全是虚妄之言,一点也不可信";连叔回答,"是呀! 对于瞎子没法同他们一起欣赏花纹和色彩,对于聋子没法同他们一起聆听钟鼓的乐声。难道只是形骸上有聋与瞎吗? 思想上也有聋与瞎啊!"①

无以与乎文章之观的"瞽者",无以与乎钟鼓之声的"聋者",难道仅只是肩吾一个人吗? 庄子所给出的颇富预见的答案,也从另一面说出了他人格理想的超出世俗理解力的部分。

所以,当我们再回到那个起初的人格"定义"时,总也会有一些迷惑——"不离于宗,谓之天人。不离于精,谓之神人。不离于真,谓之至人。以天为宗,以德为本,以道为门,兆于变化,谓之圣人。以仁为恩,以义为理,以礼为行,以乐为和,薰然慈仁,谓之君子"②。这是在说那个不确定而游于万物,可思而不可见更无可触及的人格吗? 对于"动若水""静若镜""应若响"宽容于物又不削于人的庄子所言的人格能用这么明晰的语言表述出而又不失真么? 语出的《天下》已验正为后人所作自不必再去考证,道家确是常有语言达不到他要述及的人物、思想的境况的,老子的语录式的文本、庄子擅用寓言的习惯似乎都证明了这一论点。

在论述更确切说是转述老庄尤其庄子道家的人格理想时候,所常有和语言达不到的感受也就成了自然,历史只给了我们一个轮阔,一个道家人形的背影,对于那个多义亦是多歧的人格轮阔,常常受困的却是一句《庄子·外物》中的话:

"荃者所以在鱼,得鱼而忘荃;蹄者所以在兔,得兔而忘蹄;言者所以在意,得意而忘言。吾安得夫忘言之人而与之言哉!"③

---

①　参见《庄子全译》,第12页,张耿光译注,贵阳,贵州人民出版社1994年4月版。可参考对比《庄子今注今译》的译文,第30页,陈鼓应注译,北京,中华书局2010年3月版。

②　《庄子·杂篇·天下》。见《庄子今注今译》,第908页,陈鼓应注译,北京,中华书局2010年3月版。

③　《庄子·杂篇·外物》。见《庄子今注今译》,第772—773页,陈鼓应注译,北京,中华书局2010年3月版。

　　而即便是这句话，说得出来，也已不再是我想说的意思了。何况对于神秘难言的真人与神人呢？语言总是追不上思想而望尘莫及的这种境况，在我，就更是如此，人总要受外物的牵制，比如语言这种有形的东西，这种形骸，而又要拿它去表述或体现无形的自由地畅游于万物的人或事物，这难道仅只是我们时代的两难吗？庄子何尝不在这种处境里。

　　所以总要找到一个化身；而最后，这化身也不免于是一个实体，虽然它表现的与之相反。而道家又说，"反者道之动"；也许那人格的精义就包含在那个物化的比喻里面：

　　　　昔者庄周梦为胡蝶，栩栩然胡蝶也，自喻适志与！不知周也。俄然觉，则蘧蘧然周也。不知周之梦为胡蝶与，胡蝶之梦为周与？①

4. 蝴蝶梦

　　周与蝴蝶。必有分而无法分的情状。是言说者言时所常常遇见的，是具有着那种他所要说的人格的人在言说与他本人人格相重叠情形下所必有的一种惘然。

　　这种惘然也时常发生在言说者与之人格不相重叠的情形里。这也是庄周梦蝶的故事在历史的深厚积淀层里一直不乏新说的原因，连篇累牍的言说早已大大超过了它被言说着的不满 50 字的文本，而且从浪漫主义文学精神、从美的观念的流变，从先秦时代哲学所体现的世界观，从唯心的、无我的、物我的认识角度，甚至从蝴蝶意象本身以及几千年前庄周的蝴蝶与二十世纪的卡夫卡笔下的大甲虫格里戈、爱伦·坡的金甲虫作动物比较学的对比，等等，不一而足，然而并无最后的定论，庄周的蝴蝶依然翩飞，庄周的蝶梦依然是人们各抒己见的精神分析的开放领域。

　　然而值得注意的却是可视作一笔精神财富的庄周"梦的解析"的连篇累牍的史册与论集里，人格角度的缺席。

　　所以总见争论，而以事实上对庄子精神的违背进行着对这一精神的

① 《庄子·内篇·齐物论》。见《庄子今注今译》，第 101 页，陈鼓应注译，北京，中华书局 2010 年 3 月版。

解释。

　　我却以为,庄周梦蝶的寓言其实就是有关人、人格的寓言;它试图言说庄子本人也是道的理想人格几重含义;这几重含义包藏在诸如浪漫主义的看世界的方式、物我一体的天人观念里,包含在混合的"一"的境界的物我化一的新质产生的创生性里,这是与超越对立性的对抗而恪守对立体的交融的道家总体观一致的;然而后者只是它的外壳;可惜的正是我们以往往往往热衷于这外壳,在如核桃般大小的硬壳上刻下花纹并以那花纹的精细漂亮而沾沾自喜,却不去想厚壳以内的那个核心;而另一个与这"聋"或"瞀"相类的疾病是斜视的习惯,比如"丧我""无我"根本无法与人格联姻的结论,源于思想的一种懒惰,一种只看表义不愿深究的浮浅,用无我丧我的现代义去作结于无我的人格境界本身,与用西方割裂事物的思想为中国古代的人物交融的思想作解一样是思想移植式的殖民主义习气。

　　那个有关人格应怎样的寓言离我们已相当遥远了。然而仍能品出其中浓郁的思想的清芬气息,那几重含义里,包括浪漫性、合一性、开放性、创生性、超越性以及生命短如蝴蝶而生死、梦觉又了无界限的矛盾与和谐,以这样温和的目光看世界人生,或说能以这样目光俯瞰生命的这个人,所具有的人格品质又不仅是以上那几重精神的组合,应该是它们的各自的晶体放在人生所代表的时间的这个盛器中加入了生命的水所冲沸的一种状态,我经常在新茶在水中的沉浮中瞥见过这种状态,而在某些梦境与现实交错出的心情里感到过这种状态一阵风似的从肩上划过去,它确实存在于言说所能触及的世界之外,犹如一种美,我们体悟它时是用全身心,而轮到了表述却只剩了语言这一种武器可以拿来,这种不公平,庄子创生了寓言来对其超越;而对现代人,却是制造笔仗的开端;所以我们更应重提这种人格,虽然现在尚找不出一个确切的名词来定位它,它是如蝴蝶般的绚丽,如蝴蝶般自由,如蝴蝶般不知生死或超然于此之上而视其为梦或觉般容易,它是的,如蝴蝶般只在自己的存在中生活,如此,谜般复杂的世界在他眼里,一切又都恢复了原初的简单。

　　蝴蝶梦预言了这样一种人格,这人格无名。

　　我们可以说,这人格是庄子本人的人格象征和自喻。

　　我们还可以说,这人格是自由的,存在主义的人格。

　　然而最后,这人格代表的人类自庄周起就做下的梦,或梦中的已与物合二为一了的并不是庄周本人了的那种具象的人格的抽象性,仍然无名。

这是道家到了最后的必然境,老子出函谷关后消逝了,庄子在一场飞翔的梦里"遗失"了自己。

圣人无名。

如此,蝶化了的庄周得以飞翔在以后历史所创造的人格的最大空间里。从魏晋时期的隐士的衣袂上,我们最先看到了他的翅膀投下的影子。

5. 隐士

隐士与其说是人格理想,不如说是一种人格类型,是道家无为理论的人格形象的定位。以前我们曾经讨论过儒道分裂的关系,这其实是那个问题的子命题,圣王的另一面是圣贤的另一意:高士;甚至儒家也赞同于有道则仕无道则隐,对于伯夷叔齐的隐,孔子有盛赞其"不降其志,不辱其身"①的文字为证,追求政治信念与做人即人格精神的统一的这个信条,说明了儒道在为人深层的一定意义上的一致性,这个沟通又常常表现为形式上的撕裂或心理上的两难,于是有真隐与假隐之分,儒家人格的隐士,志在天下者多,道家的隐士则纯精神式的归隐居多,历史上也有称大隐、小隐的,而由此也会生出"中隐"这样的语汇来,白居易道出了其中的两难,"人生处一世,其道难两全:贱即苦冻馁,贵则多忧患。唯此中隐士,致身吉且安。穷通与丰约,正在四者间"②;这感慨固然可看作中庸观念的必然,却也是中隐一说的开端,身心俱裂,是因为身隐而心未隐,这种志在经世、仕以行道的儒家心理的普泛性却正是道家人格所不容的,这里所讲的隐士正是道所依此立论的身心俱隐,祛除了徘徊人世之心的不同于儒的"隐居以求其志"(孔子),道家隐的传统也相当可观,有"刻意尚行,离世异俗"的庄子,楚国曾以五千金聘其为相,庄子的回答是:"子亟去,无污我。我宁游戏污渎之中自快,无为有国者所羁。终身不仕,以快吾志焉"。老子更是那一时代就被称为"隐君子"的;他们共同涉及到社会性和自然本性的相排斥问题,于哲学本体论之外,寄深意于自我人格的理想建构与实践,而这种尊道不趋势的悲剧气质或说是哲学作为存在学的

① 《论语·微子篇第十八》。见《论语译注》,第195页,杨伯峻译注,北京,中华书局2009年10月版。

② 《白居易集》卷五十二《中隐》。见《白居易集》,第799页,喻岳衡点校,长沙,岳麓书社1992年7月版。

意味则从各个历史中表露出来,不仕的自由,人格的独立性与主体性,个人对自我存在的选择权,人的自我对抗角色的存在,围绕此演绎出许多可为之歌泣的事情,李业宁隐山谷而不仕王莽,宁饮毒酒而不仕公孙述的"义所不从"的选择权,在玉碎瓦全之间保持了人格的完整,史册中先秦的例子还有许由、申徒狄、伊尹、伯夷、叔齐等,他们不惜生命换得道的这一行为,在魏晋时期虽有变代(后者更重生与道的共生性,而不提倡舍生取道),但这一精神的实质却保存下来了,以至在若养生不成而在生与道间必须作选择时,他们会习惯性地将道放在生的前面考虑,比如嵇康。而且从这一意义讲,隐士更是一魏晋的人格概念,身与心的问题在此更多已是生与道的问题,而且致力于这四者的统一,内我两忘、身心如一、物我合融、同归于寂,不正是隐士的内里吗?况如魏晋乱世,仍有这种于炎凉外的狂狷与高蹈,正像那句偈语——"如入火聚,得清凉门"(《华严悲智偈》),指的就是避世放达的隐士。

普遍与突出的现象描述同时,应是对言说着的隐士的定位。老庄传统的人格毕竟与儒家人格不相混淆,而这细微处正在隐士一条中显现出来,隐,是儒的进的对立,也是它的补充,更是它本身遗留下的一个问题,这个问题我们在前面曾言之未尽,在此或许能有深入的可能,而于出入、仕隐间,于匡世避世、礼法自由间,魏阙与江湖间,已有于两个自我里挣扎而不堪以至身心憔悴的长长的影子在无休止地摇曳着,隐士早被打上了道德理性或价值的标准而成为超越了学说学派的一部分,用现在颇为流行的话说,是,边缘人的人文精神。所以回到原本就更显得重要。拨开后人附加于他的重重话语,隐士确可分为人格之隐与角色之隐,前者包括从自然本性意义上出发的自发的崇理和从对峙社会性的异化的自觉的道义两大类,这是一种本质的自美自足意的隐,是身心俱隐,是自由信念至上一切皆可抛的理性原则的内化,是更确切的人格意的隐士;而另一大类包括存身之道的待机而隐,附庸风雅的钓名之隐,甚至欺世盗名的假隐,等等,都了无自由的理性精神而只将隐作为一种为名为身的手段,是身隐而心不隐,是角色意的隐士,虽也有蛰居山林、遁迹空门的表象,却时时心怀叵测,伺机而动,是将个人(而非自由)原则且是物质层面的个人原则放在第一位的存身之道,这当然理应排除在我们讨论隐士作为某种人格精神的体现者的范围以外,而历史的实践层面上却是常常弄模糊的,就是今天也仍有举着这幌子招摇的文化人。真的隐士并不排斥个人,他是精神意的个人至上主义者,养生即是他"生贵于天下"的人生观的一个体现,这是与儒重天下大于重生不同的,这是文化所能告诉我们的。庙堂与山林、涉世与超尘、理与情、礼法与放达等二元对立的概念其实在说着一个道理,是群体观念到个体自觉时代的演变,所以有阮籍无君论的《大人先生传》、嵇康"非汤武而薄周孔"的《与山巨源绝交书》,天地境界被经学搞得缩小,道以隐士来拓展或恢复;黄仁宇说,大凡高度的概括,总带有想象的成分。我常在叙述中发现,至理说到最后,只能成为寓言。而最后的最后,一切学说的最高境界,是,个人成为经典的注脚。隐士就是这样的一个隐喻。携带不为物役的个体存在的身心问题,自然与文明、天性与知识对峙的哲学形成了,而直接的影响是时代向文学的偏移,可以说,有其对峙,文学才最后从哲学中分化出来而找到了自己的空间,这使魏晋文学不同于先秦经与文即哲学与文学未解的合一状态而赢得了独立。隐士问题包含的太多的文化内容,以至相互交错,常常不甚分明,而如何在此间区分真隐与伪隐的质异,却是需我们自己斟酌的。

那么依上述的定位,隐士所呈现出的风貌怎样呢? 如果说真人、至人、神人等是宗教性精神性较强的更为抽象一些的人格概念的话,隐士则在保留此意基础上更偏于现实化和人生历程性,现实中人即可找到与其理论的对应,魏晋名士是一个例子,南宋、晚明各有其例;这说明政权更迭时代与隐士的关系,也反证了无道则隐的古训,然避世之外仍有顺天的核心在里,正如现实性外仍有其美学意味的心,隐士作为一种不同于流俗的美学规范,各个时代都有,且各个层面兼具,之所以将之列入此来写,是由于它在这一士人人格转型时代的代表性,有时,随俗于外,异志于内也是有的,隐士总是可以看作真人的非彻底性形象的,"圣人不凝滞于物,而能与世推移",其中也是有许多苦衷在里的,所以论及隐士而全然割裂与时代与文化的关系而只尚本意得出的结论也会是一种不真实。在此方法上我们再看隐士的风貌就自然地多,也丰富地多;诗、酒、才情,或狂放或静穆的置人格为自然一部分的神超旨迈境界,与顺天以和自然为征象的朴与透明,即明静清莹的内心世界,是与海德格尔的"澄明之境"有类比和沟通的;道家的真谛是无为,无为是意志的也是人格的,而隐士则是这真义的现实的践行者;师从老庄、尚奇任侠,将激烈慷慨与清秀淡约相融会,以"天下之至美,而具有冰雪之姿"为标尺的人格的洁净,体现出的是爽朗清举和风姿独秀,一方面,于缘情言志与载道济世间的人格分裂,首次以显文化的形式表现出来,另方面,自我体性与作品风格达到了惊人的相表里。隐士风貌的尊朴、守诚和贵生犹如布帛样的中国人格文化面上的锦织刺绣,《悲患与风流》的作者陈晋在理顺仁德人格与顺天人格后而将道家人格结构剖析为意志的“无为之柔”、智慧的“大巧之愚”、道德的“恬淡之啬”三种力量的协和,我想这道家理想人格的画像主要指的是魏晋前后的隐士,他把那看作是传统人格的道德美学,于这个层面剖开,无论纵、横,我们面前的都只是刚烈直质式的清俊秀逸。

具体触到那个剖开了的面,会有更深的会意。

嵇康的《卜疑》就很有些庄语,清静无为、心存微妙、守道如一主题下宏达先生竟仍滞于“是……还是……好呢”的内心冲突里而一连发出29个问号要太史贞公回答,足见其内心的焦虑。《养生论》、《答难养生论》则提出和强化身体与精神的关系,去除荣名利欲而达心志纯正,“不以荣华肆志,不以隐约趋俗,混乎与万物并行,不可宠辱,此真有富贵也”的无忧知足的合理而非禁欲,针对养生五难,必须“灭名利,除喜怒,去声色,绝滋味,聚精神”,指出“役身为物,丧智于欲”对身体的损害;《声无哀乐论》、《难自然好学论》、《难宅无吉凶摄生论》的反诘论辩式结构节奏足见盛于彼时的论辩之风,也是去伪存真的工作使然,如此不依不饶的笔锋却也泄露了隐士之隐的内涵,不是一般浮浅意的无所坚执,而正是有所坚执亦知自己所拒绝为甚且已内化了的无所用心,难怪鲁迅要倾心校勘《嵇康集》。难,非难之意,这个意义的难后,是绝交,《与山巨源绝交书》自述不仕的“七不堪”“两不可”,以任心遂志,不违己意而与政权集团绝交,《与吕长悌绝交书》则与不义的士划清了界线;思辨哲理范畴的对不白的论调之“难”和行为实践上的与不道的龌龊势力的绝交,只活了39岁的嵇康一辈子要做的似乎只是这两件事。所以虽苦闷于“殊类难徧周,鄙议纷流离;辔轲丁悔吝,雅志不得施”而对结局有所预见,却仍能有“多念世间人,凤驾咸驱驰。冲静得自然,荣华何足为”的信念而不背弃“逍遥游太清,携手长相随”的理想,其述志,其幽愤,都基于“托好老庄,贱物贵身,志在守朴,养素全真”的自我自由度大的主体人格。“荣名秽人身,高位多灾患。未若捐外累,肆志养浩然”(《与阮德如一首》),已然已是一种掺杂了铁石的至柔至刚的隐士的独白。怨不得嵇康要躲在洛阳郊外打铁,我一直想这个选择甚至这一意象本身都是有寓意的,打铁,他热汗淋漓地,挥动锤头,想锻造什么呢？为那个时代，也为自己。

　　值得注意的是这位终身未仕的打铁者的文字里所濒濒出现的君子、圣人和至人。弄清他们的意指，有助于梳理隐士作为人格形象所包裹的那个人格的理想。如嵇康《释私论》中，"夫称君子者，心无措乎是非，而行不违乎道者也"①；"君子既有其质，又睹其鉴。贵乎亮达，布而存之；恶夫矜吝，弃而远之"②；《明胆论》中说至人"唯至人特钟纯美，兼周外内，无不毕备；降此以往，盖阙如也"③。诗中亦有"至人存诸已，隐璞乐玄虚"的感慨。

　　对比之下，阮籍的个案则复杂地多。虽有《通老论》、《达庄论》言志在先，且旷达超脱的私人逸闻的任诞天然的作注在后，仍无法摆脱于他八十二首咏怀诗的根根芒刺。其间有"终身履薄冰，谁知我心焦"（第三十三首），有"时路乌足争，太极可翱翔"（第三十五首）的向往，"盛衰在须臾"（第二十七首）"辛酸谁语哉"（第三十七首）的情绪更是可以俯拾，隐而不显的八十二首咏怀一直是学界与诗界争解的谜题，而无论微观解题还是引申，我以为都不能不在乎其中的两个意象，一是"鸟"，一是"剑"；鸟的意象，如"高鸟翔山冈"（第四十七首），"高鸟摩天飞"（第四十九首）"林中有奇鸟"（第七十九首），可说是代表着自由；剑的意象则代表着成就，如"挥袂抚长剑，仰观浮云征"（第二十一首），"危冠切浮云。长剑出天外"（第五十八首），"翱翔观彼泽。抚剑登轻舟"（第六十三首），二者互织出了作者心中的矛盾，而不可兼得时，成就与自由之间，他选择的是自由，这是后面的诗中鸟的意象压过剑的意象的原因，"鹍鸟相与嬉，逍遥九曲间"（第六十四首）"乘云御飞龙"（第七十八首），然而这取舍间又藏有多少无奈和苦痛，你可以说阮籍不是真正的隐士，因其心不隐，或隐得不自觉，然而你不能不说他的不隐之隐却真诚过任何史册中的隐士，他甚至开创了身不隐（因其还担着步兵校尉的头衔）而心隐的先例。理解了这番无奈，就不会简单地去看他诗中的徘徊、别离、憔悴、心悲句而将之与一般诗人的呻吟混为一谈了。"逍遥逸豫，与世无尤"（四言咏怀十三首之十）的阮步兵的立身原则仍然是"唯志是从"（四言咏怀十三首之八），

---

　　① 嵇康：《释私论》。见《嵇康集注》，第 231 页，殷翔、郭全芝注，黄山书社 1986 年 12 月版。
　　② 嵇康：《释私论》。见《嵇康集注》，第 234 页，殷翔、郭全芝注，黄山书社 1986 年 12 月版。
　　③ 嵇康：《明胆论》。见《嵇康集译注》，第 134 页，夏明钊译注，哈尔滨，黑龙江人民出版社 1989 年 8 月版。

这是一个诗人隐士超脱了伤痛同时也超脱了给了他伤痛的时代的部分，只剩下这一部分了，可以选择，可以放在心底植养。阮籍隐而不显，颇屈原风，神仙、香草辅排诗中，实则又有很强的介入性。

阮籍最著名的人格观书写见于那篇同样著名的《大人先生传》。

> 夫大人者，乃与造物同体，天地并生，逍遥浮世，与道俱成，变化散聚，不常其形。天地制域于内，而浮明开达于外，天地之永固，非世俗之所及也。①

"大人"作为阮籍的人格理想，其实是师奉了《庄子》真人、至人和神人的神韵。所以在同篇中，阮籍干脆直接写到"至人"："至人无宅，天地为客；至人无主，天地为所；至人无事，天地为我。"②这种遗世独往，逍遥游放的格调也正与嵇康的理想相辅相成——"以万物为心，在宥群生，由身以道，与天下同于自得，穆然以无事为业，坦尔以天下为公"③；由此看，嵇康、阮籍两人的人格取向是一致的，而且基本代表着魏晋时期的人格定位，其凸现主体价值、自我高于名利的恣情任性与慷慨使气的"自然之性"要比与之同时代的寻求儒道磨合而致力孔子老庄化的王弼、何晏、郭象等人来得更纯粹透明。

隐士是其形，"大人"是其心；魏晋于历史上是惟一超越了政府、宗教甚至艺术的一个人之自觉的时代，人格被放在了最为显眼的地位，其"大人"人格的普遍性可以"竹林七贤"之一刘伶的《酒德颂》作为辅证：

> 有大人先生者，以天地为一朝，万期为须臾，日月为扃牖，八荒为庭衢；行无辙迹，居无室庐，幕天席地，纵意所如；止则操卮执瓢，动则挈榼提壶，惟酒是务，焉知其余？……兀然而醉，慌尔而醒；静听不闻雷霆之声，孰视不睹泰山之形；不觉寒暑之切肌，利欲之感情。俯视万物之扰

---

①　阮籍：《大人先生传》。见《阮籍集校注》，第165页，陈伯君校注，北京，中华书局1987年10月版。
②　阮籍：《大人先生传》。见《阮籍集校注》，第173页，陈伯君校注，北京，中华书局1987年10月版。
③　嵇康：《答难养生论》。见《嵇康集译注》，第58页，夏明钊译注，哈尔滨，黑龙江人民出版社1989年8月版。

扰,如江汉之载浮萍。①

　　嵇康是终身不仕,阮籍是身仕心隐,对比之下,东晋陶渊明则更如传统意义所理解的隐士——不奈世俗之污秽而退出官职归隐山林。被称为浔阳三隐的陶渊明(见萧统《陶渊明传》中"时周续之入庐山,事释慧远;彭城刘遗民亦遁迹匡山")的不肯为五斗米"折腰向乡里小儿"的不堪吏职解绶而去的行为当然出自他"少有高趣,……颖脱不群,任真自得"(同上)的性格,所以有"静念园林好,人间良可辞",有怀古田舍、归去来辞,有更明确的"目倦川涂异,心念山泽居。望云惭高鸟,临水愧游鱼;真想初在襟,谁谓形迹拘。聊且凭化迁,终返班生庐"(《始作镇军参军经曲阿作》)。陶渊明早存隐退之心可见一斑;所以有"园田日梦想,安得久离析;终怀在归舟,谅哉宜霜柏";有"少无适俗韵,性本爱丘山。误落尘网中,一去十三年""久在樊笼里,复得返自然"(《归田园居》),所以有《归鸟》,有采菊东篱而"聊复得此生"的悠然与欣喜(《饮酒二十首》);有"吁嗟身后名,于我若浮烟。慷慨独悲歌,钟期信为贤";有"荣华诚足贵,亦复可怜伤"的大悲悯;有《述酒》,有"俯仰终宇宙,不乐复何如"的自得,和"我实幽居士"的告白;即便若此飘逸,陶潜也仍有他另一面的沉缓刚烈,若《杂诗八首》中的"猛志逸四海,骞翮思远翥",如《拟古九首》中"少时壮且厉,抚剑独行游;谁言行游近,张掖至幽州",如《读山海经十三首》的"夸父诞宏志,乃与日竞走","精卫衔微木,将以填沧海。刑天舞干戚,猛志固常在",更如"其人虽已殁,千载有余情"的《咏荆轲》,正如鲁迅所说的"金刚怒目"②,"这'猛志固常在'和'悠然见南山'的是一个人,倘有取舍,即非全人,再加抑扬,更离真实……"③;我们确无法将"首阳"与"易水"(此为陶诗拟古九首中的意象)间的陶渊明分开。由此我们再看他的传、赋与辞,尤其是其中的《感士不遇赋》,则自会品出它的另一种味道。

　　隐士这种形象在古代是很多见的,时代不同,而形态各异,隐士在魏晋盛行的这种现象,反证了那一时代势与道的脱离,难道不也同时证明了道与势

　　① 刘伶:《酒德颂》。见《竹林七贤诗文全集译注》,第576页,韩格平译,长春,吉林文史出版社1997年1月版。
　　②③ 见《且介亭杂文二集:〈"题未定"草〉(六至九)》。《鲁迅全集》,第336页,北京,人民文学出版社1958年4月版。

于任一时代的不相两立。

尽管隐士的形态各不相同,然在这三位名士身上已经涵括了隐士所可能有的类型,如嵇康是身隐而心未隐,阮籍是身不能隐而心隐,隐于势而不隐于道,同一本质,陶渊明是以退出吏职的隐身来带动心隐,或说是心先隐而必得以身之隐对称之,仍是隐于势而不隐于道,是隐而未隐,而不是全隐。这是与真人、神人不同的上面所说的现实性,隐士可以脱身于与道相违的世俗羁绊,却无可脱心于道之传统,无可脱身于他尽管隐士也是"士"的身份,更多时候,那已内化为了他立命的标准。所以敢有嵇康的东市临刑,《广陵散》与生命一起的怦然断裂。隐士仍是有所执的,他执的是一个士(这时候它高于隐士)的责任。

而且,隐于势而不隐于道的隐士,不仅只是嵇阮陶三人,而且是隐士全体。在这里,它泄露了他的身份中所包藏的那个依然完好而且顽固的核心。

"来何汹涌须挥剑,去尚缠绵可付箫"是龚自珍的诗句。如果据此意义讲,中国士人中其实是无真正意义的隐士的呵。如果这隐士是指全部的放弃,又何来那么多岿然独处、卓荦不群的"流金石之功"的清言丽句呢? 有所不弃的隐士,和他所包含的"大人""君子""至人"以及所师承的"真人"人格内里,难道不是一致的,我认为是的。

之所以以这么多篇幅讲隐士,是因其结晶了太多的人格内涵,并已形成了一种特有的文化。

隐士文化的重要性是两方面的:一,它所产生的平衡力(于社会言)、释解力(于思想言)和哲学的审美力的人生化,以及文学发展的自由性都是可观的,更重要的是,隐士作为一种边缘人,处于边缘地位,持有边缘姿态,并具边缘人格,使人更独立于事物之外而保有主体的批判权力亦即主体独立的特权,这对于人格史中人格的健全发展是极为重要的;二,它也是人格分裂、双重人格的肇始;身心撕裂,隐而未隐所给人带来的心灵的承受力是沉重难耐的,因而牺牲社会人格而保全自我人格的完整也实际是不得已的,正如前文所论,身心问题的最终未能很好解决①,"独步天下,谁与为偶",事情常常是这个样子,灵肉的一致是有条件的,客观的主观的,都有;而人格分裂,只是在

---

① 虽有嵇康《养生论》的与孟子的"苦其心志""劳其筋骨"的论调不同的人格全面性追求的形神皆修,但只活到 39 岁而就被掠去生命的嵇康本人正是其养生论的一重意义的反讽。

这一时代,才真正地成为了人的问题,并第一次显明地摆在了历史里。

人格分裂的首次显文化表现,即内在人格与社会人格的首次分离,不仅仅为双重人格的形成完成了铺垫,而且还带来了另一个于文学人格都相当重要的结果,即人、文的里表关系问题,魏晋经由嵇阮陶所完成的正是后来李贽于《焚书》中所言的"格"与"调"的一致性问题,"有是格,必有是调",甚至可说明代李贽的"童心说"是嵇阮人格的注解,那话是这么说的,"夫童心者,绝假纯真,最初一念之本心也。若失却童心,便失却真心;失却真心,便失却真人。人而非真,全不复有初矣"①,更甚至,连李贽这个人都是嵇阮人格的继续,李贽也如先人,中途从官位上退下来,更戏剧化的是他竟跑进出家人的庵庙里去,并且剃去了头发以明志而与烦恼人世绝缘,更可对比的是连这最后一点都相似——李贽并无因剃度而真地了却尘心,他与千年之遥的嵇康竟心有灵犀,身隐而心未隐,更准确说,是隐于势而不隐于道,有他心不甘的《焚书》、《藏书》为证,有黄仁宇先生于《万历十五年》中对李贽人格的精妙分析为证。这证据,似乎也可看作是对隐士全体的。

再回到人、文关系上来,相对隐而待机的隐身不隐势言,嵇阮陶真隐者的贡献是他们作为人本身,人、文的里表关系达到了真诚的一致,这种叠合,在其它时代是难以集中见到的。

郭若虚说,"人品既已高矣,气韵不得不高,气韵既已高矣,生动不得不至"②。

叶燮说,"无不文如其诗,诗如其文,诗与文如其人"③。

刘熙载说,"诗品出于人品"④。

这些后世的学说,很难说其产生,不是在拿上述的时代中人作佐证,不是吗? 谁能证明!

这样似乎也可以成为对陈晋那部探讨中国传统人格的道德美学世界的书末的一个疑问的回答,陈晋担心于有利用人品与文品合一性原则而为文造情,逆志作诗如石崇、潘安仁例,他们也是晋代人,却伪饰其重势的社会人格

---

①　李贽:《焚书》,第 97 页,北京,中华书局 1961 年 3 月版。

②　郭若虚:《图画见闻志·叙论》,见《图画见闻志》,卷一,第 29 页,北京,中华书局 1985 年版。

③　叶燮:《南游集序》。见《己畦集》,卷八,第 20 页。刻本。长沙叶氏梦篆楼,民国七年(1918)。

④　刘熙载:《艺概·诗概》,见《艺概》,卷二,第 82 页,上海,上海古籍出版社 1978 年 12 月版。

而标榜高蹈,以思归、闲居欺世盗名,因此那疑问是,文艺的被嘲弄,是传统文艺观,是传统人格规范,抑或礼乐一统的文化模式所造成;①我的想法是,人、文一致论是建立在不以散诗为证的基础上的,它的基础是,人与文一致的这个人必须以他一生为此作"押"而他根本不感到他是在牺牲。人文表里,如是而已。

也只能如是,才能于魏晋乃至任一时代文与人的衣袂和骨头间作一区分。

隐士确是可写成一部大书的题目,抚今追昔,言不尽意,引阮步兵诗在此以表:

朝阳不再盛,白日忽西幽。去此若俯仰,如何似九秋。人生若尘露,天道邈悠悠。齐景升丘山,涕泗纷交流。孔圣临长川,惜逝忽若浮。去者余不及,来者吾不留。愿登太华山,上与松子游。渔父知世患,乘流泛轻舟。

《咏怀三十二首》

猗欤上世士,恬淡志安贫。季叶道陵迟,驰骛纷垢尘。宁子岂不类,杨歌谁肯殉。栖栖非我偶,徨徨非己伦。咄嗟荣辱事,去来味道真。道真信可娱,清洁存精神。巢由抗高节,从此适河滨。

《咏怀七十四首》

前者讲出世的原因,后者讲出世的有所坚执。这就是隐士。

而对陈晋的补充答案,只是隐身不隐势,与隐势不隐道的区分,这是在说隐士时必须明确的。后者我们称之为隐士,因其隐而不失士之风骨,前者只能称其伪隐,当然这已不属本书探讨的范畴。

如果有时还会被过于繁复的文化交错的历史弄乱,而不能窥见那飘然为相清砺为骨的人格内质的话,默念下面一段文字或许能够改变。

---

① 陈晋:《悲患与风流》,第 270 页,北京,国际文化出版公司 1988 年 5 月版。

嵇中散临刑东市，神气不变，索琴弹之，奏《广陵散》。曲终，曰："袁孝尼尝请学此散，吾靳固不与，《广陵散》于今绝矣！"……①

与七窍之语的圣人与化蝶所喻的神人不同的是，广陵散既非神话也非想象，而是关于一个真实的人的。

这是魏晋的道不同于先秦的地方。先秦属文以明道，而魏晋付出的则是人本身。人格，到了文穷辞尽，文不足写，诗不尽言时，它所用以表志的就只有人自己，把自己摆出来或狂或隐而成为后世的书写的一部分。这种境界，是大诗的。所以中国人文文化中士的传统，除了立功、立德、立言外，仍有一个易被忽视的角落，这个角落，是愈辨愈烈的人文精神研究的"灯下黑"，不抹去这个阴影，则不足以与之谈立功立德立言，因为这一切都是在这一被遗忘的基础上展开的，这基础我们可以称之为立身，更确切的，我称它是——立人。

立人，这是必须补充进士之"不朽"中的。

魏晋没有理论，它用血肉的人证明着这一点。使研究者无法绕过。

并成为衡量后来研究者的无形的标准。

6. 魏晋风度

又是一个可作论著书的题目。

读到的有：鲁迅《魏晋风度及文章与药及酒之关系》、党圣元《魏晋思潮与士人的生命视境》；未读到的：《魏晋风度与一个特殊开放的年代》、马良怀《崩溃与重建中的困惑——魏晋风度研究》。

读与未读，这里不再就前人观点细作评述，只想以笔录的形式，速写、勾勒出此风度的大致轮阔。所谓画人易，画魂难。当历史的种种纠缠都过去后，或许会剩下一些东西，而剩下的，可能恰是真正的历史。

小说：源出《世说新语》：

荀巨伯远看友人疾，值胡贼攻郡。友人语巨伯曰："吾今死矣，子可

---

① 《世说新语·雅量第六》，见［南朝宋］刘义庆撰《世说新语》，第149页，毛德富、段书伟等译，郑州，中州古籍出版社2008年1月版。

去!"巨伯曰:"远来相视,子令吾去,败义以求生,岂苟巨伯所行邪!"贼既至,谓巨伯曰:"大军至,一郡尽空,汝何男子,而敢独止?"巨伯曰:"友人有疾,不忍委之,宁以我身代友人命。"贼相谓曰:"我辈无义之人,而入有义之国。"遂班军而还,一郡并获全。①

管宁、华歆共园中锄菜。见地有片金,管挥锄与瓦石不异,华捉而掷去之。又尝同席读书,有乘轩冕过门者,宁读书如故,歆废书出看。宁割席分坐,曰:"子非吾友也。"②

华歆、王朗俱乘船避难,有一人欲依附,歆辄难之。朗曰:"幸尚宽,何为不可?"后贼追至,王欲舍所携人。歆曰:"本所以疑,正为此耳。既已纳其自托,宁可以急相弃邪?"遂携拯如初。世以此定华、王之优劣。③

祖士少好财,阮遥集好屐,并恒自经营,同是一累,而未判其得失。人有诣祖,见料视财物,客至,屏当未尽,余两小簏,著背后,倾身障之,意未能平。或有诣阮,见自吹火蜡屐,因叹曰:"未知一生当著几量屐。"神色闲畅。于是胜负始分。④

谢太傅盘桓东山时,与孙兴公诸人泛海戏。风起浪涌,孙、王诸人色并遽。便唱使还。太傅神情方王,吟啸不言。舟人以公貌闲意说,犹去不止。既风转急,浪猛,诸人皆喧动不坐。公徐云:"如此,将无归。"众人即承响而回。于是审其量足以镇安朝野。⑤

---

① 《世说新语·德行第一》,见[南朝宋]刘义庆撰《世说新语》,第18页,毛德富、段书伟等译,郑州,中州古籍出版社2008年1月版。
② 《世说新语·德行第一》,见[南朝宋]刘义庆撰《世说新语》,第18—19页,毛德富、段书伟等译,郑州,中州古籍出版社2008年1月版。
③ 《世说新语·德行第一》,见[南朝宋]刘义庆撰《世说新语》,第19页,毛德富、段书伟等译,郑州,中州古籍出版社2008年1月版。
④ 《世说新语·雅量第六》,见[南朝宋]刘义庆撰《世说新语》,第154页,毛德富、段书伟等译,郑州,中州古籍出版社2008年1月版。
⑤ 《世说新语·雅量第六》,见[南朝宋]刘义庆撰《世说新语》,第160页,毛德富、段书伟等译,郑州,中州古籍出版社2008年1月版。

嵇康身长七尺八寸,风姿特秀。见者叹曰:"萧萧肃肃,爽朗清举。"或云:"肃肃如松下风,高而徐引。"山公曰:"嵇叔夜之为人也,岩岩若孤松之独立;其醉也,傀俄若玉山之将崩。"①

刘伶病酒,渴甚,从妇求酒。妇捐酒毁器,涕泣谏曰:"君饮太过,非摄生之道,必宜断之!"伶曰:"甚善。我不能自禁,唯当祝鬼神自誓断之耳。便可具酒肉。"妇曰:"敬闻命。"供酒肉于神前,请伶祝誓。伶跪而祝曰:"天生刘伶,以酒为名;一饮一斛,五斗解酲。妇人之言,慎不可听!"便引酒进肉,隗然已醉矣。②

王子猷尝暂寄人空宅住,便令种竹。或问:"暂住何烦尔?"王啸咏良久,直指竹曰:"何可一日无此君?"③

钟士季精有才理,先不识嵇康。钟要于时贤俊之士,俱往寻康。康方大树下锻,向子期为佐鼓排。康扬槌不辍,傍若无人,移时不交一言。钟起去,康曰:"何所闻而来?何所见而去?"钟曰:"闻所闻而来,见所见而去。"④

传记:援引《晋书》、《魏志》:

嵇熹《嵇康传》言嵇康:"家世儒学,少有俊才,旷迈不群,高亮任性,不修名誉,宽简有大量;学不师授,博洽多闻;长而好老庄之业,恬静无欲。"(《魏志·王粲传》注引)

《晋书·阮籍传》言其容貌:"籍容貌瑰杰,志气宏放,傲然独得,任性不羁,而喜怒不形于色。或闭门视书,累月不出;或登临山水,经日忘归。博览

---

① 《世说新语·容止第十四》,见[南朝宋]刘义庆撰《世说新语》,第276页,毛德富、段书伟等译,郑州,中州古籍出版社2008年1月版。
② 《世说新语·任诞第二十三》,见[南朝宋]刘义庆撰《世说新语》,第334页,毛德富、段书伟等译,郑州,中州古籍出版社2008年1月版。
③ 《世说新语·任诞第二十三》,见[南朝宋]刘义庆撰《世说新语》,第350页,毛德富、段书伟等译,郑州,中州古籍出版社2008年1月版。
④ 《世说新语·简傲第二十四》,见[南朝宋]刘义庆撰《世说新语》,第354页,毛德富、段书伟等译,郑州,中州古籍出版社2008年1月版。

群籍,尤好庄老。嗜酒能啸,善弹琴。当其得意,忽忘形骸。时人多谓之痴……"

又言才情:"籍闻步兵厨营人善酿,有贮酒三百斛,乃求为步兵校尉。……朝宴必与焉。会帝让九锡,公卿将劝进,使籍为其辞。籍沉醉忘作,临诣府,使取之,见籍方据案醉眠。使者以告,籍便书案,使写之,无所改窜。辞甚清壮,为时所重。"

言性格:对母:"性至孝,母终,正与人围棋,对者求止,籍留与决赌。既而饮酒二斗,举声一号,吐血数升。及将葬,食一蒸肫,饮二斗酒,然后临诀,直言穷矣,举声一号,因又吐血数升。毁瘠骨立……"对友:"籍又能为青白眼,见礼俗之士,以白眼对之。及嵇喜来吊,籍作白眼,喜不怿自退。喜弟康闻之,乃赍酒挟琴造焉,籍大悦,乃见青眼。"对人:"籍嫂尝归宁,籍相见与别。或讥之,籍曰:'礼岂为我设邪!'邻家少妇有美色,当垆沽酒。籍尝诣饮,醉,便卧其侧。籍既不自嫌,其夫察之,亦不疑也。兵家女有才色,未嫁而死。籍不识其父兄,径往哭之,尽哀而还。其外坦荡而内淳至,皆此类也"(以对女人来写人之人格,如籍之对嫂对妇对女子,足证明那一时代精神的开放,也是阮籍的个性的最好展示)。

言内心:"时率意独驾,不由径路,车迹所穷,辄恸哭而反。尝登广武,观楚汉战处,叹曰:'时无英雄,使竖子成名!'""籍尝于苏门山遇孙登,与商略终古及栖神道气之术,登皆不应,籍因长啸而退。至半岭,闻有声若鸾凤之音,响乎岩谷,乃登之啸也。"

萧统《陶渊明传》言其骨:"公田悉令吏种秫,曰:'吾尝得醉于酒足矣!'妻子固请种,乃使二顷五十亩种秫,五十亩种粳。岁终,会郡遣督邮至,县吏请曰:'应束带见之。'渊明叹曰:'我岂能为五斗米,折腰向乡里小儿!'即日解绶去职,赋'归去来'。"

言其风:"先是颜延之为刘柳后军功曹,在浔阳与渊明情款,后为始安郡,经过浔阳,日造渊明饮焉。每往,必酣饮致醉。弘欲邀延之坐,弥日不得。延之临去,留二万钱与渊明;渊明悉遣送酒家,稍就取酒。尝九月九日出宅边菊丛中坐,久之,满手把菊,忽值弘送酒至;即便就酌,醉而归。"

诗、文:源自《嵇康集》:

诗有嵇康《秋胡行》其五:绝圣弃学,游心于玄默。绝圣弃学,游心于玄默。过而弗悔,当不自得。垂钓一壑,所乐一国。被发行歌,和者四塞。歌以言之,游心于玄默。

《四言赠兄秀才入军十八首》其十八:生若浮寄,暂见忽终。世故纷纭,弃之八戎。泽雉虽饥,不愿园林。安能服御,劳形苦心? 身贵名贱,荣辱何在。贵得肆志,纵心无悔。

文有嵇康借贞父与宏达为思想分身的《卜疑》中的一种委婉自况:"文明在中,见素抱朴;内不愧心,外不负俗;交不为利,仕不谋禄;鉴乎古今,涤情荡欲。夫如是吕梁可以游,汤谷可以浴,方将观大鹏于南溟,又何忧于人间之委曲!"

均一唱三叹,以此明志。阮籍与陶潜无不如此。因前已可明鉴,在此不另引。

从小说到传记到诗文这一顺序,由演绎到考证到个体本文,由外及内,由表及里的这一体例上的无意却正是本书探索人格的一种研究方法。熟知这一过程是有益的,对于后文,对于人格本身结构的组成,它们间有神功似的对应。

道学与儒学不同,魏晋玄学对经学的超越或补充式的发展,玄学又与佛学的合流的这个思想史的过程,是与注老庄成风的全真养性、重心贵身到"形神相亲""表里俱济"再"身名俱泰""心与道合"物我泯一的俯仰自得、游心太玄的怡然高迈、优雅从容的人格心灵史是一致的。对应于"越名教而任自然""非汤武而薄周礼"的硬里的,是一些寄意山水、采药、游仙、醉酒的衬子和软边;魏晋风度,上承三曹、建安七子,下含竹林七贤及其他如何晏、王弼、夏侯玄等以"同志"互称的正始名士,这个大的窥一斑而可视全豹的人文概念,所触及的文与人的关系及人、文的对称性,确如鲁迅所言,是独一无二的:

> ……何晏王弼阮籍嵇康之流,因为他们的名气大,一般的人们就学起来,而所学的无非是表面,他们实在的内心,却不知道。因为只学他们的皮毛,于是社会上便多了没意思的空谈和饮酒。许多人只无端地空谈和饮酒,无力办事,也就影响到政治上,弄得玩"空城计",毫无实际了。在文学上也这样,嵇康阮籍的纵酒,是也能做文章的,后来到东晋,空谈和饮酒的遗风还在,而万言的大文如嵇阮之作,却没有了。刘勰说:"嵇

康师心以遗论,阮籍使气以命诗。"这"师心"和"使气",便是魏末晋初的文章的特色。正始名士和竹林名士的精神灭后,敢于师心使气的作家也没有了。①

唯其独一,所以不可复制。

魏晋人格道义的实践性,即为文为人的通脱与清峻并行,人格的异彩与重量的共在,都说明,这一时代,是中国历史上人之自觉的时代。而魏晋作为文化史上特殊意义时代的特殊性亦在于此。

至此,道家人格不同于儒家人格的地方已经很清楚了。道家人格无论时代,无论天人、圣人、至人真人以至隐士及其中的大人,都具同语性,可以互相取代,而儒家人格范式则具等级性与层梯性,圣人与君子虽有交叉的地方,却因其诗级而不可相互替换;道家人格则不仅互义,而且这种人格定向一定程度上影响着文化的取向;儒家的人格层梯性与等级性的结果是人格统治——特权;道家人格则因其同语性和互义性而趋向平等,就这一意义上讲,道家人格则更具人道主义平等的现代观念,这也是它于20世纪在欧美盛行的思想原因。儒家的人格理想的取向最终是指向外的,是他人,是群体性的;道家的人格则以内为最终指向,是内我,是个体性人格基础上的充分平等;表现在文学上,儒家人格下的文学则多描绘人与自然、人与人的社会学范围的人格定位的关系,并多以对抗性的面目出现,道家人格渗透下的文学只表现人与自我的关系,也有冲突,但其自我人格远大于社会人格,并主要集中于角色自我、人格自我与理想自我间的选择,这是一种更灵魂的选择;这样也带来了道家人格的封闭性,儒家人格是向社会开放的,是一种占有式的生存,以多为上;而道家人格留给社会的只是一个背影,是一种存在式的生存,它不以量的占有为标准,这是与其不以群体性作人格基础是一致的,而只以质为取,所以儒以多层次的人格罗列出其人格文化深层的等级特权观时,道以其同语性的人格互义体现它人格思想中的平等性;道也写自然,但却具完全不同的眼光,人与自然的主题出现在道家人格篇章里,是人与自然的互义性,这是很有意义的一个题目;天人合一,物我叠印,似乎又是人几千年来一直追寻着的理

①　鲁迅:《魏晋风度及文章与药及酒之关系》,见《鲁迅全集》第三卷,第393—394页,北京,人民文学出版社1957年版。

想,太多的文学作品能够成为人我分离、物我碎裂的反证。道家最早表达的道竟与我们现代人所寻求的理想,有关人的,也是有关社会的,更是有关人格的,相一致,这难道不说明了道的沉默的影响力吗? 而这种贯穿,正在于它最先说出了真理。

儒、道人格指向的不同的一面,是人格内涵的差异。关于这一点,已有过不少论述,这里我把上文所言的总结为儒道各为动态人格与静态人格的不同,儒致力于启蒙,这与它重现实人伦相合一;道立命于顿悟,立命于对世界乃至宇宙的静观冥想,所以它总是立足对时事的超越;尽管取向内涵各不相同,两者在修炼与情操上却是对等的。

儒、道人格不同的另一方面,是人格总体结构的不同。儒家人格结构是金字塔型的,由下而上,君子与圣人虽有交叉,但层级有高低,这个金字塔底是祭司,即历史文化的转述者,塔尖是圣人,甚至天子,是历史文化的发言人;道家人格的总结构却是柱型的,是垂直的,真人与圣人互义,隐士是圣人的一个外在形态,与圣人无隙,大人与至人神人更是可以相互指称相互借代。道家的这个人格柱子还是澄明的,而儒家人格的金字塔却石砌般层梯可见。

道家人格内涵取向及结构相一致的澄明,在一个 20 世纪的德国人的大脑里引起了轰然的震动,这是海德格尔,这位 20 世纪最伟大的探索人存在的哲学思想家的每部著作里都打下了道的深深印迹,这一点,说明了道家人格不仅穿越了历史的重重雾障,而且同时穿越了人种宗教环境及后天文化的界限。

人类由尚膂力到崇智慧,由向外的扩张到向内的开采,这一过程就是人类自己人格成长的过程。儒道人格思想,在这个过程中,作出了等值的贡献。佘敷华曾讲人的设计是一至关重要又易被人误解的工程,是两种宇宙观的遭遇战①,他指的是东西文化,我想也可以指我对儒道两种人格观的理解,法国的佘敷华在这本书里为说明这一道理,引用他本国 12 世纪一位诗人玛丽—德—法兰西《忍冬小诗》一节:

　　……我们就是这样:

---

① ［法］佘敷华:《中国面向世界》,第 103 页,袁树仁译,北京,生活·读书·新知三联书店 1987 年 6 月版。

　　无我亦无你,无你亦无我!

不是吗?

　　儒家追求人格的高度,与金字塔人格结构对位,道家探寻人格的广度,与其柱型人格结构对位,从两者对养生的不同态度或说是对肉身的态度即可看出二者对人格的侧重的差异;儒家人格偏重于杀身成仁,必要时可以弃去生命而保全人格,这固然在历史上演绎出许多可歌可泣的事迹,成为后人看儒之人格的一种习惯,同时也助长了一代代人对人格的误解和偏见,非牺牲不足以表现人格,以至将之引申到对生命的不足惜;孟子一段话可看作是这一观念的根深蒂固的代表,也是这观念的一个来源,这是再熟悉不过的一句曾被多少士人作为座右铭的话了:"天将降大任于斯人也,必先苦其心志,劳其筋骨,饿其体肤,空乏其身,行拂乱其所为,所以动心忍性,增益其所不能。"这里面的禁欲色彩是相当浓的,其中包裹着丧身、轻生以求名的思想;而这一点,恰是为道家所最不屑的,从庄子《养生主》、《达生》到嵇康《养生论》都在反复着一个全身、重生并轻利祛名的观念,如《养生主》,"为善无近名,为恶无近刑。缘督以为经,可以保身,可以全生,可以养亲,可以尽年。"庖丁解牛,秦失吊聃的故事无非要说的是这个道理,名利之外,"安时而处顺,哀乐不能入",以解除倒悬之苦。《达生》中的弃世无累以达"形全精复"也是这个意思。到了嵇康,这种观点都无大变,《养生论》言:"善养生者……清虚静泰,少私寡欲;知名位之伤德,故忽而不营,非欲而强禁也;识厚味之害性,故弃而弗顾,非贪而后抑也;外物以累心,不存神气,以醇白独著;旷然无忧患,寂然无思虑,又守之以一,养之以和,和理日济,同乎大顺。然后蒸以灵芝,润以醴泉,晞以朝阳,绥以五弦,无为自得,体妙心玄,忘欢而后乐足,遗生而后身存";也只是在说一个"忘"字,其实也是另方面的禁欲,禁世俗名利之欲,虽说"非欲强禁",但仍有祛除之意,既为祛除,必定原有,所以仍是禁欲,只不过恰与儒之禁相反,是对孔孟所禁之倡,对儒所倡之禁罢了。名教与自然,正是如是相反相成,进入人格,而经王弼、郭象等的调和生成为一种人文传统的新质的,这种新质的人格即儒道合一的理想人格,我们在下文中还会常常碰到,在此不赘。而道家人格的重生性,确为人格的全面正常发展作出了历史的贡献。

身心问题在此已不单纯是一个哲学或心理的命题,它还是一个人格的命题,这是中国文化费尽笔墨讨论它的深层原因。如何处理身心问题同时也区分出了不同的人格取向。在仁智各见的历史上也不乏完美的例子。在此就不一一列举。除此外,田开之以"若牧羊然,视其后者而鞭之"来答周威公问养生的故事很有韵意。

> 田开之曰:"鲁有单豹者,岩居而水饮,不与民共利,行年七十而犹有婴儿之色;不幸遇饿虎,饿虎杀而食之。有张毅者,高门县薄,无不趋也,行年四十而有内热之病以死。豹养其内而虎食其外,毅养其外而病攻其内,此二子者,皆不鞭其后者也。"①

足见内外、身心已全然不只是养生的字面涵义。
而身心、内外的合一也必然是人格健全发展的规律。

二、易

传统分类地话,易,当属儒的一部分。这个归类可从以下有关人格如君子、大人、圣人的演示中得到证实;但易也常常与老庄并置,且其天人合一的思想和人与自然的拟比、互替又都说明了它与道的万缕千丝已不足概括的稠密联系。易之代表《周易》作为先秦时期更确切说是殷商末世、周朝初期的文王与纣王时代的人文思想的集成,凝聚了最早的初民对人事的看法,也是有国家以来的较早的世界观的体现。作为当今越来越被视作卦爻数系统的起源而为单纯的卜筮之具的背景下的《周易》仍然芜杂、神秘,文辞仍然惊惧自危,在一种人对冥冥万物的感应里,充满了警戒与劝慰,无一例外地,诸种色彩或渗透或包容进了儒、道两种观念里。从这个意义上说,易,如浑沌未开的天人文化的一个源头,而我们这里的叙述也就成了一种倒叙。

尽管《周易》的天文学物理学等科学的价值一再被发掘,而且早已被公认,但仍然不能以此掩盖其人文的价值,卜卦是为人的,是借神说话,天文物理无不是为人的,在卜卦里,乃至整个卦爻体系,都是围绕人而展开而存在

---

① 《庄子·外篇·达生》。见《庄子今译今注》,第511—512页,陈鼓应译注,中华书局2010年3月版。

的。这是常易被已习惯于只见物不见人的思维的现代人所忽略的,也是由此而走向另一端的那些因物的挤压将自我命运无奈放在宿命观念之下并将哲学的《周易》庸俗化的人所盲视的。人格,在这部书写人命运的书中所占有的位置,也是历史上一再被掩饰的,承天命的表象下,是很强的人的指向性的内核,比如要君子做什么不做什么,好像是依天命而做,细一思忖,谁是那指挥着的手呢? 君子之上,所列的那个至高的标准,那个要君子达到或依此而行的标准,或许具体说来是值得商榷的,但那设置标准本身,要君子依则而行完善自我的这个方案本身,难道不正充满了人格提升的意味么?

《周易》可以看作是人如何依天而动而完善自我人格的一部书的原因就在于,它为君子提供的大到修身治国,修治历法,小到处事为人,诉讼,婚姻,几乎无所不包。这也是我在此将之从儒或道中抽出它来而单列分述它的理由。

1. 君子　大人　先王　圣人

整个一部《周易》,其卜、辞、卦,以为"君子"用的目的是很明确的。君子在其中出现的频率也最高,上经32次,下经及系辞42次,共70多次,这还是将之作为准则的所施对象的较为著名的引用,并不时与小人相对立;大人出现4—6次,先王出现4次左右;圣人出现达16次;这只是不完全统计,其他如大君、君上、上、王、神等散落在经书里,有时可与以上三种名称相代替。

从数字上看,君子、圣人出现频率较高,其中君子更高一些;而大人、先王则相对少,而且从书中上下文内容看,大人、先王的角色意指也强于它的人格意指,王公贵族是给他们的常见解释,基本不含有这一角色外的其他含义,尤其大人,具体指代性使其无法包含其余,先王则有一些空隙,如《豫第十六》"先王以作乐崇德"及《观第二十》"先王以省方,观民,设教",《无妄第二十五》"先王以茂对时育万物";虽将之作为省教对象而加以引示,但仍是对王这一角色而言,并未将之抽象为一人格意的名称。由此,君子与圣人从人格角度讲,更符合普遍人格的引申意,可作易之人格思想的代称。以下,我们细述其详。

君子:

君子以其出现的次数和出现时的意蕴,无疑代表了易经所阐述人格的确证。与后来儒家从此提取的君子人格不同的是,君子在此多以受教的对象出现,是君子人格形成初期的一个锤炼阶段,君子也由此获得了大于大人先王等具体角色的抽象意,所以,读《周易》抽述的君子文字,常有一种观看某一人格生成的正在进行时的现场感。这一感觉是别的思想流派所不能给予的,君子在此还是动态的,是渐成的,是某种分离式的生成。而到了儒那里,则已成了静止的全然对象化了的东西。君子在此是"活的",是正在练就成什么的那个临界的状态。这为我们观察君子提供了一个特别的视点。

《易经》历来被认为是古人长期积结的临事占卜结果的记录,而我认为同时它也是一部引申意的对人行为规范的指南,而这个它要指导的人不是别人,恰是君子,可以说它是一部为君子设定的行为规范手则,虽然这并非原意,但至少在历史中占有相当大的比例。卦辞、爻辞凡450条,言及君子的就占了近70条,这还只算了明确出现君子字眼的句子,而不出现君子却也含有其义的更是不计其数,或以其他语汇代替的更有不少;无论从哪一方面看,君子都堪称是《易经》时代的理想人格所指。当然,君子这里常常是以受动或受命的受教者身份出现的。他还处于一个被框定的时期,与生俱来的"君子"一词正是在这一时期被注入了许多后世我们常见到的内容;对君子的规范是从以下方面展开的:

之一:德行。以立心。

这是占卜时频繁谈到的。可视作行为规范的根本。分别见于《乾》、《坤》、《蒙》、《大畜》、《大过》、《咸》、《恒》、《遁》、《大壮》、《晋》、《明夷》、《家人》、《蹇》、《益》、《升》、《困》、《震》等,其中含德行的各方面,如修德、守节、礼义、退隐等。

如"《象》曰:天行健,君子以自强不息。"言强健;

"君子终日乾乾,夕惕若。厉,无咎。"[1]言勤奋与自省;

"君子体仁足以长人,嘉会足以合礼,利物足以和义,贞固足以干事。"[2]言君子所行四德与乾卦的元、亨、利、贞相契合;

"君子以成德为行,日可见之行也。……君子学以聚之,问以辩之,宽以居之,仁以行之。"[3]言君子的学用。

---

[1]　《周易·乾(卦一)》。见《周易译注》,第1页,周振甫译注,北京,中华书局2008年9月版。
[2]　《周易·乾(卦一)》。见《周易译注》,第4页,周振甫译注,北京,中华书局2008年9月版。
[3]　《周易·乾(卦一)》。见《周易译注》,第8页,周振甫译注,北京,中华书局2008年9月版。

"《象》曰:地势坤。君子以厚德载物。"①

"君子'黄'中通理,正位居体,美在其中而畅于四支,发于事业,美之至也。"②言内美。

还有:"君子以果行育德。"(《蒙》)

"君子以遏恶扬善,顺天休命。"(《大有》)

"君子有终。""谦谦,君子。"(《谦》)

"君子以独立不惧,遁世无闷。"(《大过》)

"君子以虚受人。"(《咸》)

"君子以立不易方。"言守节。(《恒》)

"君子以远小人,不恶而严。""君子好遁,小人否也。"(《遁》)

"君子以非礼弗履。"(《大壮》)

"君子以自昭明德。"(《晋》)

"君子以言有物而行有恒。"(《家人》)

"君子以反身修德。"言修养。(《蹇》)

"君子以见善则迁,有过则改。"(《益》)

"君子顺德,积小以高大。"(《升》)

"君子以致命遂志。"(《困》)

"君子以恐惧修省。"言省思修炼。(《震》)

足见德行在君子人格中的重要地位。

为叙述方便,我们将卦辞原文隐去,暂时蒙盖了天(占卜之相)与人(君子)的对位关系,但仍可从"以"字的反复中看出君子所处的被塑造的位置。君子不是主语,如儒家所言,但这一被塑造的轨迹却将他由宾语向主语的转换过程清晰可见。

之二:经世。包括治国,安民等政事。以立人。

这是与德行同等重要的部分,是个体德行的社会性延伸,在《易经》中占有大量篇幅,见《屯》、《履》、《否》、《蛊》、《贲》、《明夷》、《解》、《损》、《井》、《鼎》、《渐》、《丰》、《旅》、《巽》、《节》、《中孚》等。

如:"《象》曰:云雷,屯。君子以经纶。"言君子以云的恩泽、雷的威严治

---

① 《周易·坤(卦二)》。见《周易译注》,第 13 页,周振甫译注,北京,中华书局 2008 年 9 月版。

② 《周易·坤(卦二)》。见《周易译注》,第 17 页,周振甫译注,北京,中华书局 2008 年 9 月版。

理国家。(《屯》)

"君子以辨上下,定民志。"君子在此相对于民而言,是主语。(《履》)

"君子以俭德辟难,不可荣以禄。"言俭约。(《否》)

"……君子正也。唯君子为能通天下之志。"言以正道统一民意。"君子以类族辨物。"(《同人》)

"君子以振民育德。"(《蛊》)

"君子以明庶政,无敢折狱。"言断狱事。(《贲》)

"君子以常德行,习教事。"言教化人民。(《坎》)

"君子以莅众用晦而明。"(《明夷》)

"君子以惩忿窒欲。"(《损》)

"君子以劳民劝相。"(《井》)

"君子以正信位凝命。"(《鼎》)

"君子以居贤德善俗。"(《渐》)

"君子以明慎用刑,而不留狱。"(《旅》)

"君子以申命行事。"言申明教义,颁布政令。(《巽》)

之三:养生。包括生活,作息,交友,婚姻等。以立身。

显示了对君子的全面要求,君子也在这演化过程中日益锤炼而完整完美。可见易之人格理想的宽度。

见于《随》、《剥》、《颐》、《归妹》、《兑》、《小过》等。

如:"《象》曰:泽中有雷,随。君子以向晦入宴息。"言作息。(《随》)

"君子尚消息盈虚,天行也。"言遵循天道。(《剥》)

"君子以慎言语,节饮食。"(《颐》)

"君子以永终知敝。"言婚姻。(《归妹》)

"君子以朋友讲习。"言交友。(《兑》)

"君子以行过乎恭,丧过乎哀,用过乎俭。"言凡事适中。(《小过》)

君子必尊天道,在占卜的指示下生活,为人处事无不依循于此。这是君子必须做到的,即是说,君子必须拥有如上品质,才称其为君子。君子只是这理与道循环的链条,仍处在被塑的地位。

之四:认知。以立智。

《易经》涉此范畴的不及德行与经世多,但其中的这一部分之所以被提出,被占卜者所重,也显示了古人君子定位中的一个至今仍有代表性的要领:君子与智的密切关联,和作为智识阶层的君子的人格特点。

见《睽》、《艮》、《既济》、《未济》等。

如:"《象》曰:上火下泽,睽。君子以同而异。"言异同之分析。(《睽》)

"君子以思不出其位。"(《艮》)

"君子以思患而豫防之。"(《既济》)

"君子以慎辨物居方。"(《未济》)

这四个范畴互相穿插,有所渗透,德行贯串进每一层面里,总起来说,这四方面,又囊括了知与行,体与用;而且又是人格与角色、抽象与现实的混合。如果说这时的君子仍处浑沌状,那么,到了《系辞》君子则向儒倾斜,或说是君子的全面而清楚的一次综合。

《系辞上》讲,"君子居则观其象而玩其辞;动则观其变而玩其占。是以自天佑之,吉无不利。"

《系辞下》讲,"君子安而不忘危,存而不忘亡,治而不忘乱,是以身安而国家可保也。"

"君子上交不谄,下交不渎,其知几乎。……君子见几而作,不俟终日。……君子知微知彰,知柔知刚,万夫之望。"

"君子安其身而后动,易其心而后语,定其交而后求。君子修此三者,故全也。危以动,则民不与也。惧以语,则民不应也。无交而求,则民不与也。莫之与,则伤之者至矣。"

有趣的是,系辞下的这几段有关君子的话都是在"子曰"后面的。犹如一种必然到来的综合,或框定,变动不居的液态的君子最终向着生成发展而来的固态,是由儒的介入完成的。正在进行时被现在完成时所取代了。在以上我们述及的儒里,我们看到了他的结果,而作为君子的一些当今仍在流行的观念话语,又凝聚在以下的文字或口头中。

如:

谦谦,君子。

劳谦,君子有终。

君子以虚受人。

以及:

天行健,君子以自强不息。

君子敬以直内,义以方外;敬义立而德不孤。

君子以遏恶扬善,顺天休命。

君子道长,小人道忧。

等等。

这都是不错的。是液态君子的结晶。然而却因了这个"结晶物",君子生成中的液态形状却屡遭忽视,而这正是我们需要强调的,君子不是天生的,君子是被造成的。

这一点,只是这一点,就可视作易对人格思想所作的贡献。如我们现在所认识的,这贡献极其巨大。它让我们瞥见了人格的生成;液态君子,也许是关于人格的理想史中的一个最有魅力的词了。至少我这样认为。

圣人：

圣人在《易经》中出现 16 处,如《豫》、《观》、《颐》、《咸》等,《系辞》中圣人更是频频出现,虽频率较君子少,但其容量却丝毫不逊于君子,并有君子不能比拟的分量。

如:"圣人以顺动,则刑罚清而民服。"(《豫》)

"圣人以神道设教,而天下服矣。"(《观》)

"圣人养贤以及万民。颐之时大矣哉。"(《颐》)

"圣人感人心,而天下和平。"(《咸》)

在说着一个道理,圣人是治世安民的第一人。应引起注意的是,圣人在此已经有了由受动者角色向施动者转换的意动,这是君子所未有的,虽则些微,但变化已很明显,在这样一个角色混合的过渡时期,《系辞》就如晴雨表似的将这一意动表示了出来。

"圣人设卦观象系辞焉,而明吉凶。"

"圣人有以见天下之赜,而拟诸其形容,象其物宜,是故谓之象。圣人有以见天下之动,而观其会通,以行其典礼,系辞焉,以断其吉凶,是故谓之爻。"

"圣人立象以尽意,设卦以尽情伪,系辞焉以尽其言,变而通之以尽利,鼓之舞之以尽神。"(《系辞上》)

这里的圣人已经是一个"法典"的制定者了。由易经中的政事居多的深陷红尘的现世形象而抽象为高居于这一切之上的决策人物并由于现实性的抽空而符号化起来,字面上均为"崇德广业"的圣人的前后意是不同的。

《系辞》讲到"易有圣人之道四焉",是"以言者尚其辞,以动者尚其变,以制器者尚其象,以卜筮者尚其占。"这时,它把"通天下之志的圣人"与"将有为、有行"的君子并置合一,并置,是说圣人与君子的在个人角色对人格承担上的不同,合一,是指圣人与君子在大的内里范畴的一致;二者时而分离,时而合一,究其人文内涵及人格差异,却是可用《系辞》本身如下一句话表达的:

> 仰以观于天文,俯以察于地理,是故知幽明之故。原始反终,故知死生之说。精气为物,游魂为变,是故知鬼神之情状。与天地相似,故不违。①

严格说,这段话是说圣人的,在这一层意义上,君子无法成为这一描述的主语。这样讲,或许能够明白圣人与君子间的微妙关系。与儒后来所昭示的一样,圣人确是人格的至上者。而君子不是。

君子在漫长的历史上似乎一直未能逃脱这个最初对他的界定。劳身苦心的命运早为他与道的合一准备好了。写到这里,总有个形象时时冲进我脑子里,君子,如果以神话中的神来比喻的话,夸父是再贴切不过的了。逐日的命运,使他处在永动中,使他无论怎样结晶于文字于史记,君子,都永远无法不是一种这个干燥的社会所需的液体。这液体,有泪,汗,和血,三种常见的形态。

大人:

其实这个意思,在《乾》中已经揭示了出来。君子与圣人内核一致的关系,将大人也卷了进去,牢记下面的话对我们理解大人的抽象意,而非他王公贵族的现实意也是有益的。

> 夫"大人"者与天地合其德,与日月合其明,与四时合其序,与鬼神合其吉凶;先天而天弗违,后天而奉天时。②

---

① 《周易·系辞上传》。见《周易译注》,第232—233页,周振甫译注,北京,中华书局2008年9月版。

② 《周易·乾(卦一)》。见《周易译注》,第9页,周振甫译注,北京,中华书局2008年9月版。

这句话,可说是概括了易对人格的最高理想。而圣人、君子、大人的最终的人格上的默契,也基于此吧。但是,等等,从俯瞰角度讲,三者仍旧共存一受动的痕迹,天意的东西时时跳出来而拥有最后决定的权威,那么,在圣人这个已是至上的人格之上还有另一个人格的体系么? 这正是下面我们要探讨的。

2. 帝天

或曰帝之潜语与天之明义。

帝在《易经》行文中很少出现,几近于无,但给人的感觉却无处不在,五帝是已经熟知的,上帝在《易经》中也出现过几次,如"圣人亨以享上帝"(《鼎》),如"先王以享于帝,立庙"(《涣》)。也说明了帝之高于圣人与先王的性质;而"居其所而众星共之"的北极星帝,更是在这部天之书中无所不在;帝,作为天子之先,诞生于先于周天子国家宗法政体的时期,作为人对神的赋予,与卜辞作为人对上天世界的还原是一致的。帝所代表的王朝王权,在这里还只是胚芽样的潜语,作为"太一"的天在更高的一个层面的诞生,再度说明了政治伦理体系外的天文体系的力量,人神界的相交叉,在帝与天的关系中相当明显。帝相对于天而言,似乎始终处于地面,有人间性,现实性;天则不然,相对于帝之王朝王权,他则表征天道天意,这是一直在史书上明说的,从此后董仲舒讲天是有人格、有意志、通过天象表现某种目的的精神实体的思想——董仲舒甚至称天为人君的"曾祖父"(董仲舒《春秋繁露·为人天者》),这一点我们将在以下天人关系一节深入谈。

帝高高在上,天则比帝尚高一筹,天道的至上性,和王权与天道的对应性,五帝之上的唯一的天,帝与天作为人格神的至上性,以及帝的历史衍生物——皇帝,天的相对于人性的衍生物——天道、天意、天命、天则,以及它们对人——君子、圣人、大人的"控制"或引示,无不说明了人在初民时期的一种对强悍的依附力,正像詹姆士所说:"各个人在他孤单的时候由于觉得他与任何种他认为神圣的对象保持关系所发生的感情、行为和经验。"[①]帝、天观念是可以看作是原始人周人之前的宗教的。人与天的关系就是如此,与神一节的人格论相似,其实那是同一时代的精神;而无论怎样讲,人,不管你是君子还

---

①　[美]威廉·詹姆士:《宗教经验之种种》上册,第30页,北京,商务印书馆1947年版。

是圣人,在天面前,都只是一个弱小的孩子;这就是中国人格史所无从回避的父权,父权至上的观念的根在这时已扎得很深了。所以有《乾》,放在第一位;或说因为放在第一章的《乾》,因果在天的观念里,是可以互换的,《乾》一章讲得都是天,而且,乾就是天的一个代名词。这是明义的,天已不需像帝似的遮遮掩掩。

帝与天二者相联相系,帝代表的人格的现实层与天代表的人格的形上层,对个体人格而言,是历史上中国人格两重性的起点;对文化而言,帝文化分裂为的儒与天文化分裂为的道则是后世当然要嵌入人格的两种重要文化的渊源。

易对人格的贡献还不至于此。它还告知最为具体的察人方法,如《系辞下》最后有这样一个明确的段落,"将叛者,其言惭。中心疑者,其言枝。吉人之辞寡。躁人之辞多。诬善之人其辞游。失其守者其辞屈"。是说:打算背叛的人,他的言语闪烁,内心有疑虑的人,言词混乱;厚道的人,言词谨约,浮躁的人,言词放肆;诬蔑好人的人,言词游移,失去操守的人则言语含混。[①] 这种具体情形下人与文(辞,言说之一种)的对位思维方法,对我们现在要谈的人格与文学的对应关系以及其中存在的复杂的人格的悖论情况都提供了很好的借鉴。

3. 附:天人关系的解与结

△较之儒之知、行,体、用;道之身、心及其它如阴阳、刚柔等对位关系而言,天人关系可谓是最长的历史笔仗了,也是最广的言说领域,是最玄学,也最大众化的一个命题。天人学说作为中国最早的宇宙意识,是法则与宗教的混合体,而法则与宗教都是有很强的人为在里的。所以一开始,天观念里就渗透着人的气息;而天人和谐,天人感应,天人对应,天人合一虽各有侧重,却大意相近,天和人无论是看作两个还是由两个而变而为一,都在说着一个道理,天与人是不可分的。最具说服力的例子或许还在《周易》里,其《说卦》部分,将天(这里取其自然意,是大过具体天——乾的概念)与人所具备的气质相比,天所代表的八物——乾(天)、坤(地)、艮(山)、兑(泽)、震(雷)、巽(风)、坎(水)、离(火)并存,互生互克是科学自然观,而将之与人之气质相衬

① 译文参见徐子宏《周易全译》,第392页,贵阳,贵州人民出版社1994年4月版。

相配难道只是文学性的比拟就可搪塞的么？天刚健，地柔顺之比后，接下来便是八物与动物的相譬喻，乾为马，坤为牛，震为龙……兑为羊，更有与人的身体相比："《乾》为首。《坤》为腹。《震》为足。《巽》为股。《坎》为耳。《离》为目。《艮》为手。《兑》为口。"整个天好似一个完整的人。这是相当大的一个设想，而且这个思想已超越了文学性的夸张，成为为后人瞩目的一个宇宙人的观念的渊薮。人与天，人格与天道，人体与天体，几重层面，从表到里，都在肯定着一点，这就是那个大意：天人对应而至合一。

　　此后，董仲舒的"人副天数"可以扫见这个学说的进一步发展，人甚至就是天的复制品，其《春秋繁露·为人者天》讲"人之人，本于天……此人之所以上类天也。人之形体，化天数而成；人之血气，化天志而仁；人之德行，化天理而义。人之好恶，化天之暖清；人之喜怒，化天之寒暑；……人之情性有由天者矣"①。他还提出了天、人之间大范围的物质意义的对应论，天有日月，人有两目；天有四时，人有四肢；天有五行，人有五脏；天有 360 日，人有 360 节（《春秋繁露·人副天数》）；而天子——人与天父——天的比喻（《春秋繁露·深察名号》）以及"曾祖父"一说，都可从《周易·说卦》中找见出处——"《乾》，天也，故称之父，《坤》，地也，故称之母……"依次，震称为长男，巽称为长女，坎为中男，离为中女，艮为少男，兑为少女。活脱一个人丁结构完整的大家族。这就是最初的天人观念，和人的联系，与身体也罢，与气质也罢，其目的在于最后的和人的宗法家族政体的关联。这一点，在董仲舒"谴告说"即人犯了天条而天谴之的理论中更其明显，天对人的监察与控制一旦道德律令化，则其修明政治的神学体系的骨架就露出来了。天朝与王朝的对应所组成的那个金字塔式的社会结构，与儒之人格的金字塔思路相近，或可以说，儒之人格等级金字塔在易之时代就已有了雏形。其他历史上有名的天人之辨，有墨家的天罚说，董仲舒的天人观与之联系密切，从祥瑞与灾异记录的史书中可见其对人心的影响力；还有韩愈、柳宗元、刘禹锡之争，贤者不遇天人相反的思想怕是在韩愈笔下表现得最为淋漓；还有宋明理学张载的天心与民心，天道与理的关系在二程那里更得到了发展，朱熹、王夫之更其维护天人感应，《正蒙注》中讲得率直，"天无特立之体，即其神化以为体。民之视听明威，

---

① 董仲舒：《春秋繁露·为人者天》，见《春秋繁露》中册，第 385 页，董仲舒撰，凌曙注，北京，中华书局 1975 年 9 月版。

皆天之神也,故民心之大同者,理在是,天即在是,而吉凶应之"。总之,天作为本真"他",人作为目的"我"的这对范畴仍然错综,与其多义的内涵一致,而天作为肯定要对人发生作用并影响到人之命运的一个自在,一个人格化了的至上神是早已肯定了的。有以下记载为证:"予不敢闭于天降威,用宁王遗我大宝龟,绍天明(天命)。即命曰:'有大艰于西土,西土人亦不静。'"又,"天亦惟休于前宁人"①。最早将天、人相对的文字要告诉我们什么呢?无论艰、休,即无论灾难还是福佑,天与人间都存某种冥冥的对应关系。这个观念是周初的宇宙意识,也是直到现在都很强大的一个文化原型,一种集体无意识。

△历史驳杂,减法看,天人关系究其实不过二说,一是意志说,如我们上文所述,坚持天有意志,是人格化的天;一是规律说,如历史上的荀况,天只是天,不干人事,是自然宇宙,是物质。两种说法被后代哲学依此框定为唯心与唯物,并以这框定而对之加以弃扬,意志说在显象哲学上似乎不占优势,天人感应也相应被打入冷宫,贬之为迷信而划入传统糟粕类,此种做法之失之偏颇,从以下几点损失即可得知。一虽其意志说截断了中世纪后科学的发展而使中国落后于重自然本身规律的欧洲的后面,虽其它一直背负这样一个责备,但反想之,意志说所强调的不也包含了天即自然本身的意志,代词表示话难道不正是规律,就此说来,天之意志与天之规律在意蕴上是有很大的结合部的;那么究竟是谁影响了科学的进步发展,是天人感应的观念还是更具体的封建政体,或说是那种成分更多一些,就很值得反问了。我们不能说古人的意志说就毫无缺陷,但也不能因之而让它背负它不应背负的历史责任。以唯心对其的划定的方法太过简单,它掩盖了更深入探讨之的目光,它把这一蕴含了历史丰富人文内涵的观念给用一个下断语的方式而悬置起来,束之高阁而划为异类本身,是有失慎重的,这也是对历史的一种不负责任。如果放在一个更宽容也更宽阔的视野里看,天人关系的这两种学说是并存的,意志说强调超越力量,规律说强调宇宙秩序,前者着力于天命,其极端不能不是宿命;后者着力于天籁,其极端则是另一种宿命,两种宿命,写的依附二字,是一

---

① 《尚书·周书·大诰》。参见《今古文尚书全译》,江灏、钱宗武译注,第266页,贵阳,贵州人民出版社1993年12月版。

致的；意志与规律二说互有侧重，相互依存，一方替代另一方都会使原有的心理社会秩序不平衡，而倾陷的结果是，或失去基础，或丢掉形而上。两个结果，对于人、天构筑的世界讲，都是倾覆性的。这种关系，正如人与天的关系，无人，无所谓天（自然意），无天，也无所谓人。相互交织，重合而绞绕，难分彼此。如世界上所有事物一样，天人如此，天人观念亦如此。至少二者表现出一致的亲人性，即天是相对人言的。甚至它们共有着一个负面，人之受命于天，人格是第二位的，仍未摆脱置于天下的被动特征。

由之，相反相承的世界一下子有了真实性。

△"大自然观"：事实上，天人关系并未随着时间的古老而被淘汰，相反，它在今天所赢得的生命力已经越出了国家的界限，而成为这个高速发展的物质革命世界里一个带有警示性的巨大谶语。人与天的异形同构的思想被再度提上了议案。代表者是汤因比、池田大作、罗马俱乐部、绿党以及所有与环境保护与人类发展相关联的组织，天人关系也在这种现代意义的阐述中得到了淘洗与检验。而使人类这一最大的原型成为下一世纪主体思想的，不能忽略奥锐里欧·贝恰的声音，这个意大利人终生都在做着一件事情，他的《人与自然》的论文，他的《人类的使命》、《争取未来的一百页》的著作以及他所在的罗马俱乐部的关于"人类的危机"的系列报告——《成长的界限》、《处于转折点的人类社会》等，都在使一个思想成为这件事情的主题，这就是，相对于经济第一，而提出的"把人与自然的关系放在最优先地位"的思路。这个相对所对的还有满足欲望、滥用资产、眼前利益和恶化环境等诸种反自然观，在那里，天与人是分离的。为了恢复这种亲和的关系，罗马俱乐部倾向于一种"共同体"的建立，认定"人与自然的整体性乃是人类存在的基本因素"，贝恰警告说，我们对自然、对和自然的关系所作的任何削弱，其结果不可避免地等于是削弱了自己。[1] 这种人与自然整体性的思想，这种"共同体"思想体系的建立，可说是天人合一理论的一种现代诠释。而基于生物圈、生态、动植物保护的强烈意识后面的人类自身的危机感，也使这诸种对自然的措施越出了单纯的生态观界限，而具有浓郁的人文性质，人对自然所作的一切都会像"澳州飞

---

① 贝恰：《人与自然》，参见［日］池田大作、［意］奥锐里欧·贝恰著《二十一世纪的警钟》，第11页，北京，中国国际广播出版社1988年6月版。

镖"般从目标返回自身的那个比喻,使人与自然的关系在物之上不断得以强调与重申,同自然和解的观点甚至在这样一句话中都反映得出来,"任何一种动物、植物、小草、昆虫,不论其多么微小,不惹人注目,但它们本身都是一个小小的宇宙";[1]以人的眼光去看自然,使自然具有人的意义,将自然人格化,正与古人将天人格化相对应,不同的是,这里面所包含的大人道的悲悯是与古人天人合一间所隐的专制性相区分的;人与自然(天)在这里是平等的,没有了施动与受动之分,人格也由第二位上升为第一位的。天与人的异形同构也由天和人在气质、肢体上的类比而被注入了更为深邃的文化意味。所以不是天人关系本身成为阻碍,而是,天人关系的未能良性发展,影响了科学的发展,反过来,也进一步造成了人文学科现代性的滞后。批判的力量盖过省思的时候,一种文化的损伤会伤及人类,与自然。也许,在我们还感慨于天人观念中种种不完善不科学因素而造成科学滞后性同时,当我们还仅仅将目光盯在现实价值上的同时,一种新的思维已经诞生,而世界也已发展到在哲学意义上重申天与人的关系的未来价值的今天了。清算之余,让我们的目光放得更远些,是值得的。

△夹在天人观念里的"三明治":

之一:忧患意识。天人关系可看作忧患意识的起源,人若做不当事必遭天谴的谴告说等都表明了这一点,是人对自身命运的忧患,深藏在顺天意这个观点与行为里面。它的对人格的注入形成了士阶层的性格主体,忧患亦作为中国文化的一种略带历史剧色彩的正剧性格,对哲学产生着巨大的作用。之二,极权意识。天成为至上的人格化的神,人则位居其下,不顺从天意则有天惩,无论如何躲,无法回避的是自然观为政体的结构提供了一种高高在上的专制思想依据,一旦用于政治统治则必然产生极权,而中国文化则是天人合一的,是自然秩序与人文理则间、天命与人性间的一种比附对应关系,置于这样一个背景里,天人关系必然溢出自然领域而浸淫于政治统治,成为一切极权的藉口或渊源。人格被确证为处于天之下而必须服从于天的第二性,它对政治产生着巨大的影响力。之三,空间意识。天与人对应,或说是另一种

---

[1]　贝恰:《人与自然》,参见[日]池田大作、[意]奥锐里欧·贝恰著《二十一世纪的警钟》,第16页,北京,中国国际广播出版社1988年6月版。

的对立,因其各为对立(独立意)的两个物体,所以要寻求对应乃至合一的宇宙观,是空间意识的最早也最朦胧的体现,基于此,更多的空间性的概念被提了出来,阴阳,刚柔等等,是对立的也是统一的,是对立与统一才能构成整体的,这个思想开拓了以后美学的一个重要范畴,在空间对位的两个物体(含物质)间存在的某种引力,这个引力是看不见的,物质机械无从测起,这引力是美的,对这引力的研究是美学范畴的;另一层人格启示是,人格是呈层梯性的,这也是一重空间,心理的,是后来被称为匣子的,因此,空间意识的天人关系可说对美学、心理学贡献同样是带有启蒙性的。

乾还是坤:陈江风在其论及华夏天文文化观念的《天文与人文》的著作里提出过这样一个观点,他认为中国、希腊两种天象体系直接造成了中西方文化精神和民族性格的不同。具体说是,希腊的宇宙意识是,宇宙中枢是奥林匹斯山,天上的事物由居于山上的神灵分管,天不是至上的,天、海、冥三界是对等的;中国则不然,宇宙中心是天,天、地、人三界关系不是对等的,天上的事务及地界冥界的事条都在天的掌握之中;他将前者命名为"地——天结构",中国则为"天——地结构",并进一步解释说,希腊第一大神为地神该亚,地母生下天神,才有了天,天是二位,地和天是关系是天受控于地,是地主天仆关系,这隐喻了"人——天结构",即人与神平等并具有神力,如赫刺克勒斯。中国则相反,天主宰人,人须与天达到合一才能和谐,人无法超越天这个制约性,这个天为之设定的范畴;人可与神作战并敢于与天神宙斯抗衡和天命不可违逆的观念,反映了中西不同的天文观,所以此后,西方更客观地看自然并科学地发展它,中国则滞于神化的自然而不能将之放在解释的对面,这也进一步造成了人文文化的不同,如西方更多民主传统,中国则专制文化成为社会的主体思想;西方重人性,中国重天命,儒到了宋明理学的"存天理,灭人欲",是它的极端;西方是母性文化,更多欲望表达,并具生殖的特征,中国则更趋理性,是父性文化,理式的推演在它的深层占据着大量比重。一句话,陈江风的发现简单表达就是,中国天人关系重在天对人的矫正,是地道的乾文化,西方则自希腊始就是天为人准备的另一个施政的国家,所指在人,是地道的坤文化。这一点从中国祭炎黄男神,希腊该亚化身万变且有巨大的控制天神的能力的这种至上的女权即可看得出。天在中国被称其为天则,即使春秋时代楚国一位女性也是中国少有的很可能是古代唯一的女哲学家邓曼也说，"盈而荡，天之道也"（《左传》）。① 足见天在人心中的位置。不仅是自然之中心，也亦是人心之中心。

"以天道切人事"的《易经》，"以人事反诸天道"的《春秋》，"究天人之际，成一家之言"的司马迁，似都在说着一个道理，天人关系，虽其所指为天，却能指是人，起码天为人所用，人是一隐在的主体，不是么？整个一部易经所说的一切的变易，可以从恩格斯如下一句话找到回音："在人类的命运中除了不固定本身之外没有任何固定的东西，除了变化本身外没有任何不变化的东西。"②"观乎天文以察时变，观乎人文以化成天下"一句就包含了变，这就是易。这是一个相当厉害的思想，变。这同样是对人格的生成和永在进行时态的人格的一种蕴含。天文学与人类学混一形态下的人格影子反投在文化的荧幕上，成为一个民族精神的核心，要我们记住的是，这核心是人，影像是人，天只是呈现这影像的幕布而已。

恩斯特·卡西尔在其《人论》中说：

　　人在天上所真正寻找的乃是他自己的倒影和他那人的世界的秩序。③

我愿将之作为我在此不厌其烦地言说易的原因。同样，这句话也可视作包含了历史性的人之自传性意义的易这一整体部分的总结论。

第三节　佛与侠的分途

一、释

恩格斯说："一切宗教都只不过是支配着人们日常生活的外部力量在人

① 参看陈江风：《天文与人文》，北京，国际文化出版公司1988年9月版。
② 《马克思恩格斯全集》，第9卷，第37页，北京，人民出版社1965年版。
③ ［德］恩斯特·卡西尔：《人论》，第62页，甘阳译，上海，上海译文出版社1986年9月版。

们头脑中的幻想的反映,在这种反映中,人间力量采取了超人间的力量的形式。"①那么什么是这种超人间的力量呢？奥古斯特·卡尔·赖肖尔在其《佛教》论述中作着这样的解释,他认为沉思默想的印度人对生活的盲目接受和对物质享受、奢华、权力和名望等孜孜追求的怀疑基于或导向了如下一种信仰:物质生活及享受并非美好生活的最重要部分,却恰恰是高尚精神生活的反面。"这种信仰使大量的印度人抛弃世间正常的生活,涌入森林和山洞里去作隐士和遁世者,以求免于物欲、情欲的奴役和人际关系的纠缠。他们试图寻求内心的字根表和安适、永恒的东西和真正的满足。"②佛教的因物质所起的怀疑到它对内心精神生活的转入的这个缘起,似乎在足以概括各大宗教的起源时更突出了佛教的涵义。这是一种内向性的论述,之所以为我所看重,是因了它的某种可贵的还原性,从心理与辩证法的哲学逻辑上讨论佛教的太多了,那种方法论的思维层面的智商式的测定与较量伤了我们脑筋同时,也大伤了佛教的原义的朴素,而使整个精神界变得从无知的极端走向了刁滑的极端,走向了不立文字的饶舌的反面;而另一方面的交流却只限于艺术的可见层面,音乐、绘画、雕塑与建筑以及文学,被压作了纸型、史册、卷宗或是理论,阐发可谓汗牛充栋,亦不乏真知灼见,却总是隔着一层,对象化的方式使那本来闪烁生命光彩的事物也变得黯淡无光了,语言在持续着壁障的厚度,而它原本已经很厚了,人们不停地在完成着历史,以为这就是此生的目的,却不仅毁了有生命的历史,也毁了自己的生命,什么在持续着这场掠夺,无声的,然而可怕的,我想是从一开始就错了,错在对佛的真谛的未能正视。对佛中的人格、精神意义的重视的缺乏,模糊了佛教的教之先的原初性、心灵性与佛本身的血肉感,舍利被埋在塔里,人格的亲证性与佛都的实践性被阐述与旁白的唾液湮没太久。该是拭去蒙尘重现其光芒的时刻了。

　　自公元前6世纪就产生的佛教之所以因其产生而作为世界精神史上的大事件,之所以它于公元65年传入当时东汉的中国而成为中国文化史上的大事件并在各样经典的文化版本中被引证和复述,之所以不但是中国,而且在几乎世界的任一角落都能找到它的信徒尤其是锡兰、缅甸、泰国、柬埔寨、

① 《马克思恩格斯选集》,第20卷,第341页,北京,人民出版社1972年版。
　② 〔美〕爱德华·J·贾吉编:《世界十大宗教》,第95页,刘鹏辉译,长春,吉林文史出版社1991年4月版。

马来群岛以及朝鲜、日本等亚洲区域为中心的宗教圈,之所以无论大乘小乘,无论它在传播中怎样地因各民族地域文化心理的不同而被改动,被融合,如它在东汉传入中国时的情形——与神仙方术、占卜、祈福、治病等怎样实用的道术、怎样不同的文化——那时中国已经有儒教与道教,起码是儒、道思想,无论怎样的本土文化的化解,无论是隋唐时期的三教鼎立所来的内部宗派林立的繁盛还是宋明时期佛、道渗入儒教的三教会同的衰亡,以至清末民初到近代欧亚思想汇合期的佛教的更肩负起的复杂使命,以及一种新生的人间佛教的倡导或理解为一种共同体式的信仰的滋生,之所以从独立到融合到再生,甚至在现当代所引起的知识阶层的重新重视与评定,以及它对知识层的精神结构的创建式的贡献;都说明,佛的意义不仅在于它的主题与历史上各个阶段的思想相对位,或只是在文化意义上与现代文明危机下的某些养分性的思想相对位。更重要的是,佛教作为一种世界性的宗教,它不曾灭亡的原因,我以为是,它作为一个社会上层建筑的最上层的对人格介入的相当深的程度,这是起决定性作用的,与和它并列的另两个宗教——基督教、伊斯兰教一样,它已将它的教义化作了身体力行的实践,如它的精神乌托邦思想植入文化一样,它深植入人心的是内化教义的个体化了的人格。

也许,这样的流布传承才是最符合佛的原义的。释迦牟尼在波罗奈斯传教结束时已有60多名弟子,在向优娄频罗进发传教之前,他对弟子的告诫是——不许结伴而行,务必独自游历教化——即要求每一位弟子以个体的自我面对向他一人展开的世界,体验、亲证、自律、实践教义与人生,成为真正的宣教者同时也并拥有成为真正自我的人格。这样理解,也才是符合佛的原意,而不是在本已有了三千年历史的佛身上再刷上一层琥珀而视之为封闭的对象物。这样,才能恢复它的实践性同时清理并找到那一个被文字的泥块堵塞了人格通道。

释迦也是一人向他当初获得正觉的优娄频罗走去的。一个人,在路上。这个意象本身,或许就蕴含着一种宗教。

而我们的研究和看法却太多地把佛全身涂满琥珀待其偶像化后而面对的只是泥塑或木石雕作的没有气息没有心跳的躯壳,这已成为我们视宗教的固化思想。无怪乎在这种观念的"照射"下,信教的人中真正信仰的人会愈来愈少。

人格,只是在说宗教的毒素时才被作为受害的对象而消极地提到。对宗教发展中的歧义代替了宗教本身原义的认识仍在成为在物质世界里疲于奔命的现代人精神麻木到疏于思索求证而乐于接受的现成观念。

而这种易于接受的观念却是违背事物原义的。必须有人说,不是这样。一种宗教的人格意义的积极方面的被模糊,不仅带来的是宗教本身的发展停滞,而且它将影响到已作为一种精神物长在人身上的人的品质,进而关系到一个民族的精神生态。马克思说过,"理论在一个国家的实现的程度,决定于理论满足这个国家的需要的程度。"①宗教如此,人格如此,而蕴含了人格的宗教亦如此。佛教的生命力,我以为在它的人格,从大的方面说,就中国而言,它的传入,打破了儒道二分天下的格局,而变对峙的二元为三分天下,这带来了文化的多元性,这一点从外部看是文化格局的重构,而共内部,确是人格丰富性的做着支撑。这场人格的流变也是极有魅力的。从个体方面看,它强调着人精神世界的价值,通过静思、解脱和拯救,通过对存在的焦虑、对主体的叩问、对弱者的同情,倡导与主体意志并行不悖的人道主义。

为此,释尊才"虔诚、热烈而又坚定地坐在那里"。

而这一形象,被掩盖得太久了。

1. 佛陀

佛陀,是一个人的尊称,意为"觉者"。这里,专指佛教的创始人——乔达摩·悉达多。他还被尊称为释尊,释迦牟尼,即释迦族的圣者;还有世尊、大师、如来等尊称。他不仅是佛教延传至今的佛法最高的代表者,也是佛教人格的最高实现者。

在我所去过不多的寺庙里,曾也不止一次与他的圣容对视,那塑像总是被塑得高高的,俯瞰着众生,因为大多数情况的仰望,总是在那一瞬间会突然停顿思想。与那样的一种被后人诠释过了的目光对视,仍然有某种奇妙的感受难以传达,记得在五台山面对一尊释迦像的时候,会在膜拜之后突然生出要变成他的感情,这种情结是在同是山西的浑源永宁寺、圆觉寺所没有的,那是1990年的深秋。到了再去山西,在交城的玄中寺大雄殿内见到帷幄后面

①　马克思:《黑格尔哲学批判导言》,引自《马克思恩格斯选集》第1卷,第10页,北京,人民出版社1972年版。

的金身释尊时,这种感受似又化作了某种重逢的惊喜,这时离1990年秋天已有5年过去了。现在分析,也许正是这一种心境使我未再上五台山,第二天深夜我上了南下回家的火车,深夜曾有一次醒来,想的是同行玄中寺的那批人已经在登山了吧,又转身睡去。1990年前那晚我开始登山,从那条小街寻路一直上到灵峰圣境,从山下还是可望见西天的红光以及与这晚霞相照映的一轮淡淡的圆月,到山顶的不知什么时候的飘雪落襟,及至到了山下,在一小饭馆吃了晚饭,已是深夜11时,那天正是一位同行的生日,没有电,围坐于烛光周围,墙上人影绰约,水一样的洗过。那个生日似乎很热烈,又的确像是无声的,随着岁月的变焦一样的镜头的拉远后移而愈发如此。及至出了饭馆门,抬头却是满天繁星,好像佛从未离开一步,好像有某种我们不知的冥冥中的那种飞翔与护佑。回到山下那条街上的一个驻扎部队的旅店,在那扇布满了深秋清冷到萧瑟味道的窗前,正好是我的铺位,那轮傍晚还是淡淡的月亮如今已是深白的颜色,透亮地照彻,可以看见,可以交谈,一晚上,它清明的辉光照在我的被子上,屏住气时可看见它悄悄的移动,同屋的人们都已发出微微的酣声了。我不知道后来是怎么睡着的,那一夜,有一种奇怪的回家的感觉,虽然是在异乡。

此前此后,我在龙门、云岗,还曾遇到过那样的目光。正好这几次去,却没有太多的人,寂廖的空间里的那种无声息的对话和对谈后所获得的那种心境的清明,是手写不出的。而能与我们交谈的,我想是与命令于我们做这做那的角色是不同的,这个意义上,我愿再次强调,释迦的人性。而这确被湮没得太久。在面对一尊泥、石、金、铜、玉或别的什么可致不朽腐的雕像时,会有很多膜拜者想到他的肉身么?他的血肉之躯,他也曾有过的呼吸、爱憎、坚执与抛弃,会想到他的苦恼,和终生为免除这绝并非他个人的苦恼而献出的一切,王位、富足、亲人及至生命的自己。会有很多人么,即使如此仍觉亲近,而不仅是仰望。或许只有这样,把他当作愿意成为的自己,当作可以交谈的友人,才是膜拜他敬仰他的真正意义呢。不然,你所面对的永远只是一尊石像,而决不是石像后面的那个释尊,那么,又从何谈起佛陀的不朽含义呢?从哪个方面承继,也许是后人于佛想到的最多的一个问题,这已总比只是一味地对着灵像叩头而心想着佛的保佑的这种早已违背了佛之精神的以功利自我以获得为目的的心态要好,此种行为无疑是面对佛而对佛的一种恭敬的亵渎,佛就是这般成了干瘪无血的仪式道具的。但问题在提出后似乎并未得到很好的解决。

其实那答案是由佛陀自己给出的。对经典的注释太多,犹如酒掺了水,反品不出酒的味道了。佛陀,尽管后世人尊他为神以显后人的敬仰之意,却是违逆了佛陀的本意的,他的个人精神的了悟所包含的在现实里始终以一个僧众中一分子自居是一致的。他表述道:"我不是僧团的统治者,我灭度后,也不需要有一个统治者。"这种对任何形式意的权威的反对是与他青年时期即放弃王位的继承人身份其它是放弃一种统治体制是一致的,他在精神领域里也反对领袖一说,他将他的人道主义与那个时代或许有其先进性然而从终极意上并非可取的极权主义划清了根本的界线,并将前者坚决地贯彻到底。反权威的释尊在后世颇具反讽地成了权威,这不能不说是后人对佛之本意的曲解和违逆。而这都是与无视了释尊本人的人格或将之生硬地变为神格有关的。故此,重温释尊当年的自述和遗言应该有益:

"如果有人认为'是我领导僧众',或者'僧众要依赖于我',那就让他组织僧众、发表教说吧。但是,真正精进不息的人是不会想到'是我领导僧众',或者'僧众要依赖于我'的。"

(《大般涅槃经》原文汉译:"若是有人,作如是想:如来当监护比丘,比丘当禀教如来,则当发布谕旨,指导诸比丘众。如来不作如是想:彼当监护比丘,比丘当面请教导。")

"在这世界上,你要以自己为安全岛,以自己为庇护所,不要以他人为庇护所。要以法为安全岛,以法为庇护所,不要以其他东西为庇护所。"

(《大般涅槃经》原文汉译:"是故阿难,实处此境,汝当自依。以己为岛,以己为归;舍己而外,他无所依。以法为岛,以法为归;舍法而外,他无所依。")①

让我们由他的话来作为讲述他面貌的开始。

佛陀的故事是几句话就能概括的。这种简单很好对应了他一生追寻的单纯。

释尊乔达摩·悉达多于公元前 560 年出生于现在尼泊尔南部的释迦国。

---

① 引文均参见[日]池田大作:《我的释尊观》,第 204—205 页,潘桂明译,成都,四川人民出版社1993 年 5 月版。

那是一个弱小的民族。他的父亲是净饭王。他自然是王子。在他出生后不久他的母亲摩耶夫人就去世了，释迦由姨母诃波跋提抚养长大。他生身高贵，生活奢华，受到最好的教育。包括一个王权继承人的武艺和指挥才能。然而他的内省性格却命名他常沉湎于他的刹帝利种性之外和王权的统治阶层之外的更精神的领域。路行中，一个风烛残年的老人、一个频死的病人、一个乞丐，或者还有一场葬礼，彻底改变了他的生活。这就是后来人常提起的老、病、死，这个感受及对这种人生之苦的最终解脱的寻求后来成了他的教义。他为此付出了一生。29 岁那年，释迦出家。他舍弃王位后对迦毗罗城的告别，入拘利国再南下对阿诺摩河的渡过，他剃除须发，独自一人托钵行乞朝距出发地 600 公里的摩揭陀国走去的那段路程中的心境现已无法测度了。

　　一个人，在路上。

　　漫长的修行也开始了。这时的释迦不再以一个王权继承人的身份而是作为一个自由地选择自己生活意义的人向目的地走去。在摩揭陀王舍城西郊，他再度拒绝了频婆沙罗的要他参政指挥一支军队的政治性邀请，而师从于当时最富声望的婆罗门大家阿罗逻·迦兰摩和郁陀迦·罗摩子学习禅定。但他很快认识到禅定本身与目的的混合并不能达到他所追寻的解脱、自由为标志的正觉，在认识到禅定不是出家目的后，他扬弃了当时水平最高的两位禅定家和他们的"无所有处"体验境、"非想非非想处"境，而加入了苦行的行列。在距摩揭陀国王舍城以西不远一个优娄频罗舍那村附近树林中，这片恒河支流的尼连河岩的树林后来被称为苦行林，以抑制呼吸、实施断食、减少食量等肉体磨难以换回精神彻悟的苦行实践持续了 6——10 年后，释迦最终放弃了苦行，于尼连河沐浴后，在伽耶城一棵毕钵罗树下趺坐寒想，经过一夜的降魔，于 12 月 8 日这天黎明"金星升起之时"行悟成道。当年他 35 岁。此后是他徒步 10 天跋涉去距伽耶 210 公里的波罗奈斯的鹿野苑向曾同他一起苦行过的五比丘宣说佛法，五比丘成为他的首批弟子，耶舍听了释迦的说法，成为他的第六位弟子，从鹿野苑即萨拉纳德到优娄频罗，在他曾苦行的地方，释迦正式传教，这场返回依然是一人徒步的，而且他要求他已有的近千名弟子不许结伴务必独自游历教化，在经历了以人格与言辞使摩揭陀国王频婆沙罗的皈依，与婆罗门信徒交锋使迦叶三兄弟共 1000 名弟子全部成为释迦弟子之后，寺院成为当时知识阶层的汇集；这时释迦回到自己的祖国，其父净饭王、其子罗罗、其弟难陀、其亲族包括后来作他 25 年侍者被称为"多闻第一"的阿难相继扳依了他。此后是舍卫城的传孝,释迦本人在此经历了著名的"九横大难",教义也以都市为中心迅速传播,比丘众尼获得了极大发展,提婆达多的要裂、叛逆失败后,释迦族的灭亡、释尊的两弟子的死给他晚年带来了难以去除的悲痛,80 岁时,释尊仍要出外游化,患病时仍为一妓女与一贵公子一视同仁地说法,在雨季之后的拘尸那揭罗城,在从婆吒百村渡过恒河回归故乡的中途,他再次染上赤痢,这时一修行者沙门须跋陀寻防而来请求说法,释尊就侧卧于两棵沙罗树之间,做完了他一生中最后的说法。他入灭的这天是 2 月 15 日。

　　问题是,为什么佛陀要抛弃他现成给定的富足生活与王位继承权而出家过流浪人的生活? 为什么在他的禅定修养已达到很高造诣而不得不令其师事的两位当时在他已下苦行对质了长达 6 到 10 年而品尝了一般苦行者都未能做到的一切肉体磨难之苦并使得周遭人都满怀敬佩之情如圣人般看待他时,他却放弃了这甚至是唾手可得的名誉而离开了苦行林? 为什么在他于毕钵罗树下(这棵树后来被称为菩提)趺坐成道后实际已是全国最具境界的哲司家而还要徒步跋涉到几百里外的异地去传教呢? 为什么在他已然拥有了近千名弟子后而并不满足于平平静静做导师的生涯而却还要坚持一个人独行游历教化呢? 与婆罗门的对峙与征服,对提婆达多叛逆的粉碎,九横大难之后,在他 80 岁高龄时,在释迦族灭亡后,他为什么还会从婆吒百村渡恒河并选定他的故乡作为他最后传统教的方向呢? 为什么,他能不顾疾病缠身在弟子劝他休息时还要侧卧于沙罗双树间支撑着为前来寻访的沙门说法并以此作为自己临终的方式呢?

　　日莲正宗法华讲总首席讲师、日本学者池田大作在其《我的释尊观》中曾对此问题作了相当精到的解释,我意愿以我自己对佛陀的阐释融入到我个人对池田描述释尊精神的叙述中,以此作为我们共同对佛陀的理解。

　　佛陀一生是由一系列的离开、丧失、放弃与告别构成的。一个人,如果不是一定要得到他需要的东西,那么他绝对做不到这种对已拥有的东西的放弃。因为那太冒险。拿已有去抵押未知,恐怕只有那些内心呼唤异常强烈的人同时也是意志异常坚决的人才能做到。

　　释尊的第一次放弃是对王权、家庭的放弃。他的出家行为本身,也是对命运安排好的他个人生活方式的一种拒绝,同时拒绝的还有异常优厚的财富、地位。所以在出家的表象背后,对政体的远离,其实是对统治权的放弃。池田大作曾以"武力主义"与"人类主义"的比喻说,"他选择了由权力主义即成为形而下的世界之王转为从形而上的层次来看待世界的哲学之王的立场"①;置身体制与文化之外,于时代变迁、时间流逝之上追寻某种精神意的真理以存放生命,或说在可变的物质世界寻找生命价值的永恒性,是这次放弃的内涵。所以这一点,我个人以为他的放弃不仅是对世俗意的王权的放弃,而且是对任何意义包括形而上意义的王权的放弃,包括池田先生讲到的哲学之王。出家使释尊成了一个边缘人,与拒斥原有的体制文化同时,他还放弃了家庭,放弃了意味着世俗生活的对其精神反省方式产生逆向作用的障碍物的纠缠,王权喻意的政治及其武力特征、家庭喻意的生活的世俗性的跳出,释迦获得了思想独立的可能。对武力的坚决否定,在此后还包括对摩揭陀国王让其指挥军队事件(上文曾对此做过介绍),对频婆沙罗的拒绝到摩揭陀国王对他的皈依,以及释迦两度对武力的否定都体现了佛陀的对终极意义的看重,最后释迦族为武力所灭(宗主国拘萨罗国国王波琉璃率军进攻),不能不是一个悲剧性的讽刺,而在他80岁临终之时仍要坚持回故乡传教,有人拟断其为归根感所支使,或为老年找一个安息地,我却以为他是仍想以他的思想去祛除武力之治而通过解救人心来解救祖国。这时他的襟怀已超越了一个可以用边界划定的国家,虽然他自始至终是一个爱国者,以他个人的方式。印度人反武力的传统大约可追溯到这里。20世纪圣雄甘地面对英殖民统治的"不合作主义"可视作佛陀人道主义的延续。而反暴力民族总被尚暴力的统治者视作柔弱而杀戮,甘地本人亦为恐怖分子所戕杀,是又一个悲剧性的提示。尽管如此,我仍然不愿以功利的态度去看它,权力所蕴含的暴力力量的强大与人道主义者所坚持的终极意义的精神韧性是无法放在同一层次类比的。在观看电影《甘地传》时我更深刻地感受到这一点。恒河的水上漂浮着鲜花的花瓣,同那焚火一样浓淡,曾为一个民族也为这个民族所处时代的人类并为这个人类的永恒性奔走宣教的精神领袖甘地的精神,在这个影片的结尾被概括为这样一句画外音:

① [日]池田大作:《我的释尊观》,第24页,潘桂明译,成都,四川人民出版社1993年5月版。

"我灰心时，便记起历代以来，真理和爱永远胜利；暴君和杀人狂只获短暂威风，但最后他们总会衰落。

谨记那一点。永远。"

这句甘地自己生前的话，与撒有他骨灰、漂着鲜花花瓣的河水一起。那长河的名字叫恒河。

释尊的第二次放弃是对非真理的名望、利益的放弃。这次放弃是他进入了真理追寻的路途后在世俗之外、个体精神体验之内的对目的和手段的区分。是依托于他的两种修行——禅定和苦行展开的。释迦对阿罗逻和郁陀迦两位禅定家的告别，与他后来将苦行林留在身后是一致的，手段不是目的，追寻过程不能与追寻的真理相混淆，正如禅定本身与禅定的根本性课题及为何禅定间有着很大不同一样，放弃苦行也基于对它真髓的把握，深入事物而又不滞留于此种深入的表象，也许正是佛后来所言的对"我执"的祛除。这同样成为亲证的支撑。两种极端的放弃，表明释尊心中的佛教既不是单纯冥想和观念的形而上学即哲学意的真理，也不是极端的针对肉体而很容易走向形下意义的苦行实践；这种对享乐主义与苦行主义的双向弃绝的结果，是一种"中道"立场的确立。这种区分使释尊在寻求真知的人群里能够将个人内心的真实连同真理本身的真正价值一起与那些只是在皮毛层面上寻找真理而只会更深地误入歧途的人划清了界线，当对象与我都不再是鱼目混珠的时候，还需有离开人群的勇气。这种对同行者的放弃所需的勇气远大于对世俗放弃时的，与他曾一同苦行的五比丘离开了他并认为他是为享乐引诱的这一事件证明了这一点。这里面，有释迦对名望的放弃，他认为是虚名的东西，哪怕会给他带来当时出家人都想望得到的名誉与利益，他也仍要坚决地舍弃。不做阿罗逻的继承人，不做人所敬仰的苦行已达很高境界的苦行者，那么，什么才是释迦想要成为的理想呢？也许只是一个因循真理以自己而非别人选定的人吧，或者说是一个在个体的生命实践中创造与现行规则（伪真理）都不相同的真正真理的人。所以他能够做到放弃。这种放弃的第三种意思，还是对二元论及其类似于此的思维与方法论的抛弃。精神与物质、善与恶、心与色等等的对立所带来的宗教对人的各有一面的阉割和它的后果——人格的健全健康的破坏——在释尊这里表现为一种对这将来必然成为的宗教问题持有同样一致的"中道"

立场,二元论去除意义上理解佛之"无我"状态,我想也是更贴近原意的。所以这里已经喻意了一场根本性问题的解决,只是人们不重视它而因之在后来的阐释里使这一问题再度生长了出来。

佛陀有关真实真理的理想是指向终极的。手段种类不同,可以替换,目的只有一个;池田大作曾在自由与解脱的含义上比较过东西方自由观的不同理解,"西方的'自由',是作为一种社会制度和社会原则来看待的;⋯⋯作为东方的自由观的'解脱',则不论是在什么社会和什么制度下,都要从探究与生俱来的人类生死苦恼问题上予以解决。从而,东方强烈追求一种根本上的解放"①。释尊将修行(禅定、苦行)本身与修行目的的分离结果,必然是对因手段或过程影响了他对目的的洞悉和执行的因素的放弃。这种思想,在印度的当代,已发展为一文化的主体思想,如室利阿罗频多(1872——1950)对"理智的真理"与"精神的真理"的划分,影响到他们的整体世界观,甘地的反暴力的不合作思想在室利阿罗频多这里得到了更为精神性的表述,比如:"伦理在其真性上不是行为中之善与恶的计算,或一番劳苦的努力,以求按诸世间标准而无过,——这些皆只是粗劣表相,——它是一种企图,要生长到神圣性";"我们不能过分依于那些理念和决策,一时在非常的危机中,在特殊情况的猛烈压力下所形成的"②;这位印度的精神哲学大师的一生也是由一系列放弃构成的,与他的理论相一致,他由秘密结社中的暴动暗杀的主持者、爱国者领袖到38岁时的隐居(与革命的脱离)以至最后主持修院、独居一楼修瑜珈术并成其综合瑜珈论而成就精神事业的几度转折,也在当时不为人所理解,很有些类似释尊当年的放弃,当然表义是不一样的,但这种放弃的内质却相同,"人应当终止其为这表面的人格,变成内中的'人',即'神我'"的目的,和"舍却自己是寻到自己的最好办法"的选择,都是以内心生活、心灵和精神为依重的,无知才可以达到知道的思维方式,与中国道家老庄的观点有相通之处,而所谓的"神圣者"并不就是对象物的存在,他与我是一体的,"神圣的圆觉常是在我们上面;但在人,要在知觉和行为上皆变到神圣,内中外表皆过神圣生活,这便是所谓精神性"的心灵向上的生长,和"一切皆是我们的自我,一个自

① [日]池田大作:《我的释尊观》,第58页,潘桂明译,成都,四川人民出版社1993年5月版。
② [印度]室利阿罗频多:《周天集》,第44页,徐梵澄译,北京,生活・读书・新知三联书店1991年7月版。

我取了多种形貌"的神、人一体的思想①，所传达的正是对释迦所弃原因的注解。对于追寻真理的人必须作这种区分，手段多种，目的唯一，二者不可混同，更无可代替，这是释尊想强调的，由于此，释尊当年才将手段与过程像衣服一样从身体上脱掉，才将茂密的苦行林留在身后，独自一人向那一棵毕钵罗树走去。这个象征太巨大了。而正是那棵树使他证得了菩提。

这个终极的指向并不仅是释尊对外在事物——王权、声望的拒斥，它还包括人自我内心的对异于这一指向的念想的清理与挣脱。趺坐树下的释尊降魔的故事说明了这一点。故事的本事是，释迦在毕钵罗树下结跏而坐，众魔纷纷前来对其极尽诱惑，而释迦以其坚毅刚直的品格——将其识破并击退，这个故事几乎所有经典都曾提到，虽然版本不同，但同是解释释迦在成道前夜为正觉的精进修行和义无反顾，《方广大庄严经》卷七释迦在分析贪欲、忧愁、饥渴、爱染、昏睡、恐怖、疑悔、忿覆、悲恼等九"军"命名的恶魔后，他特别指出了"自赞毁他"，在虚名、利益范畴的划界的清醒，使人感到这个魔并不是通常说的来自外部的干扰，而有其更大程度的内部性，这种与生俱来的本性魔，池田先生有到位的评论，"它实际上存在于我们内心"，而克服了这种迷妄才能达到觉悟。而那与黑夜一起不断加深的境界所历经的初更、二更、三更和它们的由过去世到未来世更到关于现实人类世界真理的信仰的那一段心路，已无可复原了。我们只知道，金星辉煌地照耀，天亮而来的光明许是对击退了心魔的他的最好回报。

依佛的意思，把自我作为一个大我来考虑，对内我分裂的抗拒是应包括释尊晚年提婆达多叛逆这一事件的。出于名誉地位利益与私欲，出于对释尊成就的艳羡和嫉妒而起的取而代之的野心，提婆达多分裂教团，并加害释尊，而最终却落得身败名裂、丧失生命的这一本事，池田大作先生的解释超越了历史本身，他说，"如果回过头来省察现实人生，就在我们自己的生命中，也都包含着提婆达多的生命。一旦人们的名利之心和野心萌动起来，就会失却理性和自制力，迷失根本方向。不仅如此，而且还会谋图叛逆，设计阴谋，以实现自己的野心。……这也是现在我们自身的问题。我们要经常不断地克服来自自己身上的、内在的提婆达多——不管它如何潜伏着。把我们内在的佛

---

① 参见［印度］室利阿罗频多：《周天集》，第165页，徐梵澄译，北京，生活·读书·新知三联书店1991年7月版。

唤醒的过程,就是佛道修行的过程。"①所以,释尊对提婆达多分裂的粉碎,其实也可理解为是对常存于人心而从内部分裂或障碍佛道修行的一切魔力的拒斥,也就因为此,释尊才称其为释尊。这一点,室利·阿罗频多的瑜伽"是将我们人类生存的某种能力或一切能力,化为达到神圣'存在'的一种手段"②的原则与佛陀对自我的个人自律性与主体实践性的强调是相一致的。

对树的告别是佛陀的第三次放弃。这个放弃是对滞于玄想思辨层面的哲学的放弃。在对世界的解说与改变之间,对人的个体觉悟与普度众生之间,释尊的选择更多进一步地将他与世面上行时的玄学家和当时在精神界产生一定影响的禅学著名大师做了区分。他放弃了独善其身、灰身灭智,还放弃了以玄思为特征的哲学家身份,不断生长成熟的人格溢出了以往的角色,或说于树下冥想的哲学家角色已无法容纳他的人格。这种人格对角色溢出的结果,是一个宗教实践家或说是人生教育家的诞生。于小我与大我之间,小乘与大乘之间,个体证悟与更深广意的亲证之间,释尊的放弃其实是一次选择;那棵毕钵罗树是一个界碑,隔开了释尊的两段人生,而从对人的逃离到与人的亲近,是释尊人格的一次飞跃。这一点也足以作为对前苏联学者托波罗夫的佛教只是一种伦理学而不是宗教和哲学的观点的反驳。佛教与他教不同处只在于它的人格神不创生世界,但却创生包含人类的他本人。这是一更大意义的世界。佛陀的这次放弃与他的第二次放弃即与两位禅学大师的告别相印证而成为佛陀人格转折而至完型的关键。

波罗奈斯的初转法轮,优娄频罗的正式传教,释迦国的皈依,到80岁时的出外游化,直至于病榻上为前来寻访听教的沙门的最后说法,释尊以这种方式完成了他第四次放弃——对生命的坦然告别。在两棵沙罗树间,在对佛意的更其实是对自我人格的阐述与言说的声音的回旋里,也是那种仪式选定了他。这是真正殉道者的实践,而依法不依人,自归依、法归依的遗言强调了他对佛之人格自我的重视。一棵毕钵罗树使其获得新生,两棵沙罗树使其获得安息,我想,这是否也有着某种寓意。欲辩已忘言。而让人不止一次流下泪水的是,池田大作对佛传中释迦入灭场景描绘的引用:

---

① ［日］池田大作:《我的释尊观》,第190—191页,潘桂明译,成都,四川人民出版社1993年5月版。

② ［印度］室利·阿罗频多:《瑜伽论——自我圆成瑜伽》,第1页,徐梵澄译,北京,商务印书馆1994年3月版。

那时候,沙罗双树虽非开花时节却鲜花盛开,这是为了供养如来而降注如来之体。又有曼陀罗花降自于虚空,这是为了供养如来而降注如来之体。①

《佛经》中言:

> ……雨曼陀罗华,天末栴檀散佛舍利上……诸天宝女奏天乐,演妙音。②

这令人潸然的文字,在揭示佛陀人格境界同时,也概括了一个自我追寻真理并在人们的灵魂生活的唤醒中加以亲证它的人的一生。

罗宾德拉纳特·泰戈尔曾经这样描述这一自我,他说:

> 灯里有油,它被安全地放在封闭的油瓶内,点滴不漏,这样,它就与周围所有的东西隔开并且是吝啬的。但是当灯点亮时就会立刻发现它的意义,它与远近一切东西都建立了关系,它为燃烧的火焰慷慨地奉献出自己储存的油。③

神的显现只在神的创造活动中。个别的我存在与无限的我存在如果可以用"我"和"他"加以表示,泰戈尔接着说,"他不是纯粹的抽象,他是内心意识的直接对象,正像我称自己为自我一样,当我虔诚地向往他时,我在他那里找到了我的欢乐,这是我的自我意识的扩大、加深和向真理的扩展,它超过了我狭窄的存在界限,正是这个伟大的他,要求人追求尽善尽美,通过努力斗争,从虚幻达到真境,从黑暗达到光明,从死亡达到永生。这种要求永远不允

---

① [日]池田大作:《我的释尊观》,第211页,潘桂明译,成都,四川人民出版社1993年5月版。

② 转引自[苏]约·阿·克雷维列夫《宗教史》下卷,第311页,乐峰等译,北京,中国社会科学出版社1984年12月版。

③ [印度]罗宾德拉纳特·泰戈尔:《人生的亲证》,第43页,宫静译,北京,商务印书馆1992年8月版。

许人停止在任何一点上,它使他成为一位永久的旅行者……"①。佛陀正是这样一个旅者,菩提树隔开又联络了他的求真期与实践期的知与行的分段;对无限者、普遍的人的贴近,使个人的灵魂与最高的灵魂得到了结合,由此,泰戈尔的祈祷词化作了跨越一切时空的如下宣称:

　　　　我是他。

　　这或许就是那个正在形成中的答案。

　　这样理解,佛陀就不只是一个单个的人。

　　有关佛陀自我介绍的传说中言,"我为如来、应供、正变知、明行足、善逝、世间解、无上士、调御丈夫、天人师、佛世尊。"②大乘经籍中记述佛陀有 32 种相 80 种好,据称,"佛的每一'相好',都能生出无限光明,普照天下,发出无量音声,遍满世界,并给五道众生带来普遍利益。即使每一毛孔,都具有无限神通",高大庄严完美的形体与吉祥仁慈神秘莫测的气氛相联系,佛的色身的规定,被作为是佛教人格神完成的标志;③此外还有一种说法,认为在佛陀以乔达摩姓降生之前,佛陀曾有多达 550 次的转生,或为君王、罗阇、婆罗门,或为神灵,此外,还曾作过 12 次首陀罗,10 次牧人,1 次石匠,1 次雕刻工,1 次舞蹈家,等等。④ 从这里我们可以看出,佛的不同变体,而且在其入灭后,也有不可计数的佛;印度现代三圣——甘地、室利阿罗频多、泰戈尔虽采取了不同的方式或绝食抗争、或退隐于学术或执着于爱的主题之写作但却或由民族自立、或由瑜伽、或由美文各个不同地完成了与佛陀(最高神)的结合,这种反功利甚至与现实世界格格不入或更确切说是现实世界无法理解的此种心灵意义的精神性的生成,其现实的代价也是可观的,物质上的落后有时往往会损害我们看问题的方式,这就更需要在甘地的政治、室利阿罗频多的哲学、泰戈尔

---

　　①　[印度]罗宾德拉纳特·泰戈尔:《人生的亲证》,第 117 页,宫静译,北京,商务印书馆 1992 年 8 月版。

　　②　[苏]约·阿·克雷维列夫:《宗教史》下卷,第 308 页,乐峰、沈翼鹏、郑天星、张伟达等译,北京,中国社会科学出版社 1984 年 12 月版。

　　③　参见任继愈主编《中国佛教史》,第二卷,第 62 页,北京,中国社会科学出版社 1985 年 11 月版。

　　④　参见[苏]约·阿·克雷维列夫:《宗教史》下卷,第 329 页,乐峰、沈翼鹏、郑天星、张伟达等译,北京,中国社会科学出版社 1984 年 12 月版。

的创作之综合的精神创造之上，有更为清醒的认识，印度古代文明的理想所包含的人格向往，在泰戈尔本人的语句里概括得最为得当：

"印度……它的目的不是获得权力，不是尽力去培养能力，不是为了防御和进攻的目的而去组织人们，也不是为了得到财富，得到军事和政治的优势而建立合作。印度人要实现的理想是使最优秀的人们过与世隔绝的冥想生活，她通过证悟实在的秘密为人类获取的珍宝，使她在世俗成功的领域里付出了极高的代价。然而，这同样是崇高的伟业——这是不知界限的人类抱负的崇高表现，它的目标就是亲证无限，此外别无他求。"①由此，印度文化选择了他的代表人——贤者，《蒙达迦奥义书》中说，"他们是以充满智慧的认识获得最高灵魂的人；是在统一的灵魂中发现最高灵魂与内在我具有完美和谐的人；他们是在内心摆脱了全部私欲而亲证最高灵魂的人；是在今世的全部活动中感受到他（最高神），并且已经获得宁静的人"②。

这个人格总结，与室利阿罗频多《周天集》中"'他'显示'他自己'于种种力量与其活动和结果中，亦如在一切事物和一切众生中"是一致的。这里面在强调精神性同时，还含有人间佛陀的意思。当然，这里的人间佛陀就不只是扫地汲水修房裁衣等生活化的还原，而有其精神的重量。

自体与神圣者的合一，和一中有多、多中有一的原则，后来成为中国佛教华严宗的重要思想，也是慧远最为关心的法身问题。他同鸠摩罗什的对话，概括其为三含义，是："一谓法身实相，无来无去，与泥洹同像；二谓法身同化，无四大五根，如水月境像之类；三谓法性生身是真法身，能久住于世，犹如日观。此三各异，统以一名，故总谓法身。"③

由此，佛陀那里，自我是一个不断变化的实体，而且是由肉体情欲所代表的小我之上的更高级的精神实体，这一实体，与地位、生身等物质层的继承性无关，而和以个人功绩获得的神圣性有关的纯信仰的原则，及其不承认权威而对实践的主体性的着重，让我们再度窥见了佛的人格意。佛陀的分身、变

---

①　[印度]罗宾德拉纳特·泰戈尔：《人生的亲证》，第9页，宫静译，北京，商务印书馆1992年8月版。

②　转引自[印度]罗宾德拉纳特·泰戈尔《人生的亲证》，第9页，宫静译，北京，商务印书馆1992年8月版。

③　《大乘大义章·初问答真法身》，转引自任继愈《中国佛教史》，第二卷，第677页，北京，中国社会科学出版社1985年11月版。

体也让我们常常无法分清佛与佛陀的界限,而且,他还让我们识见了于实践性上类似于儒之圣人、心灵性上接近于道之真人的某些相通的特点,又好像是这三种神圣实体的结合。它尤兼有道家人格的柔、愚、静,其人格化特征被总结为觉、慈、善①,这个善可以视作是小我的觉与大我的慈的融合。有关儒、道、释的合流不仅从历史史实上,而且从人格内涵中也颇明确地显现出来。

自我作为精神实体的不断变化特点,从内部道出了它的人格意。动态的、流变的、上升的、发展的实践性观点,为中国人格的演进注入了活力。

而我们的方法总将之视作静止的东西加以便捷地处理,所以要回视源头,回到知识产生之地,将那孩子似的话语、心思、意念在成人后的文化龟甲中剥落出来,使宗教成为活水,注入人格。而非成为个性的桎梏。并把孩子与成人再度以人格的血脉联系起来。

顺着这一思路,也许佛陀今日已化身作真正的心理学家、人类学者、作家和所有人类健全成长的理想拥戴者呢。那种印证!不是理论,不是观念、感想或者思虑,而是生命置之上的亲历。

追寻神迹的路已经开始。

而我们的成见已经太深。

最后,我愿以奥尔波特一句话重述这一立场:

> 成熟的宗教在人生的整个格局是所占据的不是仆人的地位,而是主人的地位。它不再是仅仅受冲动、恐惧、愿望的导向和支配,相反,往往是控制和引导这些动机,使之转向不再受单纯的自我利益左右的目标。……虽然它对"灵魂的暗夜"了如指掌,但是却断定理论上的怀疑主义与实际中的绝对论并非水火不相容。虽然它了解怀疑主义的依据,但却又若无其事地肯定其赌注。于是,它发现:持续不断的委身行为加上行善的后果,慢慢地增强了信心,使怀疑逐步消失。②

这句话,使我感到六十年前(1950 年奥尔波特说的它)与今天人所面临

---

① 参见洪修平、吴永和《禅学与玄学》,第 147 页,杭州,浙江人民出版社 1992 年版。

② 转自 L. B. 布朗《宗教心理学》,第 303 页,金定元、王锡嘏译,北京,今日中国出版社 1992 年 7 月版。

的是同一个问题，一个自人产生以来就永恒存在的精神性问题。

让我们再回到这个时光以前，五台山佛像前那种奇异的要成为佛的感受，那种后来才知道的"我即佛，佛即我，我、佛一体"的体验。是它，超越、摒弃了对外在偶像与事相的膜拜，挣脱了物理意义的确定时空与逻辑的因果关系，而找到了直达心灵的途径。这种经验，每个人在不同的时刻、机会、地点里都会以不同方式而获得，而到了后来才会慢慢体味到它的震撼。树要开花。如今我明白，这可能正是佛要告诉我们的。或者说，是佛的显身。

2. 佛　菩萨

二者不再特指某个人，而是对某种人格境界或说自我修炼境界的指称。两种境界若论阶梯性话，佛是菩萨的终极指归。成佛是修炼的自我的一种人格理想。

正果法师在《人间佛教寄语》中言："学佛的基本条件，也就是要完成人格。"

那么，佛的人格是怎样的呢？什么又是对他的理解呢？

因历史、民族有不同而不同。东汉佛教由印度刚传入中国，那一时代对佛的理解仍代表了佛在中国后来的命运，据袁宏《后汉记》卷十记载，是：

"佛者，汉言觉，其数以修慈心为主，不杀生，专务清净。其精者号沙门。沙门者，汉言息心，盖息意去欲，而欲归于无为也。又以人死精神不灭，随复受形，生时所行善恶，皆有报应，所贵行善修道，以炼精神而不已，以至无为而得为佛也。佛身长一丈六尺，黄金色，项中佩日月光，变化无方，无所不入，故能通百物而大济群生。……有经数十万，以虚无为宗，包罗精粗，无所不统，善为宏阔胜大之言，所求在一体之内，而所明在视听之外，世俗之人以为虚诞，然归于玄微深远，难得而测。故王公大人，观死生报应之际，莫不瞿然自失。"

牟子《理惑论》中言佛：

"佛者，谥号也。犹名三皇神、五帝圣也。佛乃道德之元祖，神明之宗绪。佛之言觉也。恍惚变化，分身散体，或存或亡，能小能大，能圆能方，能老能少，能隐能彰，蹈火不烧，履刃不伤，在污不染，在祸无殃，欲行则飞，坐则扬光。故号为佛也。"

可以看出，这里的佛与"入水不濡，入火不热"的道之真人几近重叠。《中国佛教史》第一卷第 207 页曾引证《淮南子·精神训》中的真人来说明这一点是很有力的：

"所谓真人者,性合于道也。故有而若无,实而若虚……无为复朴,体本抱神,以游于天地之樊,芒然彷徉于尘垢之外……大泽焚而不能热,河汉涸而不能寒也,大雷毁山而不能惊也,大风晦日而不能伤也……休息于无委曲之隅,而游敖于无形埒之野,居而无容,处而无所,其动无形,其静无体,存而若亡,生而若死,出入无间,役使鬼神……"①

从中可以想见中国本土文化对外来佛教的汲取与改写,也更可见佛之人格与道之人格在我自体方面的潜在相近性,这是一种自我精神内部修养的接近。所以才有两种文化人格衔接的可能。只是在这一步当中,佛被世俗化了,比如与三皇五帝的等同。

另一个后果,是释迦被认为只是佛的一个化身。在否决神圣唯一性同时,也有更进步的人格意,小乘向大乘转化,般若经类讲,佛不只是释尊一人,在其前在其后都有佛的存在;天竺有,十方也有,人人可以成佛,佛不可计数。这使我们再次想到佛教在印度初始,把人的宗教尊严放在从属于人之个性品行而非人之种族、种姓或民族、部族等标识地位出身的位置上,汉民族的佛教承继了这一点,佛教大乘的佛身论在这一阶段的发展,正如有研究者所说,一方面把佛教的精神普及化了,众生个个以佛性作为自己的本性,另一方面,把佛性实体化为人格神,使之成为引导人走向佛的境界的神秘力量,和推动众生信仰的动力,……佛教世俗化了,渗透到社会生活的各个方面,②人格更是它直接渗透的一个领域。关于佛性与人格的关系论述,另有《中国佛性论》一书,亦可作为参照。

这样。表面上看,佛与真人的重叠关系标志了印度佛的中国化,却也很难说不是二者内在的同义性(几乎在各个方面——自体,精神,能量,内涵,与自然关系,与宇宙关系)在引发着这场沟通。佛、真人自体性的一致,使佛教与道、道教建立了密切的关系;而成佛前的菩萨(这个后大乘时代的概念)却也在儒之对实践性的着重基础上找到了与他的人格理想——圣人的契合,与"达则兼济天下,穷则独善其身"细微不同的,是菩萨无论穷、达(物质)而始

---

① 任继愈主编:《中国佛教史》,第一卷,第 207 页,北京,中国社会科学出版社 1985 年 11 月版。

② 任继愈主编:《中国佛教史》,第一卷,第 382 页,北京,中国社会科学出版社 1985 年 11 月版。

终抱有的对济天下的精神热忱。

佛具理想性、彼岸性，而菩萨具现实性和人间性；佛高居于众生之上，有光环而供人仰望，菩萨却置身众生之中，以救度、布施为己任，布施包括财施（物质）和法施（精神），救度的内容当然也包括了物质上的一切穷乏与苦难。这是一种更全面也更现实的救度，可见性强，从基础开始。所以，实际上，菩萨与佛二者的关系又常常是反字面的。就其人格境界讲，地藏菩萨"地狱未空，誓不成佛"是一个代表，显示了菩萨的慈悲为本质、利他为归趋的以出世之修养化为入世之精神的佛所不及强调的对众生的亲身救度。那么究竟什么是菩萨呢？于何种意义上来探讨他的人格呢？或者恰如传统所说，菩萨只是潜在的佛，为了救赎别人而一再地延迟自己的解脱？这句话里所隐含的救世观念，会不会恰是一个理解的出发点？

菩萨是区分小乘与大乘间的界标。小乘佛教修阿罗汉果，大乘则以佛果为目的，在自我完成与利他主义之间，菩萨选择了利他为目的的自我实现；以布施为中心的六波罗密即施舍、持戒、忍辱、精进、禅定、智慧都是在这个基础上展开的。龙树在《大智度论》中这样讲到菩萨，"菩萨之心，因自利利他故，度一切众生故，知一切法实性故，行阿耨多罗三藐三菩提之道故，为一切贤圣所称赞故，是名菩提萨埵。""为一切众生，脱生老死故，追求佛道，是名菩提萨埵。"这本书中还讲到菩萨的资格，必须具备了三事才可称其为菩萨——"具大誓愿，心不可动，精进不退。"池田大作用现代语将之解释为具备拯救一切众生的大愿，不可动摇的决心和勇猛精进地修行三个条件，在对比了小乘佛教徒的自我解脱后，池田大作说"与此相反，大乘教徒为了救济众生，情愿亲自承受这种人生之苦。而且，他们并不逃避这一苦恼的世界，而是发愿亲自进入这恶趣苦界，以自己之身承受一切众生之苦。"由此他说，二乘是被动的、他律的；而菩萨的世界观则是能动的、自律的。这种对菩萨境界的本原的阐述无疑是以释尊精神为基础的，理论与实践的结合以求佛道，应该是我们看菩萨的一个出发点，那么菩萨的利他行为表现在哪里呢？维摩诘有名的"一切众生病故我病"的一段话被作了引文——

"从痴有爱，则我病生。以一切众生病，是故我病。若一切众生得不病者，则我病灭。所以者何？菩萨为众生故入生死，有生死则有病苦。若众生得离病者则菩萨无复病。譬如长者唯有一子，其子得病，父母亦病；若子病愈,父母亦愈。菩萨亦如是,于诸众生爱之若子。众生病则菩萨病,众生病愈菩萨亦愈。又言'是疾何所因起?'菩萨疾者,以大悲起。"

于这种以他人之苦当作自身之苦的精神之上,是菩萨义无反悔的利他实践。经过这场分析,池田大作先生为菩萨下了如下的定义:"所谓大乘菩萨,就是作这样努力的人,他们要在完成自已作为菩萨的修行同时,还要在这一现实社会中建成佛的国土即理想世界。他们不是像声闻的阿罗汉那样,只断灭自身的烦恼,而是要达到烦恼即菩提和生死即涅槃的境地,不断在众生中活动,建设佛的国土。这就是大乘菩萨的使命"。①

这里有一个佛国的概念,已然超越了人格的个体性,表明了菩萨以一佛国净土的建立亦即众生人格的完满世界作为自我人格完成的意图。这一理想将佛教的宗教性真正确立了起来,为教化众生使之生活于乐土彼地的这一集团式的思想,是比单个个体的自我解脱就其境界言要来得高尚,菩萨行也由此在精神领域里有了作为它基础的物质形式,《维摩诘经》总结这一过程是,"菩萨以应此行便有名誉,已有名誉便生善处,已生善处便受其福,已受其福便能分德,已能分德便行善权,已行善权则佛国净,;已佛国净则人物净,已有人物净则有净智,已有净智则有净权,已有净权则受清净"。佛国清净与众生清净,是一种清净的两个方面。所以这里的佛国概念很有些像西方的乌托邦,比较一下托马斯·莫尔的《乌托邦》,就可看出东、西人文理想的不同,西方的乌托邦是一个有关国家的理想,其现实性体现在许多可视性强的设施政策上,如关于城市、关于官员、关于职业、关于社交、关于战争、宗教等等社会制度与政治制度方面都有可行性强而明确的指向,是一种管理式的(存在控制权与被控制权,即存在权力,用文明话说则存在法律)乌托邦;东方的佛国则是建立于拯救与被拯救基础上的道德自律的精神乌托邦,它的现实指向只是人心,同时这一现实指向也是它的终极指向,它没有实际的一套方案安排人的衣食住行,或者说它有意省略了这一现实的可行步骤,而潜在地把它们视作是世俗的一部分。现实目的与终极目的的重叠为这种文化带来的好处与劣点早已为历史所证明,这里我们不必再作评述。我只是感兴趣为建此佛国,更多时候它是在心中的,菩萨为此所付出的实践。包括传说中所说的在

---

① ［日］池田大作:《我的佛教观》,第123页,潘桂明、业露华译,成都,四川人民出版社1990年4月版。

成佛路上的为众生目的而一再地对自己的拖延。

仍以地藏王菩萨为例,上面讲到他的地狱不空、誓不成佛的事迹,他发过"六道"众生没有度尽、自己不愿成佛的大誓愿,他也正是这样实践的,因此他直到今天仍然居于菩萨的觉位上。观世音菩萨也是如此,他被称为大慈大悲菩萨,传说他为了普度众生,感到两手一面应付不过来,曾在佛前发誓,就长出了千手千面,以减轻世间的苦难,而自己却一再推迟成佛的时间。文殊师利菩萨经常在五台山显灵说法,佛经中记载他专事智慧。普贤菩萨则在传说中是骑白象、手执如意、荷花,据说是愿行广大、义理圆通的象征,也到处显灵说法,普度众生,并延误了自己的成佛。这四位菩萨在中国文化中相当驰名,安徽九华山、浙江普陀山、山西五台山、四川峨嵋山四大名山分别是他们的道场。

为了众生竟一再延误自己的自我人格完成,并将此种救赎的延误视作一种光荣,视作更高意义的人格完成,在成佛与度众之间,自己的位置融入了众生之中,以众生的幸福作为佛之真义的实现,这是怎样的一种个人主义社会所无法理解的道德基础,而这种道德恰恰正是佛教的根本道德,即菩萨视一切众生如父母,如兄弟,如姊妹,利乐一切众生,救济一切众生。视众生为亲人,以自身的这一思想为核心,具体修菩萨行的实践所展开的就不只是单纯的利他行为了,其实也是在利自身,只是不把延误当作牺牲,是自愿。据此,菩萨对人格的着重可以视作佛教人格的代表的。依此,我们再看修学菩萨道的三法门、四摄和五心就有了一个新的视点。

修菩萨道的三法门是指菩提心、慈悲心、法空慧。具体讲,菩提心是伟大的志愿,慈悲心指纯正的动机,法空慧是分析处理问题的指导思想。这三者缺一不可,即只有目的性明确、动机端正、指导思想正确三者同时具备,才能使所修菩萨道如法进行,圆满成就。亦即由人乘进入佛道,必须同时兼具究竟无上的菩提心,普遍平等的慈悲心,洞彻法源的法空慧,得佛果后,菩提心则是佛的法身德,慈悲心是佛的解脱德,法空慧是佛的般若德,被称为佛的三德秘藏,是人类道德的高度升华。四摄是菩萨利他之行的根本,菩萨即以这四事来摄化众生,是:布施,即以财施、法施来在物质上帮助众生、思想上引导众生;爱语,即和悦从容地讲话行事而体现出诚恳负责的精神,以一句当代思想家的话——马克斯·韦伯说——是我与你关系,而非我与他关系,这里面受动与施动二者之间取消了形式上的权力关系;利行,即热心于社会服务,维护社会道德;同事,即与众生一起同甘苦,共同从事劳动等福利事业。当然这已是一种现代汉语的表述了,但仍不失为对菩萨修行实践的一种传达;而这个实践又是建立在如下学佛者的五心基础上的,五心分别是不舍心——不舍众生,不舍菩萨行;平等心——视众生如亲人或自我;无畏心——为普度众生的我不入地狱,谁入地狱的勇敢;同事心——菩萨与众生一致共同奋斗,不分彼此,更无地位高低之界线;学习心——研习佛经为深入去实践它作真正的理论准备。

菩萨作为释尊精神自由而完整的体现者,作为佛教观念理想性与现实性的结合者,作为佛与众生间的桥梁,在对佛教理想人格的完成上贡献非同凡响,他做到了在众生救度与自我实现的叠合,他不纠缠于理论,着重实践的作风,成为那些认为佛只能在学的意义上实现自身的观点的最有力的反证。这是一种宏大心胸结构的人格,他一直在追求着理论与实践的完美和统一,他试图将天上的天国化为佛国挪到人间来,并试图把它牢牢安放在人心深处。但是菩萨也同样造成了更大的人格的障碍,他的救度,从另一方面讲,则是将众生置于一个人格的虚空状态,也就是说,在菩萨实践着他的人格时——通过普度众生,众生作为被度者的角色来讲,其个性与人格都是模糊的,甚至是被摆在极低下的位置上的,这种人格的不平等虽在救赎的温情中变得柔软,却依然存在。更多的人格被掩盖了,起码是被压抑了。情况就是如此,而更糟糕的负面是,救世主的概念被固定了下来,人们学会了依附,弱者寻求外来力量的保护被认为理所当然,菩萨在这里充当了这一角色,而渐渐的,他本人的人格也不见了,被角色所遮盖,这似乎是意料中的,他先验地取消了他所救度的人的人格——如父母、兄弟只成了一种说法,接着就会是他自己,失掉他的人格而被他的信徒们看作是一个只在危难时对之祈祷的偶像。对于信的人尚且如此,那么在不信的人眼里,菩萨大概就只是一个用在说明文里的名词了,他言说一切,时代,宗教,体系,哲学,甚至雕刻艺术或别的什么,却独独失语于人,失语于人格。这是佛教本身无法预料的,也是菩萨本人不愿看到的,而恰恰正是它发展的一个悖论。这个悖论,扩而大之,也是一切宗教发展到今天所必须作答的。菩萨,只是这一问题的投影点罢了。

3. 高僧　僧伽

翻阅厚厚的《唐高僧传》(道宣著),和同样 40 余万言的宋代赞宁所撰的

《宋高僧传》，还有大正大藏经第五十卷所收的高丽版《续高僧传》，更有上海书局1989年出版的《梁高僧传索引》、《唐高僧传索引》、《宋高僧传索引》、《明高僧传索引》里面的数以千计的僧侣的名字与事迹，常会给人这般感觉，那些经了后来撰者仔细擦拭过的名字，像漫长历史中的一个个闪亮的斑点，好像不是历史盛下了他们，给了他们以生命活动的空间、容器，倒像是他们成就或说是拯救了宗教历史的生命，撤走了他们，历史就如抽去了活力，而宗教也会变得了无生息，铁板一块了。

为了避开使历史漆黑一团的命运，这些人才得以以自己的光亮照彻世界似的存在吧，或者说选择了这种存在。无论哪一卷高僧传里，只要是面对年代、地点、寺庙、姓氏为开始的文字，就不可能不是面对着一个被文字凝缩了的活生生的故事，在时间地点姓氏后面，总是藏着一个灵魂，或寥寥数语，或洋洋千言，总是倾诉着一个主题，无论注释、译介还是从事别的什么与佛教有关的活动，或者是更艰辛的实践亲历，取经或传教，都是这一主题曲的呈示部或回旋曲。无一例外。

于是写在沙上的有这样一些足迹。

三国时魏国的朱士行作为汉地真正沙门的第一人，他不会想到自己年轻时的一句誓言，竟成了他一生的归结。为了寻找大乘经典的原本以弥补当时《道行般若》译本的不透彻，他于公元260年开始从长安出发西行出关，他是如何渡过沙漠而辗转到了那个大乘经典集中地的于阗的已经无法详尽考证了，只知道他最终得到了《放光般若》的梵本，凡90章，60多万字，当然在传送过程中受到当地声闻学徒的重重阻挠，直到公元282年才由他的一个弟子送回洛阳，10年之后，译本译出，已是公元291年了。译本风行京华，被奉为圭臬，从事讲说、注疏的学者和它的影响及弘扬程度都是空前的。而朱士行本人却终生留在了西域，已经无法弄清他是被作为人质扣留在那里的，还是有些别的事情绊住了他的手脚，他一个人在那个叫作异乡的地方，又如何过完了他的后半生的也已记载不详，总之生命被分作了段落，总有些段落被漏掉了，形成真空，他本人都不会想到的在此间只是一个誓言就改变了一个人的一生。而后半部竟也变成了空白，遗落在不知什么地方了，只知道，他病故那年的年龄，是80岁。

东晋僧人法显作为中国首次赴印度取经的人，他更不会想到他一行数人出发到了最后返回国时只剩下了他一个人。他的出发动机是与魏时的朱士行一样的,在对律藏传译未全的慨叹声里逐渐产生的前往天竺寻求原本的志向于公元 399 年变作了行动,长安仍是起点,一起同行的还有 4 个人,他们分别是慧景、道整、慧应和慧嵬。河西走廊行旅受阻,于张掖与另一支西行僧人宝云、智严、慧简、僧绍、僧景相遇,秋天的敦煌之后是更难意料的行程,世界宗教人物志《追求天国的人们》一书以文字形式画出了法显一行的旅途,"……沿着以死人枯骨为标识的沙碛地带走了 17 天,到达鄯善国……先转向西北,后又折向西南行,再度在荒漠上走了月余,……到达于阗国。……经子合国南行入葱岭,在于麾国过夏。在…竭叉国与慧景等会合。402 年…度葱岭,进入北天竺境,到陀历国。又西南行,到达乌苌国,…过夏。其后南下经宿呵多、竺刹尸罗、健陀卫到弗楼沙;宝云、僧景、慧达回国,慧应病故,慧景、道整、法显 3 人…那竭国小住后,南度小雪山,慧景冻死,法显等到罗夷国过夏。后经西天竺跋那国,到毗荼国。……入天竺摩头罗国,……到达僧伽施国,在龙精舍过夏"。而这已是第四个异国的夏天了。"又东南行经厨饶夷等 6 国,到毗舍离,渡恒河,南下到摩竭提国巴连弗邑。又顺恒河西行,经迦尸国波罗捺城,再西北行到拘睒弥国,他在这些国家,瞻礼了佛陀遗迹,……405 年,再回巴连弗邑,……3 年间搜求经、律、论 6 部,并抄写律本,达到求法素愿。…唯一同行道整乐居天竺,法显便独自东还流通经律,东下经瞻波国,…到东天竺多摩梨帝国,…写经,画像……409 年,离印度前往狮子国(斯里兰卡),2 年内抄经 4 部。411 年或 412 年,他搭大商船泛海东行归国,途遇大风,……漂流 90 天,到了南海的耶提婆。次年夏初,再搭商船往广州,……又遇暴风雨……后又以 2 个月漂流,航抵青州牢山(青岛崂山)南岸。"[①]至此重又踏上了国土。已是公元 414 年。30 国的旅历流逝了法显生命里的 15 年,这个时间,恰好是四分之一个世纪。10 人同行的开始,或半途折回,或病死异国,或久留不还,而今回来的只有法显一个人,从沙漠出发,经历海行,到达祖国,又赴建康(南京)……荆州辛寺,晚年是经注经译,直到逝世前他的译事才告一段落。经由生命留下的抄本有《摩诃僧祇众律》、《萨婆多众钞律》、《弥沙塞律》、《长含经》、《杂藏经》等,译本有《摩诃僧祇律》40 卷……《大般泥洹

---

① 《追求天国的人们》,第 145—146 页,北京,知识出版社 1989 年 11 月版。

经》6卷等48卷5部。此外还有一部西行经历的著作《佛国记》，称为世界最早的古代游记之一。

　　时光翻至200年后，唐代僧人玄奘在他27岁那年从长安遥望西部沙漠时的神情是庄严而坚决的，不然他不会在陈表请求西行而未获唐太宗批准的情况下顶着"冒越宪章"的罪名而毅然私往天竺取经，是宗教的信仰热忱——求《瑜伽师地论》以会通法相各异之说的志愿——战胜了包括来自政权的世俗的困难。从长安出发那年是公元628年，是唐朝著名的贞观二年，这一年的正月，玄奘到达高昌王城（新疆吐鲁番），此后是屈支、凌山、素叶城、迦毕试国、……葱岭、铁门、覩货罗国、缚喝国、揭职国、大雪山、梵衍那国、犍驮罗国、乌仗那国、迦湿弥罗国，2年之后，是磔迦国、至那仆底国、阇烂达罗国、窣禄勤那国、秣底补罗国、曲女城及至摩揭陀国那烂陀寺，5年后，即公元637年，是伊烂拏钵伐多国、憍萨罗国、安达罗国、驮那羯磔迦国、达罗毗荼国、狼揭罗国、钵伐多国和对那烂陀寺的重返，再后是低罗择迦寺、杖林山、和再返那烂陀寺。此后是曲女城的佛学论辩大会被尊为大乘天、解脱天。公元646年，玄奘返抵长安，如今已无法重现当时"道俗奔迎，倾都罢市"的盛况了，只知道他婉言拒绝了唐太宗对其还俗出仕的建议，而代之以弘福寺的历时4个月时间的《大菩萨藏经》20卷的译本的完成，此后的译著有《显扬圣教论》20卷，《大唐西域记》（著），《解深密经》、《因明入正理论》、《瑜伽师地论》100卷，及《能断金刚般若波罗蜜多经》，再此后，是663年完成的600卷巨著的译本《大般若经》。前后译经论75部，1335卷，回国后的弘福寺、慈恩寺、西明寺、玉华寺构筑了他著作的后半生，至他64岁身心交瘁而去世时，他已很严格地完成了他的行万里路、传万卷书的一生。这是一个教徒的一生。单是记忆那些一步步走过的地名与记忆那些一字字译出的经文的名称，对于我们来讲，将不啻是一种修炼。唐三藏，当然是后人怀着敬意称谓的，这个人毕生献给了佛教而并不认为这就是献呈。玄奘也正以他的方式，为唐代作了一个时代的结。

　　这个结，不是收束，而代表了唐朝人文文化的最高峰。

　　还有些名字是刻在水和波涛上的。
　　那些故事总是开始于海洋。
　　稍后的唐代，大约是因为上一年的西行未成，第二年秋天，义净在广州搭乘波斯商船泛海南行,弟子善行也在那条船上。那一年,是 671 年。在义净的身上,我们总能看到一些法显或玄奘的影子。20 天后,他们到达室利佛逝,6 个月的学习之后,善行因病回国,义净一人仍然泛海前行,末罗瑜、羯荼、东印耽摩梨底国、中印度各国等 30 多个国家驰过去了,无论海上还是陆地,现在寻看那些奔波的足迹总有一种仍在水上的感觉。义净也去了那烂陀寺,并且一呆就是 11 年,大多数时间是在经卷面前过的,他翻经籍的手有时会有一种点数波浪的感觉,在他携求得的梵本三藏近四百部合 50 余万颂经典返国之前,归途重经室利佛逝,然后是广州与室利佛逝之间的穿梭,目的只是抄补梵本,直到 695 年,他才回到洛阳。于佛授记寺会同其他寺主一同译《华严经》,这时从他旅行起已是 14 年过去了,又是一个过去的 16 年,之后,义净于711 年,共译抄经典并著述 61 部,239 卷,还有作为他行走的生命见证的《大唐西域求法高僧传》2 卷和《南海寄归内法传》4 卷,它们同样是那个时代的见证。

与这个取经的事迹相对称的是那个鼎盛时代必然要出现的传教的故事。

独步江淮的律学大师鉴真于公元 742 年 10 月在扬州大明寺为众讲律时,已在中国呆有 10 年的日本学问僧荣睿、普照已在此前为请师前往日本传戒一事做了大量工作,这一天他们来到大明寺就是为参见鉴真而来的。在荣睿等人的恳请下,在弟子对传法之询的默然不对的情况下,鉴真说了如下一段话,"为是法事也,何惜生命? 诸人不去,我即去耳!"由此,弟子祥彦、道航、思托等 21 人愿随师同行。这一年正是天宝元年。此后,743 年——天宝二年春天,由于如海的诬告,荣睿、普照被遣送回国,鉴真东渡第一次遭受挫折;这一年的冬天,12 月,185 人的船队东下至狼沟浦被风浪打破,东渡遭受到二度挫折;鉴真和众人涉寒潮上岸,在下屿山住了一月,船修好后,拟到桑石山,风浪再次打坏渡船,这时水米俱尽,饥渴三日,当地州官安置其一行于明州(宁波)阿育王寺,东渡的第三次受挫时,已是天宝三年的春天了;越州、杭州、湖州、宣州不断来人请在明州的鉴真讲律,在此期间,荣睿再次成为被告,几方周折后,仍无退悔意,鉴真为此率 30 余人长途跋涉想从温州到福州搭船出行,受到扬州弟子等的阻拦,鉴真在差使严密防护下送回扬州本寺,东渡四度受挫。748 年——天宝七年,60 岁的鉴真与荣睿、普照一同重作东渡准备,船与物品一一备好,祥彦等 12 名弟子及至荣、普等 35 人于这年 6 月 27 日出发,中经常州界狼山风浪、越州暑风山停住一月，10 月启航，在怒涛中漂流 14 天，竟漂至海南岛振州，广西、广东始留下鉴真的足迹，而疾病也夺去了荣睿的生命，开元寺，鉴真送普照去往阿育王寺，执手相泣的眼泪里有诸多的未能遂愿的遗憾，天宝九年的某天，鉴真的双眼果然瞎了。此后是祥彦之死持续着精神上的煎熬，一万公里的水陆往返标识着所经挫折后最惨重的一次，这个第五次的东渡失利。这一年，790 年，在鉴真一生中经历过的悲欢离合，他是不会轻易忘掉的，从后面所发生的事件可以看出鉴真对它的特殊记忆，753 年——天宝十二年，66 岁的鉴真毅然答应日本遣唐大师的东渡传戒的请求，日本使船共 24 人出发，11 月 15 日到 12 月 7 日、20 日、754 年的 2 月 1 日、4 日，九州、难波（大阪）、平城京（奈良）直至东大寺，鉴真在其九死一生要到达的地方留下了他最初的足迹。至此，754 年，以死去同伴 36 人、道俗退心 200 多人前后历经 12 年之久的六渡，鉴真完成了他东渡传戒的第一步。站在异国国土上，鉴真和与他站在一起的共同经历六渡的普照、思托会想些什么已经难以详知了，那种心情却是可以猜见的，一个双目失明的老人面对被他终于甩至身后的波涛时，他的胸中一定是更猛烈的万顷波涛。他被尊为传灯大法师，此后日本的佛教、建筑以及医学都受到了极大的推进，我至今还记得我 15、6 岁时看中日合拍的传记电影《天平之甍》时的一个镜头，我想以后岁月的流逝也再不会夺走那个影像——一个眼睛什么也看不见的老人把别人递过来的一株草放在鼻子下面仔细地辩别着。那种神情，有神在场。少时的还未对佛教有多少了解甚至谈不上常识水平的我是在许多年后才知道鉴真被日本医药界尊为始祖。那种放一株药草在自己的鼻子下面的专注神情，在我心里静静地不断重放，有时竟分不清究竟哪个是少时的记忆哪个是后来的体验加入了，让我知道了医学也罢甚至整个科学，和宗教的某种神秘意义上的相通，尽管后来它们被分隔而产生了看似不可弥补的裂痕，那不断重放而且愈益清晰的鉴真的沉静神情让我相信，还有另一种划分，另一种无隙。存在着。而之所以在这里一直在公元年之后也缀上天宝年代作为补充，还是因为那个影片，它字幕打出的"天宝元年"至"天宝十二年"的字样与那画外音的重复相一致，在我写下以上文字时，回荡在耳畔的依然是多年前让我止不住落泪的那个声音。但愿如此落下的文字也能延续那种声音。

　　西行泛海是为了取经，东渡是为了传教，同样是一个佛教，却引得多少僧侣不惜生命而要达到他们的志愿。长久以来,在放下由他们中的一个带回来的佛教经籍的一瞬,一个问题总是成为纠缠,是什么使得他们如此做,而不悔,不如此做,却有憾? 这是一个俗世的问题。之所以没让它真正困扰我而拘束了我的精神,要感谢的是那关于"渡"的念想。度众生与涉重洋在意义的时空里是重叠的,是形而上与具体的关系,是理论与实践合一时对生命的填充,是生命必要体现的那种自然天生的价值,所以无论面前是沙漠,还是海洋,亦即无论面对着怎样形式的可能的死亡,站在沙前与水上的人都不会有丝毫委退,有另一个绿洲,另一个岛屿在后面,他是一定要去的,而要去,就必达到。因为有另一群人等着他度。而他,只有自己完成了某种预先命运设置的"度"——一种对自我胆识、能力、素质、个性的全面考验的度之后,他才取得了度他人及至度众生的资格。

不是么? 历来。度,在这里是一个实有,也是一个象征,是我度到度他而至共度的象征,经由流水一样时间的打磨,渐渐地,它成了一切事相的概括,成了一种寓言,而我愿相信的,是,它是一种人间的神话。创造者与他的创造一同获得了永生。这也许就是度的涵义。

一定是的。

不然我脑海里不会总浮现这样一个"神话"。从哪本书读来的,因了年代的久远,出处已然弄不清了。说了这样一个意思,有一天,一位传教士到一个小岛去传教,小岛上只住着几个——大概是三个——记忆力相当不好的老人。传教士可能是神父或者牧师,对岛上的这三位老人讲了又讲,一遍又一遍,直到这三位老人记住了,他才乘船离开,然而船走到海洋中间,传教士忽然听到身后的海洋深处有人喊着什么,他回过头去,看见了正在向他驶来的另一条船,那条颠簸的船上三位刚刚听过他传教的老人朝他使劲挥着手,就这样两条船一直被海水带到了彼岸,下了船,传教士问三位老人,为什么跟他来到这里,三位老人回答,你走后,我们忘了那些传教的内容了。传教士听后,长久不语,他可能是缓缓转向海洋的方向,说了这句话的,他说,你们已经记住了教义,你们已经穿越了海洋。

渡,连结了取经与传教、此岸与彼岸,大多数情况下,因了水的存在,隔开本身也就变成了联系的别名。

于此,重述那些路线是有意义的。

汤用彤先生在其《隋唐佛教史稿》列出的五条西行路线是:

1、凉州——玉门关——高昌——阿耆尼——屈支——逾越天山——大清池——飒秣建(中亚)——铁门——大雪山东南行至健驮罗(印度境)。

2、自玉门关西行经天山南路,由于阗及羯盘陀(塔什库尔干)再度葱岭,达印度境。

3、经高昌——焉耆——疏勒——于阗再度葱岭,以达印度境。

4、……所谓之吐蕃道,系由西藏出尼泊尔,达北印度。

5、广州——室利佛逝国——或至河陵州(爪哇)——经麻六峡至耽摩立底国或至狮子国(锡兰)再转印度。①

这五条线路,无论沙路还是海路,都标识出当时的一种特殊的人文景观,它的意义不下于当今显出其经济意义的丝绸之路,可是对这一点仍然有待于进一步的认识,它的人文价值,尤其是宗教意义之上的人格意义的确认仍需进一步的社会人文的进步才能给予证明,或提醒。它在相当大程度上区别于丝绸之路的是,它的个体性,非官方性,也不是依赖于有组织的活动,或是来自外部的加之生命上的任务,都不是,它出于个体的选择,这选择当然包括了牺牲,但这种牺牲与丝绸之路的同样要付出的牺牲的区别是,前者是没有利的回报的。这是很重要的一点区别。所以这种牺牲是更纯粹的,更不需以另一种得到来填平。如果假以时日,我向往着能有朝一日写下它的意义,以更纯粹的文笔,更宁馨的心情,予以揭示,而更大的向往是能够亲自走一走那五条路中的一条,重新体验过步步丈量它的先行者的行走时的心情,我想,那对我是有意义的一桩事情。我不会放弃实现这个梦想的任何机会的。

另外还有一条路线,是看不见的,而且不能在任何地理图示中标识出来,这是一条隐线,只是在晋至唐的隐居的慧远、面壁的达摩、顺其自然的慧能和作为执劳的怀海等身上体现出来。

慧远隐居庐山,三十年光阴如一天,那种不让俗市沾染自己影子的决心是今天所难以想见的,更是当今一些有着洁癖的知识者所不及的坚决,使他平时经行、送客均以虎溪为界,此种与信仰一致的观想生活不仅使其被后人奉为净土宗初祖,而且产生了如下浩瀚的著述:《大智度论要略》20卷,《问大

① 汤用彤:《隋唐佛教史稿》,第69—70页,参见武汉大学出版社2008年12月版。

乘中深义十八科》并《罗什答》3 卷,《法性论》2 卷,《集》10 卷等等。

对比学者型的慧远,二、三百年后的另一位宗师慧能则有些自由派的味道。这从他的"诸佛妙理,非关文字"即可看出,何况后来又有相当知名的一偈:"菩提本无树,明镜亦非台;本来无一物,何处惹尘埃!"正是这一偈使他得了弘忍的禅学衣钵,再后来,是——不是风动,也不是幡动,而是心动——的辩答;不立文字即舍离文字义解而直澈心源,称之如人饮水,冷暖自知,教人从无念着手,"见自性清净,自修自作法身,自行佛行,自成佛道",足见他把佛教中的自由意志以及人在实践自身(而非单纯教义)的人格内涵放在了怎样重要的位置。

还是 1985 年,我上大学二年级时曾有一次到嵩山少林寺,在那个当时还是空荡荡的依山走势的重叠的大院落里游荡有一种世外的寂冷,不知怎么就和同行的人(一个作家代表团)走散了,走到了一个更加寂冷的院子里,走进了一扇半掩门的厢房,不期而遇的是那房中唯一一块硕大的石头,立在一面墙侧,因为在此前读过一些达摩的故事,尤其他十年面壁的一节,曾是高中苦读时不断在心里重复讲给自己听的。所以认出面前这块石壁时现在仍能记起当时心的一阵狂跳,上面的细微可见的胡须那么清晰,初见给人刻画的感觉,然而细看却是九年时间的默然的痕迹,只记得那感受,更多的已经模糊了,正如那石上的大部分图像的写意一样,时光铭刻下一些什么时总要同时收回去另一些东西。流逝而去的九年,换来的是人心的中直不移,是舍伪、归真、无自、无他,是一种简易到不能再简易的禅法,这是一个南天竺人在中国做的事情,这是一种经心为镜以壁为镜的宗教实践,日后在几乎一切事物身上我们总能看出或亲身体会到它的影子,在一些不经意的小事上仍有着达摩那副坚毅面容的投射,有着那样一些在关键处检阅我们自己意志的壁上的深深铭印。

住地在江西大雄山、又称百丈山的唐代禅僧怀海则更是主张一种自由而不拘的心性,他的名句是"灵光独耀,迥脱根尘,体露真常,不拘文字;心性无染,本自圆成,但离妄缘,即如如佛"。这是一种相当解放的佛教观,比慧能等的禅学观更进着一步。为此,他还立了"一日不作,一日不食"的规则,劳动实践即是禅院的一项主要事物,禅院不立佛殿,却设法堂,而《百丈清规》的制定也使得由慧远而下的自省传统有了"立文"式的检测,因为其书于宋时失传,即便存在,也很难说这项清规的制定是对人格或者佛教本身的发展有多少积极或消极的影响,有些事总是后人无法确切评估的,不能测量,只是觉得,那百丈山壁的选择有着某种难以用现代语传达的意思,四方禅者集聚在那里,每日所面对的高峻岩峦的景象,他们在雁行立听长老说法的时候,真的能做到放舍身心、全令自在的心地若"云开日出"的空蒙明彻么? 我是宁愿相信的。

　　总之,内省的这条路线最终还是回到了以清规来陶铸心性的外力限定,这似乎已是文化的一个规律,宗教也未能打破。而慧远、慧能等创建的自省之路也至此真正地沉到了底层,成为更精神性的存在,成为更个体的价值呈现,成为文化潜在的形式,发挥着它无可替代的作用,这作用相对其所处的时代所要求的,总是超前那么一些,好像是一种人对历史的预定。而在这个层面,争执大乘小乘是愚蠢的,自省所含孕的交融似乎已使它获得了某种超越,它使任何从现实意上考察它类别并依此鉴定其优劣的方法都显出笨拙。这是这一路线给予我们的一种重要的思想。它可能也是这个民族反思文化虽处潜流却相当坚韧的原因。

　　怀海的故事说明了佛教仍是济众的,个体实现者并未把自己作为修道的终点。高僧是无数僧迦的代表,在僧迦中起着某种精神领袖的作用;而无以计数的各个时代的僧迦作为佛教精神的基层贯彻者,也以他们的生命为人类生命的更完善的实现做着他们的铺垫。这种情形,很像一个金字塔,从佛陀到佛、菩萨再到高僧与僧迦,一个由人筑成的金字塔,完善人格是它内部的骨架或者支撑,而它的塔座则牢牢地扎在一种特殊的"土壤"里,这种土壤是有生命的,这种土壤就是——众生。

4. 众生　佛陀

这个题目已经包含在了以上的论述中。

大多数众生确是在他们感到需要佛的帮助时才去信仰的,膜拜成了一种乞求的仪式,对于他们而讲,宗教只是一种含糊的情感反应,而非理智追求,大多数时间是为了获得力量、运气才去承认佛(神)的存在的,目的是为了护佑,而不是或不直接是尊严与精神,追求来生的此在性并将神作为一种心灵的依赖,是宗教普遍化存在的基础。

但仍不能一以概之。仍有某种共通处,众生与佛陀。前面讲过,佛陀就曾转世为匠人等老百姓中的各色人等,于人格上可见二者是没有本质不同的,差别只在层次,或说类型,精神型的宗教与情感型信仰以及实用型的需要,只是这个划开了界线。尽管膜拜的众生中有以实用为目的的部分存在,或者他们将功利之心掺杂在信仰里,但仍不影响他们的虔诚,我宁愿这么相信,而不去选择现成的一概而论,像传统那样统统将之视为是无人格的群体存在,虽然我承认这是一种简单省力的方法。但我对它仍有保留。人格在这里是更个体性的。不是没有人格,而是人格呈现了碎裂的状态。更不能由此推断佛占有或夺去了他的膜拜者的人格,虽然确有抹煞的成份在内。我以为,在某种程度上,可说众生与佛、佛陀是共体的,一方面有互存性,一方面也是一体的,甚至前者就是后者的分裂,而后者正是前者的聚合。可以这么说,假如不是处于人格的关系,众生(膜拜者)与佛、佛陀(膜拜对象)都将是空洞的,就是说,如果擅自取消了其中的任一方的人格——历史上常常是这么做的——那么与之相对应的另一方的人格也是不能被真正确认的。

由众生回到佛陀似乎是一个"轮回",虽然我们不去这么说它。如此那个金字塔则由其社会意微妙地完成了它向人格意的转型。

佛教的人格思想集中在两个问题上。

一是"无我"问题;给人感觉似乎是否定自我的存在,至少长期以来有这样的解释存在,否定了自我也就无所谓人格,所以有一种看法就是佛教中的无人格论,这个问题,我想上述的论说已经初步予以了澄清,《世界十大宗教》的作者爱德华·J·贾吉在他的书中更明确了这一种观点,他认为佛教非但不是反人格的,而且有其积极的人格成分,他将自我分为三个部分,佛陀的"无我"只是要压制小我或由我们的肉体情欲代表的自我,无我的另一方面是否认自私的自我,这是仁爱的要求,第三点则是对那种统治人心的一种观点——即认定自我是"不变与自在"的精神存在的观点的否定,佛陀认定的自我是一不断变化的实体。① 这是三重否定之后的自我观念;所以要说无我,并非没有我或是对我的彻底祛除,而实际是对已有的错误的自我观念的一种清理,反动之后代之以新的佛的自我。从中我们也可体会到佛的人格观念,自我被视作变动不居的现在时与未来时之间的一种存在本身,就已深蕴了这

① 　[美]爱德华·J·贾吉著:《世界十大宗教》,第104—106页,刘鹏辉译,长春,吉林文史出版社1991年4月版。

一点。

　　另一个问题是"自性"问题。自性是佛,这是近期佛教尤其中国禅宗所要说明的一点。为此它甚至否定了修持,认为至善人格已存人身,而对至善人格的固守的充分显现方式是自我体悟,这是一种精神的内敛。无法将之剔除在人格之外。

　　这两个佛教中重要的教义或说思想是通过佛教实践加以体现的。实践的大部分内容是修炼,对身体也好,对心性也好,都隐含了人格的意思。境界在这里已不再是一个外在的词,而是经由某种修炼的渠道必要达到的目标。祛除了市世污染的我而向更高的自我迈进的路途中,修炼不免有对人格的部分牺牲,如曾被抓住不放的禁欲成分,而禅学在破除了此种肉体损失而带来的精神长进的折磨的非人道成分外——如自慧能起至近代佛学一直在重申在家菩萨的可能——虽也起到了某些为士大夫的陋习做伪装的作用——却也在此意义上达到了对佛教一贯的偶像崇拜的破解,禅学,作为佛教中的新生体,在人学方面所作的努力是值得强调的,自性在这里得到了它历史的放大同时也是它应有的地位,《五灯会元》里曾记载了对佛、祖的嬉笑怒骂,作为一种解脱甚至解放的思想体现,作为此中包含的对偶像——权威体系的反动和这反动所孕含的对人性、自我的张扬,是超时代的。对于那个封建体制而言也不啻是具备先锋意义的,这是不应被我们忽视的一点。需要提醒的是,这一点恰恰与人格相关。

　　在对佛教人格图示作了如上描绘之后,仍感到有些话没有说完。从人类思想史的角度讲,针对宗教的攻击总是来源于人本主义的方面,两者总是站在各自的一方立场上说话而不在意被攻击的对方恰恰代表着自己缺乏的另一些方面。这大约是一切分歧存在的原因。正如一本书中对一个世纪的宗教总结之后所讲到的,"对人间事物的兴趣,有时变成了排他性的,因此六十年代,一些人排除上帝并宣布他死了,而在七十年代,另一些人则剥夺了基督的神性。即使在世俗和人本神学的一些温和形式中,人们有时也会得到这么一种感觉,即仿佛回到了十九世纪关于进化的理论之中,而二十世纪的那一切教训,则被以一种最不花力气的方式,扫到地毯下面去了。"在对这种对待思想遗产的简单做法的克服背景下,作者进一步阐述了他的信心,那无疑也可看作一个提醒——

人是一种奥秘,他不断地超越出自身之外,他随身带来了理解超越意义的线索。贝加也夫写道:"人不是世界的一块碎片,相反,包含着整个的宇宙之谜,以及对这个谜的答案。"如果确乎如此,那么,人类的宗教探求,必将继续下去。①

这些言说虽以二十世纪宗教为文本,却也可以涵盖古往今来。我要补充的一句是,人类的宗教信仰和他所依托的具有人格的人仍是一个共同体,他们生长在一起,至少在我心目中是。

儒、释、道三种宗教作为中国社会精神伦理底座的鼎立又相溶的三元关系,其与民众生活的不可分割性是其他国家宗教所不及的,尤其在现代文明洗礼后的今天,三种宗教其实是一种处事原则已然渗透了集团与个体生活的各个层面,成为一种道德的律定,一种行事的自检。三者的关系也是极为微妙的,能够发现它们在圣人这一方面的相同,起码是趋同,儒与道前面讲到是圣人崇拜,即使道之真人在内涵上与儒之圣人不同,但其形式是一致的;释则融汇了儒与道的内涵,既讲出世——修行实践,又讲入世——普施为主的救赎,是将儒之兼济天下与道之善其身结合得最好的一种人生哲学式的宗教,这一点已充分在它的教义中体现出来。另一方面,释即佛教与其他宗教的不同在于它是以圣人崇拜为始点的而不是神灵崇拜,佛陀是圣人与神灵的结合体,而他是实际在生活中存在的,由此而后的圣物崇拜如舍利等圣物的保存与敬仰,都源于圣人的起点,这一点与儒、道仍有其实质上的可比性,儒道的圣人——孔子与老子,到了后世,对圣人的崇拜成了对他们著作语录的注释与传承,以至更后来,他们居住过的地方都被作为朝圣地保存下来供人瞻仰,这是与佛陀的降生之地——迦毗罗卫,成道地——伽耶,初转法轮地——波罗奈斯,涅槃地——拘尸那伽的作为朝圣地而修建寺庙、石像并定期于此举行布萨、游行等礼仪是一样的意思,就是在今天,儒教圣地——孔子出生地——山东曲阜仍有一年一度的民间纪念活动,而且近年这些活动也官方化了。

---

①　[英]约翰·麦奎利:《二十世纪宗教思想》,第519页,高师宁、何光沪译,上海,上海人民出版社1989年7月版。

　　关于儒佛一致的观点，还有云门宗禅僧契嵩《镡津文集》卷八中的话可作佐证，"儒佛者，圣人之教也。其所出虽不同，而同归乎治。儒者，圣人之大有为者也；佛者，圣人之大无为者也。有为者以治世，无为者以治心。……故治世者，非儒不可也；治心者，非佛不可也"。

　　佛教与基督教、伊斯兰教比较的结果，是佛教的教规的自由性，近年更是如此，它一开始就带有很大的世俗性，是一种伦理意义上的宗教，所以人情味浓于其他宗教，其限制也少，宽松的氛围在佛教东渐而中国化之后更甚，禅宗是一个例证。从大的世界格局中说，佛教作为纯粹的东方宗教，它破除了世界宗教格局的二元论，使人心信仰多了一种选择的运命，小方面说，这种对二元格局的破除仍然贯彻在它的教义中，它放弃了非此即彼的思想模式，在把握世界与评价人物上也不拘泥于善恶的分界，而是以一种大度宽容看待人生，以一种领会与彻悟来透视生命，而不是以它的教义教规做为束缚的锁链，虽然也有禁欲成分，但它知道怎样在真正的自我与伪自我间作一区分从而贯彻、调适或者顺从正常的人性。

　　由此，佛教真正将一种反省心理机制建立了起来。对于印度，对于中国，这都是一笔珍贵的精神财富。反省，从外部而言，是将世界了然于心，过滤后而在加深对生命本质的了解中充实主体，从而达到个体生命与宇宙的谐和，从而在对外部事物所持的善意的怀疑态度上更进一步达到对权威的彻底破除，而把自我确立起来；从内部讲，反省，则体现了一种哲学上的意味，它是对现有存在的一种焦虑，很有些存在主义的味道，无怪乎 19 世纪，克尔凯郭尔作为一个基督教徒却仍保留着他对东方文化的兴趣，而 20 世纪的另一存在主义者海德格尔作为一名受着现代化教育并生长在科学分析时代的哲学家却从不掩饰他对佛教的留恋与痴迷。

　　与人格直接相关的佛教的主体意识的侧重，是从它有关成佛的理想中透露出来的，成佛，翻译成现代语，更像是一种自我实现，它不以字面的佛为目的，有许多菩萨一再延迟自己成佛的时间是因为他们将对仍处于苦难中的众生的救度理解为一种自我实现。由此而来的修行虽则艰辛，也因了有更高一层的理想存在而变成了一种幸福，这是只有当事者才能体认的。佛教所包含的这一层自由，也是当代精神分析学派由当代精神生活的困惑所要找到的，日本铃木大拙与美国弗罗姆、马蒂诺合著的《禅宗与精神分析》一书中所收录的篇什体现了这一融合。

在对自我理想的自由追求与奋力实践中,在对这些为人类自我实现而定出方案并做出解释的宗教的研究中,常会产生这样一种感觉,佛教作为一种古老的东方宗教,似越来越具有引领着世界精神的作用,并且它的含义日渐越过了宗教教义的范畴而进入到人们的实际生活中,对人的情感、思想、心灵、精神起着不容忽视的作用,而且在一个某种程度上已物化很厉害的时代里,在一个科学似乎是一切包括统治了人之思维、生活方式的世界里,佛教以其原有的对世俗伦理生活的关注和它本有的对世界、对人的热忱介入,现在是对包括科学在内的思想的融合而始终走在其他宗教与学科的前面,起先我以为这种认识是某种对东方文化精神的偏爱所致,直到我读到以下一段文字才知道不是。

"……在不久的将来,西方的心灵也许不再像以前那样,喜欢把形而上学与物理之学、神秘学与生物学、心理与宗教以及艺术与科技等等之间的相互作用。分别置于隔绝的密室或夹舱中。而从一个人直接体验实相世界、了知一个完整的人处于一个完整的宇宙中这点来看,这个未来宗教也许已经诞生了。假如它长大成人的话,我们应该热切记住的是:它的教父之一,名叫铃木大拙。"

这段语出伦敦佛社《中道杂志》发行人韩福瑞的话固然有其激动的感情成分,但也说出了佛教在今天的对精神危机的拯救作用。

对精神个体而言的自我实现与对社会精神而言的人道主义的精神乌托邦的理想与设计,佛教与其他一切宗教一样,在完成着它的历史使命同时,也在不断地更新自己。在它备受指责的时候,它没有舍弃它所坚认的东西,这是在是非之外的价值,在向人的人格的健康、完善的追寻探索中,它着实做到了无所畏惧,在由奴役人向自由人的进程中,它紧紧地与人之现实境遇联系在一起,它指出一个人应过的那种自由创造的生活而不是被自己的创造物包括科学在内的职业界定或既有概念下的生活,知性在这里让位于意志,主体人格上升到突显的地位,自性在万物中得到体现或找到对应,表现者与他表现的对象以及他正在使用的表现形式是那样和谐地结合在一起,成为一体。自性是那样一种美好的东西,正如理查·德·马蒂诺在《人的境遇与禅宗》一文最后讲他对以禅立身的理解,是:

现在,它终于认识自己已经就是"其父母生前之本来面目"。

现在,它看见了"无",听见了"一只手拍掌的声音",能够"不用自己的身体、自己的嘴和自己的心"来表现自己的自性。

现在它终于悟出了他"死后烧成灰,灰又随风飘散"时它是谁和它在哪里。

最后,这就是超越了其最初之自我意识的存在困境,得到了完成和实现的人的存在。这就是充分成为和充分拥有了自己和自己的世界的人。

这样的人能够"移山填水,改造大地,将它们还原为(他的)自性",并且能够"重铸(他的)自性,将它转化到山、水、大地中去"。①

至此,有关佛教的认识似乎在本书中应该打一个结了,顾盼来路,而让我重新想到的仍是那个关于教士与海洋的故事,在往年的日记中我查到了它的出处,原版讲述人是托尔斯泰,语出布鲁诺·沃尔特著《古斯塔夫·马勒》,作者引用了托翁的有关三个虔诚的老人的传奇故事,我愿在此对它作敬意的重述。

主教上岛访问了他们。他们千百次地请主教教他们读主祷文,但是他们怎么也记不住祷文的内容。后来,他们终于记住了。主教离开小岛后很久的一天晚上,发现他们在海浪上跟在他后面走,他们说,他们又把主祷文忘了。这时,主教深受感动,对他们说:"你们已经通过了大海,还有什么要学的呢?"

这个故事,说的是一切宗教,或者借宗教,说的是一切人生。

我希望你记着。

梳理至此,没有比克尔凯郭尔的话更适合为佛教及上面所述及的宗教作结的了。他这么说,"要是一个人想使自己的生活多少有点意思,而不是像动物那样,压根儿就不曾仰望过什么;要是一个人想使自己的生活充实,而不是

---

① 参见[日]铃木大拙、[美]弗罗姆、马蒂诺合著《禅宗与精神分析》,第231页,王雷泉、冯川译,引文笔者重分了段落,贵阳,贵州人民出版社1988年8月版。

把自己交给有若浮云一般的东西,不是急不可待地让自己为过眼烟云的幻想所惑;也就是说,既不使自己的生活百无聊赖,又不无谓奔忙,那么,就必得要有某种更高的东西存在,通过它,人们可以走向高处。"这是置身于宗教中的个体心理学的观点,揭示了人格人的更高级的存在。

关于这一点,文学上对神圣世界的建立是与之相呼应的。单说佛教,印度有取其精髓的泰戈尔,日本有取其神韵的川端康成,中国有得其筋骨的当代作家史铁生,德国则有生于传教士家庭的赫尔曼·黑塞,至今难忘读黑塞一部小说《流浪者之歌》①的日夜,为那个高傲不驯的青年所吸引,他的每句话每一思想我都能背下来,相比于作者的其它备受好评的作品如著名长篇《荒原狼》,早期长篇《彼得·卡门青德》、回忆性作品《在轮下》和晚年的《玻璃珠游戏》的知名度与社会声誉,《流浪者之歌》奇怪地不受重视,而我却将它视作黑塞本人的代表作,不只指他作品,而也是他生命的代表作,是可以作为他的个人精神自传,或是一切追寻真理并将此视为理想的人类自传的。这是一个德国出生,后来加入了瑞士籍的作家的作品,他出生于传教士家庭,而他的思想却超出了他的国籍、民族还有他那一民族传统的宗教而获得了世界性,这当然与他晚年对东方宗教如印度佛教的兴趣有关,他甚至为此还只身跑到了印度,在那里生活过一段很长的时间。《流浪者之歌》很准确地把握了佛教的为人解脱的自由的精髓——这似乎应是一切真理追求的目的——并把它很好地传达了出来,从这一点看,黑塞是无愧于他的传教士家庭的,他选择了他认为适合的方式在继续着他的独特的传教,这个教的教义是囊括一切的。

同国籍的另一个思想超出了本民族的德国人卡尔·马克思在其《〈黑格尔法哲学批判〉导言》中讲马丁·路德宗教改革时讲到这样一段对宗教与人都有关联的话,"人的根本就是人本身。……对宗教的批判最后归结为人是人的最高本质这样一个学说,从而也归结为这样一条绝对命令:必须推翻那些使人成为受屈辱、被奴役、被遗弃和被蔑视的东西的一切关系。"他说,"即使新教没有正确解决问题,它毕竟正确地提出了问题。现在问题已经不是俗人同俗人以外的僧侣进行斗争,而是同自己内心的僧侣进行斗争,同自己的

_____

① 又译《悉达多》。[德]赫尔曼·黑塞著,杨玉功译,上海,世纪出版集团上海人民出版社 2009 年 3 月版。

僧侣本性进行斗争。"这是更高的人格要求,而不仅仅代表着社会学角度看宗教的观点。人与人之本性的争斗,人对本性中阻挡了他进一步追求的因素的剔除,正是作用于个体的宗教想达到而未达到的,马克思提出了更彻底性的要求,这种要求,是基于人格的自由与完整的。

也许不久的未来会产生出这样一种更个体的"宗教"。

总之,佛教与其它宗教一样,它提出了问题,有关人格的,它提出了问题,然而没有力气彻底解答它。但是它毕竟有了对于人的建设的一种构思。那么,剩下来的,就只是行动了。

而侠就是这样的一种行动的文化。

二、侠

不同于上述儒或道中国传统精神文化的,是它的民间性。却与儒、道分庭抗礼,且并称为中国本土文化的三家(佛为外传);闻一多先生曾就儒道侠代表了的中国三大文化基座的意思表示过同类的看法,在那篇著名的《关于儒·道·土匪》的文章里,闻一多称引英人威尔斯所著《人类的命运》中的一个观点——"在大部分中国人的灵魂里,斗争着一个儒家,一个道家,一个土匪。"①据此,他进一步解释说,威尔斯所指的土匪,其实包含或说指的就是中国的武侠。这个起初是异族学者的观点发见一语点破了中国文化的深层精神内涵,如果把中国人文文化比作一个"鼎"的话,儒、道、侠则是这只巨鼎的三足,这是就这一文化的本土性而言,与后来兴盛的外来文化而内化为中国特色的佛教无涉;如此看,中国精神或说是构筑了这一民族的国民性的文化的底层则很单纯的,是三原色,借用色彩学类比,是儒—红、道—黄、侠—蓝,儒家代表着主流的思想意志,这是由它的历史与内涵双重因素决定的,道家给人以黄色的感觉倒不在于它本质所有的黄昏意象,而是它介于灿烂与晦暗的性质,接近或可说直述了知识界的对世界的认识,侠则充满着幻想与神秘,还有一层优柔甚或感伤,是蓝色的,是边缘而富想象的不规范的民间文化的代表;三者均产生于战国时代(依侠产生于墨家一说),在那个文化与政治的

---

① 《闻一多全集》,三、四,朱自清、郭沫若、吴晗、叶圣陶编辑,第19页,戊。见《民国丛书》第三编。上海书店,民国三十七年十一月版。

大时代里可以寻到它们的根基,这足以说明它们的本土性,这是与佛这种晋、唐才传入中国的文化情形不同的,所以过去我们习惯于称儒、道、释为中国文化的三大支柱,那只是以晚近的文明时代划分为依据的,究其本源,儒、道、侠则应是这只巨鼎的三足,这是史实;其中代表着智识界的道可看成是联系儒与侠的中介,前后各一步,距文儒与武侠是等距离的,虽然大多情况下儒与侠又可视作精神上的双胞胎,都是入世,都是积极,但它们的形态与本质仍是不同的,儒的官方与侠的民间常常是互相抵触的,甚至直接对立,一个要反抗的正是另一个要维护的,道在这文化间的作用便很微妙,成了一种黏和剂,如肉(儒)骨(侠)中的筋,不可缺少;而从粗略方面讲,前二者——儒、道又在利益上同属上层文化精英文化,道虽打通了关节,进可为仕,退可为隐,但仍属独善其身的智识界所有,并未真正能解悟底层的关怀,而大多情况下,在中国,却是与儒容易构成合流,所以相对于儒、道构筑的常是密不透风的墙似的上层文化,尤其是相对于可以妥协的道家智识界,侠则是一种清冽见底的透彻的民间语。在战国时代成型的,不只是这三大哲学的原坯,今天称作底座的一切,而且其日后的形态在那一刻其实也决定了,儒一诞生就到了它的中年,道则彻头彻尾是老年的哲学,只有侠是一种少年精神的折射,直到它发展时间上的暮年,仍是可用少年来计算的。

　　三足鼎立,这种情形,很有些像当今文化界。理论界的主流文化、精英文化与波普文化三种,对应于文学界,则是严肃文学、纯文学和通俗文学,相应地美学界也是这三种类似的话语——经典审美话语、智识界审美话语以及大众审美话语及其习惯,其间的分裂与歧义是有史以来就有的,只不过是某种积淀的再度投射而已,于此反观胡秋原《古代中国文化与中国知识分子》中的儒、隐、侠构成中国知识分子三大性格要素的观点,不禁惊异于它总结性同时的预言的准确;20世纪90年代初《中国武侠史》的作者陈山在书中论述侠之活动最烈的年代——先秦社会结构时讲那一时期的"……'士'阶层处于一个十分特殊的位置。它是贵族与平民之间的过渡层,是上层社会与平民社会上下流动的汇合之处,因此其成员不断地处于分化组合的过程中"。这个意思说出了士阶层的液体性质,它的上可结晶为儒下可结晶为侠的特性预见了它对上层社会与平民社会的分层,两种文化也就此分道,而且也预示了底层大众文化的道德准则暗通精英文化的甬道以及前种文化向后一种文化即民间文化向上层文化输血或曰精英文化对民间文化的提炼的主角的不可低估的作用。类比，也产生了另种联系，即无意间触到了侠之本质——它的尖锐性背面掩藏着的平衡性。这是它个性之外的共性，是它衍生出的功能，社会学角度说，即它是为了平衡社会的不平衡所产生的；而这种庞大的社会学角度也会掩盖它的另一个初衷——侠的自由性——它的更不可发见的心理内涵，它的求挣脱性。承认了这个，也才能找到侠的人格所在。这在下文的论述中我将依次展开。而它可见的平衡性却是从外部总结的，是它历史的贯穿与世俗（中性义）接受的社会学背景，这是历代统治者——或说其背后的思想——具体为儒——多利用而少有镇压的原因，直到宋代才有政权与武林间的大规模的冲突与杀戮，但也以官方的招安而告终，况且宋时的侠已经是侠的变体了，正如后来研究者常以农民起义一词来代称，其实这种侠的质变在此以前的魏晋期就已名存实亡了（放在侠之历史部分详述），况且就是在侠最纯粹的战国时代，侠的"为知己者死"的背面，仍然有统治者的硕大背影，司马迁《史记·刺客列传》与《史记·游侠列传》中所记述的十多人，无一不是如此，当然，平衡性只是侠的民间性衍生出的社会学价值，正如它的破坏性背面是建设性一样，我们常常省事似的习惯于拿效果来论说本性，虽然二者很难掰开，但毕竟是一硬币的两面。效果放在这时说过，如下我们沿承的则是一条探讨侠之人格心理基因的线索。

门好像已经打开，可以窥得见它杂错而又有序的甬道，民间性、平衡性之外，可以望见浪漫主义、英雄主义、神秘主义、少年精神、文化青春期、乌托邦的个体实现意义、自由的行为解释等等迷幻而又鲜亮的颜色了。

1. 侠的演变

真正的侠，生于乱世，如它的角色与人格相叠合并意义最纯粹的奴隶制的战国，那时他是一个最完全的行动者，这个结论我们可以从后代尤其是当其时的近代司马迁的叙述中同样得出，《刺客列传》中的以优雅的强者之姿逼齐桓公行公理的曹沫、行刺吴王僚的专诸、刺庆忌于水上的要离、自刑为囚易容变声并最终行刺赵襄子不成而三刺其衣遂伏剑自杀的豫让、刺杀韩相侠累自毁其容的聂政、提一匕首而入强秦的壮士荆轲，虽方式不一、行刺结果不同、手段各异，或以长剑、或以匕首、或执鱼肠剑，但在一点上是一致的，他们是以义为出发的完全的行动者，从以后的历史看，这种立于纯粹的义的完全的行动者的侠士,似乎只有在战国才有出现的机遇;到了汉代,侠的形象发生了移位,叙述者与行动者共在,而事实上,侠士在《史记·游侠列传》中的形象已不再如先秦战国时了,其中所列的朱家、田仲、剧孟、郭解等人名气不如聂政、荆轲大不说,就是事迹分解开来也很可疑,与其说像一个行动者,不如说更是一种以儒行侠的名下的儒的变体,其民间侠的身份已找不见,剩下的是仁义与正义的混合体,而与战国侠的最大区别就是他们的介于官方与民间的非民间身份,这样说是因为他们或多或少都与官方发生着千丝万缕的联系,尤其经济上的牵涉,司马迁着重的朱家、剧孟、郭解或以救护豪杰之士为己任,或交游广、人缘好、分财与人,或具有着那一时代也是后代不可免的豪绅的两面性,这一点,从司马迁字里行间里时时透露出来,写朱家"……儒教之地以侠闻名",特点是"专趋人之急,甚己之私";写剧孟"行大类朱家,……然剧孟母死,自远方送丧盖千乘。及剧孟死,家无余十金之财";写郭解"及解年长,更折节为俭,以德报怨,厚施而薄望。然其自喜为侠,益甚。既已振人之命,不矜其功,……";足见他们的行侠都有一定的实力的,而这种行侠已绝不再是一人提剑而报知己与行正义了,而是携带有很浓的儒的成份,是司马迁对那一时代对仁义的思考,且这时的侠的评价中"仁"已远大于"义"了,由此可透视出汉代的侠士的概念变异,怨不得司马迁会有那样疲倦的感慨,自是以后,为侠者极众,敖而无足数者。跟着他列举的一长串名姓之后的结论是"虽为侠而逡逡有退让君子之风",再后,又一串名姓列举后,结论是,"此盗跖居民闻者耳,曷足道哉!此乃乡者朱家之羞也"。[①]其实还在以前,这种悲哀很可能是他不明说罢了,其实早在汉一统之后封建制建立后真正意义的侠已经不存在了,有的只是行善,而不是那种为报知己可以慨然押上生命的血性豪气,有的只是一定范畴里的迂徊周旋,一定承受力下的救赎反抗,再也听不到那种生命撕裂的彻冽声了,有的只是史论者对真儒与伪儒的鉴别中的对前者的喜爱崇敬,或是在儒与侠已不可分的汉当代即侠仕合流的处境的自我安慰罢了,这个手势划开了一个时代,界限分明,然而布满了遗憾,于一个亦侠亦仕的时代为一种已不纯粹的精神作结,可以想见司马迁心底的阴晦;然而无法阻止,汉代以后,任侠的精神在空间上的保留日益狭窄的这种走上封建

---

①　司马迁:《史记》卷一百二十四《游侠列传》,第 3189 页,北京,中华书局 1959 年版。

制之后社会稳定期的境况似乎又拖有浪漫主义精神为底蕴的史学家的隐隐的惋惜，那从人出发的扼腕，只这个是真实的，所以大多数情况下，班固《汉书》中的《游侠传》可以从略不计，史实也是，虽西汉末年王莽事变期间游侠存在，但亦非社会主流，且政治色彩也远强过战国时期侠士的精神性、道义性，及至东汉末年军阀混战时，侠已彻底社会化了，变异成谋士、政治家、将军、猛将等身份，那种独往的自由、逍遥少了，社会裂变中侠的角色新定位是民族英雄，最具代表的是《晋书·祖逖传》中的祖逖。总之，战国以个人力时行侠仗义的侠士被汉代的一定经济实力的儒雅之侠代替了，这是侠的第一次文人化。

经由汉代，或更确切说是通过司马迁，侠的角色由完全的行动者而向着叙述者发生着移位。这种变化，虽则那时，是以行动者与叙述人的共在方式表现出来的。

魏晋、唐、宋、元、明、清，这种演变一直没有停下它的步伐。

直到侠士彻底退到了纸面上来。

20 世纪初的、后人称其为言情小说家的文人——张恨水在《剑胆琴心·自序》中有段剖白，也是无奈，言称父祖皆"生性任侠"，自己却"豪气尽消，力且不足缚一鸡"，自称"困顿故纸堆中，大感有负先人激昂慷慨之风"，只好退而求其次，由是感慨——"予不能棹刀，改而托之于笔，岂不能追风于屠门大嚼乎？"20 世纪末 10 年内有个叫陈平原的文学研究家在他的一部文学文化论著序中提到这段史话不禁也生发出以下的感慨——对中国文人的可悲处境有一种心照的苍凉——"从任侠使气独掌正义，到弹铗高歌看剑抒情，已退了一大步，可毕竟还有点豪气；再到借舞文弄墨传游侠以谋生，确实是愧对祖先英魂。至于满足于读武侠小说消愁解闷者，那就更不足道了。"他接着总结道："最后一批不单'斗酒纵横，抵掌游侠之传'（谭嗣同《报刘淞芙书》），而且真的'拔剑欲高歌，有几根侠骨，禁得揉搓'（谭嗣同《望海潮》）的文人，大概得推清末民初的仁人杰士（如谭嗣同辈）了。此后，自然还有刚烈之躯，只是不再以任侠相号召"。① 这已经是完全的叙述者，是已然退到场外了的叙述者的旁白。

---

① 陈平原：《千古文人侠客梦》，《我与武侠小说——代序》，第 3—4 页，北京，人民文学出版社 1992 年 3 月版。

以至侠这一指称在 20 世纪中下叶竟落在了叙述人身上。金庸以《书剑恩仇录》《碧血剑》《射雕英雄传》而获得"武林盟主"的封号,而且自 20世纪 50 年代至今竟无人取代;古龙也以他笔下的剑客与刀而被人称为"古大侠"。以往侠士的剑术也变异为纸上谈兵式的招式武技,现今的"侠"却正是凭了这样的文字而不是如战国时侠以身相许的烈性获得了侠的桂冠的。

这种侠士从完全的行动者(战国)到行动者与叙述者的共在(汉代)再到行动者消遁后的完全的叙述者主角的时代演变,也可说是与从荆轲——司马迁——李白——罗贯中——张恨水——金(庸)梁(羽生)古(龙)的人物轨迹相重叠,这种演变再明显不过地说明了边缘人(著述者)对边缘人(游侠)的钟情,前者是思想游离于主流文化之外的常常自说自话的人,后者也正如论者所言,是一些行为上游离于既定文化规范之外、蔑视当下社会公认价值观念而采取极端抗拒行为的人;这样的"文化离轨"本质将二者在精神上联络了起来,所以大多真正知识分子心中活着的那个侠是远大于他心底的儒士的。而且无论他身处江湖还是位居高官,无论他怎样成为社会内部既得利益的执行者或同时的受惠者,无论他如何游刃有余地在官场市界里缩伸自如地斡旋而身穿着怎样光华明丽的外衣,他都为此注定了他的孤独,那种四顾茫然的"提剑者"的孤独,这使他身处中心也无法摆脱那种由于内心不断增长的尊严与外界势必钳制其性格的冲突给他抛进的那个边缘。理解了这个,也就理解了司马迁,他也是一个边缘人,在他那个时代,《史记》是不像后代那样列为正史的,也理解了为什么中国史录从《后汉书》起就再无游侠正传而《汉书》成了侠士的史的绝唱,不单独列游侠传的除游侠这一阶层确实衰落之外的另一原因正是史的著者于汉以后则全由儒所控制,再无汉司马迁时代的楚文化的浪漫影子(班固得益的也是这个,所以有万章、楼护、陈遵、原涉等作朱家的续,见《汉书·游侠传》),更不可找如司马迁那样经历与心劲的人。同样,这个原因也是被排除在史论之外的。所以后来只有文学还表现他——那个曾是王公贵族也跪下来过求他的行正义又报知己的侠。当然这种边缘人间的钟情中太多的欣赏成分,盖过了那种这身份与境遇最易产生的同病相怜。在古往今来的武侠作品中,看不到的正是这一点。这也正是文人可以引为欣慰的地方。

有了这个定位,再对历代作一反观,则不难理解对侠的论述阐解中的隐衷。

最早的侠说见于韩非子的《五蠹》:"儒以文乱法,侠以武犯禁"。侠与私剑(带剑者)并称,特征是"聚徒属,立节操以显其名,而犯五官之禁";儒、侠并列而实质相通,可见当时人对侠的看法,也是儒与侠最初的分流与交叉。战国时的墨家也着重提到了侠,是历史上最完整的任侠观,见《墨子·经上》:"任,士损己而益所为也。"围绕这一精神本质的,是"任,为身之所恶以成人之所急"的思想境界所对位的实践方式,这是中国历史上最早的学术团体对侠这一民间阶层作出的解释,是与将侠列为五蠹之列的韩非完全不同的评估。可以从此看出当时也是中国文化的形成最早期对侠界定时的两种截然不同的看法,注意这两种相歧义的观点,它们后来成为中国文化史的两种重要史观的源头。

此后对侠作出最完整的阐释的是汉代的司马迁,为此他在《史记》中单列了《刺客列传》、《游侠列传》。后者有这样一段定义式的勾勒:

> 今游侠,其行虽不轨于正义,然其言必信,其行必果,已诺必诚,不爱其躯,赴士之厄困。既已存亡死生矣,而不矜其能,羞伐其德,盖亦有足多者焉。……
>
> 而布衣之徒,设取予然诺,千里诵义,为死不顾世,此亦有所长,非苟而已也。故士穷窘而得委命,此岂非人之所谓贤豪间者也?①

此后是《太史公自序》里的剖白:

> 游侠救人于厄,振人不赡,仁者有乎,不既信,不倍言,义者有取焉。

班固《汉书》卷九十二《游侠传》这样论及侠的起源:"周室既微,礼乐征伐自诸侯出。桓文之后,大夫世权,陪臣执命。陵夷至于战国,合纵边横,力政争强。由是列国公子魏有信陵,赵有平原,齐有孟尝,楚有春申,皆籍王公

---

① 司马迁:《史记》卷一百二十四《游侠列传》,第3181—3183页,北京,中华书局1959年版。

之执,竞为游侠,鸡鸣狗盗,无不宾礼。而赵相虞卿弃国捐君以周穷交魏齐之厄。信陵无忌,窃符矫命,戮将专师以赴平原之急。皆以取重诸侯,显名天下,扼腕而游谈者,以四豪为称首,于是背公死党之议成,守职奉上之义废矣。"及其兴盛:"及汉兴,禁网疏阔,未之匡改也。是故代相陈豨从车千乘,而吴濞、淮南皆招宾客以千数。外戚大臣魏其、武安之属竞逐于京师。……布衣游侠剧孟、郭解之徒驰骛于闾阎,权行州域,力折公侯。众庶荣其名迹,觊而慕之,虽其陷于邢辟,自与杀身成名,若季路、仇牧死而不悔也。"其中也触到了侠之骨髓。明确了,是:

> 意气高,作威于世,谓之游侠。[1]

> ……温良泛爱,振穷周急,谦退不伐,亦皆有绝异之姿。[2]

只是到了后来,扬变声为抑,成了"惜乎不入于道德,苟放纵于末流,杀身亡宗,非不幸也"! 这已是统治者正史的语调了。

汉代还有一个人物,荀悦在其所著《汉纪》中提到游侠:"世有三游,德之贼也,一曰游侠,二曰游说,三曰游行。"他接着定义道:"立气势,作威福,结私交,以立强于世者,谓之游侠。"是反面而说。似乎又成了韩非的翻版。

三国魏晋时期,曹植《七启》中言游侠,"雄俊之徒,交党结伦,重气轻命,感分遗身,……此乃游侠之徒";刘劭《赵都赋》言"游侠之徒,晞风拟类,贵交尚信,轻命重气,义激毫毛,节成感慨",这已经是超越了观念的界定而关及人格个性的描述了。此后的历代,活跃于文字里的一直是这样的描述式的语式,可能是后世概括的方式变了,思维变了,而思路却未变,从以下的诗句中或可领略到退至至今也未有明确定义的侠的面影:

魏晋:

白马饰金羁,连翩西北驰。借问谁家子? 幽并游侠儿。……弃身锋刀端,性命安可怀……名在壮士籍,不得中顾私。捐躯赴国难,视死忽如归。(曹植《白马篇》)

---

① 李昉:《太平御览》卷四百七十三《游侠》。
② 班固:《汉书》卷九十二《游侠传》,第 2738 页,北京,中华书局 2005 年版。

雄儿任气侠,声盖少年场。借友行报怨,杀人都市旁。吴刀鸣手中,利剑严秋霜。……生从命子游,死闻侠骨香。……（张华《博陵王宫侠曲二首》）

隋唐：

侠客不怕死,怕在事不成。（元稹《侠客行》）

壮士性刚决,火中见石裂。杀人不回头,轻生如暂别。岂知眼有泪,肯白头上发？平生无恩酬,剑闲一百月。（孟郊《游侠行》）

十年磨一剑,霜刃未曾试。今日把示君,谁有不平事？（贾岛《剑客》）

新丰美酒斗十千,咸阳游侠多少年。相逢意气为君饮,系马高楼垂柳边。（王维《少年行》）

宝剑黯如水,微江湿余血。（温庭筠《侠客行》）

感君恩重许君命,泰山一掷轻鸿毛。（李白《结袜子》）

十步杀一人,千里不留行。事了拂身去,深藏身与名。……纵死侠骨香,不惭世上英。（李白《侠客行》）

在李白的咏侠诗中,已可见出侠先秦时与当时的不同。比如少年精神的时代感在他如下两首写少年的诗中就于气质上大相径庭。

一是《结客少年场行》：

紫燕黄金瞳,啾啾摇绿鬃。平明相弛逐,结客洛门东。少年学剑术,凌轹白猿公。珠袍曳锦带,匕首插吴鸿。由来万夫勇,挟此英雄风。托交从剧孟,买醉入新丰。笑尽一杯酒,杀人都市中。羞道易水寒,从令日贯虹。燕丹事不立,虚设秦帝宫。武阳死灰人,安可与成功？

一是《少年行》：

五陵少年金市东,银鞍白马度春风。落花踏尽游何处？笑入胡姬酒肆中。

前者将有史来的先秦侠作了一种统贯式的纵览,其中提到了白猿公、剧孟、荆轲等,而如上人物的行侠方式是生死托交的,是以生命相许,这是侠的内核,也是侠的初衷;而不是后来的如五陵少年的一种侠之表象,侠只是到了魏晋之后才成了一件"衣服"的。成了文人的服饰这一点,唐代尤盛。

宋：

世无知剑人,太阿混凡铁。至宝弃泥沙,光景终不灭。一朝斩长鲸,海水赤三月。隐见天地间,变化岂易测？……（陆游《剑客行》）

明：

结客须结游侠儿，借身报仇心不疑。千金买得利匕首，摩挲誓许酬相知。……结客不必皆缙绅，缓急叩门谁可亲？屠沽往往有奇士，慎勿相轻闾里人。（高启《结客少年场行》）

灯如列宿行，月似九秋霜。各携黄金剑，结客少年场。（李梦阳《结客少年场行》）

鼓刀朱亥本微寒，白首侯赢是抱关。不为千金赠意气，只缘一诺重丘山。（李梦阳《送人之南郡》）

结客少年场，意气何扬扬！（徐渭《侠客》）

客散平原夜，波寒易水风。秦仇不能报，泪落酒杯红。（徐渭《赋得看剑引杯长》）

清：

吟到恩仇心事涌，江湖侠骨恐无多。（龚自珍《己亥杂诗》）

少年击剑更吹箫，剑气箫心一例消。谁分苍凉归棹后，万千哀乐集今朝。（龚自珍《己亥杂诗》）

一箫一剑平生意，负尽狂名十五年。（龚自珍《漫感》）

近代学者章太炎在《訄书》以"儒侠"一章评说侠士为："天下的亟事，非侠士不足属。"儒侠比较的思路在此似是侠与儒最初的人文歧路的先人观点的重映，分流在此更为清澈，"大侠不世出"的感慨，是建立在关于侠士的"感慨奋厉，矜一节以自雄"的理解上的。黄侃的《释侠》更是突出一种拯时救世的思虑在里，在阐明侠士"以夹辅群生为志"的情操与"穷不变其救天下之心"的人格基础上，认定："世宙晦塞，民生多艰，……其谁拯之？时维侠乎？"答案当然于论者言是肯定无疑的。也正是在这篇以运甓名撰写的发于《民报》1907 年第十八号的文章里，他在"侠之名，在昔恒与儒拟。儒行所言，固侠之模略"的儒、侠比照的常见思路下，言及行侠的现代方式——暗杀的，有下面一段话：

> 侠者，其途径狭隘者也。救民之道，亦云众矣，独取诸暗杀，道不亦狭隘乎？夫孤身赴敌，则逸于群众之揭竿；忽得渠魁，则速于军旅之战伐。术不必受自他人，而谋不必咨之朋友。专心壹志，所谋者一事；左右

伺候,所欲得者一人。其狭隘固矣,而其效或震动天下,则何狭隘之足恤乎?①

其言刚决,与整个晚清时期仁人志士的挥剑上阵并社会上至知识界下至民间的倡游侠之风正好形成呼应,有了这个背景,再看《黄季刚诗文钞》中的《感遇》诗便有更深的感受;其中一首是:

> 荆卿事不成,能为倚柱笑。惜哉舞阳慑,遂贻勾践诮。大侠济蒸黎,私恩非所报。燕客皆庸流,徒工白衣吊。悲歌痛不还,勇气曾非挠。自惜一身亡,莫御强秦暴。萧条二千载,易水风犹啸。②

由是也可见当时社会主流文化与民间文化在侠上的合流,而这一明显的印迹似再次表明了知识界的"液体"性质,"水能载舟,亦能覆舟"这句发自集权统治者内心的感叹,其实指就是这一阶层。晚清如黄侃式的激越和如他那样的完整的理性准备,已然透出了清朝的必然没落之势,而且在这场风暴之前,知识界也在孕育着一次自我清理,或者划界,那话是这么说的:"儒者言仁义,仁义之大,舍侠者莫任矣。"(黄侃语)儒与侠的这种伸缩变换,再次表明了中国知识分子心目中自我的双重身份。只是在不同的时期,不同的领域,他的一个自我必须有所偏重,有所行动的。

而且不乏这样的行动者。自清末至近代,有如下的书志者可作辅证:

> 拔剑欲高歌,有几根侠骨,禁得揉搓。(谭嗣同《望海潮》)
> 丈夫重义气,孤剑何雄哉。……要当舍身命,众生其永怀!(唐才常《侠客篇》)
> 睥睨一世何慷慨,不握纤毫握宝刀。(秋瑾《日本铃木文学士宝刀歌》)
> 宝刀侠骨孰与俦?平生了了旧恩仇。(秋瑾《宝刀歌》)
> 千金市得宝剑来,公理不恃恃赤铁。死生一事付鸿毛,人生到此方

---

① 黄侃:《释侠》,《民报》1907 年第十八号。
② 《黄季刚诗文钞》,第 86—87 页,武汉,湖北人民出版社 1985 年 9 月版。

英杰。……侠骨崚嶒傲九州,不信大刚刚则折。血染斑斑已化碧,汉王诛暴由三尺。……除却干将与莫邪,世界伊谁开暗黑?斩尽妖魔百鬼藏,澄清天下本天职。……(秋瑾《宝剑歌》)

梁启超在《中国之武士道》中对春秋至秦汉游侠作了专门的彰扬,杨度在此书序中更将其现实意提炼了出来,杨度说:"日本之武士道,垂千百年而愈久愈烈,至今不衰,其结果所成者,于内则致维新革命之功;于外则拒蒙古,胜中国,并朝鲜,仆强俄……。若吾中国之所谓武士道,则自汉以后即已气风歇灭,愈积愈懦,其结果所成者,于内则数千年来霸者迭出,此起彼仆,人民之权利任其铲削,任其压制,而无丝毫抵抗之力;于外则五胡入而扰之,蒙古、满洲入而主我。一遇外敌,交锋即败。至今欧美各国,合而图我,人为刀俎,我为鱼肉,国民昧昧冥冥,知之者不敢呻吟,不知者莫知痛苦,柔弱脆懦,至于此极,比之日本,适为反对,一则古微而今盛,一则古有而今无。现象之反如此,此其何故哉?"这一质问所含的宗旨,与《仁学》中的谭嗣同的倡侠是一脉相承的——后部书中有这样肝胆相照的话——

　　……儒者轻诋游侠,比之匪人,乌知困于君权之世,非此益无以自振拔……

表明着儒士内部的分裂。

或说是侠儒与文儒的又一次分道。

当然,其间的政治性已远大于侠在秦汉时期的报知己范畴了。也可以说,近代的侠更确切说应是政治实践者的别名。

对应于此,近人有姜侠魂著《侠士魂》一书,收录民间游侠60多人,平江不肖生(向恺然)作《近代侠义英雄传》则是大刀王五、霍元甲等当时"近二十年来的侠义英雄写照"。侠与儒分道后,必然是与民间文化的积极合流。

现代时期对侠的论述好像更偏于一种理念,倾斜于侠与墨的关联。

鲁迅在其《三闲集·流氓的变迁》中言,"孔子之徒为儒,墨子之徒为侠"。

闻一多《关于儒、道、土匪》这样讲到侠,是:"墨家失败了,一气愤,自由行动起来,产生所谓游侠了。"

　　冯友兰在《中国哲学史补》的《原儒墨》中，则将古代士一分为二，"一为知识礼乐之专家，一为打仗之专家。或以后世之名词言之，即一为文专家或文士，一为武专家或武士；用当时的名词言之，则一为儒士，一为侠士"。

　　于这层纸上的论述之外，仍有奔涌的热血作这一时代的注释，比如鲁迅正在那篇《流氓的变迁》中论道侠气与奴性的消长并感慨于中国人任侠精神的不足：

　　"满洲入关，中国渐被压服，连有'侠气'的人，也不敢再起盗心，不敢指斥奸臣，不敢直接为天子效力，于是跟着一个好官员或钦差大臣，给他保镖，替他捕盗，一部《施公案》也说得很分明。还有《彭公案》、《七侠五义》之流，至今没有穷尽。他们出身清白，连先前也并无坏处。虽在钦差之下，究居平民之上，对一方面固然必须听命，对别方面还是大可逞雄。安全度增多了，奴性也跟着加足。"①

　　这是从侠的异化说。是从侠之内部对伪侠与变质侠的清除。历史的人文精神往往走到了这一步，即将文儒与侠儒作区分而再从侠内部划界，才真正会接近于侠——或是这一文化想要的那个确切的定义。

　　这种对真侠士精神的倡导，上接"采集春秋战国以迄汉初我先民之武德足为子孙模范者"著《中国之武士道》的梁启超——那部书《自序》里，他明言了侠的国民性之缺，以致陈辞慷慨，"呜呼！我同胞，兴！兴!!兴!!!汝祖宗之神力，将式凭焉，以起汝于死人而肉汝白骨，而不然者，汝祖宗所造名誉之历史逮汝躬而斩也，其将何面目以相见于九原也"。也正是在这部书的末尾，梁启超总结道："闾里之有游侠，其武士道之末运乎！上焉既无尚武之政府以主持奖厉之，中焉复无强有力之贤士大夫以左右调护之，而社会不平之事，且日接于耳目，于是乎乡曲豪举之雄，乃出而代其权。"接着他列举了"政治不修，法令不直，……民之……不得衣食"的现实境况，结论道"于此时也，有人焉能急其难，致死而之生之，则天下之归之如流水也亦宜。故游侠者，必其与现政府常立于反对之地位者也。……太史公曰：侠以武犯禁，侠之犯禁，势所必然也。顾犯之而天下归之者何也？其必所禁者有不慊于天下之人心，而犯之者，乃大慊于天下之人心也"，道出了游侠存在的社会心理依据。

---

　　①　鲁迅：《三闲集·流氓的变迁》，见《鲁迅全集》，第四卷，第123—124页，北京，人民文学出版社1957年5月版。

鲁迅的话，下续 20 世纪 40 年代——也正是另一场内忧外患——中国抗日战争期间——的《论古代任侠之风》的著者刘永济，在这篇文章里，有这样对侠士的现代诠释：

> 夫游侠既具有美德，为人类精神卓异之表见，又可补救末世学术人心之弊，苟能培养此种精神，扩而充之，引之于大道，杜绝其流弊，使之郁成风气，于今日实有裨益。试略数之，其用有五：一曰，难莫大于今日之国难，充游侠振厄急难之心，则人人争赴国难矣。二曰，害莫甚于人皆自私而国用不足，充游侠轻财崇俭之心，则人人输财以济国矣。三曰，义莫上于出死力以捍外患，充游侠好义轻死之心，则人人舍生以卫国矣。四曰，信莫重于人皆开诚相与，充游侠重信用之心，则人人精诚团结以救国矣。五曰，气节莫要于不为汉奸，不作奴隶，充游侠尚气节之心，则人人知耻有勇以报国矣。……然则游侠之风，为今世对症下药，有益于时用明矣。

这种对"在我们民族很早原是充塞着的……经过好几世纪的亡国之痛，竟给磨灭了"（施瑛《侠义的故事》序 1944 年版）的侠义精神的倡扬，是与当时十多年前 1933 年章太炎《儒行大义》与 1935 年《答张季鸾问政书》中的"今日宜格外阐扬者，曰以儒兼侠"的思想是一致的。

不同的是，鲁迅较之章太炎、刘永济二人，更看破了侠内部的一层国民伪性罢了。冷静之外，那迸出的热烈是一样的。正如黑色之外，是以红色作底一样的。

到了当代，这份热切再度冰结为理性。这是社会渐向有序时代转化时的理念。

刘若愚在其《中国的侠》中也是以侠与儒的比照为线索的。认为，儒尚中庸，侠走极端；儒倡恕让，侠好复仇；儒重秩序，侠不拘礼义（应为仪）；儒反对武力，侠不避暴力。这种观点启发了一批侠文化的研究者，也可说代表着当时侠士文化研究中的一种主要看法。今人汪涌豪在《中国游侠史》书中，将游侠界定为：无序世界中的序的重建理想，他延续了士的文者谓儒、武者谓侠的二分思路，将侠具体阐述为"是因一种急公好义的热肠，为某种信念而实施某些行为的一群人"，其外延是，"必须满足不但以行侠为常务，且将侠性发挥到极致的条件"①，这种对人格内层的评定，与他书中单列一章的"游侠的人格特征"——慕义感分临难不苟的忠勇、重气轻死不爱其躯的疏放、修行砥名有以树立的自励、任张声势擅作威福的骄蛮——相映衬，在言及黑白分明的生死观、绝对自由之崇尚，"扬厉迸激、郁勃难抑"一词，另有"负气倜傥，意气弥厉，为人疏慢，行事阔达"等词，言其对绝美之追求及与之相关的伉直之气；同义的溢美之辞还有"亮直无伪，矫抗任真"，"持节介特，豪视一世"，"感慨踔绝，砥节履方"，"率性骄恣，刚肠疾恶"等，既写出了侠之内里绅士的精神风貌、纯粹而修洁的道德魅力，也点出了侠相对于社会权力中心而言的自我中心人与边缘人的双重角色的变位。这是汪著超出前人的地方。早汪著两年出版的陈山的《中国武侠史》则把侠士认作是"一批幼稚又执着的理想主义者"（主要指战国时代的侠）——"为了抵御随着社会文明的进展而急剧转变的社会风气，他们坚守固有的行为规范和道德准则，并通过结党连群的方式，在熙熙攘攘的社会中划定一个特定的空间，成为他们可以自由地按照自身的意愿生存和活动的天地"。② 与汪著同年出版但早其 7 个月的曹正文的《中国侠文化史》则从气质出发表现出将侠定位于"具有叛逆性格的人"的意图——"具有叛逆性格的人，大都具有信念坚定、义无反顾、追求自由、忠于知己、勇敢诚实、爱惜名誉的优点。具有叛逆性格的人，也往往容易染上行为偏激、一触即怒、报复性极强以及一意孤行、大胆妄为的缺点。"③时至 20 世纪 90 年代正中，即 1995 年，在当年 11 月号的《读书》上，有一篇陈平原写黄侃的文章，名《"当年游侠人"》，文中由黄侃的诗文（陈文引用了最让其感觉惊心动魄的《效庚子山咏怀》中"此日穷途士，当年游侠人"一联）写到黄侃的气质（陈文又引了章太炎于 1909 年为黄《梦谒母坟图题记》书后的描述文字，尤其其中"少绳检"并"有至性"的词汇是重点捡出的），并穿插有历史上嵇、阮、陶的诗文为其开篇"诗文比起学术著述来，与作者的人格精神关系更为密切"立论的依据；言及"洒脱中有所执着"的魏晋，有这样一段至情的表述，他说——

"嵇康固然有'采药钟山隅，服食改姿容'的游仙之思（《游仙诗》），但也

---

① 汪涌豪：《中国游侠史》，第 44 页，上海，上海文化出版社 1994 年版。
② 陈山：《中国武侠史》，第 33 页，上海，上海三联书店 1992 年 12 月版。
③ 曹正文：《中国侠文化史》，第 26 页，上海，上海文艺出版社 1994 年 4 月版。

有'豫让匿梁侧,聂政变其形'的游侠之咏(《答二郭》)。《文心雕龙·体性》称:'嗣宗倜傥,故响逸而调远;叔夜俊侠,故兴高而采烈。'此等为人之'倜傥'与'俊侠',落实在诗中,便是常被提及的'师心'与'使气'。读读阮籍《咏怀》中'壮士何慷慨'及'少年学击刺'诸篇,不难明白《晋书·阮籍传》所言不虚:'傲然独得,任性不羁'的阮籍,确实'本有济世志'。

不只时时'师心''使气'的嵇、阮并非真正的隐士,就连醉卧菊丛,历来以淡泊超然真率玄远著称的陶渊明,也有不太平淡的时候。比如,《杂诗》之'忆我少壮时','猛志逸四海'、《拟古》之'少时壮且厉,抚剑独行游'、《读山海经》之'刑天舞干戚,猛志固常在',以及《咏荆轲》的'惜哉剑术疏,奇功遂不成',在在体现其'非直狷介,实有志天下者'(顾炎武《菰中随笔》)。"

这种回溯何尝不是书写者自己的写照。历史日益成为镜子,于文人而言,书写成了一种"照"的过程,当然,这是就人格叠印式的写作而言。司马迁是正面评价侠的第一人,未尝不也是以侠为己镜而贴心抒己志的第一人。就此看,陈平原君也是这文人长河中的一个汉代文化精神的继承者;例子似乎俯拾即是,于这篇文章中,陈平原再次提到了"少年游侠、中年游宦、老年游仙"的公式,并称其是"共同构成中国人理想的人生三部曲",这是他写《千古文人侠客梦》结尾处那个"少年游侠——中年游宦——老年游仙"人生境界的重申,他当年取了张良的例子,这个公式如此顽固地折磨着他,以致距他初次写下它的1990年12月31日4时的京西畅春园的5年后——1995年7月13日午后京西平晓居时,他能写下如下的句子已绝非冲动,他说,"……像黄侃那样的'行止不甚就绳墨'。对于受过大侠精神感召、愿意'远游负俗'的学者,这一策略并非不可行"。起码,他自己是在肯认着这样的思路。不止如此,也是当代文人心态的一种写照,所以他援引章太炎《检论·儒侠》时会显得那么自然——"古之学者,读书击剑,业成而武节立,是以司马相如能论荆轲",——这是士心理;而谈"梦"的书里接而所讲的林语堂《狂论》中语也会生动之极——"人人在武侠小说中重求顺民社会中所不易见之仗义豪杰,于想象中觅现实生活所看不到之豪情慷慨"——这是社会心态;而平原君于二十世纪末发出的此种感慨后面,一定也有对那个战国时代——距今已近三千年的养士为仁的四公子之一的也称谓为平原的同名人的钦羡在里,这也许是他选取侠作其研究对象的最初动机。其间怎会没有对"起而行侠"到"坐而论侠"的时事变迁的叹惋和于此处境里的不甘?! 他从镜中再度照出了自己。

但是,有一个甬道已被打通。它证明了当代对侠的理论阐述或说比照自我的修正不是一种单纯无谓的顾影自怜。20世纪90年代开始,纯文学创作开始关注"侠"这一原先只是在史书理论中出现的面影,也是在20世纪80年代只有通俗文学才会问津的人物,一批当代作家开始以严整的态度转向对侠的审视,张承志的《清洁的精神》、《悼易水》等美文,透露了这一时代人文的动态,更像是一种需要,这应是早该开始的输血。从历史上的侠起初在文学中的诗文中出现(汉唐之际)到他活跃于俚俗小说(明清直至二十世纪的新武侠潮)和他再回到诗文的这种回环,也是侠由士阶层到民间再回到知识层的一次回循,历史走着的这个轮回,正到这一世纪的末年打上了一次结,这个结,这次机会,千载难寻,如何把握住这次由民间向上层的输血或说是先知的精英自觉地对民族优秀传统的提炼的机遇,而参与到重铸国魂的事业中去,是每一个真正的知识者都不能推卸的责任。

于此,有关侠的论述也到了一个打结的时刻。纷纭众说,足见侠的模棱、多义,相对于这样一种复杂的人文现象,一个由英烈之躯铸成的巨鼎之一足,下定义法是一开始就被排除在外的,对于侠以及侠所具有的人格,我在以下的文字中,仍遵从历史一贯的选择——描述。

素描。没有比这再合适的方式了。相对于描画这一动词,也无法再找比这更好的对象。

2. 关节与骨殖

如果对侠的历史有一统览的话,可以从掌握它的三处关节入手。

前面我讲到了汉代由于叙述人的介入而史录入册,使得侠士由行动者向叙述人角色发生转化,更确切说是侠士在先秦及汉初以后的历史中都扮演着"被"刻画的角色,而不再有自生的形象完成。这种移位,我称之为第一次文人化(见上述历史部分叙述)。这次文人化是以真人实事为依据的,是人的影子。也是侠于历史上的第一处关节。

东汉之后,不再为侠立传,侠便由正史退出,散见于各类册籍,这种状况,与侠士阶层的职业性衰落有关;侠不再是一专门的职业,而演变为上层阶级的一种爱好,一种气质,或者一种必备的修养。如果说在"以健侠知名"的董卓、"以侠气闻"的袁术以及甘宁、凌统身上还能勉强找到侠的影子的话,那么王薄、窦建德时的隋末侠已完全从职业上混同于农民起义首领了，游侠的古典意被打上了与之精神相游离的现实色彩，这说明，到了隋唐，纯粹的"侠"已不复存在了。但是有一种艺术性的存在保存了他，这就是绵延于司马迁《史记》中的那股气质。唐代王维、李白等人诗中，无论是"新丰美酒"、"系马高楼"的咸阳少年游侠，还是"骑来蹑影何矜骄"、"猛气英风振沙碛"的边城儿，都已是纵姿呈气的消闲；剑已真正成了装饰品，侠也完全身份化了。这固然与唐代社会稳定及贞观之治而后的民间安居乐业式的繁荣有关，别忘了侠是乱世的产物，反叛总是与不公正相伴生的，唐代没有给他留出位置，这就社会学角度而言是一幸事，然而对侠及所携有的民族素质而言却并不如此简单，游侠的夸饰性存在对侠士职业的替代，承续的是六朝绮靡的没落贵族之风与奢侈性生活方式的对侠的异化传统，所以唐代对侠的理解多居于跑马、围猎、狎妓、赌博等外在方式上，即便如李白那样"安能摧眉折腰事权贵，使我不得开心颜"的由儒入道、中兼侠气的浪漫诗人也未能完全跳出时代的局限，这就不能不推说当时这一风气之盛。这种文化境况，诚如后代论者所言，"侠作为一种时尚的标志和享乐消遣的生活方式进入上层社会的文化圈，游侠也就成为贵族文化的一个部分。侠的特质——它的侠义思想、复仇意识和尚武精神——在这里完全被阉割了，侠也就转化为非侠。于是，我们在这里所看到的只是一个侠的异化物。这个侠的异化物越精致、越完美，侠所蕴含的我们民族勇武强悍的古老传统也就丧失得越多。……在唐代上层社会，侠已经完全雌化了"[1]。这当然说出了一方面，仔细读解，唐代仍是有侠气的，起码仍有魏晋的风骨余韵，只是在个别之上却是这样一个已经形成后人也无法因感情的偏向而更改它的概况；只是应看到唐代确切出现的诗坛的"游侠热"及这一时代对侠这一英雄气质的另种方式的承递，一种保留那蹈空与说梦的权力的维系，这是纯粹文人的方式，其间有士大夫的失落不平，但也有钢筋铁骨在的。但肯认这种保存方式，不就意味着认可侠在这一阶段的变异，这变异固然是社会变迁的产物，但更有记述者的推波助澜在里，诗人们对一诺千金、轻生重义的侠骨的提倡，自然为一民族在它无实有形象维系它的一种特质时而获得了一种精神性的文字补偿，而且较它的后代——知识界与上层统治联手

---

① 　陈山：《中国武侠史》，第128—129页，上海，上海三联书店1992年12月版。

似的达成蔑视侠的贵族性并侠的形态只在民间武林得以寄存的宋代而言，是弥足珍贵的，诗文的存在毕竟保存了一些东西，也毕竟向后人显示出唐那样一个大文化时代的文化并非倾斜，它的儒佛为主的女性文化里，仍有一种负剑远游为表象的"蹈厉发奋、昂扬自强"的男性特征。但也毕竟，诗文的蹈空性也暴露了它必然的"影子的影子"的角色，在无实体——没有真人实事——作为侠之支撑的年代，有关侠的一切文字只是又一个结，只能是侠历史上的又一次停顿的证明。这个被绮丽的辞藻包装得良好的关节，是侠的第二次文人化。

　　侠的第三次文人化，是明清以降直至二十世纪的新武侠时期。时间上是不怎么连贯的。鲁迅先生在《中国小说史略》第二十七篇"清之侠义小说及公案"和附录《中国小说的历史变迁》第六讲"清小说之四派及其末流"中的侠义派中曾对此有详细的读解，"明季以来，世目《三国》《水浒》《西游》《金瓶梅》为'四大奇书'，居说部上首，比清乾隆中，《红楼梦》盛行，遂夺《三国》之席，而尤见于文人。惟细民所嗜，则仍在《三国》《水浒》。时势屡更，人情日异于昔，久亦稍厌，渐生别流，虽故发源于前数书，而精神或至正反，大旨在揄扬勇侠，赞美粗豪，然又必不背于忠义。其所以然者，即一缘文人或有憾于《红楼》，其代表为《儿女英雄传》；一缘民心已不通于《水浒》，其代表为《三侠五义》"①。这固然说出了当时的时代心态，却也暗示了由"自叙"到"叙他"的写作转型的内涵。仍然是没有实体的支撑，真人的侠已退到了遥远的历史一角，从史、诗中遁迹后，而在小说中显形，《三侠五义》（《七侠五义》）、《小五义》、《续小五义》、《英雄小八义》、《七剑十三侠》、《七剑十八义》、《施公案》、《彭公案》也渐画出了"不平聊雪胸中事""微躯拼为他人死"的剪恶除暴、扶危济困到"为王前驱"的演变，鲁迅称之为"奴性的加足"，正道出了侠的这场文人化实质。20世纪20年代，平江不肖生的《江湖奇侠传》，30年代顾明道、陆士谔、孙玉声、李定夷均由言情而入武侠写作，40年代还珠楼主的《蜀山剑侠传》，此后是50—80年代的金庸、梁羽生、古龙，无论是"满纸杀伐声"的暴力原则，还是儿女情外论英雄的人性书写，似都无法盖住那个"倚天"射雕、屠龙的超人形象及与之相连的心理满足；其独立不倚的行为方式颇有道骨，然悲天悯人的内里仍未脱儒佛情怀，还珠楼主的《蜀山剑侠传》对佛学还是慧

---

　　①　《鲁迅全集》第八卷，第227页，北京，人民文学出版社1957年版。

悟,到了金庸,《天龙八部》《笑傲江湖》中的佛道思想已是小说的基本支柱。侠实际上成了一个混合体,一个自身模糊,很易被纳入如上三者任一体系的混合体,尽管有其超人心态作着幻设式的表述,这也许是商化时代或是文明文化都已成型的都市观念混声的失个性情境的一种表现吧。这种武已变作了演艺,侠已变作了欣赏的文人化,是侠历史上的第三处关节。

由汉史到唐诗再到明清小说的史——诗——小说也即实录——抒情——幻设三段(陈平原总结)可看到的不仅是侠自身的盛衰历程,而且是文人自己的步步内向化或说是侠之精神的委退式的张扬,这是一种很难表述的意思,这种内向化里的失望和乌托邦的个人实现理想纠缠在一起,只在阅读时我们才会强烈感受到它的拉力;但是,鲁迅的感觉是对的,那对实质的理解,正是如此,侠的民间情态一直在这种似乎要将之拉进儒家体系或曰是正统统治者体系的努力里渐次消失,这是写作者的一种无可奈何的灯下黑,是绝对与司马迁、李白乃至金庸的创作初衷相违背的,也肯定是他们不愿承认的,而事实上,这种纳入轨道的侠之儒化,无一不由文人推动着,虽则司马迁本人受道家影响强于儒学,但史的背景却是太过强大了,结晶于字里行间,便有其超出时代的部分,也有其被历史涵盖的部分,虽则于"实然"与"应然"之间,他的选择是后者,所以才有历史上为游侠、刺客的第一次列传,但也正如李长之在《司马迁之人格与风格》这部中国第一部全面评价司马迁及史记的书中论述那样,司马迁虽性格上无法做孔子,事业上却承递的是孔子的事,这也正是司马迁的父亲的遗训,那段"余先周室之太史也……当复为太史,则续吾祖矣"的话与司马迁视六艺为旨归并尤重《春秋》的写作正相对位,李长之的分析极其到位,浪漫性格(道)与古典精神(儒)结合了①,所以《史记》虽有不同于当代的记述评价的评价,所谓"成一家之言",虽有为当时史者不屑或不敢立传的侠与刺客的单传,但史记的大部分仍是为儒家代表人物留有丰厚的笔墨的,如《孔子世家》等"世家"部分,可看出司马迁心中的矛盾也是倾向;这种儒化在唐代表现得更明显,唐代本是佛兴的年代,但佛的儒化的背景,使身处这一时代的道风仙骨的诗人李白也不免身陷其中,诗的例证前面已提到了,单就他与高层统治者的关系如唐玄宗李隆基对其的恩爱有加到善

---

① 参见李长之《司马迁之人格与风格》,第68页,北京,生活·读书·新知三联书店1984年5月版。

意利用——而使他会生出"我辈岂是蓬蒿人"的参政之心——这当然也是知识者的可贵可爱,但明了政心无法实施之后却急转入仙侠——知识者独善其身之一途,这是儒而不成的侠,所以有对侠的表层——只限于"五陵少年金市东,银安白马度春风"的浮戏与轻松——理解,好像也是儒、侠共生体一说的一个例证(这一学说在此接触到了士阶层的两面性),于独善与兼济之间,李白的侠仍是不彻底的,侠的文人化到了明清则更是连李白时期的贵族情结都所剩无几了。

文人化之侠虽则如此,司马迁较孔子言仍是可贵的,在于他们两人的真正分歧,一是复仇,一是恕道,一是言必行、行必果,一是"群而不党,和而不同",以下的记述可见二者的终不同道。

> 子路戎服见孔子,拔剑舞之,曰:"古之君子,以剑自卫。"子曰:"古之君子,忠以为质,仁以为卫,不善则以忠化之,寇暴则以仁御之,何必恃剑?"(《孔子家语》)

这是两种不同的世界观。

所以汉代是一个承上启下的年代,这个年代的司马迁,既是一个将侠以文字形式倡扬、保存的人,也是一种文人化文化的牺牲品,又是一个真正在这一复杂的时代将侠之精髓变为肉身而又输导给了他的下一个年代的人。

下一个年代和它所引发出的于三处关节间隙的养住侠的骨殖的另两个年代就这样以它们特别的方式报答了这个人。

骨殖只是一个比喻,它是侠在文人化即儒化的软化(也是一种硬化)时的滋养部分。魏晋是它的开端。有关这一时代的侠气我已在上文论述到了,这里需要提出的是它不同于汉、唐、明、清的特点——作为人文性重建即对文人化侠之儒化的反对——这一时代的叙述者是与行动者相贴切的,那些以文书写的人也正是那一时代的离轨者或说反叛者,只不过反叛的方式不同,不是为了义去杀某一个人,而是以行为的怪诞去对抗整个社会,这当然是文化了的反叛,但力度不减,剑在此曲折为药或者酒,所以在鲁迅先生的文章里,我们尚能嗅到异于他所处时代的火炭味,从嵇康、阮籍等的结局里,那侠的气味已是相当浓烈的。晚清或说近代,辛亥革命时期仿佛是那一时代的延承、扩展,火炭味与血腥拌在一起,演示着它历史上先秦才有的激烈,暗杀是列入知识者上层谋划的,遭排斥的不是流血或是头颅的代价,而是可耻的懦弱,秋瑾的诗证实了这一点,甚至,为推翻清朝腐朽政权,多为知识层的革命者有一种嗜血的倾向,更确切讲是一种对牺牲的迷恋,弥久隐身的刺客重又出现,秘密结社代替了战国时的养士形式,这时的人文重建倾向是叙述人与行动者的合一,如1897变法失败后的谭嗣同仍在谋求与王五劫救光绪,在别人一再劝其逃离并王五要保他闯出京门情况下,却以"不有行者,无以图将来;不有死者,无以召后起"为信念而力拒,这种"我自横刀向天笑"的侠骨在那一时代是不鲜见的,再如辛亥革命期的"鉴湖女侠"秋瑾,在策动的浙皖起义失败后,在清军三百赶赴绍兴大通学堂捉拿她时,学生劝其撤离,她却在其他人都撤走后端坐于内室不动,已无法详述那一时刻的她的心中作如何想了,但从她给友人王时泽的信中却能体味出那早已准备好了的迎接——为光复而死的决心,信中说:"光复之事不可一日废,而男子之死于谋光复者,则唐才常以后,……不乏其人,而女子则无闻焉,亦吾女界之羞也,愿与诸君交勉之。"将这种沉毅、忠纯积极发挥到极致的是吴樾,革命前他的行刺意图就相当明确,而且认为是推进当时历史的唯一途径——"吾人对付卖国贼,自当用暗杀手段"——这种不回避血腥本身就奠基了以身许国的举意,方法只是附加的问题,当然是要造成重创的炸药,1905年他乔装为皂隶,登上清五大重臣的专车,爆炸的结果是二大臣重伤,吴樾则当场遇难,关于这次行动,仍然有文在先,作为一种书志,也是一篇墓志铭,竟长达万言——"夫排满之道有二,一曰暗杀,一曰革命。……今日之时代,实暗杀之时代也。……予愿予死后,化一我而为千万我,前者仆而后者起,不杀不休,不尽不止,则予之死为有济也。"这篇文章的名字就叫《暗杀时代》,足见那一时代侠骨式人之普及,唐才常、毕永年、杨卓霖、许雪秋、徐锡麟、谢逸桥、蒋大同、邝佐治等人无不是这一称谓下的仁人志士。侠作为叙述人与行动者的这种以命相抵的叠印,是足以与先秦时侠相比拟的,此前此后都再未出现这样完美结合的机会。第三次对抗儒化的人文性重建在20世纪90年代,以纯文学内部的再度分化为标志,人文精神的知识界讨论只是它的一个出现的契机,事实上,侠的重提早在论争之前就已触及了,代表人是张承志,仍是从上述的二度人文性重建中汲取养分,《清洁的精神》在对先秦侠的回眸中表明信仰的立意,《西省暗杀考》简直就直接是那个辛亥革命前后的大时代的血性的呼唤，叙述人与行动者再度合一，其现代表现虽不再是刀剑形式，却是与之相比拟的更见刚决的分裂，阵营从此划开，没有了与任何妥协于恶的苟合位置，血性使其保存住了更忠纯的人道，书写这一思想的人也正恰是这一思想的实践者，他不推诿，以笔为旗同时，也在用自己的脚丈量着他深爱的底层人民生存于斯的大地，仍记得 1990 年我访问他时问及到那个当时让我思虑的对英雄主义的理解问题时，他的"最老百姓的"回答，正是"为人民"一词构筑了他十数年的写作，也许正是这样的写作证明着侠这样一种英雄的民间意味，这种起于民众而兼有精英贵族气质的形象也许正是侠在现代社会里最好也最耐咂摸的诠释。它证实了对先秦、魏晋以至辛亥时期的回寻不只是单一的重述，而对历史翻捡过程里的侠气、侠骨的承继在这里已进入了知识层中少量有识者血液的内部。

　　历史就是如此。汉、唐、明、清及新武侠小说各个完成着的文人化——即历史角色的文化书写者对侠的儒化——过程，是力图将侠这一本不为主流文化接收的边缘文化——即对文化离轨者的评估——纳入到那一现实文化的轨道里去，而且为他安排一个合理的位置；与之相交叉进行的另三段历史——魏晋、晚清至辛亥革命、20 世纪 90 年代历历在数的人文性重建思想却做着相反的运动，它在对侠的原义的回落或回循中与以儒化文明为主体的思想体系进行着反驳，而且侠在此不再是分裂于叙述人的欣赏性存在，叙述人也不再对其采取一贯的旁观角色，而是，叙述人与行动者一体化，书写者通过亲证的方式将那他要表述的思想成为体验，并经由体验，而使那滞于历史文本中已经被磨得有了边角的形象或"道"成为肉身；这后种历史对前种历史的矫正，亦即侠气、侠骨、侠血所贯穿起的人文性对只将侠置于欣赏地位——无论是有意还是无意的——非生命化和儒化的反叛意义是与它的重建意义一样巨大的，撤出轨道而重返本义的阐述为蒙了一些无谓饰物的侠擦还了本色，但也必须承认前述历史的连接性作用，解与结总是并生的，关节空隙的软组织又好像为骨殖的再生提供了前提，这种思想的反拨与观念生成的交互性，这种文人化与人文性重建的变奏曲，说到底，是共同对侠——这本身都是一种矛盾的混合体的文化人格——的修正性阐释，但阐释的共同完成并不意味着二者之间不存在质的差异，那差异正如陈平原的释梦一节所表露的：

"……公众借建立英雄(侠客)形象来推卸每一个个体为命运而抗争的责任,自觉将自己置于弱者、被奴役者与被拯救者的地位,这才是真正意义上的'逃避责任'"。

由此他结论说,"……一个民族过于沉溺于'侠客梦'不是什么好兆头。要不就是时代过于混乱,秩序没有真正建立;要不就是个人愿望无法得到实现,只能靠心理补偿;要不就是公众的独立人格没有很好健全,存在着过多的依赖心理"①。这是从侠之外层角度的社会学心理分析。

而公众与英雄之隔,却源于叙述人与行动者的分离,这是我以上说到的侠的文人化之弊,是亲证者向欣赏者的变异。明确它,是对我们以下的理解有益的。由此看,侠的文人化是比侠之儒化更大的概念,它所造成的侠之异化也是隐蔽的。所以有三次较明显的文人性行为的平衡,有与之相贴切而又祛除了那角色与人格分离的叙述者与行动者的试图统一——历史似乎总是公正的,或它总遵循着良性的规律。同时,关节也总是结,人文性回循式的重建可以解它一时,可是,是真正的骨殖再生的永恒依据吗? 那前提,也总让人充满了愁虑。

也许是这种在生命里隐匿已久的愁虑使读《三王墓》时会有那一遍遍深入骨髓的似曾相识感。

《三王墓》故事里那个为赤复仇的侠客无名,在历史上,在文字中,他都是一个未曾具体命名也不曾真实存在过的形象,鲁迅后来由此延伸的小说中称谓他为"黑衣人",也只是一种称谓,与最早他的诞生一样,并未有他的真名,正如一种概括,晋代对它以前年代尤其先秦时代战国时的侠士的总括,或者一种浓缩,是无法具体到一个名字可以表达的;侠到了这里,才由聂政、豫让、荆轲等走到了一种浓缩和抽象,在一个没有实际侠士的时代,体验英雄不世出的最深方式可能就是这样一种抽象的记述与渗入其中的缅怀了。以上是就记述者角度说;若从侠本体的角度讲,我想这个无名者怕是早于聂政等以前年代的侠,或许是历史上最早的侠,因他活动的背景位于春秋时期,在战国稍前。

---

① 陈平原:《千古文人侠客梦》,第9页,北京,人民文学出版社1992年版。

　　最早的《三王墓》,也称作《干将莫邪》,取"三王"之一——赤——的父母——楚国最好的铸剑师命名。《列士传》、《吴越春秋》、《列异传》、《孝子传》均有记载,情节同而角度异,但文字都相当简略;叙春秋时楚干将、莫邪为楚王铸剑,剑成被杀,其遗腹子赤长大成人,立志复仇,为楚王追杀,逃至深山,遇一侠客欲为其报仇,并以赤头及赤之雄剑为请,赤自刎相托,侠见楚王,待其临汤镬观煮赤头而挥剑斩王头并即自刎,三头落入汤镬,煮烂而不可识辨,同葬而曰"三王墓"。这一民间相处流传的故事,于鲁迅辑《古小说钩沉》中有相传为魏时曹丕著《列异传》记载,言大致相同,只三处有差异,一是赤成人后得雄剑——"忽于屋柱中得之"(一般讲是从南山松、或堂前松中得剑),二是楚王梦见一人欲替父复仇一情节,是——"楚王梦一人,眉广三寸,辞欲报仇",(一般传说是"眉间广尺"),三是结局——"三头悉烂,不可分别,分葬之,名曰三王冢"。是分葬,而不是一般传说的合葬。不过细节之外,所叙意蕴及托寄合相一致,而更能托出那故事中的仇——赤与仇——楚王间的"第三者"侠的,却是详细记述着赤山中遇侠一段的干宝的《搜神记》卷十一,那记述历历在目:

　　　　王梦见一儿,眉间广尺,言欲报仇。王即购之千金。儿闻之,亡去,
　　入山行歌。客有逢者,
　　　　谓:"子年少,何哭之甚悲耶?"
　　　　曰:"吾干将、莫邪子也。楚王杀吾父,吾欲报之!"
　　　　客曰:"闻王购子头千金,将子头与剑来,为子报之。"
　　　　儿曰:"幸甚!"
　　　　即自刎,两手捧头及剑奉上,立僵。
　　　　客曰:"不负子也。"
　　　　于是尸乃仆。①

　　相传后汉赵晔所著《楚王铸剑记》,遗憾没有读到,据说与《搜神记》所述完全相同。

----

　　① 　为突出侠与赤的对话效果,笔者将《搜神记·三王墓》文录分段如此。

　　此后又一千余年后，公元 1926 年，鲁迅先生在他的《故事新编》中一篇《眉间尺》中重又叙说了这件事，《眉间尺》是这篇不为传统鲁学研究者们所重视甚至从整个《故事新编》读起来在他们习惯于作小说解的观念里都有点不可思议的"小说"初发表时的名字，收入集中后改为《铸剑》，而整部书的出版却是在鲁迅去世的那一年——1936 年——这时据他写作它时已时隔十年流逝的光阴了。我是在高中二年级文科分班后读到它的，大约是 1983 年，那时读的只是一个故事，领略不到一两年后进了大学中文系再读它时的复杂感受，那一层或多重的难以言传的东西迫使我在由大学到研究生期间的几年里不断地翻读其实是向往从中体味那由铸剑的春秋直到现在我生命里仍在时时铸着的另一种剑，这种叠印的感动愈到后来就愈成为一种迫人的力量，使我分不清我是在读眼前的一些文字，还是，在亲历或回忆自己在也许是轮回前的一段人生。

　　　　眉间尺浑身一颤，中了魔似的，……他站定了喘息许多时，才明白已经到了杉树林边。后面远处有银白的条纹，是月亮已从那边出现；前面却仅有两点磷火一般的那黑衣人的眼光。
　　　　……
　　　　"好。但你怎么给我报仇呢？"
　　　　"只要你给我两件东西。"两粒磷火下的声音说。"那两件么？你听着：一是你的剑，二是你的头！"
　　　　……
　　　　暗中的声音刚刚停止，眉间尺便举手向肩头抽取青色的剑，顺手从后项窝向前一削，头颅坠在地面的青苔上，一面将剑交给黑色人。
　　　　"呵呵！"他一手接剑，一手捏着头发，提起眉间尺的头来，对着那热的死掉的嘴唇，接吻两次，并且冷冷地尖利地笑。[①]

　　那杉树林中的笑声与环绕于《铸剑》后半部的意思隐晦的歌词——作者曾就此于 1936 年 3 月写信给日本增田涉时说"其中的歌并非都是意思很明

---

　　① 鲁迅《故事新编·铸剑》，见《鲁迅全集》，第二卷，第 374—376 页，北京，人民文学出版社 1957 年 5 月版。

了的。因为这是奇异的人和头所唱的歌，像我们这样普通的人当然不容易理解"——一样，让人久拂不去。

而上述为引用方便起见的省略号处对话的空白，其实恰是作者鲁迅本人灵魂深处的对侠超出历史的书写，这是不该在此省略的，那种一问一答形式所掩盖下的实际的自问自答，勾勒出的是从更深度的内心——诸如动机——的侠的理念。所以眉间尺的提问绝非多余：

"你怎么认识我？……"他极其惶骇地问。

那回答也简约到极点：

"哈哈！我一向认识你。"那人的声音说。……

然后讲到了报仇。接着是眉间尺的惊问：

"你么？你肯给我报仇么，义士？"①

黑衣人此后的回答表明了他灵魂深处与他共处的执笔（也是一种形式的剑）人对侠的全然不同于世故的看法，稍加注意的话，那答语是直面于提问并从三个层面展开否定的，接着那"义士"的称谓，是：

"阿，你不要用这称呼来冤枉我。"
"那么，你同情于我们孤儿寡母？……"
"唉，孩子，你再不要提这些受了污辱的名称。"他严冷地说，"仗义，同情，那些东西，先前曾经干净过，现在却都成了放鬼债的资本。我的心里全没有你所谓的那些。我只不过要给你报仇！"②

---

① 鲁迅《故事新编·铸剑》，见《鲁迅全集》，第二卷，第374—375页，北京，人民文学出版社1957年5月版。
② 鲁迅《故事新编·铸剑》，见《鲁迅全集》，第二卷，第375页，北京，人民文学出版社1957年5月版。

关于剑与头两样东西的提出之后,是眉间尺"一时开不得口"的沉默,这里,"奇怪"是与"狐疑"与"吃惊"相两两分开的。

所以那回答相当重要。

"你不要疑心我将骗取你的性命和宝贝。"暗中那声音又严冷地说。"这事全由你。你信我,我便去;你不信,我便住。"①

谈话已然到了实质,问也愈来愈尖锐,动机必得显露了。读这样的文字犹如剖心,于话者、写者一样,是较推心置腹更疼痛的。

> "但你为什么给我报仇的呢? 你认识我的父亲么?"
>
> "我一向认识你的父亲,也如一向认识你一样。但我要报仇,却并不为此。聪明的孩子,告诉你罢。你还不知道么,我怎么地善于报仇。你的就是我的;他也就是我。我的灵魂上是有这么多的,人我所加的伤,我已经憎恶了我自己!"②

在对"义士"、"同情"和因私交而报仇的三重动机的否定之后,侠士的为时间、历史、观念所重重覆盖的意义得到了擦拭。不是用水,而是用浓于它的血,用浓于水的血,1926 年,正是这一年的 3 月 18 日,发生了北京各界人民反对日本帝国主义侵犯中国主权行为的集会抗议,也正是当天——段祺瑞竟命令卫队开枪并刀棍追杀造成死难 47 人、伤近 200 人的"三一八惨案"。1995 年 9 月我在北京居住在张自忠路,几次路过现已是中国人民大学报刊资料中心的属国家级文物重点保护单位的当年的段祺瑞执政府,无论是站在它仍具森严的门前,还是在它洒满了秋日阳光的梧桐浓荫里散步,都不可辨识当年与这祥和完全相背的血迹了,它们,如今,只存在于写《铸剑》的那个视遗忘的国民性为病菌的现代文学中独一无二作者的文章里,存在在《华盖集续编》中的《无花的蔷薇之二》、《死地》、《纪念刘和珍君》以及《野草》中《淡淡的血痕》、《一觉》和那总括于此的《题辞》里。当然作于 1926 年 10 月的《眉间尺》(《铸剑》)更是无法淡泊地于世事之外作出

---

① 鲁迅《故事新编·铸剑》,见《鲁迅全集》,第二卷,第 375 页,北京,人民文学出版社 1957 年 5 月版。

② 鲁迅《故事新编·铸剑》,见《鲁迅全集》,第二卷,第 375—376 页,北京,人民文学出版社 1957 年 5 月版。

解释，虽然它用的是移来的古人、故事。这样的保存已经超出了记录，陈述对他而言，也成了那简练到不能再省略的对话外的赘语，侠客的出现，仿佛眉间尺的分身，那黑色人，不是寄托，起码在鲁迅心里不是，他只是眉间尺的另一灵性的自我，一个灵魂的存在，或者是那牺牲者的血泊与面对血痕不仅怆然更其愤怒的"一个也不饶恕"的誓言者自己。那黑体字的回答就是自白，对这样一种绵延于民族深层而几遭民族自己遗忘的人格，对那被"同情心"、"私交"（报知己亦为其一种形式）或者顶着"义士"、"侠士"等外在的头衔的种种异化与误读的清算。背景之外，还有那作为主体的建立。毕竟，这是他所作的《故事新编》他以他所特有的方式"翻译"民族性格的工程之第一篇。

这也许能成为我上述观点的又一证据。

它使侠有了贯通的可信性。在他的文字里活着的，与他的生命相叠印。

在被鲁迅称为"民国以来最黑暗的一天"的3月18日，先生在此后20天里一共写了8篇短文，从《华盖集续编》与《野草》里我们不难找到那些日期，3月18日、25日、26日，4月1日、2日、6日、8日、10日，后两个日期是收在《野草》中的；这种情景使我在翻读时经常陷入对以往阅读岁月的思索，收入中学教材（读本）的一些《野草》中文字，如十四、五岁背诵过的《秋夜》、《风筝》、《雪》，都一味地压抑凛冽，太过凄清，而无冰结的热烈，我是较晚接触到《死火》的，那种概括与自况让人读之是《秋夜》等篇所无法比拟的，长期以来一直奇怪于中学课本收录者的视角，那个最早在一个少年心目中以作家形式存在的文学史，那个以作品在一个稚幼的意识里打下的第一道痕迹，该怎样的呢？以什么样的标准？如果真有标准的话，或者最起码的对事实尊重的依据。记忆中有中学教材里没有《复仇》、《影的告别》、《过客》、《死火》、《墓碣文》、《死后》，甚至《这样的战士》、《淡淡的血痕中》、《一觉》，也许是无法承受那种艳冽附加之上的撕裂感，不是指十四、五岁的少年学生，也不只是那编选教材的人，而是这一民族遗传到了不自觉状态的一种几近本能的对苦痛的拒绝，如果我是一个中学毕业后即报考了理科专业的学生，如果我没有选择中文为专业或者大学毕业后（前面的问题同样存在于中文本科专业书中）没有因对文学的挚爱而从事于其他工作——不继续于我现在的文学研究专业，可能会因为那几乎是删除了现代文学中最精华的少年课本的误导而与一种诞生于最黑暗处的真正思想失之交臂；对于 3 月 18 日事件，中学课本里选了《纪念刘和珍君》，这篇记叙文的范例仍标识着血迹的浓度，虽然这是鲁迅先生在记述那一事件时的很压抑的文字，语气也因之较为平和——离事发当天已有两星期过去了，作为一篇为抵抗快要降临的"忘却的救主"的白发人送黑发人的悼文，也是追述大于激越的。但仍可触到那不惮于的姿态。

这一姿态，与写于《铸剑》同时期的《野草》证明了前文中人侠超出背景部分的，是《复仇》（一）（二），那不顾看客的将要拥抱将要杀戮的"他们"对立于广漠的旷野之上、裸着全身、握着利刃的形象是寓言的，而《复仇》（二）中的被钉上十字架、悬在虚空中的"他"却是宗教的，好像是《铸剑》那黑色人的分身，或是前身。鲁迅的侠士总是无名的，着青衣的黑色人，他们，他，没有名姓，仿佛历史中周游于各个时代的影子，一个不需要现实命名定位到具体的永恒者；而这种无名状态也正是侠这一文化在中国主流文化中命运的缩写。较之历代文人的总结，鲁迅先生更彻底到连侠士这个词汇都不用，《铸剑》的史的缘起《三王墓》里还以"客"来作侠客的代称，那么到了《铸剑》则连这样一个语词都遭到了回避，正如黑色人对"义士"的否定——"你再不要提这些受了污辱的名称"，这是不同于侠文化史中的以立名以荣誉作为目的的侠的，鲁迅在此与侠文化内部的侠也划清了界限，另有一个侠——有着"无名"的自然，而且有"不为名"的非功利的对"报知己"这一传统信念放弃后的对复仇精神本质的提炼。有时这个"他"，是猛士，有时，是"过客"；总之"他"从不执于一种"名"下而为哪怕是精神意义的外力所左右而行事，这个"他"，仿佛先生自己的化身。

但仍有一点稍稍的不同。

猛士的形态，是现实性多于哲学性的。如："真的猛士，敢于直面惨淡的人生，敢于正视淋漓的鲜血。"是与居于现实层面的"苟活者"相比的，"苟活者在淡红的血色中，会依稀看见微茫的希望；真的猛士，将更奋然而前行。"（《纪念刘和珍君》）是叛逆于时世的，是与"造物主"相悖离的，如，"叛逆的猛士出于人间；他屹立着，洞见一切已改和现有的废墟和荒坟，记得一切深广和久远的苦痛，正视一切重叠淤积的凝血，深知一切已死，方生，将生和未生。他看透了造化的把戏；他将要起来使人类苏生，或者使人类灭尽，这些造物的

良民们。造物主，怯弱者，羞惭了，于是伏藏。天地在猛士的眼中于是变色。"（《淡淡的血痕中》）

过客的形态，哲学性则大于现实性。如《野草》中唯一诗剧形式的《过客》中的人物表介绍几可视作是黑色人的前身——"约三四十岁，状态困顿倔强，眼光阴沉，黑须，乱发，黑色短衣裤皆破碎，……"；足见黑色为作者偏爱的程度，而不仅是外形的相似，更有剧中客答翁问时的例证——那对称呼的回答——"我不知道。从我能记得的时候起，我就只一个人，我不知道我本来叫什么。我一路走，有时人们也随便称呼我，各式各样地，我也记不清楚了"①——仍然可视作对"无名"精神的注释。有伤、有血、"我愿意休息"，"但是，我不能"，"还是走好"的总是停息不下的行者，正好被过客这一形象包裹，也是那猛士的含伤前进的一面。

还有战士。如果可以称之为一种形态。那个走进无物之阵"毫无乞灵于牛皮和废铁的甲胄"，"只有自己，但拿着蛮人所用的，脱手一掷的投枪"的战士，在各式样的"点头"、"旗帜"、"讲说"、"外套"面前，总是一副不变的姿态，鲁迅在一篇不足千字的文章里，竟连用了六次之多这同一个句式——"但他举起了投枪"；与其说表白一种不变的信念，不如讲是亘古未改的本能。战士只是这本能体现的一种外观，如猛士、过客一样。

三种形态不仅成为黑色人（《铸剑》中人物，鲁迅先生本人也是喜着黑衣的）所代表着复仇精神的侠之内核的演绎，而且，在对传统侠士观念的去除中将侠之理念在更新中注入了更为深厚的底蕴。历史走到了心灵的深层，而且又那么具有难以替代的个体性。动机的考证与人格的生成终于达到了一次交叉，默契所产生的沉冥也带上了一层肃穆的黑色，这就是同样同时期于《铸剑》的"侠"的探索阶段会有那般深色的梦。"我梦见自己在冰川间奔驰"（《死火》）；"我梦见自己在隘巷中行走"（《狗的驳诘》）；"我梦见自己躺在床上"（《失掉的好地狱》）；"我梦见自己正和墓碣对立"（《墓碣文》）；"我梦见自己在做梦"（《颓败线的颤动》）；"我梦见自己正在小学校的讲堂上预备作文"（《立论》）；"我梦见自己死在道路上"（《死后》）；当翻读这些《野草》中下标 1925 年 4 月 23 日至同年 7 月 12 日的文章时，有一种心悸，无法猜测先生

---

① 鲁迅：《野草·过客》，《鲁迅全集》，第二卷，第 180 页，北京，人民文学出版社 1957 年版。

当时的心境所指,却仍能触到那灵魂深层已"全体冰结"、"毫不摇动"、"像珊瑚枝"枯焦而又有"炎炎的形"的凝固火焰。

期待着后世的一天那个取了它将之重又变成永得燃烧的人。那个人同样不怕终于"碾死在车轮底下",在面对碎骨之疼时仍能将心髓的痛楚化作大欢喜和大悲悯。只这个人,才能将这个民族复兴之梦携出冰谷。

这个人,是谁呢?

20世纪50年代美国心理学家A·H·Maslow(马斯洛,1908—1970)在他的《动机与人格》一书第六章曾提出"似本能的基本需要"这样一个概念,置于"基本需要的似本能性质"这个题下,还有"似本能的冲动之满足"的相关提法,心理学家没有做出界定或者解释,在长于描述的文字里却有如下一段话做着补充——如果可以这样理解的话——"随着进化的发展",他说:"随着这种进化的发展,当我们在种系阶梯中上升时,我们可能会逐渐发现新的(更高级的)欲望,发现另一种本能,它在本质上是似本能的,即在强弱程度上由机体结构和作用所决定的。"[①]侠士在气质与本质上的所是,使我想到这句话所延伸出的一些意思,"似本能的需要"在此可理解为更内在的需要,与遗传或体质有关或者无关均无足轻重,重要在游移于(似)本能需要与高级需要(马斯洛的另一心理学概念,除本能外的发展层面的需要,最高代表是自我实现等)之间的人所同时兼具的创造者与观察者身份,心态是胶合状的,正如他体内本能与理性的胶合,在这一类人身上,那用于划分生存价值与成长价值不同范畴的标准是不存在的,代表成长价值的高级需要在这里具有着某种深层的还原性——向生存价值范畴中的(似)本能需要还原,两种需要的界限消失后是同一性的实现,这里不存在冲突、间隙和这之上的磨合,而是自然的同一重叠,所以更确切说,这类人只有一种核心需要,相对于这一需要来说,其他各种一般人身上必有的划分,或者那些对需要的纯符号性的称谓,都已不再是计量中的了。

在20世纪心理学者有关人本的发现中,我们可以看到现代意义的自我实现者与两千多年前的侠士在个人品质上的吻合,这种吻合使得不同区域空间不同世代的群性类比不是匪夷所思或者凭空捏造,譬如用来描述自我

---

① ［美］A. H. 马斯洛:《动机与人格》,第105页,许金声等译,北京,华夏出版社1987年11月版。

实现者特征的——超然独立的特性,离群独处的需要,以及轻视和不在乎外在环境的能力,自由意志等;特点二是自主性,对于文化与环境的独立性,以及积极的行动者,并且已足够坚强的自我——能够不受他人的赞扬与自己感情的影响;特点三,是二者共有着一种类型的人际关系,即在很高的选择标准下,只与少数几个人有特别深的联系,朋友圈子狭小,深爱的人数量更少;特点四,是对文化适应的抵抗——在深刻的、意味深长的意义上抵制文化适应,内在地超脱于包围着他们的文化,且与文化分离的内在感情大多是无意识或下意识的;这是他们的共性。然而,比较中我们发现,侠士与自我实现者的不相重合处,明显表现在如下两点:一是侠士的精神自我的发展是在匮乏性动机所带来的满足缺失情况下的成长性动机的满足,也就是说是在诸如安全、爱等基本需要满足空缺时的个人发展与自我实现,这种共性缺失之上的成长性满足及与之相应的个性实现基座的脆弱性恰又代表着整个中国文化人格实现的特点,在不只侠而包含世代许多杰出人物身上我们都会看到这一点,以致日渐成为我们文化要求的一部分,但从理论上讲,这种文化要求不能不说是一种个性的畸性实现;二是侠的民主的性格结构的不完善,这是与自我实现者相对言的,侠在本意上是要以行侠仗义消除起码是反叛集权主义的,这使他的敌手总是统治阶层所代表的集权,但他的行动却实际受制于另一种统治势力,后者仍有一定的集权性,这种外力之外,还有他与生俱来的内在性,即他的行为方式无法不是以一种新权的实现来打破旧权,所以刀剑与血腥成为惯用的处理问题的方式,虽是个人化的,却也反射出极大范围内的社会心理,在改良被认为是对一个时代的不适宜甚至是迂腐僵化的思想时,这种性格结构则获得了它广袤的土壤并且极易作为一种文化原则固定下来。

公元前四世纪"聂政刺韩傀"的史实,最早记载在《战国策》上。《战国策·韩策二》是站在一事件发生始末的角度作一交代的;比较其后汉代司马迁的《史记·刺客列传》中的同一节就更证实这一结论,后者是站在人物的角度为侠列传的;所以比起复述那个"士为知己者死"的人人皆知的故事,将两本史录放在一起也许更有意义,当然这意义已不只是角度的区分。

"聂政者,轵深井里人也。杀人避仇,与母、姊如齐,以屠为事。"这是《刺客列传》聂政之事的开头；严仲子与韩相侠累的政治矛盾是放在此后引入的，不像《韩策》中起端就是"韩傀相韩，严遂重于君，二人相害也"的太过具体的政治背景；它所反映出的并不单纯是历史的讲述方法问题，或者只是讲述者——史传人的态度，这里面，更是一种时代文化的分别，战国时期所记载的本时代的事迹因其时代所限必需是公允的以事件为主体的态度，冷静客观之外，是容不下一丝主观评判的气息的，汉代是记叙前代的往事，因有了时间的距离而不惮于个人性参与其中，更重要的是作传人恰是受秦——汉以来实际上作为文化主体的楚文化精神影响最强烈的一个人，这一点，司马迁在《项羽本纪》中已将他个人的与文化相叠合的浪漫气质发挥得淋漓尽致，聂政一事是不可能在他的笔下有什么悖反的，这是意料中的事，也是性格使然。所以严、韩之仇成了被推而再推的远远的衬，他们在历史给定的吝啬的镜头里所起到的作用现在看来不过是要完成聂政形象特写的道具，或者活动布景，而《韩策》却无法做到这种一笔代过，它忙于交代，以致本应成为背景的事件淹没了人，这大概就是两种历史观——记述过去与指涉人心的截然不同。司马迁的记叙方式使他自己便于把聚光打在那一刺的亮点上：

　　……遂谢车骑人徒，聂政乃辞独行。
　　杖剑至韩，韩相侠累方坐府上，持兵戟而卫侍者众。聂政直入，上阶刺杀侠累，左右大乱。聂政大呼，所击杀者数十人，因自皮面抉眼，自屠出肠，遂以死。[1]

《韩策》的记述虽繁复，却可作为它的补充，是：

　　……遂谢车骑人徒，辞，独行杖剑至韩。韩适有东孟之会，韩王及相皆在焉，持兵戟而卫者众。聂政直入，上阶刺韩傀，韩傀走而抱哀侯，聂政刺之，兼中哀侯。左右大乱。聂政大呼，所杀者数十人。因自皮面抉眼，自屠出肠，遂以死。[2]

---

[1]　司马迁：《史记》卷八十六《刺客列传》，第 2524 页，北京，中华书局 1959 年版。
[2]　《战国策·韩策二》，第 425 页，长春，时代文艺出版社 2008 年 7 月版。

　　《韩策》的史录勾描与《刺客列传》的简约速写一起，把这个历史幕布上有关人格力量下的仗义行动的一瞬定格为永恒。然而事情还没有完，下面发生的故事使聂政一事一人超出了他同时期亦为后世视作单面英雄的侠士的，是聂政姐姐聂荣（一作聂嫈）的出现。

　　聂政自毁其容剖腹而死，韩列侯下令将其陈尸街头，为认出刺客而作千金悬赏，举国上下，无有识者；聂荣听说，立刻想到是自己的弟弟，在司马迁的记载里，是连贯的几个表示动作的词——"立起，如韩，之市"，待认出果真是弟聂政时，则"伏尸哭极哀，曰：'是轵深井里所谓聂政者也。'"不顾自己的生死而为其弟扬名，在市行者的好心劝告下，聂荣以如下坦然的对答表现出不逊于其弟的果敢与刚烈，她说出了那个视荣誉为最高价值的侠却要自毁其容的谜底的最深层，"然政所以蒙污辱自弃于市贩之间者，为老母幸无恙，妾未嫁也。亲既以天年下世，妾已嫁夫，严仲子乃察举吾弟困污之中而交之，泽厚矣，可奈何！士固为知己者死，今乃以妾尚在之故，重自刑以绝从，妾其奈何畏殁身之诛，终灭贤弟之名"[①]！聂荣的话虽然史传不一，但终是传达了不忍爱其身而灭弟之名的气节，这也许是那个时代的女子所能够把勇气发挥到的最大限度的了，这也是一种侠的精神，其为人为事，在当时就"大惊韩市人"。做人做到了这一步，聂荣是"乃大呼天者三，卒于邑悲哀而死政之旁"（《史记》）还是"抱尸而哭"、"亦自杀于尸下"（《战国策》）的追究都是无意义的了。

　　然而聂荣的话却透露出了一个情字。与聂政一事的起始相应，让我们回忆起聂政之所以一开始回避并拒绝了严仲子复仇的那个理由，是母亲。"老母在，政身未敢许人也。"那话确是这么说的。此后发生的一切证明了那理由是由心而发的而绝非推辞，这里，在聂政的心里，或说是在聂政人格结构的深层，"孝"是居于义之上的，尽了孝之后（母以天年终），才"将为知己者用"而西至濮阳见严仲子，主动问及严要报仇的姓名"请得从事"，并在得知仇人是韩相之后便将严的事情全部揽在一己担上，不带一车一人，杖剑只身前往；而在尽了"义"后，又最后考虑到会给姊亲人带来不幸的"名"，排在义的完成之后的，是"情"。而传统观念中一说到侠，就是一味的冷和无情，所以，聂政一

---

　　①　司马迁：《史记》卷八十六《刺客列传》，第 2525 页，北京，中华书局 1959 年版。

事的文化涵义超越了此前此后对侠的定位的误解,无情未必真豪杰,聂政能让一个念头在心里暖着,数年后仍能主动去践约,而且在他心理人格层次中,唯独舍却了"名"(别忘了这也是任侠的声誉追求的重要部分)的"孝"与"义"与"情"又都实现得那么层第鲜明,这在战国时代,包括《史记》所述的刺客游侠中是一独一无二的例子,是在侠观念的内部对已有侠定势的否定和对侠观念的另一向度的补充,也在人格上将侠自我实现中的偏执与弊病的消耗性代替为生长性的人格完美与完整,尤其是后者,人格的完整,证明了侠的自我实现过程中的更深层的非一己性,而不仅仅是外部可见的替人行侠置自身于度外的表面的无私,这一点,是相当重要的,对侠的人格重建也是一积极面的补充。有了这"情"的一面,侠的"义"才不会被理解为传统所习惯于看的那样——义不容情——后者在侠观念里几乎成了占主体的人格铸型;义对情的包含,在使侠的形象丰满起来同时,也印证了一个新的观点——20世纪人本心理学的有关自我实现人的完整人格观,侠的不畸形与之相对应,对于扳回或改变国民性中认可的杰出人物的成长性价值满足与个性实现必得建立在共性诸如爱、安全等基础需要缺失之上的前提大有益处。而对违背一切人性已成了外物的"名"的拒绝,也是对上述我曾提到的侠人格结构中反集权意图与集权意志的行为化实现的矛盾的一个很好的解决渠道。这个意义当然已越过了方法论的范畴。

孝、义、情于侠人格中的胶著状态使侠这一形象更凝重了。个人品质的统一性而不是分裂,则反映了一种更完善的人性观,这人性观是有关英雄的,是杰出的正常而完整的观念。有意味的,这一观念是在汉代——距今两千多年前就提出的,聂政,在那个产生思想同样也产生巨人的时代,以自己的行为,有幸成为这一人格的代言。

二千三百余年后,聂政一事以诗剧的形式得以复活。郭沫若在《写在〈三个叛逆的女性〉后面》一文中叙述的使其复活的心理初衷,是女权色彩很浓的,聂嫈的刚烈在1926年3月8日这篇创作论的文字里得到了重新提炼,那是一篇针对社会制度与道德精神的在男性中心文化中要求女性作为人的平等与尊严的檄文,用词的澎湃足见知识层中的先觉者内心的激烈,当时对封建文化的清理工作亦可见一斑,重读已打上那一年代很深烙印的文辞,以下的句子仍然耀人眼目:"奴隶的根性已经积蓄得很深";"男性中心的道德在第一段的工程上把女性化成了猩猩,而在第二段的工程上更把男性化成了女性"①;当然针对着历久的"三从"——在家从父,出嫁从夫,夫死从子的批判的是卓文君、王昭君的形象化,这是从被男性文化异化了的女性群里找出的才力与叛逆均自主的人物,"这和一般无主见无性格养成了奴隶根性的女子是完全不同的",倔强的性格能够成为一个文人的女性审美的标准就是在 70 年后的今天知识界仍然不能做到完全,所以好像正应了郭沫若在文中的预见——"我觉得我国的男性的觉醒期还很遥遥",所以那明示的翻案意图就更见其重要。郭沫若于 20 世纪 20 年代间失掉了他本心打算作的《蔡文姬》后,得到的是一个更见个性的聂嫈,这件事,使我再次念及侠人格中的反文化性,也许正是在下意识里(郭沫若原不打算将聂嫈列为三女性之一)郭沫若也触到了一个实质,正如他表述的后面也提到的那样,聂嫈的叛逆不是具体对父、夫、子的,不是这种太过个体的反抗,而是对这所有不公的原因的反抗,这种叛逆不针对哪个人,聂嫈之死不是对着韩侯的,而是针对那个男性中心的环境,这层文化也是人格的意义郭沫若知道但没有说出来,在有关三女性剧本的文章里,他只说了创作史与上演史,五卅惨案的背景,甚至还把第一次由上海美专学生会上演的日期、地点与演员名单兴致勃勃地写在最后,而唯独对聂嫈的更深的人格建设意义沉默缄口。或者是那性别解放的意义都已含在了篇头里。

　　而引我注意的是聂嫈一事的创作过程。如果不算 1919 年 11 月发表的儿童诗剧的话,写于 1920 年 9 月 23 日的诗剧《棠棣之花》即是郭沫若最早的戏剧创作了,而郭沫若本人也倾向于称之为从事戏剧的九月,并说是受到歌德的影响,这部自从译完《浮士德》第一部后的郭沫若一生创作中的第一部剧作《棠棣之花》,发表于创作当年 10 月 10 日《学灯增刊》上,《女神》、《创造季刊》都给以收入或发表,郭沫若不隐讳其间也有的莎士比亚痕迹;到了 1925 年五卅惨案后,郭沫若受之震动重写这一题材,取名《聂嫈》,这时已是史剧形式的两幕话剧,它的产生一方面直接源于对五卅悲剧的"血淋淋的纪念"(郭沫若语),聂嫈抚尸痛哭的举止里何尝不有亲眼目睹了那一现实惨剧的郭沫若的心理在里,然而我想更重要的是擦干了血迹的前进;此后是 1937 年 11 月

　　① 《郭沫若全集·文学编》,第 6 卷,第 137 页,北京,人民文学出版社 1986 年版。

的五幕剧《棠棣之花》，又重新恢复到了起初它诗剧时的名字，直至 1941 年 11
月定稿，于 1942 年 7 月由重庆作家书屋出版；整个创作前后历时二十二年，相
对于一生而言，尤相对于一生中的创作时间而言，这是一相当长的时间概念，
二十二年，是人的四分之一生命的时间。为什么，郭沫若会这样长久地迷恋
一个战国时期——已距他生活的年代相距二千年的历史事件呢？让他着魔
的，真只是事件本身吗？我不信。

> 不愿久偷生，但愿轰烈死。
> 愿将一己命，救彼苍生起。

这是《棠棣之花》中聂嫈唱的歌，在第一幕里。

"我是把我自己的生命看得和自己身上的任何物品一样，只要用在得当
的地方，我随时都可以送人。"

这是聂政在第二幕中讲的话。

"向你们介绍一位真正的英雄，原是值得我们牺牲自己的生命的呵！"

《棠棣之花》把《聂嫈》中的"女"一角变成了春姑，这是当她抚尸向卫士
陈述时，在她陈述之后悲痛而死前说过的一段话。同时也是创造了她的作者
的主观。

郭沫若在这一剧作创作的同月——1941 年 12 月亦同时完成的《我怎
样写〈棠棣之花〉》文章中列举了写作计划的变更、大量考证的案头准备以
及主题提炼过程等工作，却唯独忽略了那 20 多年前对他自己来说最为珍视
的初衷，女权的思想让位给了现实的意义——更切合了那个时代里的阶级
性，作为社会主要矛盾的反映的写作，是第三部《棠棣之花》产生的直接动
因——这一点郭沫若是不隐违的而且在剧作同时的文字里都予以明言，而
且在一个国家内扰外困的时代这也正是一个作家的责任与光荣；除此之
外，引我关心的是他的心态，作第一部《棠棣之花》时的刚由诗而初次转入
戏剧时尝试的新奇与诗情，在第二部《聂嫈》里还能以女权问题——从这个
意义上说郭是将女性主题引入侠之视野加以观照的第一人——作为创作的
一个支点，那么到了第三部同一题材的创作则上述两个阶段的浪漫均找不
见，而在总体上落脚于太过现实的层面了，这是不能苛责作家的，戏剧在一

个动荡的社会里并无法找到它纯粹的艺术支点，但反过来问一问的责任也是有的。到了 1941 年的自述里，那 1920 年春天继《湘累》、《女神之诞生》后的《棠棣之花》只凝缩成了"我对于聂嫈和聂政姐弟这个故事发生同情，是很小时候的事"①的这样一句话。虽则在一个主张集合反对分裂的时代——这是 1941 年的背景也是郭沫若加之于剧情中的主题——里，"剧作家的任务是在把握历史的精神而不必为历史的事实所束缚"（同上文），但考据与创作的两条不平行的路的观点却也并不能成为一种诗、史于剧中缺失的理由；也许原因只是，郭沫若在作熟了戏剧形式后，已渐渐丢失了那诗的时代的自己的眼光，1941 与 1926 之间相隔只是 15 年的时间不仅《棠棣之花》与《聂嫈》的立点如此不同，而且《写在〈三个叛逆的女性〉后面》与《我怎样写〈棠棣之花〉》的两篇创作谈的心情亦相隔遥远。

女扮男装的聂嫈，总让人有不舒服的直感，也总与作者所要倡导的女权立意相违背。古人用来表示兄弟的棠棣之花，你所象征的意思是什么呢，在你所指涉的事物之外？只记得那立于濮阳桥畔的盲叟说，"我后悔我年青的时候，不曾杀死得那儿的国王和丞相，再来割断自己的脖子啦"。稍停，他接着的台词是：

> 啊，桃花落地的声音，都可以听得见呀。……

关于聂嫈，似乎还有要说的话。于每一国运关键时刻，必要的人格回溯，总有它重提的现实性。聂政一事，史书记载地点、时间、刺杀过程不一，然而手中除可供参照的《战国策》、《史记》外，《竹书纪年》没有看到，这部晋太康年间出土的魏国国史（现存为明人所伪撰）里又怎样说起到这段往事呢？暂时也只是一个谜，或许有一天会被另一个更幸运的人揭示到。我今天所能怀有敬意的，只是那并非人人皆知的地名：

轵城。（今河南济源县西南轵城镇）（聂政出生地）

临淄。（今山东淄博市西北临淄镇）（聂政隐避地）

濮阳。（今河南濮阳市西南）（聂政受命地）

---

① 郭沫若：《我怎样写〈棠棣之花〉》，见《郭沫若全集·文学编》，第 6 卷，第 272 页，北京，人民文学出版社 1986 年版。

东孟。(今地名不详)(聂政殉难地)

这些藏身于中原的地点,似乎也同时藏着一个待译破它更深涵义的秘密。

我说过,人格的绵延以至重提,里面藏着的是最具体的现实,集团的,个体的。距郭著50年后,我读到一篇记述南阳汉画馆的短文,里面谈到了聂政刺杀韩相侠累的一面汉砖——"割去自己的鼻子,剜掉自己的嘴唇,毁了自己的面容,没有听到呻吟,然后自刎。……你对自己的处置如此从容。"①从对那画面的表述中推断,聂荌不在画面上,然而那嘶哭与倾诉却越过时空,响在作者耳畔——这是轵城深井里村的聂政呵;以屠狗为业的聂政,"侠累肯定是你杀掉的最后一条恶狗了吧"②。

20世纪80年代末90年代初,我曾两次去南阳汉画馆,那些立体的历史更是融正义的艺术让我流连,在感知一个时代——汉代不仅出了司马迁的《史记》的文字记录而且还同时出了大规模的以绘画艺术形式写史的创举——的恢宏同时,也带有没有找到那幅记述聂政生命最壮烈瞬间的画砖的遗憾,那用以铭刻的动作与铭刻下他的那人都是怎样的呢? 我忍不住要问,却明白,那幅画,在心底,已经印得很深了。

较聂政稍后的荆轲则更极端些。

"荆轲刺秦"的画面是在河南美术出版社出版的《南阳汉画砖》画册中看到的,粗犷简略的手法正与荆轲本人的骨壮体烈相对衬。历史上最早的文字记述首见于《燕丹子》一书。这部年代大约在秦汉之时的三卷古小说的作者现已无从考证了,然而这部明代胡应麟所称的"古今小说杂传之祖"也是中国最早的历史侠义小说却详尽叙述了那段后来不断得到人口口相传的历史——燕国太子丹为秦人质时曾遭受奇耻大辱,逃回国后一直思虑报仇,他拒绝了鞠武合纵抗秦的建议,而谋求侠客刺杀的方案,经田光介绍,他结识荆轲,待为上宾,荆轲于是带了秦国所追逃犯樊于期首级及藏有徐夫人匕首的燕国督亢地图来到秦国,诈献图以行刺;图穷匕首现,荆轲手持匕首,击打秦王胸脯,历数其贪暴不仁,秦王在乐师提示下拔剑断袖,得

---

① 南丁:《晕眩》,广州,《随笔》1993年第6期。
② 南丁:《晕眩》,广州,《随笔》1993年第6期。

以逃脱,荆轲以匕首投掷秦王不中,被秦王斩断双手后,仍大骂秦王,悔自己一时失手而竟大事不成。现存小说到此戛然而止,可能有的脱文也与作者一样暂不可考,中华书局 1985 年版程毅中点校的《燕丹子》到了这里也只能是一个空白。

　　幸而有《战国策》可供比较。《战国策·燕策三》中所作交代的事件始末大致雷同。仍延用的是这一史书一贯的作法,从事件入手以事件为中心的叙述,然而人物却也随事件的展开而依次出场——太子丹、鞠武、田光、荆轲、樊于期、秦舞阳、高渐离,而在行事之前就已有田光为示不泄国事的自刭,有樊于期为报日夜切齿腐心仇的不惜于头颅的自刎,在人人都以自己的特有方式决绝地明志而物质条件似乎也已具备——荆轲求到了伤人即死已淬了毒的千金换得的徐夫人匕首,燕太子丹为其配备了十三岁即杀人、人不敢忤视的勇士秦舞阳作为助手,秦王想往以千金购得的樊于期的头更早已函封好,还有秦王政同样日夜思慕的燕督亢地图也已携在身上——似乎是万事皆备了,然而长久以来引我兴趣也相当不解的一句话出现了,是在这一切之上的被燕丹子视为踌躇的“有所待”:“荆轲有所待,欲与俱。其人居远未来,而为留待,顷之未发。”此后的情节是燕太子丹的怀疑和荆轲因这误解而引出的火气,“今日往而不返者,竖子也。今提一匕首,入不测之强秦;仆所以留者,待吾客与俱。今太子迟之,请辞,决矣。”接着是出发,是著名的易水送别。从上下文分析,无法确知荆客要等之人并他视作可以一同去完成刺秦任务的是谁,历史以后的史书也都无法补上这一段,这个人,只能推测荆轲所待之人不是秦舞阳和他心底隐隐的对这位燕国勇士的不信任——这也是后来被历史证实了的——一个十三岁杀人的人竟至在咸阳宫上“色变振恐”,这个人,也不是他的好友高渐离,因为此后的记述中易水一节,高渐离是在场的,而且两人击筑和歌,无不悲怆;那么,那个荆轲心目中能携助他完成使命的人是谁呢? 史书上没有,荆轲也没有说,后代历史学者更未就此有猜测者,但我相信荆轲当时的等待决非推辞——这也是此后就证明的;这个人,这个因为燕太子的催促而没能让荆轲等到的侠士,这个也因自己的延宕而使自己痛失了在历史上留精彩一笔的刺客,这个或许会因为他的到来他的参与而改变历史进程及命运的剑客,最终只能因自己的迟到而成为历史上的失踪者了,但是我常想,如果决定于一事件的瞬间不是这样而是那样又怎样呢,那个人,如果果有其人,而只是因为迟到或是谋事的早行,而错过,那么他赶到了之后又会有怎样的行动与心情呢,或者当他耳闻到荆轲事未成之事后,他又会有怎样的悔恨(或者庆幸?),这个人,恰是我每每抚读《战国策》"荆轲刺秦王"一章所要想的,这个人,无名;像所有未成名前的刺客一样,或者就是他们的影子;数年之后,荆轲未竟事业的继承者是高渐离,击筑不成,事业仍未竟,然而未见有哪个人再来完成,于是,荆轲那一刹那的犹疑与决断成了断章,那个他满心所待之人,也随之成为一个谜。

相对《战国策》的纯事件记述的基调,《史记·刺客列传》的荆轲这节延袭了太史公一贯的风格,也是《刺客列传》中最长的段落,史之主观性在此得到了最完善的发挥,比照《燕策》的事件始末角度,《刺客列传》中的荆轲一节的前五分之一处都是个性入手的素描,此后才进入事件,大致情节与《燕策》同,但详细,尤其对话,太子与鞠武、太子与田光、田光与荆轲、太子与荆轲,有关谋事的准备已勿需再引,印象深的是司马迁对荆轲的个性特点与行为方式的介绍,这是以上两部史录或小说所缺乏的,即对一个人之所以能做出那场历史所选择或说是那场生命所给定的事的最本质的追述,与探讨,这仍然不是事件之外的。

这个卫人谓之庆卿、燕人谓之荆卿的人,好读书击剑,这是司马迁对其性格的评价,围绕于此,他举出三个例子:之一,是榆次论剑,盖聂怒而目之,荆轲出,复驾而去;之二,是邯郸之博,对手是鲁句践,鲁句践怒而叱之,荆轲嘿而逃去,遂不复会;之三,是燕市和歌,这一节写得最好,"荆轲嗜酒,日与狗屠及高渐离饮于燕市,酒酣以往,高渐离击筑,荆轲和而歌于市中,相乐也,已而相泣,旁若无人者。"与荆与高后来易水的和歌相呼应;三个例子文字都不长,荆轲的处事为人却已跃然纸上了;个性之外,是品质的点睛,"沉深好书",是太史公不很轻易用的形容,而一个侠士也确少有人能配得上这个形容。

以下发生的事件似乎人人尽知了。那条前不见经传的易水亦因此而得名。

那印象也如易水一般是冰寒彻骨的。荆轲蒙受不了燕太子催促话语里暗含的对他勇气与胆略的不信任,宁肯放弃等待他所要等的同行坚辞而出发;印象中的临行总是在冬天,大雪纷扬,先是一两人的白袍衣袂盖住人眼,然后是一缓缓摇出的大全景:

　　太子及宾客知其事者,皆白衣冠以送之。至易水之上,既祖,取道,高渐离击筑,荆轲和而歌,为变徵之声。士皆垂泪涕泣,又前而为歌曰:"风萧萧兮易水寒,壮士一去兮不复还。"复为羽声忼慨,士皆瞋目,发尽上指冠。于是荆轲遂就车而去,终已不顾。①

　　记忆中总有雪,拂之不去。

　　《史记》与《战国策》的这一节相同之外,还完整取了它紧接下来的"图穷匕首见"的叙述,甚至文字上无一字改动。在咸阳宫,荆轲顾笑脸色已变的秦舞阳后,在那一刹时,其实他已明白了那个后来发生的结局,然而他仍能含笑地看它如何到来,这种处之泰然的优雅常常令后来读起他的人坐而震惊,不免想到《史记》中的一条"正义",那"注"印证了一种选择的根据——《燕丹子》云:"田光答曰:'窃观太子客无可用者:夏扶血勇之人,怒而面赤;宋意脉勇之人,怒而面青;舞阳骨勇之人,怒而面白。光所知荆轲,神勇之人,怒而色不变。'"这种根据其实也是对侠之层梯的评价,其间当然有不可忽略的人格意。

　　荆轲笑了一下,对秦舞阳的变色。然后:

　　轲既取图奏之,秦王发图,图穷匕首见。因左手把秦王之袖,而右手持匕首揕之。未至身,秦王惊,自引而起,袖绝。拔剑,剑长,操其室。时惶急,剑坚,故不可立拔。荆轲逐秦王,秦王环柱而走。群臣皆愕,卒起不意,尽失其度。而秦法,群臣侍殿上者不得持尺寸之兵;诸郎中执兵皆陈殿下,非有诏召不得上。方急时,不及召下兵,以故荆轲乃逐秦王。而卒惶急,无以击轲,而以手共搏之。是时侍医夏无且以其所奉药囊提荆轲也。秦王方环柱走,卒惶急,不知所为,左右乃曰:"王负剑!"负剑,遂拔以击荆轲,断其左股。荆轲废,乃引其匕首以掷秦王,不中,中铜柱。秦王复击轲,轲被八创。轲自知事不就,倚柱而笑,箕踞以骂曰:"事所以不成者,以欲生劫之,必得约契以报太子也。"②

---

①　司马迁:《史记》卷八十六《刺客列传》,第2534页,北京,中华书局。
②　司马迁:《史记》卷八十六《刺客列传》,第2535页,北京,中华书局。

这段今天展卷依然令人目眩的文字里，没有再对变色的秦舞阳再费一字笔墨，却写荆轲，又一个"笑"字，是身负八创知事不就后的倚柱而笑，正与秦王及群臣的三个"惶急"相对，也与他自己刚入殿时对色变的秦舞阳的回头一顾相应。他终于看到了那个他在易水上用歌唱出的结局，在舞阳的色变中他再次熟睹了这个结局，如今，它来了。

面对那迟早要来的命运，那早已预备好的不复还的死，荆轲笑了。

他知道，他为它所掳去同时，他战胜了它。

其后发生的事其实也是不用再费笔墨的，幸逃一命的秦王后来的举动让人恶心，论功赏赐，发兵伐燕；而国破家亡、疲于奔命的燕王喜竟至采用代王嘉建议，使人将自己的亲生儿子——太子丹杀死，并起意将尸首献媚于秦，然而就这般下贱也未能摆脱它五年后的倾覆命运，杀了自己儿子的燕王喜仍然做了秦国的俘虏。

对立于父子尚且如此的薄情寡义，太史公似乎是故意将那已然终结的故事再延伸出一个不断的线头来，以朋友间的默然诺许来反衬上层贵族的屠弱，并生生要为那不义又混乱的世界理出个顺序，这是在燕国消亡之后，在秦王兼并天下统一中国立号皇帝之后，在太子丹、荆轲之客被逐被杀之后，隐匿于宋子故城的高渐离出现了。因了他的出现，历史上常不容于当世的侠义又多了一笔。

先是他的击筑使闻之者皆惊，"击筑而歌，客无不流涕而去者"的消息是与有识者之人的"高渐离也"的提醒一起传到秦始皇也是当年秦王嬴政的耳朵里的，在后来看未尝不是有意打入秦府并接近仇人的意图下，那仇人的因喜音律的重赦和为防范的矐目（一说用马屎熏至失明）都扯平了，含着一个复仇的念想，高渐离仍能将筑击得完善，击得从容；那秦始皇也是通音律的——在荆轲刺他一节中就有"乞听瑟而死"的缓兵之计，《燕丹子》讲述那被召姬人的琴声是"罗縠单衣，可掣而绝；八尺屏风，可超而越；鹿卢之剑，可负而拔"；虽然那奋袖超屏风走之的行为不一定是受了鼓瑟的启发，甚至负剑而拔的动因也不全是琴师的功劳，《史记》中就讲是左右的主意；但也从一侧面表述了秦王一定的音乐修养，秦汉之际著下的《燕丹子》在此情节上有想象，却不可能全属无稽。通音律的秦始皇听出了什么了么？那隐藏很深却不可能不颤动于筑击之中的恨与复仇。这是史的空白，是只能凭猜测的，然而击筑的目的没有因时间的流逝而淡忘。

于是有了那相近的一幕。

> 稍益近之，高渐离乃以铅置筑中，复进得近，举筑朴秦皇帝，不中。
> 于是遂诛高渐离，终身不复近诸侯之人。①

《史记》的这段记述较《燕策》详细些，然而也是简略。

那个叫嬴政的人还活着，却连自己的诸侯都不敢接近。荆轲却在死后，终等得了他的朋友。

这是公元前227年前后的事，然而却不断为此后的各时代所传颂，这种现象，仅只是对一历史事件的复述的习惯吗？那讲述的热情里面又仅只是对一种公认的不畏强暴敢于人不测之强秦的侠士的感念吗？荆轲明明早已看出了失败，所以他笑，他用笑去赢得意义，而荆轲的两次笑也呼应了田光的一笑——在太子丹踌躇谋刺之事而有求于田光寻荆轲又叮嘱田光本人勿泄的慌乱里，田光"俯而笑曰：'诺！'"——总有一诺千金的成份，哪怕深知事不成的结局——这是司马迁都不愿承认的，却有"风萧水寒"的歌词预言在先，这三次不同场合不同处境不同人的笑，却是对那结局了然于心之上的自信，不是对一功利事实把握的自信，而是对自己用以肩负使命本身的人格自信，所以那意料中的结果也变得无关紧要。这是历史一直在回避说的，也正是深深打动了我的，不是单纯的政治性的勇敢，或维护侠士尊严生死置于度外的高贵，它们其实都被包含在一个词汇里，很普通也很耐咀嚼，是——知其不可而为。

知其不可而为。冷到了炽热再把热化作硬的铁，西方文学中直到一千年后才产生了这样的人。堂·吉诃德这个半虚拟的形象才给西方文明里注入了这种精神。同是西班牙的作家米格尔·德·乌纳穆诺这样评价他的祖辈塞万提斯所创造的人物，使我找到了说荆轲的一个曾一直不好表达的线索，他说，堂·吉诃德的困惑不是时代而是他自身："梦想与体验、高贵的理想与卑贱的实在、目标的清纯与不能达到的作为的不安"，堂·吉诃德的战场不是

---

① 司马迁：《史记》卷八十六《刺客列传》，第2537页，北京，中华书局1982年版。

现世而是他灵魂:"他的灵魂挣扎着想使'中古世纪'从'文艺复兴'的扩展当中保存下来";①面对历史发展的大的方向与趋势,荆轲的一刺是否也带有同样的光荣与荒谬呢? 或者他早已看破,那英勇不屈与桀骜不驯包含着的不可为而为,其实就是为了一诺的收回,只是这收回的形式是以生命的抵押,这一点,荆轲何尝不看得透?! 所以那两个笑,显示着从容。赴死的决意已定,谁还能再虏去他不迫的自由。由此,他超过了那个举事的叫丹的太子,也胜了那个后来称帝的嬴政。

然而有一点也是必须提到的。

荆轲在答应太子丹时,便提出了两个条件,也是他向太子丹要的两样东西,一是樊将军首级,一是燕督亢地图,作为刺杀行动的一部分;丹满足了他,并附加了不可缺的行刺工具——徐夫人匕首,还有一个名叫秦舞阳的副手。关于首级与地图,却让人自然联想到《搜神记·三王墓》中的类似叙述,那无名侠向赤索要的也是两样相类的东西———是赤的头,一是赤的剑,上文引述的《铸剑》中黑色人主动要替赤报父仇而向赤索要也是这两件物什;只是那是为去杀楚王备下的。而且在刺客提出这两样东西时,尤其是那头颅,无论是赤,还是樊于期,两人同是一样地毫不迟疑,据早于《史记》的《战国策》载,樊于期听了荆轲的刺秦计划并要以自己的头为觐见秦王的条件时,是"偏袒扼腕而进曰:'此臣之日夜切齿腐心也,乃今得闻教!'遂自刭"。据源于《三王墓》的鲁迅先生《铸剑》里讲,面对剑与头——那黑色人的要求,眉间尺也表现出同样的果决,"暗中的声音刚刚停止,眉间尺便举手向肩头抽取青色的剑,顺手从后项窝向前一削,头颅坠在地面的青苔上,一面将剑交给黑色人"。比照"荆轲刺秦王"这段战国史实与《三王墓》这段晋代人所撰的志异故事会得出相当有意思的结论,不仅是情节细节的相似,连丹与赤这样两个人物的名字都有着暗合,而且往下大胆地推话,晚于《史记》几百年更晚于《燕丹子》的晋代志异作品很大成份就脱胎于战国时的真人真事,只不过用了与那一时代精神相叠的神秘方式,更隐晦地表达,把传说与事实搅在一起,省略了那仇人与复仇者真正的身份,更省略了那加入其中以报不平为能事的侠的名字,晋代用这种特别的方式保留和纪念着它的前代,以扭曲的浪漫祭奠着战国挥

---

① [西]乌纳穆诺:《生命的悲剧意识》,第181页,上海,上海文学杂志社1986年版。

洒的浪漫,并将那已然不可改变的史实——那场刺杀行动的失败、荆轲未完成使命的死——改写为无名侠士与楚王的同归于尽,三王之头在鼎中腾翻撕咬,这种想象力中该寄寓着多少因史的遗恨所生的浪漫,这种文学式的翻写对史的修补又寄寓了多少人对侠正义不死的理念,侠的理念化将具体的一个荆轲事件或是整个的战国之侠士精神包容了进去。几千年,自有了文字所造出的文学以来,中国的书写者一直在完成着这样的抽象。在以这种抽象,一点点地养着他所生身的时代里的那些极为罕见的珍贵的"骨髓"。

时隔两千二百一十五年之后,公元 1988 年的 5 月至 7 月间,那个春夏之际的夜间写下的四篇短文是不该为研究隔过的。这四篇文章是:《渡夜海记》(1988,5),《静夜功课》(1988,7),《芳草野草》(1988,7),《悼易水》(1988,7)。这四篇文章的作者是同一个人——张承志。这四篇短文中都提到了《史记》刺客一节,提到了鲁迅,还有面对世上的这一种文本墨书阅读着的自己:"近日爱读两部书,一是《史记·刺客列传》,一是《野草》。……暗里冥坐,好像在复习功课。黑暗正中,只感到黑分十色,暗有三重,心中十分丰富。"触着高渐离故事的硬硬边缘,如墨的清黑涤过心肺的时分,"古之士子奏雅乐而行刺,选的是一种美丽的武道;近之士子咯热血而著书,上的是一种壮烈的文途"的感念,是那他所深爱的"启示的黑暗"么?清冽微黑、销肠伤骨的易水在北中国的萧条刚硬里如一道分界,少年时的膜拜到重读《史记》中对"血勇——脉勇——骨勇——神勇"的一条注释的理解之间,那对古人的对于勇者的入木三分、透骨及髓的体味仍未被时间掠去浓咸。在"士之愤怒"与"布衣之节"的承继里,张承志对野草芳草也有了重新的划分——是对鲁迅先生野草般苍凉心境的深悟还有视心中洁癖为宿命的习惯,"我想它存在、我希望它存在,所以它存在了——写多了芳草是冥冥中我得到的一种正道"。所以那出发点是被市人常嘲笑的梦,所以那几个字其实是对先生的另一角度的继承:

只承认不在的芳草。①

---

① 张承志:《芳草野草》,见《张承志文学作品选集·散文卷》,第 84 页,海口,海南出版社 1995 年 8 月版。

所以三年之后，会有意犹未尽再次续上这个话题的三篇长文:《致先生书》、《清洁的精神》、《击筑的眉间尺》。时间是 1991 至 1994 年。

《致先生书》重提《野草》与《故事新编》，重提特指鲁迅的"先生"的血性激烈与"激烈之中有一种类病的忧郁和执倔"，以及血缘，以及那几近于"近主的宗教誓辞"的《野草》序文，还有他对"反复成为我们心灵的敌手的"吃人之孔孟之道的反叛的呐喊，面对学术界艺术界中隐晦的暗藏贬义的来自艺术与政治关系的文学提问，张文无疑是一篇为鲁迅文学乃至人学地位的辩护书，然引我兴致的是那些延伸，在谈到《故事新编》时，张承志说于先生死年出版的这部书在读之时有一种生理的感觉，它决不是愉快的，是不寒而栗，也是触目惊心，"先生很久以前就已经向'古代'求索，尤其向春秋战国那中国的大时代强求"，更引人重视的是他引出了一个对现时代而言异常重大的命题，是再明确不过地指涉人格的——

　　　　中国需要公元前后那大时代的、刚刚混血所以新鲜的"士"；需要侠气、热血、极致。①

这种极致的正气的美在距此话写下两年后《清洁的精神》中终得到了梳理。

从汉字"洁"和它的最好注释许由洗耳的河南登封王城岗箕山开始，本质、传统、文学的真实、对世界的重新体证搅绕在一起，是"洁的意识被义、信、耻、殉等林立的文化所簇拥，形成了中国文化的精神森林，使中国人长久地自尊而有力"这样一种人格认识。对《史记·刺客列传》这篇中国古代散文之最的精神解读就基于这样一种认识。司马迁叙述的从曹沫到荆轲的中国烈士传统已不需复述，让人着迷的是张文对司马文中壮士来去周期的意味深长的强调，曹沫之后，是"其后百六十有七年，而吴有专诸之事"；"从专诸到他的继承者之间，周期是 70 年"；"周期一时变得短促，四十余年后，一个叫深井里的地方，出现了勇士聂政"；"二百余年后，美名震撼世界的英雄荆轲诞生了"；这种颇含深意的叙述，并不只是对司马迁的敬仰和对那个大时代里的侠士的崇

---

① 张承志:《致先生书》，见《张承志文学作品选集·散文卷》，第 112 页，海口，海南出版社 1995 年 8 月版。

慕,正如对鲁迅的复读不只是局限于文本一样,所以才会有那样的理解冲口而出——"在《史记》已经留下了那样不可超越的奇笔之后,鲁迅居然仍不放弃,仍写出了眉间尺。鲁迅做的这件事值得注意。"所以,以下的结论定源于诸上认识的累积:"一诺千金,以命承诺,舍身取义,义不容辞——这些中国文明中的有力的格言,都是经过了志士的鲜血浇灌以后,才如同淬火之后的铁,如同沉水之后石一样,铸入了中国的精神"。这恐怕是现代最近的写侠之骨髓的文字了,虽然统篇没有用"侠"去界定它。

一年后的《击筑的眉间尺》可视作《清洁的精神》的补白,1994 年夏天长沙西汉大墓中出土的古乐器——筑,一共三件,都已残断;面对它让张承志再度想到司马迁《史记·刺客列传》和鲁迅《故事新编·眉间尺》,钩沉古史并非闲来无事不然不会有那种堵噎:"感触如割如痛,其原因,或许仅仅在于音乐与刺杀,这难以协调的二者之间。不知为什么在古代,乐如兵,人如文。不知究竟是高渐离看中了此种如兵的乐器,才成为音乐家——还是筑为了高渐离这样的勇士,才衍变成这种激烈的形状"。

> 筑身窄长,筑颈呈三角形。可以看见,以前曾有五根弦;一根压三角顶棱、两根贴着左侧的斜面、另两根顺着右侧斜面。五根弦,分在徵、羽、宫、商、角;两侧的筑弦被扼住后,又分别变成羽、变宫、宫、角、变徵五声。

> 筑的奏法,是以左手扼住细细的筑颈,五根弦围细颈,绷紧又弹开。奏者在筑弦张弛之间,用右手持弓击之。可以想象,如此奏出的筑曲不易轻浮灵巧,它一定浊重铿锵,喑哑古拙。①

而今这般乐音,易水之上,不复再有。

那使士皆垂泪涕泣的"变徵之声",使士皆瞋目、发尽上指冠的慷慨"羽声"也只存在于抚读中的想象里。它们,是在等待着一双与它的乐器——筑相匹配的手和与那手的主人所拥有的与音乐相衬的灵魂么?同样被选择的,还有千载难逢的机缘与处境。

---

① 张承志:《击筑的眉间尺》,广州,《花城》1995 年第 2 期。

无论引证或研究，这种乐人一致的探问何尝不是肯定，有鲁迅可读，有印证了神话同时也加固了信仰的考古，一个人、文统一的念想是会渐渐长成的，如同那早几年产生了的句式——我想，我希望，所以它存在了。

不仅如此。

张承志完成的不仅是古事钩沉里的对文化血液的抽丝，渐次显明的织绵意图使侠这一汉化概念得以全新的延展，这是前人未及做的，他看重的是名字、称谓、符号后的精神意义，作为一种联系，他找到了另一种坐标，从返身历史的纵向寻找到在此间的对某种传统历史意义之外的心灵、民族的横向参照，都是在一个主题下的集聚。

所以有《西省暗杀考》，和其中只在"圣"的空间里求存活的人。

师傅、竹笔老满拉、喊叫水马夫、伊斯儿和他们英烈不屈的北方女人们，以及金积大地上所有以争战和沉默抗议残恶与污辱的回族人，为信仰、为教义、为从乾隆到同治几遭镇压与屠杀的几百万同胞，他们世代相袭、不折不挠、为复仇甘愿以命相抵，师傅在一棵杨拚尽全力做尔麦里在接都哇尔之后而归了真，却坚持着念赞"一直到卢罕（灵魂）走离彻底"；竹笔老满拉兰州被捕，在同伴劫狱时他为隐藏教门与实力断然拒绝逃走时的冷峻、执拗与沉毅，而临刑砍头时，他"亏心哪"的跳喊又含有多少大业未竟的热血辛酸、遗憾与不甘；喊叫水马夫在肃州左湖以斧砍杀轿中人后又死于兵勇队刀枪下的英勇、豪迈；胡子阿爷（伊斯儿）穷尽毕生的等待，在一棵杨伺机复仇的焦虑与谋划以及破釜沉舟的拚死实践，涵盖了西省黄土碱水喂养出的回族一代代人的血性信仰，搭了一切，押上性命，只为了捍卫精神，生命的存在在这里简化、升华为对信仰的体认与实践。这是我多年前一篇文章里对这部作品的解读。①现在看来可能就不大一样。因为在概括里有些东西被挤干榨了出去。

比如说当时根本无法领会的时间。《西省暗杀考》写于 1989 年，正在上面已做引证的他 1988 年的四篇短文与 90 年代初的三篇长文之间，好像一种总结，又像一次预言。此后的《心灵史》证明了这一点。

比方说，那时也不可能注意到的其中的一种层进。《西省暗杀考》写了四章，一章主写一个人物，一共四个人物，师傅、竹笔老满拉、喊叫水马夫，还有

---

① 参见何向阳《朝圣的故事或在路上——张承志创作精神描述》，见何向阳著《彼岸》，第 17—54 页，开封，河南大学出版社 2009 年 11 月版。

作为见证也贯穿始终的伊斯儿；对应于他们的分别是一部经文、一只竹笔、一把粗木把斧子、一柄刮香牛皮的长刮刀然后又回到经文；由此，这四个人物似可囊括四个阶层——师傅所代表的宗教界，竹笔老满拉代表的知识层，喊叫水马夫代表的底层百姓，还有伊斯儿代表的不变的继承人，这个继承人从16岁等到30岁，那为报仇的伺机等待又经历了50岁、56岁、80岁，直至89岁归真，其间同治、光绪、宣统到辛亥革命，世事沧桑，却矢志不改，那最后年月里修订经文的举动是寓意很深的，伊斯儿走到终了真正完成了对师傅信仰的继承，这是用了一生换的。如果不是后来——1989年3月与之几近同时（《西》写于1989年2月1日）的《错开的花》——也是四章结构，只不过是以一个人精神境界里的四个阶段四个完成结构的，如果不是这篇做了意蕴上的印证，那么以上得出的有关层进的结论则有可能是妄断或胡说。

再比方，小说中非常强调神色。写师傅，"静如一片红褐的石崖"，"戴一张铁铸的脸"；写竹笔老满拉，"身上有股鬼气，沉闪着怖人又魔症的光，像一种铁"；并至少两次引用到《史记·刺客列传》中的评价荆轲时做的注，有关勇士神色之辨那段。一在伊斯儿目睹喊叫水马夫行刺一节，"伊斯儿突然忆起那一日金城关的老满拉：直至后来劫狱、被斩首，老满拉的脸色一直苍白如骨。一个脸白，一个脸红——伊斯儿心中动着……"；一在铁游击金兰山大爷见识了供给四地造反饥民给养、于地下高诵《默罕麦斯》15年的胡子阿爷（当年的伊斯儿）的胆识之后的跪拜致谢："阿爷神色不变，一诺千钧。小弟从小走进黑道，总听长辈说：血勇的，怒而面红；骨勇的，怒而面白；只有万里寻一的神勇之人，才能怒而不变色。今天见上啦！"这已经是对以上结论再明显不过的例证了。

而小说结语点出的四座墓的主人即《西省暗杀考》里所一一不同地完成着使命的主人公，则是传统正史记述之外的、异族的侠士。他们绝不逊色的表现，纠正了中国汉文化中心的观念。并将为"义"的行事，提升到了为"圣"的牺牲；而后者，恰恰是缺乏宗教信仰的汉民族所不及的。

所以那样难抑的激烈不可翻译：

　　喊叫水的马夫飘动鲜艳绸袍，举一杯酒，大笑着下了台阶。
　　"哈哈哈哈——"

伊斯儿听那笑声里有一丝嘶哑。他头骨悚然，恐怖片刻涌满胸腔。喊叫水马夫纵情笑着，大步笔直，朝轿子走去。高举的双手里，一杯酒激烈地溅着，伊斯儿见马夫已经距轿子五步之遥。此刻，马夫的脸膛突然颜色一变，如同红彩。

……

喊叫水的马夫突然一抖手，酒杯飞上空中，手中现出一柄斧头。马夫一跃而起，绸衫呼呼鼓风扬成一片霞。说时迟，那时快，喊叫水马夫饿鹰扑食一般，一斧子剁在刚钻出轿门的人头上。伊斯儿仔细看着，觉得自家心静如石。白花花的脑浆迸射而出，迎着散成水雾的酒，在烈日中闪烁。马夫脚掌落地时，第二斧已经剁在那人脖颈上，半个头一下子歪着瘫软。伊斯儿感动着念着，主啊，我的养主。他注视着马夫闪电般抡动斧头，如雨的砍伐带着噗噗的溅血声，密如鼓点。那个坐轿人先失了臂，又失肩，被疯狂的斧刃卸成两片。喊叫水马夫俨然一尊红脸天尊，淋漓快畅地把斧子舞成一团混沌。有一斧震落了那颗挂着的碎头，马夫扑抢在地，半爬半跑地剁那烂头。倾刻间那头被剁进泥土，又被连同泥地剁烂，变成血泥不分的一滩。喊叫水马夫突然间失了对手，跪在血泊里，撑着斧大喘粗气。

……身影狂乱中，伊斯儿看不见马夫殉道的场面。伊斯儿把身躯在乱人堆中挤着，默默念起了送终的讨白经文。念时伊斯儿也把念举向师傅和竹笔老满拉，他视野中显出了同治十年金积大战的刀光血影。他感动得忍受不住，但他觉察出自家心并不跳，脸色并不变。①

与直抒胸臆的方式不同，1995 年以叙事完成着对侠之精神的复述的，是何大草的一篇小说。小说名字是《衣冠似雪》。

它以嬴政与荆轲两个人物精神世界的探索入手，对那个战国时的著名刺杀事件做了重新的阐述。与《史记》不同的是，在魔幻、变形、怪戾的文字氛围中，田光、秦舞阳、嬴政等《刺客列传》这一节中弱写的人物——得到详尽的发挥，无论心态还是性格，在自觉或无意被卷入当时的政治漩涡里时的不安在

---

① 张承志：《西省暗杀考》，见《张承志文学作品选集·中短篇小说卷》，第216—217 页，海口，海南出版社 1995 年 8 月版。

为历史长期省略之后得到了文学的展露。十三岁开始狂奔思恋着为父复仇
并一直耽于血腥的、心态滞留于少年期的嬴政，与十三岁杀人的狗屠、年轻气
盛、性情躁烈然心智愚钝、底蕴懦弱的江湖上人秦舞阳有着令人惊异的心理
同构性，高渐离的筑弦也是十三根，好像有着命定的联系，在"十三"西方文化
避忌的数字与恰也是东方佛教中演示轮回的数字里，作者想织就的是什么
呢？科西嘉阿喀琉斯的加入把战国时秦拉到了与之时间同纬度的古罗马，同
是国破人亡，同是复仇，流浪，还有相伴生的与大时代呈悖论的个体的荒谬，
全由一个于漳河中流打捞战士头颅的、年龄不明的妇人微笑地看透，"由人头
骷髅垒起的六面形三角塔"被称之为金字塔，而妇人却在弹剑的荆轲的肺腑
中看到一朵冉冉升起的"孤独的蔷薇"，已经很有些怪异；其间人物的演绎成
分，如盖聂的引入，太史公笔下，他只是一个与荆轲论过剑的人物，着墨不多，
论剑之后，便未再于刺秦事件中出现；而这里，盖公子却是一个作者用力写的
人物，他主动请缨于太子丹，请赐三件宝物（头、图与匕首），并因狂言于太子
丹而引来杀身之祸，太子丹最终纳了他的建议却先于一步除了后患，与史记
相同的只有一点，就是，无论着墨浓淡，盖聂仍是一个配角，《刺客列传》里他
衬的是荆轲，一个好论剑的人却未在一个大时代里真正站出来只有看客评论
的份，惜乎也是多余；这里，他的天真不但衬了太子丹的阴险，他的名利更衬
了荆轲对事功本身的淡漠——荆求的是另一种历史之外的价值的实现，虽然
他自己还无法命名于它，却了然于心。

　　妇人退后一步，在一方土台上站定。那么你是一定要去杀掉秦王嬴
政的了？
　　……
　　荆轲说，是的，我这就要去。
　　是为了太子丹吗？
　　噢，不。
　　为谁呢？
　　我曾经想得很清楚。但现在已经忘了。①

---

　　①　何大草：《衣冠似雪》，北京，《人民文学》1995 年第 1 期。

在不明白那目标之前,他知道自己的否定。

已经不免有些故事新编的味道。调侃之外,是新译,比若院士田光邀荆轲喝豆汤之类,很有些鲁迅笔法,然而调侃的外壳包裹的核心却是肃穆的,在后现代之外,仍有一些东西是不变形的。改写中故事变了,精神却留了下来,如果说真有什么不一样的话,是那核心不那么坚硬了,行事之前的迟疑被从另一向度夸大,成了困顿、怀疑、迷惘、宿命、延宕等软化成分,只在这时,那后现代的气息才从内部散发出来。

所以与盖聂论剑一节会这么写:

> 呼呼风生,金冠紫袍的盖聂已在荆轲对面蹲成一个坚如磐石的马步,稳稳地握住那柄豪华的短剑往荆轲的心口喂去。……几支烛火一暗,爆出油闷闷的裂响。……

> 烛火重新嗤嗤地燃烧起来。大堂内红光粲然。荆轲还在漠然地坐着。所有的眼光都聚集在那把价值连城的短剑上,短剑上搭着荆轲一只五根如葱的手掌。

> 秦舞阳叫一声惭愧,用掌抵剑无异于以卵击石。想起自己平素何以会对荆轲敬畏有加,真是百思不解。

> 盖聂心中更是疑惑。他曾与无数游侠剑客交手,从没有见过像荆轲这样出招的。……就这么心念电转之间,盖聂的短剑往后退缩了三次,……荆轲的手指搭着剑刃向前跟进了三次,依旧一动不动。

> 突然,荆轲五指一紧,往后急抽,整条小臂舞出一个优美的弧线,鲜血叭嗒叭嗒地滴进横七竖八的酒碗菜盘中,溅在荆轲的袍子上,就像春风拥入满怀落英,散出甜丝丝的腥味。

> 荆轲站直身子,微微一笑,盖聂公子,你几乎要了我的命。他转过身去,密林般的看客分开一道面目又冷又硬的小路来。[①]

而"图穷匕首见"却也与史录的原本可以如此不同。慧心的读者可注意到荆轲在这里重又无名,作者隐去了个体,而以"年轻人"来统代的这一点,让人想

---

① 何大草:《衣冠似雪》,北京,《人民文学》1995年第1期。

起半世纪前的《铸剑》和那作了它原本的也是无名侠的故事——《三王墓》。

　　年轻人的眼中也是一片漠然。当他的左手终于伸展到长卷的尽头时,一声清啸,长剑出手,嬴政手中一股青锋刚刚逼到年轻人的胸口。

　　图穷匕首见! 嬴政舒心地笑了,勇敢的刺客,你输了。

　　……

　　年轻人摇了摇头,左右手仍执拗地叉在大案上,长长地张开双臂,像一个无法拒绝的"请"字——

　　在那卷缓缓展开的燕国南界的肥沃版图上,最终现出的并非见血封喉的徐夫人匕首,而是那柄嬴政夜夜不离枕下的竹片短剑。竹剑上镌刻的白蛇,昨晚曾跃跃欲飞,此刻却冻僵似的蜷成一团如同一个古怪的嘲笑。

　　嬴政定定地看着年轻人左掌的五指,五指如葱平静地放在竹剑的边上。……

　　阳光从宫殿的每一扇门窗退了出去。阴寒的潮水来回冲击着朝廷。嬴政听得见自己的心跳和黄色帷幄后刀斧手的呼吸。……

　　嬴政在心底恨恨地骂了一句。在此后他十七年的生命里,他一直回忆不起自己当时到底骂的是什么。他右手一送,剑尖无声地刺破了年轻人的白袍白衣,插进了胸膛。

　　那年轻人对嬴政最后笑了一下,他的脸白皙得赛过宫中最美丽的女人。他用优雅的双掌握住了剑身,他以虚弱而坚定的声音告诉嬴政,我来就是为了向陛下证明这件事的。

　　证明什么呢……嬴政冷淡的声音,像呢喃自语。

　　年轻人似乎还想说什么,但微微凹陷的眼窝中,坚定的眸子正升起薄薄的雾霭。他犹豫了一下,双掌往回一推,长剑穿透了自己的身子。

　　年轻人的头轻轻地搁在案角上。嬴政松开剑柄,久久地注视着年轻人的鲜血顺着洞穿白袍的剑槽剑尖,寂寞地往下滴,直到滴尽了最后一滴血。①

---

①　何大草:《衣冠似雪》。北京,《人民文学》1995 年第 1 期。

"但是到底我们谁成功了呢?"这是那疑问,其实已包含了肯定。衣袂变了,骨殖却没变,结局动了——《史记》的刺秦一节见上文所引,情节不同,表意却未动;在《史记·刺客列传》已是绝笔之后两千年,还能有这样的不惮于写心的文字出现,已是奇迹,不想,这文字里活着的荆轲却还比实史中的荆轲多一层东西,个性里,他有着任何当权者——无论秦王还是燕太子都夺不去的东西,所以于事件中突现的只是人格。尊严在里,和着与时代共生却长于生命的迷惘也在里。

这就是荆轲的故事。和那行为曾暗示我们的意义。

它需要不断地出土。

尤其在一个慌乱于物而冷淡于神的时代里。

这个神,不是外设的。这个神,长在人的体内。

同年 7 月,何大草的另一篇议论性文字《看剑》,可视作对他自己这篇小说的补充。其中这样的句子——"在二十世纪的最后几年,先秦的刺客,再度成为中国文化人关注的焦点人物"——道出了世纪交接处的时代对传统重做诠释的焦虑,也为战国时侠士的真情与正义贴上了唯美主义的封条。他在解释他写作《衣冠似雪》的动机——只是为找到荆轲的动机——同时,还依据于"士"的分析提出了对古侠的新的认识,他认为《刺客列传》中的刺客其实是些书生气很重的人,是书生,今天我们称之为知识分子,这是一个很有意思的观点,对于骨子内里东西的发现掺杂其中,成为主干,这大概可以通俗地解释为什么在本世纪末甚至在每一世纪的转换处都会有一种对侠的回视——上一世纪是康、梁集团,这种回视是不就是一种内视,在应该有人神清目明的时候站出来。用一柄剑将历史重重的幕帐挑开来,——演尽剑气岁月里的往事,不免有臆测与主观,但有一点是肯定了的,对于"士"的重新定位和解释,其间的侠的人格不该被时间冲得散落,而且,在人格内部,了断生死或许做得容易,不易的是其后的自我选择和自由意志相叠合并一贯到底。这其实是侠或者士在一个人格淡化的年代共同面对的问题。

由此,再看 1995 年的一篇写荆轲的短议,就会体味出迥然不同于荆轲时代的冷峻客观。在《荆轲,侠士或刺客》的题下,黄橙提出的也是一个理性时代的疑惑,在"义"与"名",冷血、热血的"正看"、"反看"里,尚节义的义勇精神得到了倡扬也遭受模糊;对于这样一种效果而言,也许这个时代真需要的是一种极端,气质上,在荆轲提剑不返的形象与盖聂坐而论剑的风度之间选择,可能将划开下一世纪的中国知识分子的阵营。其实界限早有圈定,之所以引证了这么多的侠的故事以致写作成了考证,也不过是为了这一个日渐显明的结论。

　　至此,关于侠的个案考察及其在历史文化中的贯通描述可以告一段落了。侠的精神和这精神所附身的形象,在各个年代里都能找到其在那一现实里的文化象征,而无论如何,与侠写在一起的心性自由、纵横开阖的浪漫主义,激扬正直、嫉恶如仇的理想主义,去伪存真、优雅高贵、要求纯粹的唯美主义,特立独行、沉默冷峻的神秘主义,崇尚节义不惜生命并身体力行之的英雄主义,诸多有史以来与之关联而为历史所书写到的主义等华美外衣下,其实包裹的也只是最质朴的核,我称之为“少年精神”。现在还尚无力为这一诗意的称谓找到与之匹配的概念解释,只能以下面不够周全的形容讲述它的内涵,它是:少年一般的心情,青春气,活力,锐敏,是积极,是不拘于文化的个性,是创造文化的可能,是充满向往、希望、梦幻的心理定位,是活泼,是有所为……据说中国的唐代是这一精神的一种文化典范,在佛、侠混合的时代而出的少年精神,体现在最能代表唐代的诗歌上,在对历史的返顾一节里我们已有对李白等人普遍的咏侠诗的印象,侠骨以文的方式留存下来,而少年精神的表现不局限于文学,而包括政治、经济、外交等社会各个方面,所以称为盛世,这是此前此后都未能达到的峰巅;它在文化上不仅可与世界对话,而且事实上是引领着世界文化的发展,这也是此后年代所未能达到的,仔细分析一个社会的面貌是不能绕开文化精神背景的,而在唐代,最重要的文化精神,是不能不考虑它的积极进取的少年精神的。在这个意思上看,唐代是保留战国时的民间与贵族相交融的侠之气质的最好的年代了,而且它是用了最文化的形式保存了它,整个唐代真的是很少战乱,它证明了一个和平年代也能以它完好的实践保持一种浪漫精神的结论。唐代的盛世景观当然归结为它各方面的成熟,文化思想上它达到的儒、道、佛的平衡,但我认为这个盛世的活力之处,不可忽略的是它完好无损地通过艺术的形式对先秦侠的保留,这可以视作是对唐文化一直被学界认作女性文化大成时代的一个反驳;唐代,是这样一个时代,在它优柔成熟的外表下,跳动着一颗少年的心。

这使我再次想到中国本土文化脉络的三个源头——儒、道、侠。对于它们的起点处的个性特征的分析在前文曾有涉及,儒一诞生,已是中年,它的入世道德又一直发挥着它的中年特点,它是求群性和谐的;道则开始于老年,如果说老庄之时还有青年味的话,那么它是愈来愈老的,讲出世的超脱,其间的消极与它的社会间离性相联,是求天人和谐的;侠却是少年的,精神而言,这一质地从未变过,它是求个性和谐(而非传统所认为的个性冲突,这里的和谐有自我人格统一实现的意义)的;也许正因为此,它在一个老成为文化面貌的国度里才备遭损抑,而它的思想,也一直未得到大力发展与当权者的重视,入世与出世之间,在易于为中国人接受的两种文化两种人生意向、人生态度的夹缝里,侠这种建设性很强的思想,曾被认作是极富破坏性的范畴而加以排斥和贬抑;贬抑的结果是,中国文化的畸形发展,少年精神的取缔,是一个古老得失去了再生能力的国度的出现,所以再无唐代那种融合能力,那种意气昂扬的少年气质也已经真正沉入了梦里。也许这就是一种文化在世界文化格局中日渐落后以至部分丧失掉引领、创造者角色的原因。

引我惊异的,是侠这一种文化对书写权的放弃。虽然在各时代的浪漫主义作品里都能找到它的思想,但在那产生大理论的百家争鸣时代却难以找见一部如儒之《论语》、道之《道德经》的著作来。当然即便如先秦,如儒、道,也是述而不作占了统治地位,入世、出世两大家的源头之作也都是学生后人的记录,这种文化特质,这种对书写权的自觉放弃是这一民族文化不同于他族的特点,然而它的背后所述的文化内涵又是什么呢?而且,侠这一思想则做得更决绝,更彻底,它在源头的对文字与语言——对整体描述行为的放弃,又区别于一民族文化内部的儒、道,这又意味着什么呢?好像一开始,它所放弃的,只是"说"的一种方式,一种它所不屑的方式,它用以代替这个叫它看不上的方式的是一种生命的"书写",这场书写,不是蘸了墨渍,而是蘸着鲜血。它的视点,不是文,或者说文只是第二位的,相比较于人而言,在它无言的思想深层,相对于别家的立德、立功、立言而讲,它的目标一开始就与它的形式相叠合,正如它的所有行为、方案、故事所重复的那个内容相一致,它是——立人。

所以有最简捷的方式。不通过语言留存,和它气节相对应的流传方式是以人传神,而非以文传意。气节与真情而来的"不世故"可能是接近于其核心的评价，而对于侠来说，儒、道的述而不作最后走到了它们自己的反面，连篇累牍的著述方式没有继承它起点时不写的精神，"注"的风气很是盛旺，而且在这一文化中重新找到了对这一方式或说是背叛的认同，要不，就是那起源时的不言的方式与立言的内涵相脱节的虚伪性所致；侠却一直是真正意义的书写者姿态，以人作笔的书写，省略了纸墨，跃过了语言，它一开始所放弃的仍是它现在要放弃的，它的书写，使所有以文字方式书写的篇章、著作，所有立志传言的著家，都定位在了它的阅读者身份。

　　理论上讲，中国先秦侠与距它整两千年后、18 世纪 70、80 年代德国的 Sturm and Drang（狂飙突进运动）没有什么可比性，精神内涵是一个例外；作为德国启蒙运动发展的这次席卷全国的文学活动，其结果当然是速成了德国文学的民族性，而再剥开它的这一层壳看，是青年人的参与和由之带来的年轻气息，斯特拉斯堡聚集的青春所要完成的一个民族文学的青春，它的历史作用与如下的名字串连在一起，赫尔德尔、歌德、瓦格纳、棱茨、克令格尔，还有席勒；他们崇尚感情，要求自由与个性解放，狂热的幻想、奔放的激情绞绕在一起，反抗情绪与迷惘状态相糅，灵感大于理性，于动荡状态中的陶醉，孤立与反叛，引起更高真实的幻觉心理，浪漫主义的清冽里往往拌有的感伤主义的苦味，等等，都具有文化精神的可供参比之处。这一时期，歌德的主要作品之一——《铁手骑士葛兹·冯·伯利欣根》（1773），席勒的代表作——《强盗》（1780），反映了思想界的一种叛逆，席勒更在剧本二版扉页明确引用古希腊名医希波克拉斯的话——"药不能治者，以铁治之；铁不能治者，以火治之。"主人公卡尔·穆尔反暴君式的复仇，被恩格斯誉为"一个向全社会公开宣战的豪侠的青年"①，就在这个评价的同一页，恩格斯还说了一句总结整个狂飙运动的话，他说，"这个时代的每一部杰作都渗透了反抗当时整个德国社会的叛逆精神"。正是如此。"狂飙突进"作为一次文学运动，虽也因文而造人，却聚焦于新型德国文学的创生，中国两千年前的侠却是纯粹的造人，人是目的，是完成，也是手段，是过程。为此，距它几百年后的汉代自司马迁开始的叙述也只能被历史限定为追忆——无论是史的还是文的角度。

---

　　① 恩格斯：《德国状况》，《马克思恩格斯全集》第二卷，第 634 页，北京，人民出版社 1965 年 10 月版。

既然把视线引向了欧洲,不妨讲一下骑士与侠士的关系,于世界范围内讲,还有日本的武士可供比较。

文化人类比较学角度下,探讨侠士、骑士、武士的联系与区别,人格价值研究的意义外,也有其吸引人之处。行事原则、价值取向的大致相同,所处社会阶层、文化背景、经济条件等有不同已在众多有关侠的论著里演示过了,那不是我们分析的重心,而不同于以上均属外层的、切进于内里研究的人格差异分析中,我比较赞同陈山《中国武侠史》的一种观点,他是从价值观念入手的,西欧骑士的人格精神——骑士精神把义务放在第一位,有骑士制度这种类法律的形式将其与各级封建统治者的关系社会化、宗教化,他们对于抽象的、超越性的正义、真理的忠诚和义务感,是后来欧洲文化精神中理性主义和人道主义的滥觞;日本武士的价值观念则是对某个具体、特定群体的责任感,契约性质与感情观念绞合在一起,具象地代表着一定集团的利益;中国侠士则处于骑士的抽象原则与武士的具象服务性之间,立身于更其朴素的、随机性的感情因素里,友情、同情、情义构建了他的人格层梯,理性与实利均让位于人情,民间社会的这种输入,形成了中国文化人格中的农民性格和市民性格中血性与温情的两极。① 当然,这已经是一种国民性范畴的研究了,它说明,歌德的"骑士"和席勒的"强盗"概念,武士与侠士的概念都不是一日而成的,普遍观念中的骑士所代表的贵族文化,武士所代表的精英文化,侠士所代表的大众文化②背后,仍然有他们更个体的价值尚待发掘,只不过不是用一种传统的归纳法,所以引进比较学可以开创一种思路,在这之外,还应有更多更细腻的方法可供借用。因为个性无法通过归纳而展示。人格的理念化,往往其背面就是被掩盖了的个案,其鲜活生动是不该被剔除在外的。这个意思并不局限于方法。而在文化人格上谈到三士(侠士、骑士、武士),以下一段话或可作结:

"骑士、武士(包括浪人)和游侠三者虽然都崛起于奴隶社会向封建社会过渡的转型时代,精神气质和行事风格有相似之处,但要说其道德信仰和行为准则大多相同,那只有在滤干这种道德理想和行为准则各自包涵的特殊性,并将之提升到对人类共同道德的渴望和追求层面上,才能成立。

---

① 参见陈山《中国武侠史》第302—305页,上海,上海三联书店1992年12月版。
② 陈山:《中国武侠史》第302页,上海,上海三联书店1992年12月版。

正如民族的全部历史是在许多世代的过程中，在其生存条件的影响下逐渐形成的，骑士、武士（包括浪人）或游侠，也在各自生活的那个环境中形成，并随这环境的发展而发展、变化。骑士和武士，因其具有的统治集团成员的优越身份，所以视忠于君主和所从属的阶级利益为根本的义务，从这一点出发，铸定了他们与游侠必然存在根本性的区别。事实表明，仗义行侠固然是人类中一部分特别富有血气和激情之人的天性，但行侠的目的是什么，为谁行侠，确是因着各自所属的阶级、阶层，所拥有的经济地位和社会背景而各不相同的，我们可以把前者留给诗人、小说家去强调，大肆张扬，但作为研究，却只能越过这种普泛意义上的赞美，去分析血气和激情之外，那同样具有规定性意义的东西，尽管这种分析有时会使游侠们脱去光环，从天上降到地面。"①

这是理论无奈的局限。

行文至此，终于走到了结语，在对侠的文化人格做纵的回溯与横的比照之后；在历史与文化的两种不同方向的坐标上，也终于描画出了那个核心，我们用少年精神来命名和统摄它，统领着在其意义后的英雄梦、平民意识、反抗情绪、叛逆精神、勇气、无畏、情感漂流状态、狂人气质、破立相谐的思想方式以及这所有品格所凝聚出的文化穿透性。这种文化（也是人格）的穿透性，与刺之行为、刺之器具相合相应，仿佛那样的形式演变不出另外的内容。传言中小孩的眼睛能看到成人视力不及的事物本相，无法欺瞒的小孩眼睛的原因，是其纯粹性，还未有世故与我执的雾障，让其陷入，乱其心智，清纯而有尖锐，无功利的客观而易达到主观，这是侠的人格阅读中得到的。所以鲁迅先生《墓碣文》中有"于浩歌狂热中寒；于天上看见深渊。于一切眼中看见无所有；于无所希望中得救"。在"……抉心而食，欲知本味。然心已陈旧，本味何由知？……"的历史感念里，其实是以埋葬书写诞生呵。20世纪90年代的侠研究者曾把人生三境界说规范为"少年游侠——中年游宦——老年游仙"这样的模式，从中可看侠——儒——道三家思想或说气质在人的不同时期所占居的位置；而人格，无论个体，还是文化的，都将这几种世界观包裹了进去，了解了它们，就了解了整个中国文化发展的历史，就会了解为什么侠只兴盛于

---

① 汪涌豪：《中国游侠史》，第286—287页，上海，上海文化出版社1994年11月版。

中国文化的早期——战国,为什么儒会成为中国文化中的主流,而道又为什么会周期性地在中国文化的边缘循环往复,就会了解到,在中年期与老年期的中国文化思想的轮回里,提倡一种少年精神也可以说是已成熟但又不世故的人格有多么重要。

在这个意义上,再与西方的骑士与更东方的武士比,侠士更像一个殉道者。那曾传言赋予他的情、恩或是政权其实都不重要,在他心里,其实早有人所不知的一种道,他为它而死,尽管世人只看重了那死的形式,尽管世人到了现在仍以各种猜测填充着他们的不理解。侠却一直保持着他那一族的沉默,在一个宣言太多的时代,他执拗地保持着这权力。不发一言,却又言传一切,以身,以个体,以人格实践;这种告诉的方式,是让人们记着,让我们身体力行,而不是在一般学说的周边演绎。

附论:侠中间的暴力

侠并非都是正义的化身。在他为实现正义的自我人格实现中也包含了非正义的成份,或可这么说,在通往正义目的的途中,侠仍不能摆脱实际是他的终极目的所排斥的反正义(反仁义)手段,这里有一个豪气掩盖下的人格分裂问题,这一问题引出了一个对文化的相关疑问,究竟它是“看杀人”的土壤营造出人格,还是暴力人格本身培育出的文化认同心理?因其分裂,所以要不断地用正义的目的平衡自己,意味着在正义之事的平衡里,要不断采用非正义的手段,而这手段的反正义却使其一再陷入惶惑和为摆脱它而追求的循环中,这种循环所编就的宿命正将侠环绕其中,构成了他悖反的两面。

或许真如有论者所言,原因在生存资源匮乏问题。因物质匮乏去杀人是不应归于这一讨论的,然为行侠仗义去夺人性命却是侠士经常做的,那么生存资源的匮乏概念就应定位在有关生存的心理理解和由此所造成的某种失衡上;对生存理解或说是自身心理生存资源的匮乏促使下的夺人性命,成了一种人格富裕的证明方式?问号是多余打的,事实就是如此。

以下几例可成为佐证。

《水浒传》中,第三十回,写武松于鸳鸯楼连杀15人。被后来的侠研究者捉住——本来“只合杀三个正身,其余都是多杀的”;可滥杀无辜的武松毫无负疚之情,反洋洋得意,"我方才心满意足,走了罢休"。……"血溅画楼,尸横灯影"的起因不论,到了后来纯是因杀得性起。①

于杀人中体验某种原始的快感的,在今天的武侠小说中也不鲜见,甚至成了一种描摹侠之豪情的模式,如古龙的《陆小凤》中就有西门吹雪的一段自白,可看作中侠士心理的一种自剖,他说:"这世上永远都有杀不尽的背信无义之人,当你一剑刺入他们的咽喉,眼看着血花在你剑下绽开,你若能看得见那一瞬间的灿烂辉煌,就会知道那种美是绝没有任何事能比得上的。"

一旦进入了审美结构,就不能不代表着一种相当普遍的文化心理了。一种嗜血的欲望假仁义而行,得到正义旗下的倡扬,却在他气概情怀下仍逃脱不了伦理价值颠倒后的其下的不合理性的探问,与"仁"悖反之"义"的实施,与目的相差甚远的手段,使行侠仗义的目的也变得可疑了。所以有以杀止杀的错觉,和这错觉所引出的一种现在仍在占统领地位的战争理论。

嗜血性并不局限于侠文学中。在20世纪90年代中国先锋文学中也得到了极大的挥发。以先锋文学的实绩人物余华的小说作例,就顺手可拈来如下的句子:

《现实一种》片断:"山峰飞起一脚踢进了皮皮的胯里。皮皮的身体腾空而起,随即脑袋朝下撞在了水泥地上,发出一声沉重的声响……山岗看着儿子像一块布一样飞起来,然后迅速地摔在了地上……那一刻里她那痉挛的胃一下子舒展了。而她抬起头来所看到的已是儿子挣扎后四肢舒展开来,像她的胃一样,这情景使她迷惑不解,她望着儿子发怔。儿子头部的血这时候慢慢地流出来了。那血看去像红墨水。"这还只是众多暴力场面描述的其中之一。

杀人的快感与看杀人的热衷,共同织就的一种文化心理深层的嗜血倾向,早在20世纪初鲁迅就有所警觉,在他的《破恶声论》中曾讲,"古性伏中,时复显露,于是有嗜血戮侵略之事"②;而"示众"所依凭的"看杀头"正是文化深层的这重嗜血性。因为有了看杀头的土壤,所以有示众的延续,放开了说,这与因为有了嗜血的心理习性成为观赏,而才会有在嗜杀方面越写越走火入

---

① 陈平原:《千古文人侠客梦》,第125页,北京,人民文学出版社1992年版。
② 鲁迅:《破恶声论》,见《河南》1908年第8期。

魔的血腥;鲁迅在其以《阿Q正传》为核心的揭示国民劣根性的作品中曾有力地点破了这需疗救的一点,然而一百年过去,作为纯文学一种代言的先锋文学和它们的书写者更年轻的一代的笔下,仍然是满纸杀伐之声。而且在血腥场面中绝无批判的意向。

回首往昔,其实这一倾向并不陌生,在纯文学的传统里,随处可遇的是作为文学精华的诗里,也绝不如它的体裁与文本所限定得那般温雅,边塞诗除去对战争的控诉,更多的是一种豪气的挥洒,即便时如盛唐,浪漫如李白,仍然有那样的诗名句脱口而出,成为后人激赏的"绝唱"——"十步杀一人,千里不留行。事了拂衣去,深藏身与名。"作为初衷不适合写侠气的词也不落后,不但豪放派的词作中早褪尽了艳情,而且发展到后来的岳飞的《满江红》中——"壮志饥餐胡虏肉,笑谈渴饮匈奴血"的句子也至今为文人所传唱,例子似乎俯拾即是,"笑尽一杯酒,杀人都市中"(李白《结客少年场行》);"杀人不回头,轻生如暂别"(孟郊《游侠行》);固然不在乎自己的生命而将之用以殉道,有某种值得尊重的牺牲在里,但同时连别人的性命也拿来作为一种殉道行为的陪葬,就不能不让人怀疑到殉道本身在这种行为人的一种自我实现中的夸张或更甚者——是一种自我表现的需要了。李白早年《行行游且猎篇》中曾有一句"儒生不及游侠人,白首下帷复何益",现在细品,却也透露出文人的一种相当可怕的深层心理——崇侠,是在争得杀人特权的一种病态的反映,在何种程度,在何一层次? 不能不问的是对应于侠士的行为越轨,文人的"意识越轨"对之的白日梦般的替代,一种超法律行为的自由性潜在于压抑深层,而禁忌下的无惮也可通过文字——这种不负实有责任(其码可逃脱法律追询)的形式模拟式地表现出来。这是藏在激进成分之下的。却与下一个问题紧密相连。

3. 复仇解

荀况《申鉴·时事》中称,"或问复仇,古义也"。宋代王安石《复仇解》也讲"可以复仇而不复,非孝也;复仇而珍祀,亦非孝也",以两难的口吻实际肯定着复仇;明代邱濬《补复仇之议》的"人知仇之必报,而不敢相杀害以全其身;知法之有禁,而不敢辄专杀以犯于法"类的调和也未见对复仇有什么明确的否定。

总是如此。

言及暴力,总有一为其合理化加注的永恒的护身牌,只两个字——复仇。复仇,将杀人这一形式上的犯罪解释为内容上的可解,可解的原因是绝对立得住的道德化的盾牌,这是尚今也无法刺穿的——假如掉进它大可自圆其说的逻辑之后,更是如此;古往今来,这是再容易说服人们也乐意接受的一种逻辑或说是已成常识的道理了。然而它却是反人权的。只有在反人权的思想——文化心理定势下才会产生才会完善到无人敢触及更不用说提出异议的地步。侠以及侠文学不能因其在膂力上的对一民族的贡献而放弃它随之带来的另种负面,尤其在当这个负面正生发不良影响的时候。

复仇,与恩怨相连,恩怨,也正是暴力的背面。复仇,被文化化为在因结怨的争斗中的带攻击性的道德意的社会惩罚行为;简单说就是,一种越轨然而可作宽容的反法律行为。在这样一层幕布下,复仇内部的反文明性质、反人权思想、非人道情感被遮住了。复仇,被放在了法外,而人格、荣誉等名下的嗜杀也被视为有其合理性被文化做着接受甚至发扬,文人无疑参与了这场预设的赞赏,复仇之可怕之处所以并不在"以睚眦杀人"之祸的恶之因素,而是包括文化批判者身份的文人在内的对夺人性命事件的暧昧,前者与后者互为反正,两者的合谋中也可见中国文化男权核心的根本性——刚性的畸形。人类学者早发现,攻击性,是怯懦性的另一种表现形态,非正常文化土壤培育出来的一种畸态人格,或许仅源于一次童年情感的受伤或说是一个民族的长期遭欺凌的结果,所以失衡? 又回到了生存资源匮乏问题,但这又仅仅是问题的一方面,于世界范围内可比的还有"超人"中的独裁主义——在无序的世界里以一种更加无序的情状来统领世界的侵权行为,人格扩张只是它的一种内因,对这内因起作用的是使其无限放大的外因——人格扩张的普泛野心,这是那土壤。作为文化评判者的文人对这种暴力文化的无挑剔(反而激赏)的认同,即对复仇相连的"嗜血"内质的人文反思、人道批判、人性悲悯的缺乏,也从另一侧面反映出文人人格内部的一种共有倾向——对嗜血的潜意识的认同。暴力为内涵、杀戮为形式的暴力欲已经形成了一种固定的游于法外的人格,大量白日梦般作品的存在证明着这一点,这种人格,我称之为"嗜血人格"。或说是人格中的野蛮人成分。"这种人通过回到人以前的生存状态,通过成为一个动物,从而摆脱理性的负担来寻求生活的答案。对于这种人来说,血就是生活的本质;流血则是为了感觉到自己的存在,使自己成为独一无二的强者,从而凌驾于一切人之上。"①

再回顾《衣冠似雪》中的荆轲,竟不用一刀一剑,亦不取一人命,却也在人格上完成了作者所认定已完成的使命(倒是秦王用剑杀戮后不免有心虚的惊慌)的画魂之作太少,形式上一时的得胜是早被抛开的,那种人格上永恒的大胜才是非一般人所能追求到的,所以被刺的荆轲伏在案上说,"我来就是向你证明这个的";这种书写本身,其实阐发的是作者本人的一种思想,这种思想这种人文理想本身隐含着对荆轲的人文事实以及此后所有只对这事实描摹的文字的反动。何大草心目中的荆轲,使我联想到莎士比亚笔下的哈姆莱特,同为复仇,却延宕,为什么? 以前总是将那延宕理解为一种写作手法,教科书也是这么讲授的,理解为一种贯穿、结构形式或说是一种悬念设置,在内容之外,而今,稍稍才有些明白,在生、死之间,在杀、戒之间,有些别的什么未及言说;这涉及到两种文化的问题,对于哈姆莱特,特因父复仇,合情合理,但杀了仇人,仍逃不脱一种原罪的天惩,这种天惩是通过作者去完成的——莎翁让他在临死前说了一大段有关生命的感慨的话,而最终仍用笔在全剧结束前(他的父仇也已报)"杀"了他,这是文化预设的结局,不能不如此,莎士比亚找到了平衡观念与良知的万全之法,完成了宗教对杀戮的根本性否定。

血腥与牺牲,正义名下的流血和战争题材文学中要着力正面表现的"流血祭礼"是否也真留有这种文化的痕迹,能这样去想是一个进步,起码会成为一种清理的基础。当这种想法产生的时候,也正说明了暴力书写已不仅仅是侠文学创作中的、或说仅是文学写作中的事情了。国民性中的征服与恐惧绞合出的病态思维成了某种极端行为支撑的时候,才是该对文化心理进行审视的提醒的时刻。

---

① ［美］弗洛姆:《人心》,第21—22页,北京,商务印书馆1989年版。可比照参看《人心——人的善恶天性》,范瑞平等译本,福建人民出版社1988年8月版。

第四节　职业化的介入及对人格的影响

职业化分工对于人格的影响,带有某种划时代的意味。如果说,分工之前的圣人、君子还有着相对浓重的伦理色彩的话,那么到了职业的介入与分工后,圣人、君子的伦理化更强,而其人格的规定性也更加固化了。下面,我们选择出三种职业样式来表述必然到来的分工对于原本一体化人格所产生的巨大影响。

巫、医、商,代表着中国古代思想中的另外三个文化层面。可以分别以神秘主义、科学主义、实用主义来表述,又分别表征为浪漫(巫)、实证(医)、现实(商)三种特征,成为中国人文文化精神混合的底部。三种取向,亦为我们提供了有价值的人格思路,或于儒、道、释等主流人格思想外提示了一种多元的人格参照。在这一意义上,可以称之为诸上古典、正统、中心人格思想的边缘部分。

一、巫

中国文化中的一支潜流。也可理解为发展不严整的宗教的另种民间形态。它对人格的影响是一种类宗教的戒律的形成,来自于外因的内化为自律性的某种观念冥冥中起着调理人行为的作用,并对人之行动发挥着极大的控制力量。

依梁钊韬给巫术下的定义——巫术是由于原始人类联想的误用,而幻想有一种不变的或同一的事物,依附于各种有潜力的物品和动作,通过某种仪式冀能达到施术者的目的的一种伪科学的行为或技艺[①](他后来对这一概念作了宗教与社会功能方面的补充)——虽现在看来因感情色彩的介入而显得不够准确客观,但仍然能使我们对占卜、治病、拜祭天地星辰雷雨、祭祀、禁忌等等耳熟能详的巫术外延方面所含的本质有所认

---

① 梁钊韬:《中国古代巫术——宗教的起源和发展》,第14—15页,广州,中山大学出版社1989年6月版。

识。给出一个内涵式的界定是不难的,在今天,巫术已不是如中世纪时的神秘东西,虽然它还遗存有它的律令性质,如一些散逸于人观念里的戒条,制约着人。而我觉得,在诸如有灵崇拜观念,"精神是弥漫于无生命的自然界的所有物",沟通神灵的方法,经咒、洗礼、神签、净土与驱魔等宗教仪式,巫术、宗教混合时代作为人神沟通中介的巫师的思想方式,中国古代历史中作为知识分子前身的巫觋以及祝、宗、史各自的职能,和后来这一切文化的更民间化、民俗化保存,相关的神祇与遗迹和累加之上的不可见证的传说,等等,这一切之上,应有更高于现象甚至概念的东西存在着,哪怕只是问题。

问题有两个。

一是巫术中的人格化思想。这是从人类学角度的人文方面说。

20 世纪初,有灵崇拜观念分化为二,一是巫术理论,强调物质存在,二是有神论,强调灵魂存在。现在看两种理论在基点上是一致的,是灵物合一,前者的物的拟人化理解,也是灵的,后者则是更明确的人格化。情形并不像过往观念所认为的唯物与唯心的不可和解,起码在这两种理论的底层是混合的。也是说,二者共有一个本质——是人格的赋予。

这是我们引入下一问题的人类学基础。

二是巫作为中国知识者前身的精神职责。这是从具体民族学角度的历史方面讲。

可以拿来的是梁钊韬先生的"巫在中国历史上的地位图程表"[1],如下:

舜父瞽叟(巫)

夏(《山海经》中的巫)

商(巫咸等殷商的重臣)

周(佐宗祀为祭鬼治病之用)

秦汉(巫祠作为可怕的鬼神来社祭)

这是巫在中国史中渐失去地位的过程。此种从中心到边缘的演化暗示了知识者的一种天命。

巫为儒之前身,儒之重礼的传统,以及巫与礼制的密切关系其间有着逻

---

[1]　梁钊韬:《中国古代巫术——宗教的起源和发展》,第 200 页,广州,中山大学出版社 1989 年 6 月版。

辑上的递进性。史前时代，巫以周代为盛，据后代《仪礼释官》记述，行巫之事（如祭祀，与神、宗教相通）的祝宗、宗、祝、史都顶着出入朝廷的职务，这是儒前身，孔子在当时就是这样一个角色，老子也有户籍管理或国家图书负责人一类的官职；较之上层的祭祀等国事，也即较之政府机构的祝宗等官职，民间的巫之别称尚有：冢人、甸人、射人、宰告、摈者、筮人、卦者、占人、卜人、卜师等，各司其"职"。

国学经学根源于古代巫、宗、祝、史的活动，反证了儒——中国知识分子由巫者分化而来的史实，大量实录已无需考证，而理解这一观念，不单是史前史与上古史的理解问题，也是理解自身处境、知识分子来源及他的文化渊源的一个重要途径，而这一切，巫——儒——知识分子的心理人格，却是在神秘主义、仪式主义这些词产生之前就已奠定了。巫的定位是在代表着原始思维与史前宗教的旧石器时代晚期，这样，所谓"君及官吏皆出自巫"的说法，已是一种很通俗的观念了。巫的职能是主宰释兆、占卜、祭祀、巫术，这一官职到战国后开始没落，渐次将自己的职位分化、演变、让位于其它名称，比如现在的儒官。

在这一问题中，引人注意的是民间的两种对巫的称谓的差别——巫师与祭司的区分。跳出民俗学角度看，也即除了司职不同，巫师与祭司的不同范畴，祭司只为巫师之一种等级，巫师却是神的代言人，是亦人亦神、通神人之人，祭司则是掌握文字和经书，从事占卜、祭祀和巫医活动的人，且父子相承。所以我认定中国知识者的前身不是笼统划分的巫或巫师，而是祭司这一层，即巫师中的掌有文字与经书的这些人。这种认知，其实切中的是国民人格中知识分子的人格理解问题，中国知识分子的人格传统中早就注入了一种神判的思维，或说权力。因为巫术的信力，巫术活动，巫术心理等凝缩的巫之角色的传承性，而自然演化成今天的这个样子——代神发言的角色，终极关怀的追寻，现实批判的职责，成为新时代的通人神的人。这个人，在神判与法之间，总倾向于神判，倾向于宿命、天道，这种特性是与西方知识层后天的修养不同的，中国知识分子的人格是一种天承，一种遗传，甚至一种血缘。后天的一切都不足以完整地解释他，而人们常慨叹的中国知识分子的与生俱来的忧患意识当也是与此有关的吧。

所以，国外人类学中的巫更实在些，它与知识层的传承关系不那么复杂，只限于知,而少于识,更不涉人格内质,巫在它那里也只是一个角色,这个角色随着文明的开拓而领土萎缩,直到有一天只存在于边疆区域,只被一些人类考古学者纳入视线,大多数人对之已不管不问;中国的巫却找到了他的最佳文化主体的传承者,以更主体也更现代的介入完成了他的转换,他的价值得到了保留之上的最完全的发挥,巫(更确切说是祭司)的化身的知识分子,可以抱怨他民主能力不够,因是巫之信力带来的,可以指责他法的观念不发达,因是神判的习性影响的,却不能说他没有信仰,他的宗教是勿需书写出来的,在他体内,大多时候,与他的文字相衬。中西知识分子人格的界限可以说在人类旧石器时代还没有知识分子这个词的时代就已奠定了。《金枝》作者弗雷泽说过一句话,可作上述观点的一种引证,他指出巫师由个体巫术的执行者向公务人员的迁变,他说,"这种官吏阶层的形成在人类社会政治与宗教发展史上具有重大意义。当部落的福利被认为是有赖于这些巫术仪式的履行时,巫师就上升到一种更有影响和声望的地位,而且这种专业就会使部落里一些最能干的最有野心的人们进入显贵地位"[1]。虽然他的能指是人类学范畴的巫师,而以他的西方学者的身份,我认为这句话仅是对不包括中国知识分子在内的西方文化的最好解释。西方的巫游移于精神之外或说是致力于精神变物质行为的现实性,使其在它那一文化中找到的不是传承,而公务人员的定位也相当公正地概括了他的实质。这是与中国不一样的。所以弗雷泽的概括无法囊括中国。这是一个西方知识分子心力不及的地方,因为他的书写未能通过像中国知识者书写时必得通过的血液。

也就是说,西方的概念里,巫师与官吏有着血缘,中国辞典中,巫则正是知识者本人的前身。

理解了这个,就可跨越人类学、宗教学、民族学等学识层面,而对中国文化形态构成的影响力、对中国人人格心理结构的影响力有所了解。巫与中国是一个大概念,将它浓缩在人格文化心态里,有助于进一步的论述,中国文化中的巫史不分、史俗并载的传统,以及典册、史料的人格内化,都是与之相关的,所以巫——儒——知识者人格概念是一动态概念,第一层意思已由鲁迅先生说过,"中国本信巫,秦汉以来,神仙之说盛行,汉末又大畅巫风,而鬼道

---

① ［英］詹·乔·弗雷泽:《金枝》,第70页,徐育新、汪培基、张泽石译,北京,中国民间文艺出版社1987年版。

愈炽;会小乘佛教亦入中土,渐见流传。凡此,皆张皇鬼神,称道灵异,故自晋讫隋,特多鬼神志怪之书。"①第二层意思是人格的流动性内涵,儒对巫的传承、知识者对巫的保留是中国文化中特异于别民族的部分,故而文化人格上有其这一方面不可忽视的独异性。而这些又都构成了一个民族的潜在心态,潜在心态又重新纳进了新的潜文化脉流,循环不已。

可见,作为前工业社会的文化现象甚至信仰主体、与神秘主义的氛围联系紧密的巫术涉及到今天我们对自己的信仰文化的分析与解释,信仰作为人格中的一个恒项,或一个常数,在西方,常常有其文化的实践性的一面,宗教是最好的例证,有些形式、模式是固定的,成为日常生活的一部分,这是欧洲人的科学精神背后的宗教意向,相对主义、神秘观念即便在密不透风的物质主义文化中仍有它一定的位置。而中国,则更重信仰的个体实践性一面,宗教是与信仰严格分开的,没有也不讲求固定的模式、形式,它作为生活的一部分主要在精神方面,进入人格的自觉追求,它太个体化,所以无法用一种确定的观念去表述它,而恰恰会时常给人一个这样的印象——就是中国知识者人格辞典中的无信仰状态,这种错觉一再在一些知识者论著中出现,以至成为中西知识分子比较的一个主要立项。我要说的是,巫文化给我们提示了避免再犯同类的错误,而那种割裂了血缘的对知识者的看法和由此看法推断出结论是浮浅的。在做一个真正的立言者(大多数情况是一代言者)时,不要舍弃巫——儒——知识者这一精神链条,不妨将之作为预言的基础。在以后的生命里,通过书写,你会理解,它不仅仅只是一种事物的基础。

人类学家的如下两段话也许比我更能说出现代人如此迷恋巫的原因吧。我想这种感觉也一定是人人相通的。他们说:

人们也总是怀着一种不言而喻的坚定信念,认为逃离现代生活的这种浑沌与无意义的方式仍然存在着,而且深信,这种逃遁方式就是被传授以秘法秘仪,并从而一下子把握那些古老的受人尊崇的秘密。正是这种对个人获秘仪传授的兴趣才能解释当代对神秘主义的迷恋。②

① 鲁迅:《中国小说史略》,《鲁迅全集》第8卷,第31页,北京,人民文学出版社1957年版。
② [美]米尔希·埃利亚德:《神秘主义、巫术与文化风尚》,第88页,宋立道、鲁奇译,北京,光明日报出版社1990年11月版。

在一个具有长远记忆的社会里,这包括遗产的意思,我们可能由于理性的认识——信念而失去对宗教的认同,进而变为世俗的。但在我们的生活中,我们仍需要这种形式的遗迹。①

足见巫的观念回视是如何成为拯救西方宗教也是拯救西方人心灵、信仰、人格的一把文化钥匙的。中国应该珍视自己尚未丢掉的传统。从内部把它保存好。

至今保存完好的先秦文化古籍《山海经》,鲁迅《中国小说史略》称其"……盖古之巫书也。"鲁迅在《汉文学史纲要》中又说"巫经记神事,更进,则史以记人事也。"(史与巫的源流关系再次得到印证)在这部被称作"巫书"的《山海经》中,原始宗教中的自然崇拜和与巫教巫术相联的一切神话特色得到了集聚式的显现。

如《海外西经》:

巫咸国在女丑北,右手操青蛇,左手操赤蛇。在登葆山,群巫所从上下也。

如《海内西经》:

开明东有巫彭、巫抵、巫阳、巫履、巫凡、巫相,夹窫窳之尸,皆操不死之药以距之。窫窳者,蛇身人面,贰负臣所杀也。

如《大荒西经》:

有灵山。巫咸、巫即、巫盼、巫彭、巫姑、巫真、巫礼、巫抵、巫谢、巫罗十巫,从此升降,百药爰在。

从春秋末年至汉代初年的以楚地为中心向外辐射的这部巫书,还只是在

---

① [苏格兰]克里斯蒂纳·拉娜:《巫术与宗教》,第180页,刘靖华、周晓慧译,北京,今日中国出版社1992年6月版。

民间叙事上对巫作文化层面上的阐释,到了战国后期,比《山海经》同时期稍晚些,巫文化则真正进入到了严格意义上的文学视野,即从民间叙事转而进到了文人叙事。《楚辞》便是这样一个文本。以一种经典文学的体例——诗,而且是不同于诗文化——《诗经》的新创造完成的对楚地——这个巫文化的源头的文化精神的个体化或说是较小范围内的群性文人集团的概括。民间——文人集团,群性——个体化,叙事——绘神,这一历史演进值得重视。

可以说,直到《楚辞》,巫才真正成为文人人格的铸模。

所以,从文化人类学角度即从《楚辞》中的楚地巫文化的风俗成分上讨论巫的影响不是我这部书的重心,文本与民俗的关系也许是另本著作的任务,虽然承接了这一思路的有鲁迅在《中国小说历史的变迁》所说"从神话到神仙传"的漫长过程,而历史事实本身也有《博物志》、《异苑》,至《搜神记》、《搜神后记》,再至《太平广记》、唐宋传奇、《玄怪录》、《续玄怪录》、《酉阳杂俎》等这样一串长的链条。那是文本研究的范畴。这里我只想侧重地说人。说文学史在战国期《山海经》到《楚辞》演变背后的作者——从无名状态到屈原、宋玉、贾谊这样一群体的自觉创作后面究竟藏有怎样不易发现的有关人格变迁的本质。

这样,光就打在了《九歌》与《招魂》上。

《山海经·大荒西经》载,"夏后开上三嫔于天,得《九辩》与《九歌》以下。"传说《九歌》是夏启从天上偷来的乐曲,屈原以他的皇家巫祝史官身份,结合楚国南方沅湘一带地方民间祭祀风俗,而对民间祭歌进行改造或移用其形式而创作的一种祀神组诗。屈原的《九歌》分 11 章,依次是《东皇太一》、《东君》、《云中君》、《湘君》、《湘夫人》、《大司命》、《少司命》、《河伯》、《山鬼》、《国殇》、《礼魂》;民间祀神与巫舞的表象内里是更个人的内心表达,将国事与心事体现于一文本中间,在那时,对屈原而言,再找不到比巫的外衣更适合的形式了。隐喻更烈的还有《招魂》,后人的有关招谁(楚怀王? 屈原自己?)的魂的解释直到今天仍然尚无定论,然而那上天如地为使灵魂有所归依的设祭之词却深入人心,"归来兮! 不可以托些。魂兮归来!""魂兮归来! 反故居些。"四方上下的不可居而衬托故乡的可归依,爱国主义的解释也罢,身世飘零的说辞也罢,屈原再次以巫的形式诉说着自己个体的体验,而在此之前,文学只是外在的景象描摹,即便有心理描写,也只限于心态——状态的静止层面,而无明确的个体和这个体的人格生长的痕迹。

以前说到楚辞,我们的文学史只看到的是太过表象的东西,诸如巫的民间形态和那一方水土的风俗礼节,只是从外在文化形态上去肯认它的价值,而进一步的发现只是从"兰草""美人"里找些心绪的象征与情感的隐喻,而恰恰忽略了巫对屈原这一代文人人格的影响,我们习惯于从神话学、文化学的角度去研究作品,却往往轻视了这文本背后的那种真正的浪漫主义精神和具有浪漫精神的人,这里就此,我也只能提出这样一种思路,限于识见而不能更充分地论解它,只是想强调在文化之外尚有人格心理的一种视线存在,对巫而言,我们的综合研究与微观研究都很缺乏。

为此,引证司马迁《史记·屈原贾生列传》中一段话不无有宜,那些,我倒愿意相信演绎的成分多于史录,因为同是史官的司马迁在他的职业的前身——巫祝史官的屈原身上印证的何尝不是他自己——

> 屈原至于江滨,被发行吟泽畔。颜色憔悴,形容枯槁。渔父见而问之曰:"子非三闾大夫与? 何故而至此?"屈原曰:"举世混浊而我独清,众人皆醉而我独醒,是以见放。"渔父曰:"夫圣人者,不凝滞于物而能与世推移。举世混浊,何不随其流而扬其波? 众人皆醉,何不铺其糟而啜其醨? 何故怀瑾握瑜而自令见放为?"屈原曰:"吾闻之,新沐者必弹冠,新浴者必振衣,人又谁能以身之察察,受物之汶汶乎! 宁赴常流而葬乎江鱼腹中耳,又安能以浩浩之白而蒙世俗之温蠖乎!"[①]

这是他自投汨罗江前的遗言。今天再读《史记》,好像懂得了为什么司马迁会在一不大的篇幅里而将《怀沙》一诗完整地录进去。那个原因,只有从身世中去找。

一个中国知识分子的人格生长线索已经渐渐清晰,以巫作为起点,此前此后,他所受的磨难好像一开始就奠定了。而先秦,作为中国知识分子前身的那一段知识者,也以他们对巫之精神——在神人之间完成传道使命——的传承而为后世做出了榜样。屈原,中国文学史上的第一位大诗人,正也是在

[①] 司马迁:《史记》卷八十四《屈原贾生列传》,第 2486 页,北京,中华书局 1959 年版。

这个人格意义（而不仅是以往所肯认的文学意义）上，成为后代中国文人人格、也是整体中国知识分子的一个巨大的人格参照。

巫之情结，在中国文学的 20 世纪 80 年代有所复归，以寻根文学为代表，主要也在以文化人类学为主体的范畴内展开，而用一种不同于日常评述的眼光看，寻巫，也是在人格中寻一种现代社会中缺少的法定、原则、制约、界限之实现方式、信仰，或者是一种敬畏。

敬畏。相对而言，弥补了信仰、宗教或者法律等机制、心理的诸种不健全。

而在人的人格里，从原始涵义上讲，敬畏，已是人之人格的最低限度。

其实，在敬畏的后面，在整体巫文化的后面，还有不言而喻的一层意思，巫在某种程度上是一种"医"（一种白巫术?），是一种以外定的价值取向做制约机制的自我疗救，而事实上，巫也是与医的行为相联的，巫医的占卜与治疗其实是一种心疗，这一点发现，可以接通对当今西方现代心理学的一种重要分支——在 20 世纪 80 年代发展尤劲——心灵学（"超心理学"parapsychology）①的心理基础。

二、医

如果说"巫"是在效果上给予人格以影响的话；"医"则从根源上探讨着人格之所以如此而不那般的根据。

中国最早一部医学典籍《内经》中《通天》篇在阴阳二分基础上引入了数"五"而分人的气质为五种类型——表述采用了少师答黄帝问的形式——"盖有太阴之人，少阴之人，太阳之人，少阳之人，阴阳平和之人。凡五人者，其态不同，其筋骨气血各不等。"以下论述可看作是关于这五种人的人格写真："太阴之人，贪而不仁，下齐湛湛，好内而恶出，心和而不发，不务于时，动而后之"；"少阴之人，小贪而贼心，见人有亡，常若有德，好伤好害，见人有荣，乃反愠怒，心疾而无恩"；"太阳之人，属处于于，好言大事，无能而虚说，志发于四野，举措不顾是非，为事如常自用，事虽败而常无悔"；"少阳之人，谛谛好自贵，有小小官，则高自宜，好为外交而不内附"；在阐述了这四种人人格特点之

① 参见［英］艾弗.格拉顿.吉拉斯主编《心灵学——现代西方超心理学》，张燕云译，沈阳，辽宁人民出版社 1988 年版。

后,它接着说到了"阴阳平和之人"并在这第五种人人格论述中寄寓了它的人格理想,是:

> 阴阳和平之人,居处安静,无为惧惧,无为欣欣,婉然从扬,或与不争,与时变化,尊则谦谦,谭而不治,是谓至治。[①]

这是最早的从医学生理角度探讨理想人格的文字。也是生理医学为基础的对人所作设计中的最佳的人格理想。

对应于此,《通天》篇进一步提出了辨识如上五种人格的外形特征,从而为人格的理论提供了某种原始素朴的科学化的实证依据,这一点恰恰是其它种人格学说所不及的。五种人格分为太阴之人,少阴之人,太阳之人,少阳之人以及阴阳平和之人。而阴阳平和之人的外形是:

> 其状委委然,随随然,颙颙然,愉愉然,眩眩然,豆豆然,众人皆曰君子。

译成现代语,《内经》所言的理想人格就是这样一种人:他的举止行为稳重安然,临危不惧,遇喜不狂,适应各种情境而处之泰然,不与人争夺,随时务而调整,位尊而仍谦恭,以理服人而不仗势欺人;其形象雍容稳重,温雅恭敬,无牵无挂,炯炯有神,举止井然不乱。[②]

人格及其外显之外,《内经》还关注于根源上的生理机制及其构成,比如阴阳的比例,影响个性的气、血、经络的状况等等。总还在为心理的形成寻找着生理基因的这种思路,在当时以至中国人文文化过强的文化环境里,显示着独异的可贵。在那样一个一切有关人的学说、观念还是蒙昧的时代,它早于那个时代的文化水准而提出了一个现代临床科学仍在探索其路径的观点。这就是它的意义。

其实,打动我的还有这样的基于生理学意义却也超出了单一生理学的早

---

① 《黄帝内经》,第393页,姚春鹏译注,北京,中华书局2009年7月版。

② 参见郑敦淳、郑雪等编著《经典人格论》译文,第38、40页,广州,广东人民出版社1988年10月版。

年中国文化思想的表述，比如：

黄帝曰：余闻上古有真人者，提挈天地，把握阴阳，呼吸精气，独立守神，肌肉若一，故能寿敝天地，无有终时，……

中古之时，有至人者，淳德全道，和于阴阳，调于四时，去世离俗，积精全神，游行天地之间，视听八达之外，……

其次有圣人者，处天地之和，从八风之理，适嗜欲于世俗之间，无恚嗔之心，行不欲离于世，被服章，举不欲观于俗，外不劳形于事，内无思想之患，以恬愉为务，以自得为功，形体不敝，精神不散，……

其次有贤人者，法则天地，象似日月，辩列星辰，逆从阴阳，分别四时，将从上古合同于道，……①

三、商

商对人格的影响，重商与轻商观念在中国人格生成中的畸态与平衡，这个问题一直是中国精神思想史中的一个盲点。空白的原因，是精神与物质两个取向的心理需求的不统一性，也就是说，"商"所言的文化在中国人意识中一直摆脱不开它观念上的物质性定位，商是一种物质性存在，未上升为思想精神领域（哪怕它已然是一种文化），这在中国人认知观念里已成定型，不可更改。由此我们可以解释为什么历来的圣人耻于言商，更进一步，可以发现，商在先秦并无独立的学派，就是到了封建期的汉代，它的学术根基仍然一直未能树立起来。

作为人格盲点的商，是智识者人格排斥在外的需求，虽然也有物质性的商与精神性的文化之间的自然欲望所必须承受的撕裂感，但多数情形里，是以排除了物质性存在的已尽失衡了的精神性存在作为人格标尺的。这种近乎空缺的人格失衡状态是以假想物质（包括物质需求）一方不存在为前提的，这种不健全的前提本身就已表白了文人人格的不健全性。屈原之后，大量文人叙事的诗文与《诗经》时期多属民间叙事的诗，比照出了文人在自觉地强化着这一认知传统而不惜丢掉诗经的对商的原始素朴的宽容态度。这种转型，暗寓了千年之后的知识者人格形成的境况。这种一开始就因过分强调精神一方而抹掉另一方

---

① 《素问·上古天真论篇第一》，见全注全译《黄帝内经》（上），张登本、孙理军主编，第5—6页，北京，新世界出版社2010年3月版。

同样是人合理性需求的物质一方的做法,和它的有意为之的意向,成为吸引对此仍有困惑的我今天对商与人格关系探讨的一种心理基础。

应该有一个起点回到问题的核心。

《史记·货殖列传》虽不能算作是中国历史上第一篇言商的文字,却是最早将商这一文化现象作集中笔录的。在公开而独立地为商家作传方面,它是一个创举。在这篇文章里,司马迁列举了先秦到西汉前期的一些历史上有相当名气并居重要地位的商贾巨富,如计然、范蠡(陶朱公)、白圭、猗顿、郭纵、乌氏倮等,涉及货物交易、囤积、盐业、冶铁、畜牧等方面;接着他的文字还涉及到当时尚未诞生的经济地理学知识,且分析得头头是道,从自然资源到地理优势、风俗学、民间经营传统,所涉的物种分析与经营分析都达到了那个时代的最高度并对以后的经济思想产生了重要的影响。这部分文字的价值超出了为当政者提供经济政策的需要,而且是具备了相当专业价值的理论性经济思想。无怪乎历代经济科学绕不过它。而它的一些主要章句也频繁地被后代论述者所引用。比如以下的段落不仅可代表《货殖列传》也是汉代社会或说起码是治史者的中心思想,也可比较出它不同于一般当世政策的理论性:

> 故曰:"仓廪实而知礼节,衣食足而知荣辱。"礼生于有而废于无。故君子富,好行其德;小人富,以适其力。渊深而鱼生之,山深而兽往之,人富而仁义附焉。富者得执益彰,失执则客列所之,以而不乐。夷狄益甚。谚曰:"千金之子,不死于市。"此非空言也。故曰:"天下熙熙,皆为利来;天下壤壤,皆为利往。"夫千乘之王,万家之侯,百室之君,尚犹患贫,而况匹夫编户之民乎![1]

有了这样的超时代的话语,文中的当世富者的列举就有了一个大的背景衬。话又说回来,《史记·货殖列传》并未显示单独的商家,起码不是学术、理论意义的商家,然却是实践意义的商家,更确切说是货殖家。[2] 毕竟这是第一次商家以名正言顺的资格进入史册,是一次检阅,也是一次亮相。此后,《汉

---

[1]　司马迁:《史记》卷一百二十九《货殖列传》,第 3255—3256 页,北京,中华书局 1959 年版。

[2]　也有学者认为商家在理论意义上是存在的,如梁启超在 19 世纪末所著《"史记·货殖列传" 今义》中言"观计然、白圭所云,知吾中国先秦以前,实有此学,……而惜乎其中绝也",即表露了这个意思。

书·艺文志》的班固时代可能是因了轻商的意思,而再无单传记载。也可能是由班固起进入了较太史公更严格的正史规范,《汉书·食货志》是中国第一部完整的经济发展史,然而,就是这部讲述上古至西汉末年一千年经济制度即农业经济与商业和货币的论述里,仍然无有史记中所透露出的物质之上的超然意识,《汉书》因其正史的思维而太拘泥于物质性的商,或说是经营管理政策范畴的商,而在人格精神上被封闭得密不透气。所以,它是《史记·平准书》的思路的创造,却不是《货殖列传》的发展。

我所注意的还是《史记》之后便无货殖传的文字事实,古代商家也因此成为后代的一个盲点,这种状况,与商文化一直是中国人文人格盲点的现状相一致。这种类比是很有意味的。

引我兴趣的还有计然、范蠡的身份。他们是越王勾践时的军将。是前者困于会稽山时起用的。据考与商业财政大有关系的“会计”一词便是由这山名演变或止少是延袭来的。这就很有让人联想的余地。军事与商家的关系可以不点自明的,况且也有白圭治生之术来源于兵家《孙子》的依据。择时行事的原则,智、勇、仁、强的要求应该说都渗透或偏重着一个指向——商家的素质,又仅只是商家的素质么?并不尽然。或说只是商家的素质,就也已是人格规定的一个层面了。何况还有由于经商而产生的社会文化流通所打开的那些关节存在。只是大多数研究者忽视或说是回避着这样一个事实,自觉不自觉的,认定商不作用于人格。这种排斥,过去和现在看,都是一厢情愿的。

回视先秦,商思想的存在就已是星星点点。春秋后期,义利关系成为一个主要社会矛盾。奴隶社会的旧道德体制与社会生产力发展之后渐次向封建社会过渡的新生产方式之间的张力与冲突相当激烈,但历史的法则仍然可以控制或说调节道德法则的存在,对于“利”的合法地位不仅在经济思想上表露出积极的确定,而且于伦理学上也给予了肯认。在这一时期,比较重要的经济思想却是一个道德家提出来的。这可能是更符合现代意义的一种现象。

孔子的“义主利从”论是谈到先秦的商学绕不过去的。大致由这样一些观点构成:

君子喻于义,小人喻于利。(《论语·里仁》)

见利思义。(《论语·宪问》)

因民之所利而利之。(《论语·尧曰》)

义能生利。(《左传》)①

从中不难见出,孔子经济思路中浓郁的伦理成份。义主利从定位中的伦理人格的偏重,对此后的知识者人格尤其文人人格的影响极大。义大于利的观念不仅是一种认识,而且已形成一定的心理定势,此中,"有道"为杠杆、衡器,测定平衡着"利"的发展,以使其相对于"义"讲不致太过偏移或泛滥。《论语·泰伯》中讲,"邦有道,贫且贱焉,耻也;邦无道,富且贵焉,耻也。"说的就是这个辩证的道理。虽则如此,但孔子仍然时不时表白自己的个人取向,"饭蔬食,饮水,曲肱而枕之,乐亦在其中矣;不义而富且贵,于我如浮云。"(《论语·述而》)这说明在其内心的价值观念上仍然是偏重于"道"的,以这种观念作为衡定人志向人格的标准,就有了中国人格思想史上最著名的一句话——是他对弟子颜回的评语:

"一箪食,一瓢饮,在陋巷,人不堪其忧,回也不改其乐。贤哉,回也!"(《论语·雍也》)

这其实折射的是孔子自己对自己的道德评定。然而随着时间的推移,渐渐地,只在"邦无道"的前提下安贫乐道的这个前提被取消了。成为一种不充分前提下必得遵守的规范。"谋道不谋食"的君子风范,渐次划开了"礼、义、信"与"富、利"的良性关系,而对立起来,这就是孔子富民思想中仍存在的道德疑虑,是足民还是固穷,其实,孔子并未从深度上解决这一道德问题,也就是说,作为那一时代的圣人的孔子,他的济世之方只限于纸上谈兵式的肯认,而没有给历史法则以进步的道德基点。或者这么说,历史或曰经济的法则常常是与道德法则呈悖论状态,所以孔子内心时时矛盾或斗争于这两者之间,时而这个占上风,时而那个跃在前面,他承受着那个由奴隶制蜕变为封建性社会关系的一切思想上的混乱动荡,而又想为此找到不变的济世良方,这种想法本身都是天真的;然而他仍不放弃寻找,义主利从的有道基础,现在看,是那一时代最进步的经济道德观了。但是由于刚刚说到的孔子内心里的犹

① 以上所引参见赵靖主编《中国经济思想通史》,第1卷,第82—86页,北京,北京大学出版社1998年版。

疑,义与利恰恰是分裂状的,那基点前提的被取消,使得中国文明的发展呈单向度的,大大障碍了生产力、经济发展不算,而且即使是道德伦理本身的发展,也是不健全的了。这当然不能不作用于人格。

商人人格思想的缺失,使中国的整体发展有头重脚轻之感。一个硕大的脑子(思想)与它的实现之间总有疑问和延宕。文明长期以来的一条腿走路,及其在整个世界文明格局中越走越慢以致滞后,不能不说与中国知识阶层的这种人格有关,可以毫不夸大地说,在推动整体文明进程发展方面,种种外在的原因之外,中国知识分子亦有其渎职的成分。

这种自责是不为过的。

也是我们何以回溯先秦的原因。

战国时期的知识分子承继了春秋时代的一个好的传统,对经济问题不仅不回避,而且参与倾向相当积极。墨家墨翟的生财论,农家许行的务论观点,孟子对义利观的新发展,道家的轻物养生,东国法家的利欲论,货殖家的经商原则,法家韩非的相"市"论,以及《吕氏春秋·上农》中的农政思想,《大学》中的理财思想,《礼运》中的大同、小康思想,都各个不同地提出了有关理想社会的经济模式,从不同侧面完善着中国经济的发展。

在这一百家争鸣时期,最为重要的两个学说是"名利论"与"富国论"。前者是由商鞅《商君书》中提出的。公元前356年的那场变法的实践家,在其著述中也表达了同样的勇气,在利民与循礼之间,偏重前者,这是具有变革意义的思想,其名利论,即是强调私利作为人之本性、天性的合理性,不仅是商的前提,而且是商之本性,私有阶级的剩余产品也因之得到了合理性的强调,私利之为人之本性的善义解释,所谓"民之性,饥而求食,劳而求佚,荣而求乐,辱则求荣,此民之情也";所谓"民之生(性),度而取长,称而取重,权而索利";所谓"民生则计利,死则虑名","民之于利也,若水之于下也,四旁无择也"。这些观点提出本身均显示出了一种"变"的态度,相对于旧制度而言,也相对于根深蒂固也是当时尚在形成期的循礼为重的儒家而言。这里,已经有些分不清义与利的主从关系了,商鞅是在一个有利于社会整体发展的更为实用的价值层面讨论利的,从这一点看,倒是没有了因礼或义的抽象性而设置的种种局限。"富国论"是荀况提出的,中心思想是兼足天下,上下俱富。富国即是足民,而不是隔裂开,这是超越了狭义范畴的富国思想,足民的内涵,是对人的尊重,而不只是对物的单纯攫取,这种由抽象的国到具体的民,从物质性的积累到人性的满足的观念不啻是一大进步。一个能做呼应的例子是,距荀况"富国论"提出之后的两千年后的公元 1776 年,英国经济学家亚当·斯密发表了他的给现代社会以变革式影响的重要著作《国富论》。在下面我还会提到这两部书的比较。

总之,战国时期的经济思想相当活跃。《周礼》是当时一部言及经济问题最多的典籍,涉及土地、农业、人口、徭役、市场、借贷、备荒、抗灾等,它重农而不抑商,甚至还论说到了财政收支,足见当时的商之氛围。

正是因为这个,到了汉代,有陆贾的《新语》,刘安的《淮南子》,贾谊的富安天下论,晁错的贵粟论,董仲舒的义利观、限田论,《管子》的轻重论,桑弘扬的《盐铁论》等,都有对商的专论。但也与先秦一样,虽多家论述,如先秦儒、道、墨、法、农、商各家著书立说,对商所代表的经济均有涉及,却未形成一家,起码是学术上未独立,这种思想上的未完成态,影响到国民精神人格的发展,而只限于经济(为政)政策的基点,又使得这一人格空缺无法及时补上,所以人格的不完善成了一种持续性的存在。直到今天,仍有道德法则与历史法则的冲突,在写作内部;而在这个当代文学的母题背后藏着的,是文人人格的历史的分裂,这种分裂,究其实是一种回声在当世的呼应。

明清以降,明末清初,17—18 世纪中叶,是中国资本主义萌芽时期,也是中国人文思想的启蒙期。明末农民大起义提出的均田思想(一种理想化的平均主义)所反映的现实原则外,一批人文知识分子自觉地投身于经济策略的思索与营建工作,如徐光启(《农政全书》作者),王夫之,颜李学派,王源等。近代有注重海外贸易的兰鼎元,提出人口论的洪亮吉,还有给中国经济注入商业精神、也是中国资产阶级经济学者第一人、以一部《海国图志》全面表述其贸易思想的魏源。1840 年后,西方经济思想的移入大大刺激了中国经济的发展,译家、学者冯桂芬、王韬本着师夷之长技的思想,"以中国之伦常名教为本,辅以诸国富强之术",将西方的一些经济思想介绍到中国来;同时期,郑观应提出了"商战"思想,引入了竞争机制,康有为著有《大同书》,进一步在现实领域里阐发自己的乌托邦思想,严复在译完赫胥黎的《天演论》之后,又译出亚当·斯密的《原富》(《国富论》),梁启超也将自己的研究视点转向了对中国古典经济思想的整理,如我在上面提到的《〈史记·货殖列传〉今译》即是出自他的手笔。可以看到这样一个趋势,即当时的人文知识分子对经济问题的积极投入,在一个外在条件相对成熟的历史时期,中国知识分子似乎已有意识地调节着自己已经认识到的人格中的不足而朝着某种实践纳入的健全式的方向发展。也就是说,明清之后,尤其近代中国,知识者的人格借助经济的发展或说是对这种关系民生(也关系人格)的社会演革的参与、亲证,而渐渐地步入了它的成熟期。如果不是外来侵略隔断的话,知识者人格的健全在这时已是指日可待的了。

启蒙式的移植终不抵传统的根深蒂固。

18世纪后期,同纬度时间的英国学者亚当·斯密发表了他的《国富论》(《国民财富的性质和原因的研究》)。这是一种政治经济学范畴的成果,斯密也因此成为商品经济理论的思想家,并被称为是"第一位充分了解到并以有力而深刻的论述指出了市场运行的机制作用是怎么样在混乱的各个人的活动中保持社会生活所需要的秩序的经济学家"[1];其后西方经济学的三派——大卫·李嘉图、让·巴蒂斯特·萨伊、托马斯·罗伯特·马尔萨斯的学说都是以此为源泉的。

《国富论》的中心,在于提出了个人追求私利行为的系统分析理论。即个人利益与社会利益的协同实现是经济生活的原动力,是社会发展(主要指经济方面)的动力前提。它明确肯定了"经济中的个人主义"并给它以应有的合法合理地位,这里的个人主义即是指在经济活动中对自身物质利益的关心和追求。这在当时是一大胆的理论,即使在现在的中国也是具备了相当的先锋性的。回望中国历史,只有商鞅在两千年前明确地肯定过个人私利追求的天性本质,商的名利论对荀况"性恶说"的形成产生了作用,由此也几遭倡善的儒家的排斥,连那合理成分一起挤出去,是中国思想界传统沿用的方式。所以即便激进如荀况,也仍然不能拔了头发离开地球,在荀况的富国论里也只是将足民纳入视野,将一个群团作为自己论述的范畴,这是他所能做到的具体性的极限,而分子仍然不是个体,是一个中国人思维里的最"个体"成分的集团。所以,较之亚当·斯密的最人本的落实,荀况仍然是有所保留的,从这

---

[1]　宛樵、吴宇晖:《亚当·斯密与〈国富论〉》,第4页,吉林大学出版社1986年4月版。

点看,荀况较之《商君书》时代的商鞅思想,亦有了他的儒家的改写,他巧妙地将那概念的前提偷换成了一个更易为传统文人接受的思路,以"社会人"的角色定位涵盖了"自然人"的要求;这种思路的改写或中断,无疑进一步造就了现在时态的文人知识者的人格空档。

在"商"这一档里,文人们的书写是:"未婚"。

这是一种干净的书写。也是一种绝望的书写。只是看对何而言。

联姻的未实现状态是与滥情不同的另一个极端。所以相对于西方社会下的人格扭曲,中国人格因与其基础——经济的不完善关系而呈现与之不同的人格空档。

亚当·斯密的《国富论》里,还提出了一个很重要的概念:"经济人"。我以为可以将之作为人格的一种概括来看。经济人是指这样一种人,他全部行为的动机均出自经济的考虑,全部追求是"投入最少产出最大"。所以,促进还是压抑"经济人"性格的成长,不仅是区分东、西方文化生态环境的关键,而且是区分中、西方人格形成背景的一种方式。如果以一种对称的思路看,相对于西方的经济人,中国人的人格可用"道德人"来作表述,可以把这两种思维文化式的总结视作是更广也更深的一种人格式的归纳。而从社会学的视阈望过去,经济人是"重商主义"(维护与商品货币关系发展有关的所谓世俗利益)文化下的人格模式,道德人则是"重农主义"(维护一种农业社会稳定的政治秩序得以实施的诗意的田园传统)思路下的人格取向。具有文人气质的中国知识分子当然选择的是后者作为自己人格的典范或说模式,与历史法则相一致的理性精神悄悄让位于道德法则支配下的诗情,所以一个文学性发达的国度似乎在畸形地以经济的滞后作为代价而谋求发展,不能不说是与这个国度的人文知识者的人格内里的不健全相关的。个人的好恶渐渐成为评判世界取向的标准,这种情绪化的态度已经是传统"义主利从论"观念的病态发展,在这一点,历史与道德之间,经济与文化之间,当今的知识者并未找到更好的哪怕是说服自己的结合点。这,恰恰是应该早得到反思的。

而人格,就是这场反思的根本。

至此,我们对中国人格思想中的几种重要取向做了一种速写或白描式的书写,神、儒、道、易、释、侠、巫、医、商,囊括了中国人格文化的主流部分和支脉部分;或者称其为中心部分和边缘部分;也涉及至中国文化的方方面面。以儒、道、侠为主体的本土人格思想,与外来移入的释的人格模式,以及位于民间的神、巫、商等人格取向和在文人叙事与民间叙事之间的易、侠等自觉的人格设计,都从各个层次、侧面勾勒着一个历史悠久的国度的文化人格的整体面貌。这是一个对笔者而言过于庞大的人学思想体系,从叙述中我们可以觉出它浓重的人文气息,这气息当然是偏重伦理的,所以相对中国而言,道德人格比自然人格更为发达,后天经验大于先天素质。这是中国人格思想的核心。需要说明的是,虽然行文时对中国丰富的文化人格是以分类别的形式阐述的,但实际情况是,对每一个体而言,诸种文化人格对人的作用是综合性的,一个人也不可能在他的人生、文字里只呈现出一种单面的人格取向,恰恰相反,在每一个体、每一历史阶段、每一纸面的文字里,都有多种人格思想在起着作用,人格模型的交叉、融会情况大量存在,比比皆是。所以在研究中,我们也不可能只局限于一、二种人格理论而为之定位。

在文化领域里,人格是一个变量。更多的情形是,人格的变量成就了人格的历史。这是在此我们应予以谨记的。以下行文,我也以之作为进一步分析的基础。

第四章

人格理论在人文学科中的位置

谈论与考量某一理论的位置,我们常用的有几种方法,可以从其性质、功用诸种因素去加以考察。但是对于人格理论而言,我以为,除此以外,我们还可以从历史结构与元素结构中共同加以参照,考量其在人文学科中的位置,可能得出的结论会更准确一些。

经验与价值:

人类独有的经验——人类心灵发展的史实,构筑了人格理论在人文学科中的独一无二的位置。无需多言,人格理论在人文学科中位置的重要性与独特性,已在以上多部章节的人类历史回顾与人类人文学科的发展史——特别是人格思想与人格心理学的梳理中得以呈现。事实大于雄辩,而一个最基本的事实是,人格的流变史,人格学的流变史,在我们以上的论述中是结合在一起的,前者在人类早期占有主要位置,是它促生了人格学的形成,并进一步导演了人格学的演变与进化,人格学作为一种学科形成之后,也并不是说对于人格的进一步变化与生成全无作用,它有一种思想的渗入性,借助知识的各个常见的通道,而作用于人,对于人的人格塑造起着不容低估的作用。正是这种作用与反作用力,相互交织,作用于具体的人身上,而产生着不可估量的力量,人或可依照某种关于人的思想与人的理论去改造自己,或可根据自我的心理需要与精神发展,去要求于关于人的既有学说的被改造。

人的学说，在这里，并不独指人格学说，前者是一个更大的概念，其范畴都远远超过人格学说，但是，无从否认的是，人格学说是有关人的任何学说——哲学的、政治的、经济学的、艺术的，或学说的任一层面——物质的、心理的、精神的，都回避不开的。所以，从这个意义上讲，谁是一个更大的概念，也是可以在不同层面探讨的。由于人格之对于人的这种特有性，由于史实与事实都揭示到的人格理论的对于人文学科的各个领域——不独研究层面，更包含实践层面——的渗透，由此，我们可以得出这样的结论，人格理论在人文学科中的位置，是相对中心的位置，这个中心不是人格理论自封的，而是由人格理论自身的性质与特点决定的。

本书导言中讲到了在现实情态中对人格理论的这个位置未能给予应有的重视，这一情状在当今学界，其实也未得到良好的改观，这种状况也不是由人格理论本身发展与研究情况决定的，而是由我们的人文学科可能更加注重现象学方面的部分而相对忽略精神学方面的部分研究习惯造成的。我并不想过多地清理对于精神学或曰心理学的忽视而造成的人文学科的某些方面的倒退，而只想指出一个于人文学科发展中不容忽略的事实，人格理论，在对人的倾心与关切方面，是最直接的，而对于人的深层研究与认识，是人文学科存在的理由，是人文学科的内涵所在，所以，是否可将以上的论断总体表述为——人格理论，是人文学科中表现得最直接、最核心、最重要的部分。我以为，对人格理论的价值存在的这样的论定是恰切的。

事实与精神：

人，从人文的意义上讲，终归是这个精神世界的核心，这是一个基本的事实，而同样一个我们需承认的基本事实是，人格，是人的精神的核心，也是精神之成为精神的核心。这一点是毫无疑义的。人文学科中的诸如哲学、文学、历史学的发展以及社会科学中的社会学、政治学、经济学的一些重大决策问题，均与人格理论有关，一切有人的地方，就会有人格存在，而人格的存在事实是，人格必然有所结晶，它必然要超越某个具体的人的存在，而以某种共通点的形式存在于人类自身。人格的具体事实，必定结构一定的人格理论，从而反过来，给予具体的人格事实于一定的校正和干预。由此，哲学、文学、历史学也许不直接探讨人格，社会学、政治学、经济学也许不明确言说人格，但它们的构成与发展在某种程度或层面上不能不说围绕着人格而展开——这是一个潜在于人类事务中的精神事实。

说到精神,作为事实的向深层延伸的这一概念,依然是人的;离开人,无法言及精神,更遑论价值。精神,之于人类而言,是一种文化精髓之所在,而之于具体的个人,则更可能是一种人格的结晶体。依此推论,人格理论,作为由具体的个人出发而向人类的文化精髓结晶的过程中成型的对于人类心灵的内部成长的解说与阐释,作为人类更好认识自我、结构自我、修正自我的这样一种作用于精神的事实存在,我们人,对它的认识又停留在哪个层面呢?

我想要说的是,对于人格学——人格理论的某个终结部分,我们的学术经验中,并不存在一个统摄一切、概括一切、包罗万象的人格理论,人格理论本身也是经由经验与事实而不断发展和充实的,这是它不同于其它理论的特点。从中国人格思想的发展史来看,很明显的一点就是,中国有关人格的理论散见于各个时代的思想家的论述中,没有关于人格理论的专论,但有一点,中国古代思想中,提出了关于人类精神与文化的总体的世界观,当然其中包含有人之为人的重要的价值观,中国古代思想中有关人的主体的部分,散落在经史子集中,我们的对于中国早期人格思想的论述中,也已涉及了儒、道、释、墨等思想的主要取向,它们对于人的模式的设计与建构,的确富有人格学色彩,只是没有这一个学科的严谨框架而已,但是,是其提供的丰富的资源,为我们解读人的心灵事实与精神存在,提供了新的视角。当然新的视角只是它的一个看问题的方面,更为可贵的,是它们作为人的建设的一种重要资源,为我们提供了作为实在的人,在面对不同境遇的时候,所能够选择的做人的标准。我以为,中国早期的人格思想,所给予我们的是它树立了种种做人的典范,诸如,儒家对于君子的解释,诸如儒家对于君子与小人的分野,虽然其伦理的意义大于心理的意义,但作为对于人之建构的宝贵资源,它树立了一个典范与标准,指导或指示着今天的文化人格,起码,它是一种有力的参照,告诉我们,什么可为,而什么是界限。我们就生活在这样一个经验的事实中,这个事实,时时提醒着我们文化的强大,我们的文化人格不可能割裂这个文化事实而存在,我们的人格存在,是对于这一文化事实的提取与发展。这是中国文化人格不同于西方人格的独特部分。

还有一个事实。必须承认,我们的另一个重要的文化事实,是经由二十世纪初的新文化运动建立起来的,这个经验较之以千年计的中国早期文化人格思想的生成与论述的那一个文化事实而言,只有一百多年的历史,如果上溯至近代——十八世纪,以那时对于西方学术的关注,发展至今,也只有三、四百年的历史。而实际的学术规范的建立与学术文化的大规模传播,也就集中于这一百年间。心理学在中国的建立可能还要短于这个时间。但是这一百年来,特别是二十世纪的后三分之一世纪——改革开放政策后的中国学术发展与学术译介工作的加速度推进,它呈现给我们的是这样一种事实,西方的人格理论,包括诸种流派的发展进步,都一下子成为我们可以作为人类的关于人类自身研究的成果而拿来的一种经验,这种经验,看似是书本上的,其实包含了我们作为人的经验。这一点,始终存在,只是原先我们视而不见罢了。这种经验,在这部书的论述中涉及到的西方学界的人格理论论述,达二十个不同流派或思想取向之多,但这个数目,较之林林总总的心理学界的人格理论而言,仍不能说代表了全部,只可以说是人格理论的主要观点的一次检阅或汇总。梳理的任务大规模开始于二十世纪八、九十年代,人对于自我的认识的需要在那一时代已达到相当迫切的程度,这种迫切感在人对于外物的重视下可能会有所忽略与萎缩,但是随着时间的推进,人对于人内在的自我的认识的迫切性仍将继续,可能还会愈演愈烈,这也是社会发展到一定程度之后,人对于自我的更高认知的需要所致,这一点,可以从十九世纪前后西方心理学科的急速发展的情形中反映出来,人格理论于十九世纪、二十世纪的空前活跃,有力地证实了这一点。这一文化事实,之于我们不仅是被动地接受,而且它已强有力地影响到我们的人的建设的许多方面,学科的影响是一个方面,另一方面,比如说我们无法从我们的人的需要中剔除马斯洛的人的需要的层次学说,因为它已不局限于一种学术观点,而言说了人类共有的心理需要的事实,这样的例子比比皆是。所以,这一方面,是我们人格理论建设学术之外的另一个文化存在的事实,是浸入精神生活内部的人格生成的方面,它作为一种类反向作用的力量——由纸媒到生活、由学术而人格——的力量,已经对我们的人格建造构成巨大的影响。

承认了这两个文化事实,我们才有可能在此基础上谈论精神的变化。我在这部书中所呈现的也正是选取了人类的这两个文化事实的最具影响力的部分,中国古代与西方的近现代,之于人格思想的发展而言,它们二者,都在当时的那一个时间段落里,达到了那一时代关于人的思想的制高点。这个文化高点,是必将对未来的学术,特别是未来的人产生作用的,置身于现代的我们,已经受益匪浅。

这是我们已然置身其中的文化事实。

文化事实之外,还有一种大于文化的存在空间所结构的更为结实的事实。那就是我们的存在之境。物质的需要,以及物质的发展,加之物质的无所不在,甚至是无往不胜的侵袭,使得精神的空地日渐罕稀,这是我们不得不承认的一点,生计的要求从来是先于精神的话语而存在着,这也是我们不能避讳的话题。如此,精神则更显得重要。如此,对于精神的研究,比如人格理论,则有其不可替代的价值,因为之于人类而言,它是我们区别于其他非人类的生物的一个特征,作为对于人的自我认识的一部分,它是我们文化的维系。

当然,这种由人格理论的性质与内涵而决定的核心位置,还表现在,人格跨越着心理学、文学、社会学、人类学、民族学诸学科,注意这里的心理学其实已属科学领域,也就是说,人格理论不仅构成了人文学科的中心,而且已成为某种连结人文与科学两领域的一种交叉学科。而从现实层面上讲,它渗透了人类社会实践、日常生活、精神生态的各个方面。这说明,人格理论或曰人对自我人格的关注,已由已往的内核状态(或曰封闭的书写状态)而在现代社会里成为一种精神性的辐射源,在与人有关的一切学科、一切事务活动中都能找到它。

人格,无疑已是我们于文化事实中提炼出的做人的精神。

实践与主体:

经验,是我们纵向的史迹;事实,是我们横向的实际。纵、横两线,已为我们搭建了一个坐标。但是别忘了,还有一个最重要的标志,没有它,也许,经验与事实都没有了谈论的依据,这个坐标,就是纵与横两相交点而出的那个焦点,是无可取代的主体——人。无可置疑,我们谈论的是人的问题。人是我们言说的主体。

没有人,则没有人格,更遑论人格理论。

而这正是人格理论的特别部分。它是研究人的。它是对一种变动不居的主体的跟踪解释,同时也是对一种主体能够达成的境界的理想言语。

就个体而言,它关涉到个性的成长。它是人的个人性的最具体的精神特质。

就群体而言,它是群性心理的某种表征,它包括隐形的集体无意识,包括自然人与社会人的区分,角色与本真的关系,自我与社会的关系,以及本我、自我与超我的关系后面所蕴藏的社会人格与文化理想,等等。

由此,人格带有强烈的实践性,它是"活"的精神,它不会只局促于人生的一个阶段而不发展;它是"可变"的,它决不可能静止在一个层面而停滞不前;同时,它又是"行动"的事物,它的行动在于人可能也可以通过自我对于人格的调节而使其更加完善,或者更为扭曲。总之,它打着主体的人的实践的烙印,从某种程度上说,人,是人格的一个"半成品",而"成人",则是人格的不断调适以臻和谐的过程。

人格理论,则是对于这个过程的不同方式的梳理与总结。

由此,人格理论也不可能一成不变,或者世上真有某种"普适"的人格理论?不。不同的人格理论,只能从不同的方式出发,而达到它的方式所要求的目的。不同的人格理论,只能是在人类的漫长的发展历程中次第找到它所能找到的一个表达——它部分地涵蕴了人类对于自我的阶段性的认识。

从来不存在一把能解开永恒的钥匙。理论是如此。人格理论更是如此。

人,是"活"的,这个对象的实践性要求了以这一对象为研究对象的学科与理论的实践性。

实践的主体——我意愿这样表述人格的内核。

对于文学的研究的表述,曾有这样的句子——"文学的研究不能用处方来表示,也不能简单地应用一种方法,因为它的对象是既不能用尺子来量度,也不能用天平权衡的,它的对象是一些独一无二的事实,是一些也是独一无二的个人"。① 如果参照来表述人格理论的话,我以为完全适用,我们面对的对象,也是"独一无二的事实"与"独一无二的个人"。这个强调是必须的。

实践的主体,必得具备独一无二性。这是由人格的性质决定的。

没有重复的、重叠的人格,只有相似的、不同的人格。

---

① [法]昂利·拜尔编:《方法、批评及文学史》,"编者导言"第 30 页,北京,中国社会科学出版社 1992 年版。转引自冯宪光著《在革命与艺术之间——二十世纪国外马克思主义政治学文艺理论研究》,第 30 页,成都,四川出版集团巴蜀书社,2007 年 12 月版。

没有两个人的人格是完全一样的。

或者也可以同时说，一个人的人格的不同阶段也不是完全一样的。虽然人有一个基本的框架式的人格。但人格内部的千变万化性也是我们必须承认的。

这就是我所说的"活"的含义。

它是实践的一部分。

而实践，是一个作为人的主体的几近全部。

所以说，实践性决定了人格之于人的主体的主要位置。不仅如此，它还构成了这个主体之成为"这一个"主体的主要的精神内容。

由此，人格理论之于人文学科的位置可想而知。这一点，不来自于经验，也不来自于事实，而来自于它的结构与元素。

当然，人格理论不仅限于以上所说的学科中心与生活焦点的位置，而且，也是更重要的，人格理论其实说是人类对于不断地进化着的自我的总结，是一份递交自己不断审核的精神纲领。

经验，构成了人格的过去，事实则是现在进行式的人格，而实践，指示着人格的未来。这个结论，对于人格如此，对于人格理论也不例外。过去、现在、未来，这三个时空，是我们结构人格的一种方式。于此，人格不是静止的名词，而具有着某种行动的色彩。是一个动词？也不足以囊括。人格，这个词，在我的意识书写里，早已不是一个词汇，它所代表的内涵历历可数，却无从界限，人格理论的精神性质，提示了人格理论在人文学科或者更大范畴学科的核心位置同时，也提示我们，人格与生命本质的血肉联系。

人格，其实就是生命本身。

第五章

人格理论在人类文化中的作用及意义

人格理论或说人格思想在人类文化中的作用,可具体分为认识作用与实践作用两部分。

深度:

历代的人格思想,其实它的产生都基于一个思想——人对自己深度认识的需要;自古罗马时代的"认识你自己"的铭言,到现代文明发展到太空时代的今天,人类在向外空间扩张同时,在群团性的面对外部世界的时候,仍会陷入那种对自身无把握的空茫状态,用现代词表述这种心境,是常在关注人精神生存状况的存在主义哲学中出现的词——"虚无"。虚无预示了一种空洞,一种群性作战、对外扩张所取得的任何有价值的胜利都抵不上的一种失落,那失落,是什么呢? 历代的人格思想似乎想探讨的就是这样一个问题,并为此找出一种有效的解释或解决方案来,哪怕对个体而言它是有效的也行。这样,在这个日趋平面化的社会,人格理论其实完善了一个思想,即为这个平面化的世界提供一种深度,一种在事物将要湮没人的越来越外在化的时刻,保留一丝反省,一种对自己的关切,不仅是对人类生活所构筑的物质层面,而且是对人类历史所蕴含的精神层面,对那个不常表露在外的文化内里,保持一种持久的投入。一种不忘心灵性的觉醒。

高度：

人格理论在人类文化中的作用还体现在它的应用价值。这是实践作用的部分。人格理论或曰更广义的人格思想的产生并在世界文化中存在的目的，说到底，就是要为生存于这个世界中的人提供一种高度。这关涉到人的生存质量问题，也是区分进化了的人高于其他生物的一种标尺。人之所以为人，而且还在精神境界上不断地进化为人（更高层涵义的人），即在于他创造着他自己，并使这种对自己的完善性的创造成为一种文化，一种对人的精神提升有作用的文化，更具体讲，是一种人格文化，这种文化调节着人不至于向他的前身留下的痕迹——生物性——倾斜得太多，以致等同于精神层面较低的动物；又使他不至于太过耽于人的日常性生存和由此派生出的以合理性、快乐性为原则的尘世目标，而时时提示他在这个世界平面之上还有一个更高的存在，一个最高目标，一种现实理想之上的终极理想。这种理想不只是停留于对它的认识，或者心灵性，而是要求体认之上的行动，要求被创造，而创造它则必须源于一个途径，即创造者本人的人格实践与之处于同一个过程。这是一种更高的要求，一种认识论到实践论的人格统一的愿望，一种终极目的于现实理想中的贯彻，一种贯彻者本人必得具备的行动能力，一种精神性的提示。

写到这里，想起了德国哲学家费希特在《人的使命》中说过的一句话，"不仅要认识，而且要按照认识而行动，这就是你的使命。"这句话之所以在这时跃进脑海而且耳熟能详，大概不仅是与我的上述对认识与实践的论述上有逻辑性的关联，更主要的是与当前写作的心境相谐一致。经查，费希特是1799年写下这句话的，在他那部由"怀疑——知识——信仰"三卷构成的《人的使命》里；由哲学而宗教，是19世纪前叶的许多资产阶级民主派思想家的心理路线，那种对高于实物的信仰的强调，那种物质论者之上的主体能动性的倡导，甚至那种昨日已明显看出弊病的泛神论者的意志，在今天却显示出可贵；我知道他想在那个他可能预见到的时代之前说什么，只是表述有些问题，除此之外，那种有关人类自我教育的提倡，和对知性之上的意志力的倡扬以及对一种源于此的自我涤洗作用的坚信，都让我感念非常。

甚至在他内心矛盾的深层都有一个对话的精灵，在反对他时说着他想说的话。那告诫是对对象的感知中所要肯定的主体性："你应该把这些感觉只归于你本身，而不应该把它们转移到完全在你之外的对象上去，把那种毕竟只属于你自己的形态变化的东西冒充为这种对象的属性。"①虽然个中有主客体何为第一性的困惑,还有唯意志论的唯心之嫌,但超出于此的是费希特在一切表象之后所找到的一种信仰的努力,对观点的志愿信赖,知性之外的意志力量,这些伦理范畴的引入,使知识不会是一种脱离道义的妄想。他把这种能使知性获取生命并具永恒性的信仰称作一种"官能"。而对于这种本能似的精神生活的内在原则的态度,划开了两种秩序的生活,也是两种治学态度;"……由意志产生,而不是由知性产生。只要意志义无反顾地,诚实地向善的方面进展,知性便会自行把握真理。要是只有知性在发挥作用,而意志却被忽视,那就只会产生一种进入绝对虚空中去作无谓思考与琐屑分析的技能。"②在知识体系与爱的体系,在唯意志论与机械决定论,在因果性与目的性等等之间,费希特还是投了主体性——人——的票,因为只有人才可能去信仰,才可能以信仰在现实世界之上建立一个超凡世界。在种种矛盾的深层找到一个使善的种子得到温暖与生命的信仰,难道不也是这场写作要寻找的? 那出发点的询问是一样的,那答案也就接近于相同。这大概隐喻了人格思想的作为一种使命意义的存在。

　　如果我们抱有满腔尘世目的,用种种想象与热忱忘怀于这些目的,仅仅为那实际上会在我们之外产生的结果的概念所策动与驱使,为对于这种结果的渴求与爱好所策动与驱使,而对自行立法的、给我们树立纯粹精神目的的理性的真正推动作用却毫无感觉,冥顽不灵,那么,不朽的心灵就会依然被固定在土地上,被束缚住自己的羽翼。我们的哲学是我们自己的心灵与生命的历史,并且像我们寻找我们自己一样,我们也思考整个的人及其使命。如果只为渴求这个世界上实际可能产生的东西所驱使,我们就没有真正的自由,——这自由仿佛在其自身就绝对完全具有其规定的根据。我们的由充其量是自我发育的植物的自由;我们的自由并非就其本质而言是更高级的,而是仅仅在结果方面是更艺术的,不是用根、叶、花仅仅产生一种物质,而是用意向、思想、与行动产生一种

---

① 费希特:《人的使命》,第37页,梁志学、沈真译,北京,商务印书馆1982年7月版。
② 费希特:《人的使命》,第83页,梁志学、沈真译,北京,商务印书馆1982年7月版。

心情。①

正是这个人,告诉我们,"只有从良心中才产生出真理来"。我愿相信,我知道,这是我所坚持的——人格是一切知识的前提——的另一种表述方式。那也是一个渐隐世界背后的另一个开端,一个帷幕后边的世界——如果信仰真能使那善的种子得到温暖与生命的话——我愿相信。并毅然选择这样的生活与存在。

　　我这样生活着,这样存在着,因此,对于一切永恒状态我都是不变的、坚定的与完善的;因为这存在决不是从外接纳来的存在,而是我固有的、唯一真实的存在与本质。②

这是上面所引证的那部书的结语,因为有心境的叠合,以它来作这一章的结尾再合适不过。这种存在所言说的使命,我想,不仅包括了人类理想的人格思想对人类文化的意义所在,而且它的意义会随着文化人格在历史生命中的展开而逐渐显露出来。

---

①　费希特:《人的使命》,第117—118页,梁志学、沈真译,北京,商务印书馆1982年7月版。
②　费希特:《人的使命》,第142页,梁志学、沈真译,北京,商务印书馆1982年7月版。

缀　语

　　人格研究确实是一项冒险工作,愈往下做我愈深知其难,更何况由此为起点,我从历史开始,想望涉猎的是人类文化中最神秘、最复杂精神的解密者——作家——的人格,便更是难上加难。在整体文化中,人格是一个潜结构,或文化学术语中的隐形文化结构,较之可见的文化社会诸象的显形结构言,它更心理化,这也是造就其难的另一个原因。所以讨论文学与人格关系之前,必须有很幽暗的长路要走。现实——作家——文学——社会文化的链条中,历史的一环潜隐其中。当然人格的历史也渐次展开。置身史(历史)、实(现实)转换的中间地带,人的精神现象的内在规定性,即人的人格结构,可能是深化社会或文学、文化认识的一个线头。

背景

　　一百多年前,爱德华·B·泰勒(Edward B. Tylor)1871年写下的一句话,可以供我们拿来参照,他说"文化是一个复合的整体,其中包括知识、信仰、艺术、道德、法律、风俗以及作为社会成员而获得的任何其他的能力和习惯。"文化在这里是后天修养的结果,是学而知之的。人格在文化层面上与之有叠合的地方,其他情形下它却复杂得多,也含蕴得多,比如文化因素之外的一些生理、自然生成的方面,比如地理影响下的人格,自然地貌与在其中栖居者的心态关系,人文地理学的心理学方面的扩展,等等,就不是一个简单的文化概念所能涵盖的。当然这里面仍有许多与文化藕断丝连的情形,比如自然地理所形成的居者习性这一层面已经或多或少打上了文化戳记,在这一习性下长大的每代人、每个人的人格结构中其自然因素与文化因素就又缠绕一起密不可分。

另一背景在现实的东、西文化方面。如以上所述,中国历史上并无"人格"这一确切概念,而是有着与其意义对位的有关生命、人生观点的丰富遗产,这些遗产渗透在从哲学这种形而上学的思想到《内经》医学、天文理数等此类操作性具体而琐细的学问实践等各个方面,这是一个非常庞大的系统,虽然是反体系的,其中只是依靠精神相似性作为内在联系,但都传达出中国古典文化对人的设计与考虑,从圣人、真人、至人、神人等命名可见中国的人格范式与人格理想是如何的使形而上学与伦理文化两两纠缠,是否可言中国文化人格是求高度与广度的;西方文化中"人格"概念相对明确,有一个它内部概念内涵的演变,进化过程,其实也是理式过程的成形,人格和人格概念的成熟都是一个线性的过程。文化之不同势必造就人格模式的不同。

相对它的背景——文化而言,人格可能是更为复杂的一个复合体。

难题

理论上的。中国尚无可作具体依据的理论模式,它有的是混合的思想,谈论人格需从中挑拣遴选相关思想,或根据文化中的人的杰出实践再作相关人格的总结,而没有某几种现成范式可供参照。西方近代四种基本人格理论,见前分析,特质论、社会学习理论各各代表遗传决定论与环境决定论两个片面极端,精神分析理论又因其生物决定论色彩过浓而对20世纪的社会中人的行为心理解释任务无法胜任,人本主义心理学(新精神分析学派)似避开上述局限开拓了一种对于人尊重意义基础上的认识方法,是我论述中倾向较为倚重的。总之,没有一种现成的理论可供套用,作为框子,几乎每一人格相关理论都有其优长,一个接一个,它们首尾相衔,一个是另一个的匡正。

实践上的。其一,时态与动态。人与人是不同的,不好拿了一种模式去套,即便是真有某种万能的人格标尺,对于各式样的人而言也是无能的。何况没有。何况人是活的,他随时在成长,思想上,灵魂上,是动态的。其二,文化与人的繁难关系。这里面有大量区分工作要做,分别哪种是文化的族类的,哪种是个人的,与之相连,要在普遍性与特殊性、自我定向与集体定向、中立原则与情感变量诸多概念中找出极为个人的——属这一个人,这一个作家的独有个性,而又不与他的文化共性相隔断的东西。其三,情境问题。即人与具体境遇间的紧张关系。或如塔尔考特·帕森斯所言的"情境结构",①此类社会学研究之借鉴,对于一个作家而言,分析他的阶段性创作思想之递进相当有益。学科或曰研究的交叉范围也由此扩大,度的问题跳将出来。

情境

人格分析回避不了在世作家当代作家。可划为另一难题。但如果没有功利介入便不成其难题。情境分析中的正在进行时,使"当下"这一概念充溢刺激与活力,使人不只是在他成为死人与逝者时才获得被谈论的权力,在一部理论建构谨严的学术著作中往往就是这么做的。我的写作却要求打破于此,在谨严与活力间找到一条生路,陌生之路也是生命之路,我的生命与人的生命在路上相遇相识与相知。相遇使情境变得不那么迢遥,使评述如对话答问,这是我追寻的"常青"。此前的理论信念在即时的写作中将得以贯穿。"理论也可以动人",这是这部书的情境,也是我尤为注重"情境"并将之作为活的理论或曰活人的理论的一个原因。

定位

社会学与心理学之间的文学。

社会情境文化与个体心理结构之间的作家。

或如图式:

　　　　社会学——文学——心理学。

　　　　社会情境文化——作家——个体心理结构。

由上论述,似可得到以下结论:

人格具有结构,自然的,社会的(文化的),显形与隐形两种。

人格是动态的。它与情境相关。

人格是可变的。回复、倒退与悖谬同时存在。

人格是一种隐形文化,或曰文化中的一种隐形结构。对于一位作家而言,人格这种隐形结构的主要显像方式,是他的作品。大部分时候,它的最真

---

① ［美］克莱德·克鲁克洪等著:《文化与个人》,第 94 页,高佳、何红、何维凌等译,杭州,浙江人民出版社 1986 年 10 月版。

成像不是一部作品,而是一生的命运。

　　这是一种个体与文化的关系。人类的历史发展能在个体的生命发展中部分地再现出来,同样,作家在创作的"瞬间"所体现出的一切会在他本人的整个成长、发展中找到其精神的轨迹,这就是说,不管作家在某一部作品中传达出的思绪如何被他本人认为只表现出他某一阶段意绪的变化,它实质上已包含了庞大复杂的历史与文化,包含了体验这一瞬间的精神波折的整个过去与现在,完整地反映了他的人格。从这个意义上看去,有私人写作,却没有纯粹的私人化叙事,只有包容了宏大叙事在内的那种私人叙事。人格与文学更确切说与文本的关系,打个比喻,像海水与冰山的关系,在文学这个峻峭高耸的晶体下面,有一股潜在的人格激流,它不在意你是否承认,它就在那里。存在着。

　　文学,不过是人格的外观。①

---

　　① 《人格论》,第二卷人格与文,对此有详尽表述。

参考文献

《马克思恩格斯全集》第 9 卷,第 42 卷,第 46 卷,人民出版社,1965,1972

《马克思恩格斯选集》第 1 卷,第 2 卷,人民出版社,1995

《马克思恩格斯论文学与艺术》(一)(二),陆梅林辑注,人民文学出版社,1982,1983

《马克思恩格斯论艺术》(一)(二)(三)(四),[苏联]米·里夫希茨选编,中国社会科学出版社,1982—1985

《马克思恩格斯列宁斯大林论文艺》,作家出版社,2010

《一八四四年经济学——哲学手稿》,马克思著,刘丕坤译,人民出版社,1979

《史记》,司马迁著,中华书局,1982

《汉书》,班固著,中华书局,1962

《后汉书》,范晔著,中华书局,1965

《文心雕龙》,刘勰著,黄叔琳注,中华书局,1959

《论语译注》,杨伯峻译注,中华书局,1958

《周易译注》,周振甫译注,中华书局,1991

《淮南子集释》(上、中、下),何宁撰,中华书局,1998

《老子注释及评介》,陈鼓应注译,中华书局,1984

《老子译注》,辛战军译注,中华书局,2008

《孟子译注》,杨伯峻译注,中华书局,1960

《庄子今注今译》(上、中、下),陈鼓应注译,中华书局,1983

《荀子译注》,张觉撰,上海古籍出版社,1996

《山海经全译》,袁珂译注,贵州人民出版社,1994

《今古文尚书全译》,江灏、钱宗武译注,贵州人民出版社,1993

《世说新语》,刘义庆撰,中州古籍出版社,2008

《近思录》,朱熹、吕祖谦编,中州古籍出版社,2008

《传习录》,王阳明撰,中州古籍出版社,2008

《鲁迅全集》,鲁迅著,人民文学出版社,1957

《形而上学导言》,[法]柏格森著,刘放桐译,商务印书馆,1963

《历史研究》,[英]汤因比著,曹未风等译,上海人民出版社,1987

《非理性的人——存在主义探源》,[美]威廉·白瑞德著,彭镜禧译,黑龙江教育出版社,1988

《柏拉图文艺对话录》,朱光潜译,人民文学出版社,1988

《歌德谈话录》,朱光潜译,人民文学出版社,1978

《美学》(第一、二、三卷),[德]黑格尔著,朱光潜译,商务印书馆,1997

《西方哲学史》(上、下卷),[英]罗素著,何兆武、李约瑟、马元德译,商务印书馆,1981

《历史的观念》,[英]R·G·柯林武德著,何兆武、张文杰译,中国社会科学出版社,1987

《西方的没落》(上、下),[德]奥斯瓦尔德·斯宾格勒著,齐世荣等译,商务印书馆,1993

《精神分析引论》,[奥]弗洛伊德著,高觉敷译,商务印书馆,1986

《弗洛伊德后期著作选》,[奥]弗洛伊德著,林尘等译,上海译文出版社,1986

《马克思主义对心理分析学说的批评》,[法]C·克莱芒、P·布律诺、L·塞弗著,金初高译,商务印书馆,1987

《心理学史——心理学思想的主要趋势》,[美]T·H·黎黑著,刘恩久、宋月丽、骆大森、项宗萍、张权五、申荷永译,上海译文出版社,1990

《荣格心理学纲要》,[美]卡尔文·S·霍尔、沃农·丁·诺德拜著,张月译,黄河文艺出版社,1987

《寻求灵魂的现代人》,[瑞士]C·G·荣格著,苏克译,贵州人民出版

社,1987

《心理学与文学》,[瑞士]荣格著,冯川、苏克译,三联书店,1987

《动机与人格》,[美]马斯洛著,许金声等译,华夏出版社,1987

《人性能达的境界》,[美]马斯洛著,林方译,云南人民出版社,1987

《人的潜能与价值》,[美]马斯洛等著,林方选编,刘小枫等译,华夏出版社,1987

《艺术家的生命向力》,宋耀良著,上海社会科学院出版社,1988

《生命的沉思——帕斯卡尔漫述》,何怀宏著,中国文联出版公司,1988

《神经症与人的成长》,[美]卡伦·霍尔奈著,张承谟等译,上海文艺出版社,1996

《人在宇宙中的地位》,[德]马克斯·舍勒著,李伯杰译,贵州人民出版社,2000

《人与神——宗教生活的理解》,[美]斯特伦著,金泽、何其敏译,上海人民出版社,1991

《神话学》,[美]戴维·利明、埃德温·贝尔德著,李培茱、何其敏、金泽译,上海人民出版社,1990

《宗教史》(上、下),[苏]约·阿·克雷维列夫著,王先睿等译,中国社会科学出版社,1981

《二十世纪宗教思想》,[英]约翰·麦奎利著,高师宁、何光沪译,上海人民出版社,1989

《中国思想史》1、2卷,葛兆光著,复旦大学出版社,1997

《早期中国"人"的观念》,[美]唐纳德·J·蒙罗著,庄国雄、陶黎铭译,上海古籍出版社,1994

《儒教与道教》,[德]马克斯·韦伯著,洪天富译,江苏人民出版社1993

《孔子传》,钱穆著,生活·读书·新知三联书店,2002

《孔子的故事》,李长之著,浙江文艺出版社,2008

《孔子即凡而圣》,[美]赫伯特·芬格莱特著,彭国翔、张华译,江苏人民出版社,2002

《孔子》,[日]井上靖著,刘慕沙译,北京出版集团北京十月文艺出版社,2010

《孔子——喧嚣时代的孤独哲人》,［美］金安平著,黄煜文译,广西师范大学出版社,2011

《士与中国文化》,余英时著,上海人民出版社,1987

《隋唐佛教史稿》,汤用彤著,中华书局,1982

《古代宗教与伦理——儒家思想的根源》,陈来著,三联书店,1996

《中国思想传统的现代诠释》,海外中国研究丛书,江苏人民出版社,1992

《人文传统》,杨国章著,北京语言学院出版社,1993

《司马迁之人格与风格》,李长之著,生活·读书·新知三联书店,1984

《鲁迅》,［日］竹内好著,李心峰译,浙江文艺出版社,1986

《现代西方哲学》,刘放桐等编著,人民出版社,1981

《现代西方哲学》,夏基松著,上海人民出版社,2006

《西方心理学史大纲》,唐钺编,北京大学出版社,1982

《存在主义——从陀斯妥也夫斯基到沙特》,［美］W·考夫曼编著,陈鼓应等译,商务印书馆,1987

《历史中的英雄》,［美］悉尼·胡克著,王清彬等译,上海人民出版社,1964

《宗教——一种文化现象》,马德邻等著,上海人民出版社,1987

《万历十五年》,［美］黄仁宇著,中华书局,1982

《人的问题》,［美］约翰·杜威著,傅统先、邱椿译,上海人民出版社,1987

《人本主义研究》,［英］F·C·S·席勒著,麻乔志等译,上海人民出版社,1987

《人论》,［德］恩斯特·卡西尔著,甘阳译,上海译文出版社,1986

《单面人》,［美］赫伯特·马尔库塞著,湖南人民出版社,1988

《理想的冲突——西方社会中变化着的价值观念》,［美］L·J·宾克莱著,马元德等译,商务印书馆,1988

《人道主义与反人道主义》,［英］凯蒂·索珀著,廖申白等译,华夏出版社,1999

《动机与人格》,［美］马斯洛著,许金声等译,华夏出版社,1987

《人的奴役与自由——人格主义哲学的体认》,［俄］尼古拉·别尔嘉耶夫著,徐黎明译,贵州人民出版社,1994

《文化与个人》，［美］克莱德·克鲁克洪等著，高佳、何红、何维凌译，浙江人民出版社，1986

《近代心理学历史导引》，［美］加德纳·墨菲、约瑟夫·柯瓦奇著，林方、王景和译，商务印书馆，1980

《现代心理学史》，［美］杜·舒尔茨、西德尼·埃伦·舒尔茨著，叶浩生译，凤凰传媒集团江苏教育出版社，2005

《经典人格论》，郑敦淳、杨效新、郑雪、文一编著，广东人民出版社，1988

《心灵、自我与社会》，［美］乔治·H·米德著，赵月瑟译，上海译文出版社，1997

《人格心理学》，陈仲庚、张雨新编著，辽宁人民出版社，1986

《心灵的困惑与自救——心理学的价值理论》，林方著，辽宁人民出版社，1989

《文学艺术家的情绪记忆》，鲁枢元著，黄河文艺出版社，1987

《中国知识分子的人文精神》，张岱等著，河南人民出版社，1994

《天文与人文——独异的华夏天文文化观念》，陈江风著，国际文化出版公司，1988

《中国心理学史》，高觉敷等著，人民教育出版社，1986

《人是谁》，［美］赫舍尔著，贵州人民出版社，1994

《主体的命运》，莫伟民著，上海三联书店，1996

《主体性的黄昏》，［美］弗莱德·R·多尔迈著，万俊人等译，上海人民出版社，1992

《爱欲与文明——对弗洛伊德思想的哲学探讨》，［美］赫伯特·马尔库塞著，黄勇等译，上海译文出版社，1987

《人道主义哲学》，［美］科利斯·拉蒙特著，贾高建等译，华夏出版社，1990

《技术·文化·人》，［苏］格·姆·达夫里扬著，薛启亮等译，河北人民出版社，1987

《巫术与宗教》，［苏格兰］克里斯蒂纳·拉娜著，刘靖华、周晓慧译，今日中国出版社，1992

《神秘主义、巫术与文化风尚》，［美］米尔希·埃利亚德著，宋立道、鲁奇

译,光明日报出版社,1990

《健全的社会》,[美]埃利希·弗洛姆著,欧阳谦译,中国文联出版社,1988

《文化:历史的投影》,[美]菲利普·巴格比著,夏克、李天纲、陈江岚译,上海人民出版社,1987

《当代的精神处境》,[德]卡尔·雅斯贝尔斯著,黄霍译,生活·读书·新知三联书店,1992

《人的模式》,[英]马丁·霍利斯著,范进等译,光明日报出版社,1990

《人本主义心理学》,车文博著,浙江教育出版社,2003

《存在与存在者》,[法]雅克·马里坦著,龚同铮译,贵州人民出版社,1990

《存在心理学:一种整合的临床观》,[美]科克.J.施耐德、罗洛·梅著,杨韶刚等译,中国人民大学出版社,2010

《心理学史》,[德]吕克著,吕娜等译,学林出版社,2009

《格式塔心理学原理》(上、下),[德]库尔特·考夫卡著,黎炜译,浙江教育出版社,1997

《人格心理学》,[美]伯格著,陈会昌等译,中国轻工业出版社,2004

《总体性与乌托邦》,张康之著,中国人民大学出版社,1998

《自我的发展》,[美]简·卢文格著,韦子木译,浙江教育出版社,1998

《理想的界限》,陆俊著,社会科学文献出版社,1998

《人格:文化的积淀》,[美]V·巴尔诺著,周晓虹等译,辽宁人民出版社,1988

《人格理论》,[美]里赫曼(Ryckman.R.M)著,陕西师范大学出版社,2005

《乌托邦思想史》,[美]乔·奥·赫茨勒著,张兆麟等译,商务印书馆,1990

《中国伦理学史》,蔡元培著,商务印书馆,1987

《中国近代思想史论》,李泽厚著,人民出版社,1982

《一九OO年以来的伦理学》,[英]玛丽·沃诺克著,陆晓禾译,商务印书馆,1987

《人性七论》，［英］莱斯利·史蒂文森著，赵汇译，国际文化出版公司，1988

《他们研究了人》，［美］卡尔迪纳、普里勃著，孙恺祥译，生活·读书·新知三联书店，1991

《人的使命》，［德］费希特著，梁志学、沈真译，商务印书馆，1982

《人格心理学新进展》，［美］凯罗林·默夫、奥泽拉姆·阿杜克主编（英文影印版），北京师范大学出版社，2007